TRAITÉ

DE

GÉOMÉTRIE

PAR

C. GUICHARD

MEMBRE CORRESPONDANT DE L'INSTITUT

PROFESSEUR A LA SORBONNE

TOME II

COMPLÉMENTS

CINQUIÈME ÉDITION

PARIS

LIBRAIRIE VUIBERT

BOULEVARD SAINT-GERMAIN, 63

—

1923

TRAITÉ DE GÉOMÉTRIE

COMPLÉMENTS

DU MÊME AUTEUR

Traité de Géométrie, TOME I : *Géométrie élémentaire.* — Vol. 22/14 cm, 8e édition .... 16 fr. 25

Traité de Mécanique, à l'usage des élèves de Mathématiques A et B et des candidats aux Ecoles. — Un vol. 22/14 cm, 8e édition............................ 8 fr. 75

A LA MÊME LIBRAIRIE

TRAITÉ DE MATHÉMATIQUES

(Vol. 22/14 cm, brochés.)

Arithmétique (classes de Mathématiques), par A. GRÉVY, professeur au lycée Saint-Louis .... 7 fr. 50

Algèbre (classes de Mathématiques), par A. GRÉVY. 16 fr. 25

Géométrie descriptive, par T. CHOLLET, professeur au lycée Carnot, et P. MINEUR, professeur au lycée Rollin :

I. Classes de Première C et D .... 10 fr. »
II. Classes de Mathématiques .... 8 fr. 75

Cosmographie (classes de Mathématiques), par A. GRIGNON. 8 fr. 75

TRAITÉ
DE
GÉOMÉTRIE

PAR

C. GUICHARD
MEMBRE CORRESPONDANT DE L'INSTITUT
PROFESSEUR A LA SORBONNE

TOME II

COMPLÉMENTS

CINQUIÈME ÉDITION

PARIS
LIBRAIRIE VUIBERT
BOULEVARD SAINT-GERMAIN, 63

1923

PRÉFACE

Cette nouvelle édition de mes *Compléments de Géométrie* diffère de la précédente à plusieurs points de vue. Tout d'abord, l'ordre d'exposition des matières a été changé ; j'ai réuni ensemble les questions d'ordre analogue dans le plan et dans l'espace ; d'autre part, j'ai introduit de nombreuses additions. Je vais donner un aperçu rapide des principales modifications introduites.

Dans le premier chapitre, j'ai réuni tout ce qui est relatif à la théorie de l'homographie et de l'involution dans le plan et dans l'espace, sauf, bien entendu, la génération des coniques, qui ne pouvait pas être traitée dès le début. J'y ai ajouté l'étude des droites qui s'appuient sur trois droites données, j'ai établi le double système de génération de l'hyperboloïde à une nappe et du paraboloïde hyperbolique ; ainsi que les propriétés de quatre génératrices d'un même système, c'est-à-dire les propriétés d'un *quadruple hyperboloïde*.

Le deuxième chapitre est consacré aux transversales. Cette théorie est faite successivement pour le triangle, pour le trièdre et pour le tétraèdre. J'y ai ajouté la condition de concours de droites perpendiculaires aux côtés d'un triangle, des propriétés analogues pour le trièdre et le tétraèdre. Enfin, j'ai donné les conditions qui expriment que des perpendiculaires aux faces d'un tétraèdre forment un quadruple hyperboloïde.

L'étude des systèmes de cercles orthogonaux, de sphères orthogonales a été complétée par l'adjonction des réseaux de cercles, des faisceaux et réseaux de sphères. On sait que de pareils systèmes se conservent par une inversion. Pour l'établir, j'ai dû faire un petit détour ; j'ai tenu, en effet, à faire une démonstration applicable à tous les cas et j'ai voulu éviter l'introduction d'éléments imaginaires.

La théorie des cercles tangents et des sphères tangentes a été complétée par la théorie des cercles isogonaux ; enfin, dans l'étude des sphères tangentes à trois sphères données, j'ai mis en évidence les deux séries de sphères telles que toute sphère d'une série est tangente à toutes les sphères de l'autre série. Ces séries de sphères jouent un rôle dans l'étude de la *cyclide de Dupin,* qui est la surface lieu des points de contact des sphères des deux séries.

Un chapitre nouveau est consacré à la géométrie cinématique ; je donne d'abord des applications de la théorie du déplacement d'un plan sur un plan, puis j'étudie la transformation plane composée d'un déplacement et d'une similitude, ensuite le déplacement le plus général d'un solide dans l'espace et enfin je termine ce chapitre par l'étude du mouvement continu d'un plan sur un plan. J'ai indiqué les propriétés du centre instantané, et j'ai étudié quelques exemples simples de mouvement d'un plan sur un plan.

La théorie des vecteurs a été complétée par l'étude des systèmes de quatre vecteurs formant un système nul.

Je puis signaler aussi quelques applications de la théorie de l'homologie.

La théorie des coniques a été faite en se plaçant au même point de vue que dans la précédente édition, c'est-à-dire que les coniques sont les courbes définies par leurs propriétés focales élémentaires ; partant de là, on établit les propriétés générales de ces courbes par la perspective. J'ai ajouté à cette théorie l'étude des coniques homologiques.

J'ajoute, pour terminer, qu'on trouvera dans cette édition un très grand nombre d'exercices nouveaux.

Les numéros entre parenthèses sont des renvois aux paragraphes de la 2e partie (*Compléments*).

Les numéros entre crochets indiquent les renvois aux paragraphes de la 1re partie (*Géométrie élémentaire*).

COMPLÉMENTS DE GÉOMÉTRIE

CHAPITRE I

HOMOGRAPHIE ET INVOLUTION

§ I.

Segments de droite.

1. **Définitions.** — Un *segment* est défini par deux points qu'on distingue l'un de l'autre ; l'un de ces points est l'*origine* du segment, l'autre en est l'*extrémité.*

On représente ordinairement un segment par deux lettres : la première est la lettre de l'origine, la seconde celle de l'extrémité. Ainsi le segment AB a pour origine le point A et pour extrémité le point B.

Le *sens* d'un segment est le sens de déplacement d'un mobile qui va de l'origine à l'extrémité.

Une droite X′X peut être parcourue dans deux sens différents ; on choisit arbitrairement un de ces deux sens et on lui donne le nom de *sens positif.* Un segment AB de la droite X′X sera *positif* si son sens est le sens positif de la droite X′X ; il sera *négatif* dans le cas contraire.

A chaque segment on fait correspondre un nombre algébrique, qui est la mesure du segment. La valeur absolue de ce nombre algébrique est la longueur du segment ; ce nombre est positif si le segment est positif, négatif si le segment est négatif.

Pour éviter toute confusion, nous représenterons par AB la mesure du segment AB et par (AB) la longueur de ce segment.

Il résulte de ces conventions que l'on a les égalités

$$(AB) = (BA), \qquad AB = -BA.$$

2. **Relation de Chasles.** — Entre trois points A, B, C d'une même droite (*fig.* 1) existe toujours la relation

$$AC = AB + BC.$$

Pour démontrer cette relation nous supposerons d'abord que le segment AB est positif. Il y a alors trois cas à distinguer :

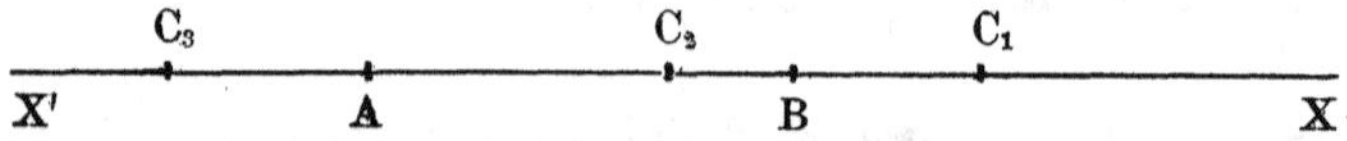

C_3 C_2 C_1
X' A B X

Fig. 1.

1° Le point C est sur la demi-droite BX, soit en C_1. On a

$$(AC_1) = (AB) + (BC_1).$$

Or dans ce cas

$$AC_1 = (AC_1), \qquad AB = (AB), \qquad BC_1 = (BC_1);$$

donc

$$AC_1 = AB + BC_1.$$

2° Le point C est placé entre A et B, soit en C_2. On a

$$(AC_2) = (AB) - (BC_2).$$

Or dans ce cas

$$AC_2 = (AC_2), \qquad AB = (AB), \qquad BC_2 = -(BC_2);$$

donc

$$AC_2 = AB + BC_2.$$

3° Le point C est sur la demi-droite AX', soit en C_3. On a

$$(AC_3) = (BC_3) - (AB).$$

Or dans ce cas

$$AC_3 = -(AC_3), \qquad BC_3 = -(BC_3), \qquad AB = (AB);$$

donc

$$AC_3 = AB + BC_3.$$

Supposons maintenant que le segment AB est négatif. Si MN est un segment quelconque de la droite AB, nous désignerons par MN′ la mesure de ce segment quand on prend comme sens positif le sens du segment AB. On a alors

$$MN = -MN'.$$

D'après ce qui précède, on a toujours

$$AC' = AB' + BC';$$

mais

$$AC = -AC', \qquad AB = -AB', \qquad BC = -BC';$$

donc

$$AC = AB + BC.$$

Plus généralement, si A, B, C, ..., H, K sont n points d'une même droite, on a (relation de Chasles)

$$AK = AB + BC + \dots + HK.$$

Cette relation a été établie dans le cas de trois points ; pour prouver qu'elle est générale, il suffit de montrer que si on la suppose vraie pour n points, elle existe pour $(n + 1)$ points.

Soient donc $(n + 1)$ points A, B, C, ..., H, K, L. La relation étant supposée vraie pour n points A, B, C, ..., H, K, on a

(1) $$AK = AB + BC + \dots + HK.$$

D'autre part, on sait que

(2) $$AL = AK + KL.$$

Des relations (1) et (2), on déduit

$$AL = AB + BC + \dots + HK + KL.$$

C'est la relation de Chasles pour les $(n + 1)$ points A, B, C, ..., H, K, L.

3. **Abscisse d'un point.** — Sur une droite X′X, fixons un sens positif et choisissons arbitrairement, sur cette droite, un point O que nous appellerons l'*origine*. Un point quelconque A de la droite sera défini sans ambiguité si l'on connaît le nombre algébrique OA. Ce nombre est l'*abscisse* du point A.

Soient A et B deux points de la droite, a et b leurs abscisses; la relation

$$OB = OA + AB$$

donne

$$AB = OB - OA = b - a.$$

La mesure d'un segment est donc égale à la différence entre l'abscisse de son extrémité et celle de son origine.

§ II.

Division harmonique.

4. **Définition.** — On dit que deux points C et D *divisent harmoniquement* un segment AB (*fig.* 2) si l'on a la relation

$$\frac{CA}{CB} = -\frac{DA}{DB}. \tag{1}$$

Les points C et D sont dits *conjugués harmoniques* par rapport aux points A et B.

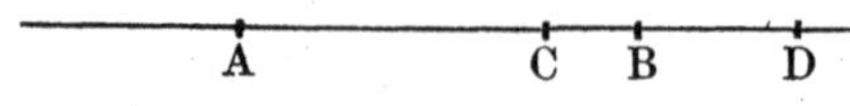

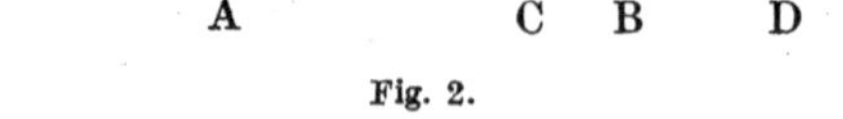

Fig. 2.

La relation (1) peut encore s'écrire

$$\frac{CA}{DA} = -\frac{CB}{DB},$$

ou encore

$$\frac{AC}{AD} = -\frac{BC}{BD}. \tag{2}$$

Sous cette forme, la relation montre que les points A et B sont conjugués harmoniques par rapport aux points C et D.

5. Prenons sur la droite une origine O et désignons par a, b, c, d les abscisses des points A, B, C, D. On voit que l'on a (3) (1)

$$\mathrm{CA} = a - c, \qquad \mathrm{CB} = b - c,$$
$$\mathrm{DA} = a - d, \qquad \mathrm{DB} = b - d.$$

En portant ces valeurs dans la relation (1), on aura

$$\frac{a - c}{b - c} = -\frac{a - d}{b - d},$$

ou

$$(a - c)(b - d) + (b - c)(a - d) = 0,$$

et, en développant,

$$(3) \qquad 2ab + 2cd - (a + b)(c + d) = 0.$$

La relation (3) est la condition nécessaire et suffisante pour que les points C et D, dont les abscisses sont c et d, soient conjugués harmoniques par rapport aux points A et B, dont les abscisses sont a et b.

6. **Application I.** — Plaçons l'origine O au milieu I de AB (*fig.* 3).

Dans ce cas, $b = -a$, et la relation (3) devient

$$2cd - 2a^2 = 0,$$

A I C B D

Fig. 3.

ou

$$(4) \qquad \overline{\mathrm{IA}}^2 = \mathrm{IC.ID}.$$

Le produit IC.ID étant positif, les points C et D sont d'un même côté par rapport au milieu I de AB. Ce produit étant constant, si IC diminue, ID augmente, et quand C se rapproche du point I, le point D s'éloigne indéfiniment. De la relation (4) on déduit que si le point C vient se confondre avec le point B, il en est de même du point D.

(1) Les nos entre parenthèses ( ) sont des renvois aux paragraphes des présents *Compléments*. Les nos entre crochets [ ] renvoient aux paragraphes du tome I du *Traité de Géométrie*.

7. **Application II.** — Plaçons l'origine O au point A; il faut supposer $a = 0$.

La relation (3) devient

$$2cd = bc + bd,$$

ou, en divisant les deux membres par bcd,

$$\frac{2}{b} = \frac{1}{c} + \frac{1}{d},$$

ou bien

$$\frac{2}{AB} = \frac{1}{AC} + \frac{1}{AD}.$$

8. **Problème.** — *Construire le conjugué harmonique du point* C *par rapport à deux points* A *et* B (*fig.* 4).

Par les points A et B on mène deux droites parallèles, de direction quelconque; par le point C on mène une droite quelconque qui coupe les parallèles en E et F. Sur la droite BF on prend une longueur BF′ égale à BF. Le point D où la droite EF′ rencontre AB est le point cherché. En effet, les rapports $\frac{CA}{CB}$ et $\frac{DA}{DB}$ sont de signes contraires; ensuite

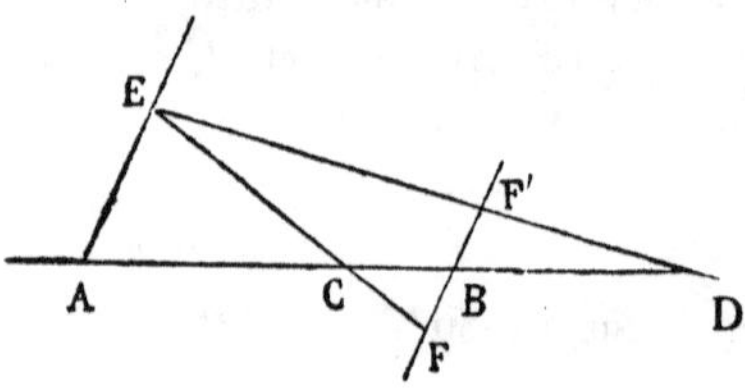

Fig. 4.

$$\frac{(CA)}{(CB)} = \frac{(AE)}{(BF)}, \qquad \frac{(DA)}{(DB)} = \frac{(AE)}{(BF')};$$

donc

$$\frac{(CA)}{(CB)} = \frac{(DA)}{(DB)},$$

et, en introduisant les segments,

$$\frac{CA}{CB} = -\frac{DA}{DB}.$$

9. **Problème.** — *Trouver deux points* P *et* Q (*fig.* 5) *divisant harmoniquement deux segments donnés* AB *et* CD.

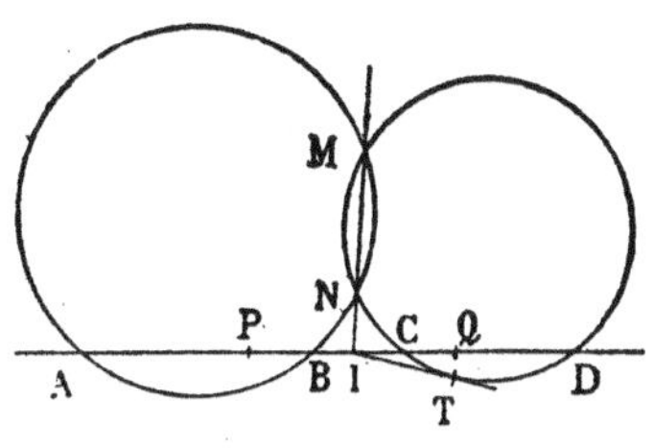

Fig. 5

Soit I le milieu de PQ ; on devra avoir (6)

$$\overline{IP}^2 = IA.IB = IC.ID.$$

Par les points A et B et un point quelconque M du plan faisons passer un cercle ; menons un second cercle par les points C,D,M ; en vertu de la relation précédente, l'axe radical MN de ces deux cercles passe par le point I, ce qui détermine ce point ; menons ensuite la tangente IT à l'un des cercles. On a

$$\overline{IT}^2 = IC.ID = \overline{IP}^2 = \overline{IQ}^2.$$

Les longueurs IP, IQ sont égales à IT, ce qui permet de trouver les points P et Q.

Discussion. — Si les segments AB et CD sont extérieurs l'un à l'autre ou si l'un des segments est intérieur à l'autre, le point I est situé en dehors de ces segments [378] (1) ; on peut mener la tangente IT. Le problème est donc possible et admet une solution.

Si les segments AB et CD empiètent l'un sur l'autre, le point I est intérieur à ces segments [378] et par suite à l'intérieur des deux cercles ; on ne peut plus mener la tangente IT ; le problème est impossible.

§ III.

Rapport anharmonique de quatre points d'une droite.

10. **Définition.** — Le *rapport anharmonique* de quatre points situés sur une même droite, placés dans un ordre déterminé, est égal au rapport des distances du troisième point

(1) Les nos entre crochets sont des renvois aux paragraphes du tome I du *Traité de Géométrie.*

au premier et au second, divisé par le rapport des distances du quatrième point au premier et au second.

Pour représenter un rapport anharmonique, on écrit, entre parenthèses, les quatre points dans l'ordre où ils sont placés.

Ainsi, si A est le premier point, B le second, C le troisième, D le quatrième, le rapport anharmonique des quatre points est représenté par la notation (ABCD). D'après la définition, on a

$$(ABCD) = \frac{CA}{CB} : \frac{DA}{DB} = \frac{CA.DB}{CB.DA}.$$

En particulier, si les points C et D divisent harmoniquement le segment AB, le rapport anharmonique (ABCD) est égal à — 1.

11. Remarque. — Si les trois points A, B, C sont donnés ainsi que la valeur du rapport anharmonique (ABCD), le point D est déterminé ; soit λ la valeur du rapport anharmonique ; on aura

$$\lambda = \frac{CA}{CB} : \frac{DA}{DB}, \qquad \text{ou} \qquad \frac{DA}{DB} = \frac{1}{\lambda}\cdot\frac{CA}{CB}.$$

Le rapport $\frac{DA}{DB}$ étant connu, le point D est déterminé [270].

Le point D vient en A si λ est infini, en B si λ est nul, en C si λ est égal à 1. Dans tous les autres cas, D est distinct des points A, B, C.

12. **Valeurs diverses du rapport anharmonique de quatre points quand on change l'ordre dans lequel les points sont placés.** — En plaçant les points A, B, C, D dans un ordre quelconque, de toutes les manières possibles, on obtient vingt-quatre groupements différents (nombre des permutations de quatre objets). Avec les quatre mêmes points A, B, C, D, on peut donc former vingt-quatre rapports anharmoniques. Pour trouver les relations qui existent entre ces rapports anharmoniques, nous nous appuierons sur les remarques suivantes :

Remarque I. — Le rapport anharmonique ne change pas si l'on permute deux quelconques des points, pourvu qu'on permute en même temps les deux autres.

On vérifie, en effet, que l'on a

$$(ABCD) = (BADC) = (CDAB) = (DCBA) = \frac{CA \times DB}{CB \times DA}.$$

Remarque II. — Si l'on permute entre eux les deux premiers points, sans changer les autres, le nouveau rapport anharmonique est l'inverse de l'ancien.

En effet

$$(ABCD) = \frac{CA \times DB}{CB \times DA} \quad \text{et} \quad (BACD) = \frac{CB \times DA}{CA \times DB}.$$

Ces deux rapports anharmoniques sont bien inverses l'un de l'autre.

Remarque III. — Si l'on permute entre eux le second et le troisième point, sans changer les autres, on obtient un nouveau rapport anharmonique, qui est le complément à l'unité de l'ancien.

Vérifions que

$$(ABCD) + (ACBD) = 1.$$

On a

$$(ABCD) = \frac{CA \times DB}{CB \times DA},$$

$$(ACBD) = \frac{BA \times DC}{BC \times DA} = \frac{BA \times CD}{CB \times DA}.$$

Il faut donc vérifier que l'on a

$$CA \times DB + BA \times CD = CB \times DA.$$

En évaluant tous les segments à l'aide de la distance de leurs extrémités au point A, on aura à vérifier l'égalité

$$-AC(AB - AD) - AB(AD - AC) = -AD(AB - AC),$$

égalité qui se vérifie immédiatement.

Revenons aux vingt-quatre rapports anharmoniques que nous étudions. Si nous désignons par k la valeur du rapport anharmonique (ABCD), nous pourrons former le tableau suivant :

$$\text{I.}\quad (ABCD) = (BADC) = (CDAB) = (DCBA) = k.$$

$$\text{II.}\quad (BACD) = (ABDC) = (DCAB) = (CDBA) = \frac{1}{k}.$$

$$\text{III.}\quad (ACBD) = (BDAC) = (CADB) = (DBCA) = 1 - k.$$

$$\text{IV.}\quad (CABD) = (DBAC) = (ACDB) = (BDCA) = \frac{1}{1-k}.$$

$$\text{V.}\quad (BCAD) = (ADBC) = (DACB) = (CBDA) = \frac{k-1}{k}.$$

$$\text{VI.}\quad (CBAD) = (DABC) = (ADCB) = (BCDA) = \frac{k}{k-1}.$$

Les rapports anharmoniques qui figurent dans une même ligne horizontale peuvent se déduire de l'un deux par l'application de la première remarque.

Le groupe II se déduit du groupe I par l'application de la 2e remarque ; le groupe III du groupe I par la 3e remarque ; le groupe IV du groupe III par la 2e ; le groupe V du groupe II par la 3e ; enfin le groupe VI du groupe V par la 2e.

On voit que parmi les vingt-quatre rapports anharmoniques six seulement sont distincts.

Enfin, si deux systèmes de quatre points ont un rapport anharmonique égal, les autres rapports anharmoniques correspondants sont aussi égaux.

§ IV.

Divisions homographiques.

13. **Divisions correspondantes.** — Soient L et L_1 deux droites quelconques ; désignons par x l'abscisse (3) d'un point M de la droite L, par x_1 l'abscisse d'un point M_1 de la droite L_1 : si l'on assujettit x et x_1 à vérifier une équation

$$(1) \qquad F(x, x_1) = 0,$$

on fait correspondre à chaque point M de la droite L un ou plusieurs points M_1 de la droite L_1, et inversement à chaque point M_1 de la droite L_1 on fait correspondre un ou plusieurs points M de la droite L.

On dit alors que les points M et M_1 décrivent des *divisions correspondantes* ; L et L_1 sont les bases de ces divisions; les points M et M_1 dont les abscisses satisfont à l'équation (1) sont des points *homologues* des deux divisions ; l'équation (1) est l'*équation* de la correspondance.

14. Remarque. — Si l'on change l'origine (3) sur les droites L et L_1, il faudra remplacer x et x_1 respectivement par $h + x'$, $l + x'_1$; l'équation de la correspondance devient

$$F(h + x', l + x_1') = 0.$$

Si l'on change seulement le sens sur l'une des deux droites, il faudra changer le signe de l'abscisse correspondante.

15. **Divisions homographiques.** — Deux divisions sont dites *homographiques* si l'équation de la correspondance est du premier degré par rapport à chacune des variables, c'est-à-dire de la forme

$$(2) \qquad Axx_1 + Bx + Cx_1 + D = 0,$$

A, B, C, D étant des constantes.

On peut remarquer que la relation (2) conserve la même forme quand on fait un changement d'origine ou un changement de sens (14) sur les bases.

L'équation (2) contenant x et x_1 au premier degré, il en résulte qu'à chaque point M de la droite L correspond, en général, un seul point M_1 de la droite L_1, et inversement.

16. **Discussion.** — 1° A *est différent de zéro.* En divisant par A, on pourra écrire la relation (2) sous la forme

$$(3) \qquad xx_1 - \alpha x - \beta x_1 + \gamma = 0,$$

ou encore

$$(4) \qquad (x_1 - \alpha)(x - \beta) = \alpha\beta - \gamma = k.$$

Soient I le point de la droite L qui a pour abscisse β, J le point de la droite L_1 qui a pour abscisse α. On sait (3) que

$$IM = x - \beta, \qquad JM_1 = x_1 - \alpha\,;$$

la relation (4) donne alors

$$(5) \qquad IM \times JM_1 = k.$$

Si k est nul, à tout point M de la droite L, autre que le point I, correspond toujours le point J ; à tout point M_1 de la droite L_1, autre que le point J, correspond toujours le point I. L'homographie est dite *singulière*.

Supposons k différent de zéro ; si IM croît indéfiniment, JM_1 tend vers zéro ; donc au point situé à l'infini sur la droite L correspond le point J sur L_1 ; on voit de même qu'au point à l'infini sur la droite L_1 correspond le point I de la droite L. Ces points I et J sont les *points limites* de l'homographie.

2° A *est nul.* — La relation (2) s'écrit alors

$$Bx + Cx_1 + D = 0.$$

Comme B et C ne sont pas nuls, on tire de là

$$(6) \qquad x_1 = k\,(x - h).$$

Soient A le point d'abscisse h sur L, A_1 le point d'abscisse 0 sur L_1. On sait que

$$x_1 = A_1M_1, \qquad x - h = AM.$$

La relation (6) donne

$$A_1M_1 = k.\ AM.$$

Les droites L et L_1 sont divisées en parties proportionnelles. On dit que les deux divisions sont *semblables*.

Si $k = +1$, les divisions sont dites *égales ;* si $k = -1$. les divisions sont *égales et de sens contraires.*

17. **Théorème.** — *Dans deux divisions homographiques, le rapport anharmonique de quatre points quelconques de la première division est égal au rapport anharmonique des quatre points correspondants de la seconde.*

Pour le démontrer, nous allons chercher la relation qui existe entre deux segments correspondants quelconques MN, M_1N_1 des deux droites.

Si les divisions ne sont pas semblables, on a

$$JM_1 = \frac{k}{IM}, \qquad JN_1 = \frac{k}{IN},$$

$$(7)\quad M_1N_1 = JN_1 - JM_1 = \frac{k}{IN} - \frac{k}{IM} = -\frac{k}{IM.IN} \times MN.$$

Si les divisions sont semblables, on a

$$A_1M_1 = k.AM, \qquad A_1N_1 = k.AN,$$

$$(8)\qquad M_1N_1 = A_1N_1 - A_1M_1 = k.MN.$$

Cela posé, soient A, B, C, D quatre points quelconques de la droite L, A_1, B_1, C_1, D_1 les points qui leur correspondent sur L_1. Formons à l'aide de la formule (7) ou de la formule (8), suivant le cas, les valeurs des segments qui entrent dans le rapport anharmonique $(A_1B_1C_1D_1)$; on trouvera

$$(A_1B_1C_1D_1) = (ABCD).$$

18. **Réciproque.** — *Soient* A, B, C *trois points distincts de la droite* L, A_1, B_1, C_1 *trois points distincts de la droite* L_1 ; *si à chaque point* M *de la droite* L *on fait correspondre le point* M_1 *de la droite* L_1 *tel que*

$$(9)\qquad (ABCM) = (A_1B_1C_1M_1),$$

la correspondance ainsi établie entre M *et* M_1 *est homographique.*

En effet, si a, b, c, x sont les abscisses respectives de A, B, C, M, et a_1, b_1, c_1, x_1 celles de A_1, B_1, C_1, M_1, la relation (9) conduit à l'équation

$$\frac{(a-c)(b-x)}{(a-x)(b-c)} = \frac{(a_1-c_1)(b_1-x_1)}{(a_1-x_1)(b_1-c_1)},$$

qui est l'équation d'une correspondance homographique.

19. **Corollaire.** — *Trois couples de points homologues déterminent une correspondance homographique.*

Soient A, B, C trois points de la droite L, A_1, B_1, C_1 trois points de L_1 ; il existe une correspondance homographique (18) qui fait correspondre aux points A, B, C les points A_1, B_1, C_1, c'est celle qui est définie par la propriété (9).

Il n'existe pas d'autre correspondance homographique faisant correspondre aux points A, B, C les points A_1, B_1, C_1, car pour une telle correspondance homographique la propriété fournie par la formule (9) existe toujours (16).

20. *Deux divisions homographiques d'une troisième sont homographiques.*

Considérons une première correspondance homographique entre les points d'une droite L et d'une droite L_1, une deuxième entre ceux de la droite L et d'une droite L_2. A chaque point M de L correspond par la première un point M_1 sur L_1, et par la seconde un point M_2 sur L_2. Je dis que M_1 et M_2 décrivent des divisions homographiques. En effet, soient A, B, C trois points quelconques de L, A_1, B_1, C_1 ceux qui leur correspondent sur L_1, A_2, B_2, C_2 ceux qui leur correspondent sur L_2. On aura (17)

$$(ABCM) = (A_1B_1C_1M_1), \qquad (ABCM) = (A_2B_2C_2M_2)\,;$$

donc

$$(A_1B_1C_1M_1) = (A_2B_2C_2M_2).$$

Il en résulte (18) que la correspondance entre M_1 et M_2 est homographique.

21. **Divisions homographiques de même base.** — Deux divisions homographiques peuvent être situées sur une même droite. On appelle *point double* de l'ensemble des divisions homographiques un point de la première division qui coïncide avec son homologue dans la seconde.

Supposons $A \neq 0$, et prenons comme origine le milieu O des deux points limites. On aura (16) $\beta = -\alpha$; l'équation de la correspondance homographique devient

$$(x_1 - \alpha)(x + \alpha) = k. \qquad (10)$$

Pour un point double, on a $x = x_1 = \xi$; donc

$$\xi^2 = k + \alpha^2.$$

Si $k + \alpha^2$ est positif, il y a deux points doubles ; le milieu des points doubles coïncide avec le milieu des points limites.

Si $k + \alpha^2$ est nul, les points doubles sont confondus.

Si $k + \alpha^2$ est négatif, il n'y a pas de points doubles.

En introduisant l'abscisse ξ de l'un des points doubles, l'équation (10) de la correspondance homographique s'écrit

$$xx_1 + \alpha(x_1 - x) - \xi^2 = 0. \tag{11}$$

Supposons maintenant $A = 0$. L'équation de la correspondance devient

$$x_1 = k(x - h).$$

Si le point M s'éloigne indéfiniment, il en est de même du point M_1 ; le point à l'infini est un point double. En faisant $x = x_1$ dans la formule précédente, on trouve un second point double dont l'abscisse ξ est donnée par la formule

$$\xi = \frac{kh}{k - 1}.$$

Si $k = 1$, ce second point double est rejeté à l'infini.

22. **Théorème.** — *Le rapport anharmonique des deux points doubles et de deux points correspondants quelconques est constant.*

Soient H et K les deux points doubles, M et M_1 deux points correspondants quelconques. Ces quatre points ont respectivement pour abscisses ξ, $-\xi$, x, x_1 ; donc

$$(\mathrm{HKMM_1}) = \frac{x - \xi}{x + \xi} \times \frac{x_1 + \xi}{x_1 - \xi} = \frac{xx_1 - \xi(x_1 - x) - \xi^2}{xx_1 + \xi(x_1 - x) - \xi^2}.$$

Mais la formule (11) donne

$$xx_1 - \xi^2 = -\alpha(x_1 - x) ;$$

donc

$$(\mathrm{HKMM_1}) = \frac{\alpha + \xi}{\alpha - \xi}. \tag{12}$$

§ V.

Divisions en involution.

23. Deux divisions homographiques de même base forment une *involution* si l'équation de la correspondance est symétrique par rapport aux abscisses x et x_1 de deux points homologues. L'équation de la correspondance sera donc de la forme

$$\text{(1)} \qquad Axx_1 + B(x + x_1) + C = 0.$$

Un point quelconque M de la droite L, considéré comme appartenant successivement à la première division et à la seconde, a le même homologue M'.

24. Réciproquement, si dans une homographie un point M de la première division a pour homologue un point M' de la seconde, et si le point M' de la première a pour homologue le point M dans la seconde, la correspondance homographique est une involution.

En effet, soient

$$Axx_1 + Bx + Cx_1 + D = 0$$

l'équation de la correspondance homographique, ξ et η les abscisses des points M et M'. En écrivant qu'au point M de la première division correspond le point M' dans la seconde, on aura

$$\text{(2)} \qquad A\xi\eta + B\xi + C\eta + D = 0.$$

En écrivant de même qu'au point M' de la première correspond le point M dans la seconde, on aura

$$\text{(3)} \qquad A\xi\eta + B\eta + C\xi + D = 0.$$

En retranchant membre à membre les formules (2) et (3), on a

$$(B - C)(\xi - \eta) = 0,$$

et par conséquent B = C. La correspondance homographique est en involution.

25. **Discussion.** — Si A est différent de zéro, on pourra diviser l'équation de la correspondance par A et l'écrire sous la forme

$$xx_1 - \alpha(x + x_1) + \beta = 0,$$

ou

$$(x - \alpha)(x_1 - \alpha) = \alpha^2 - \beta = k\,;$$

en prenant comme origine O le point dont l'abscisse est α, on aura

$$xx_1 = k.$$

Si $k = 0$, l'involution est *singulière* ; tout point de la droite a pour homologue le point O.

Supposons k différent de zéro ; quand x_1 croît indéfiniment, x tend vers 0, le point O est donc l'homologue du point à l'infini. Ce point O est appelé le *point central* de l'involution. Le produit des distances de deux points homologues quelconques au point central est égal à k.

Supposons maintenant A = 0. L'équation de la correspondance peut s'écrire, après avoir divisé par B,

$$x + x_1 - h = 0,$$

ou encore

$$\left(x_1 - \frac{h}{2}\right) + \left(x - \frac{h}{2}\right) = 0.$$

En transportant l'origine au point O, dont l'abscisse est $\frac{h}{2}$, on aura

$$x + x_1 = 0.$$

Deux points homologues quelconques sont symétriques par rapport au point O.

26. **Points doubles.** — On appelle *point double* d'une involution tout point qui coïncide avec son homologue.

Supposons d'abord $A \neq 0$; prenons comme origine O le point central de l'involution. L'équation de la correspondance est

$$xx_1 = k.$$

Il en résulte que l'abscisse ξ d'un point double satisfait à l'équation

$$\xi^2 = k.$$

Si k est positif, il existera deux points doubles H et K (*fig.* 6) ayant pour abscisses $+\sqrt{k}$, $-\sqrt{k}$. Si M et M′ sont deux points correspondants quelconques, on aura

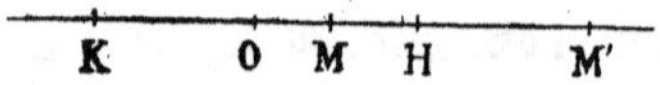

K O M H M′

Fig. 6.

$$\text{OM}.\text{OM}' = k = \overline{\text{OH}}^2 ;$$

donc (6) deux points correspondants quelconques M et M′ divisent harmoniquement le segment HK formé par les points doubles.

Si k est négatif, il n'y a pas de points doubles.

Si k est nul, les points doubles sont confondus avec le point central.

Supposons $A = 0$; l'involution devient une symétrie ; en prenant comme origine le centre de symétrie O, l'équation de la correspondance devient

$$x_1 + x_2 = 0.$$

Au point situé à l'infini correspond un point situé à l'infini. Le point à l'infini est donc un point double. Il y a un autre point double, le centre de symétrie O.

Dans ce cas particulier, deux points correspondants quelconques M et M′ forment encore une division harmonique avec les points doubles.

27. **Théorème.** — *Deux couples de points correspondants déterminent une involution.*

Soient A, A′ et B, B′ deux couples de points correspondants. Si les segments AA′ et BB′ ont le même milieu O, la symétrie de centre O sera l'involution cherchée.

Si les segments AA′, BB′ n'ont pas le même milieu, on pourra trouver (9) un point I tel que

$$IA.IA' = IB.IB'.$$

L'involution qui a pour point central le point I et pour valeur de la constante k (25) le produit IA.IA′ est l'involution cherchée.

28. *Pour que trois couples de points correspondants appartiennent à une involution, il faut et il suffit que le rapport anharmonique de quatre de ces six points soit égal à celui de leurs homologues.*

La condition est nécessaire. En effet, si A, A′, B, B′, C, C′ sont trois couples de points correspondants d'une involution, aux points A, A′, B, C correspondront les points A′, A, B′, C′ ; la correspondance étant un cas particulier d'une correspondance homographique, on aura (17)

$$(4) \qquad (AA'BC) = (A'AB'C').$$

La condition est suffisante, car si la relation (4) est satisfaite, les trois couples appartiennent à une même involution. En effet, considérons la correspondance homographique qui fait correspondre aux points A, A′, B les points A′, A, B′ ; le point C, dans cette correspondance, aura pour homologue le point C′, à cause de la relation (4). De plus cette correspondance est involutive, car au point A, considéré comme appartenant à la première ou à la seconde division, correspond toujours le point A′.

§ VI.

Angles.

29. **Arcs de cercles.** — Construisons dans le plan un cercle de rayon égal à l'unité (*fig.* 7) et fixons sur ce cercle un sens de déplacement positif, par exemple le sens inverse du mouvement des aiguilles d'une montre. Si un mobile se déplace

sur ce cercle, toujours dans le même sens, pour aller de A en B, on dit que le mobile décrit un *arc de cercle ;* le point de départ A est l'*origine* de l'arc; le point d'arrivée B en est l'*extrémité*. A cet arc on fait correspondre un nombre algébrique, ayant pour valeur absolue la longueur du chemin parcouru ; ce nombre sera positif si le mobile s'est déplacé dans le sens positif, et négatif dans le cas contraire.

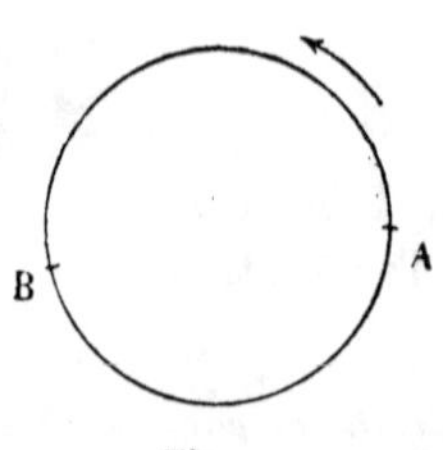

Fig.

Supposons que le mobile, partant de A, se déplace dans le sens positif ; il arrivera une première fois au point B après avoir parcouru un arc α moindre qu'une circonférence ; s'il continue son chemin, il reviendra au point B, après avoir parcouru une circonférence de plus, en tout un arc égal à $\alpha + 2\pi$; à son troisième passage au point B, il aura décrit un arc égal à $\alpha + 4\pi$, etc... On obtient une série d'arcs positifs compris dans la formule $\alpha + 2k\pi$, k étant un nombre entier positif ou nul.

Si le mobile se déplace dans le sens négatif, il arrivera une première fois au point B, après avoir parcouru un chemin $2\pi - \alpha$; une seconde fois après avoir parcouru un chemin $4\pi - \alpha$, etc... Les valeurs algébriques des arcs correspondants sont $\alpha - 2\pi$, $\alpha - 4\pi$, etc...; elles sont comprises dans la formule générale $\alpha - 2k\pi$.

Les diverses valeurs de l'arc AB sont donc toutes comprises dans la formule générale

$$\text{arc AB} = \alpha + 2k\pi,$$

k étant un nombre entier, positif, négatif ou nul.

30. **Relation de Chasles.** — *Si* A, B, C *sont trois points quelconques du cercle, on a*

$$\text{arc AC} = \text{arc AB} + \text{arc BC} + 2\lambda\pi,$$

λ *étant un nombre entier positif, négatif ou nul.*

Soient α, β, γ les valeurs positives, moindres que 2π, des arcs AB, BC, AC. On a

(1) arc AB $= \alpha + 2k\pi$, arc BC $= \beta + 2k'\pi$, arc AC $= \gamma + 2k''\pi$.

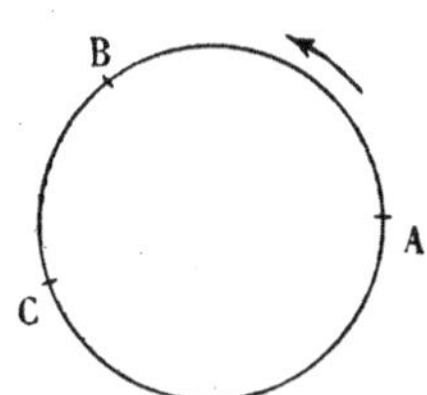

Fig. 8.

Deux cas peuvent se présenter :

1° Quand on part de A (*fig.* 8) en se déplaçant dans le sens positif, on rencontre le point B avant le point C.

On a évidemment dans ce cas

$$\gamma = \alpha + \beta,$$

et, en tenant compte des relations (1),

$$\text{arc AC} = \text{arc AB} + \text{arc BC} + 2(k'' - k - k')\pi.$$

2° Quand on part de A (*fig.* 9) en se déplaçant dans le sens positif, on rencontre le point C avant le point B.

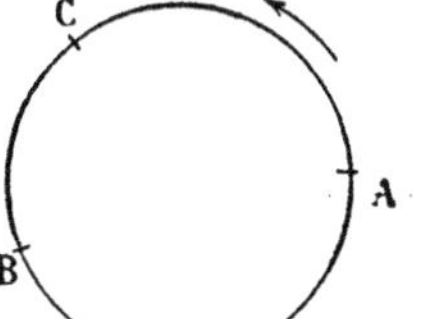

Fig. 9.

On a évidemment dans ce cas

$$\alpha = \gamma + (2\pi - \beta),$$

ou

$$\gamma = \alpha + \beta - 2\pi,$$

et par conséquent

$$\text{arc AC} = \text{arc AB} + \text{arc BC} + 2(k'' - k' - k - 1)\pi.$$

31. Remarque. — Un raisonnement analogue à celui qui a été fait au n° 2 permet d'étendre la relation de Chasles à un nombre quelconque de points. Si A, B, C, ..., K, L sont des points du cercle, on a

$$\text{arc AL} = \text{arc AB} + \text{arc BC} + \ldots + \text{arc KL} + 2\lambda\pi.$$

32. **Angle de deux directions.** — Soient A et B deux droites du plan (*fig.* 10) ; fixons sur chacune d'elles une direction positive ; par le centre O du cercle menons des demi-droites A′ et B′ ayant respectivement pour directions les directions positives de A et B ; ces demi-droites A′ et B′ coupent respectivement le cercle en α et β. Cela posé, l'angle que fait la direction positive

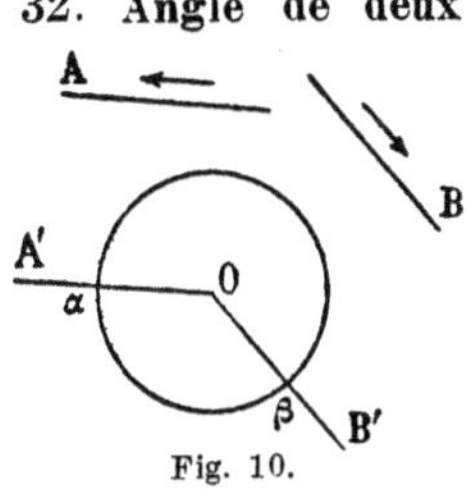

Fig. 10.

de B avec la direction positive de A, angle que nous représenterons par la notation (A, B), a par définition même valeur algébrique que l'arc $\alpha\beta$. On voit que cet angle est défini à un multiple près de 2π.

33. Soient A, B, C trois droites du plan sur lesquelles on a fixé un sens positif ; la relation de Chasles (30) entre trois points du cercle conduit immédiatement à la relation suivante entre les angles des directions :

$$(A, C) = (A, B) + (B, C) + 2\lambda\pi.$$

34. **Angle de deux rayons.** — Soient A et B deux droites du plan ; sur la droite A, on peut distinguer deux directions A_1, A_2 ; sur la droite B, deux directions B_1, B_2. Si l'on désigne par α l'une des valeurs de l'angle (A_1, B_1), on aura

$$\begin{aligned}
(A_1, B_1) &= \alpha + 2k\pi,\\
(A_1, B_2) &= (A_1, B_1) + (B_1, B_2) = \alpha + (2k' + 1)\pi,\\
(A_2, B_1) &= (A_2, A_1) + (A_1, B_1) = \alpha + (2k'' + 1)\pi,\\
(A_2, B_2) &= (A_2, B_1) + (B_1, B_2) = \alpha + 2k'''\pi.
\end{aligned}$$

Cela posé, l'angle que fait la droite B avec la droite A, angle que nous représenterons par la notation [A, B], a même valeur algébrique que l'un quelconque des angles obtenus en fixant arbitrairement une direction positive sur A et une direction positive sur B. Les diverses valeurs de [A, B] sont comprises dans la formule

$$[A, B] = \alpha + k\pi.$$

On peut remarquer que tous ces angles ont la même tangente.

§ VII.

Faisceaux harmoniques.

35. **Définition.** — On appelle *faisceau harmonique* l'ensemble des quatre droites obtenues en joignant un point

quelconque O du plan aux sommets A, B, C, D d'une division harmonique (*fig.* 11).

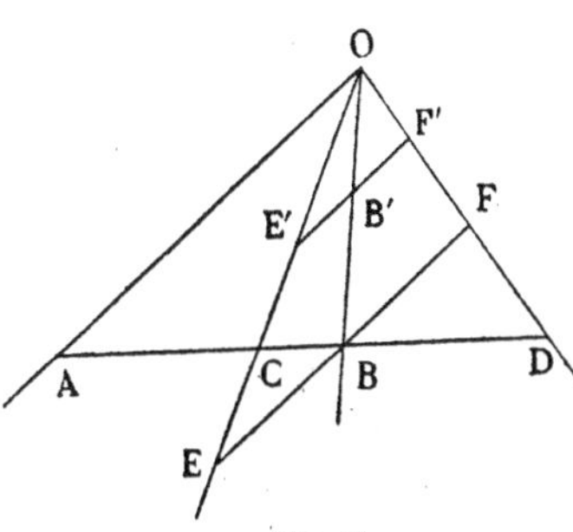

Fig. 11.

Au couple de points C et D qui divisent harmoniquement le segment AB (4) correspondent deux rayons OC et OD qui sont dits *conjugués* par rapport aux rayons OA et OB; les rayons OA et OB sont aussi conjugués par rapport aux rayons OC et OD.

36. Lemme. — *Si une transversale est parallèle à un rayon d'un faisceau harmonique, le point où la transversale coupe le rayon conjugué est le milieu du segment déterminé sur la transversale par les deux autres rayons.*

Coupons le faisceau harmonique (O.ABCD) (*fig.* 11) par une parallèle à OA. Supposons d'abord que cette parallèle passe par le point B ; cette parallèle coupe les rayons OC et OD respectivement en E et F.

Les triangles semblables DBF, DAO donnent la proportion

$$\frac{\mathrm{BF}}{\mathrm{AO}} = \frac{\mathrm{DB}}{\mathrm{DA}}.$$

Les triangles semblables CBE et CAO donnent

$$\frac{\mathrm{BE}}{\mathrm{AO}} = \frac{\mathrm{CB}}{\mathrm{CA}}.$$

Mais on a, en valeur absolue,

$$\frac{\mathrm{DB}}{\mathrm{DA}} = \frac{\mathrm{CB}}{\mathrm{CA}};$$

donc

$$\frac{\mathrm{BF}}{\mathrm{AO}} = \frac{\mathrm{BE}}{\mathrm{AO}},$$

et par suite

$$\mathrm{BF} = \mathrm{BE}.$$

Supposons maintenant que la parallèle à OA soit quelconque, elle coupe les rayons OB, OC, OD respectivement en B′, E′, F′. On a évidemment

$$\frac{B'E'}{BE} = \frac{B'F'}{BF};$$

donc
$$B'E' = B'F'.$$

37. **Théorème.** — *Le segment déterminé sur une transversale quelconque par deux rayons conjugués d'un faisceau harmonique est divisé harmoniquement par celui qui est déterminé sur la même transversale par les deux autres rayons.*

Coupons le faisceau harmonique (O.ABCD) (*fig.* 12) par une sécante quelconque ; cette sécante rencontre les rayons OA, OB, OC, OD respectivement en A′, B′, C′, D′ ; menons par B′ une parallèle à OA′, cette parallèle rencontre OC et OD en E′ et F′ : le point B′ sera le milieu de E′F′ (36).

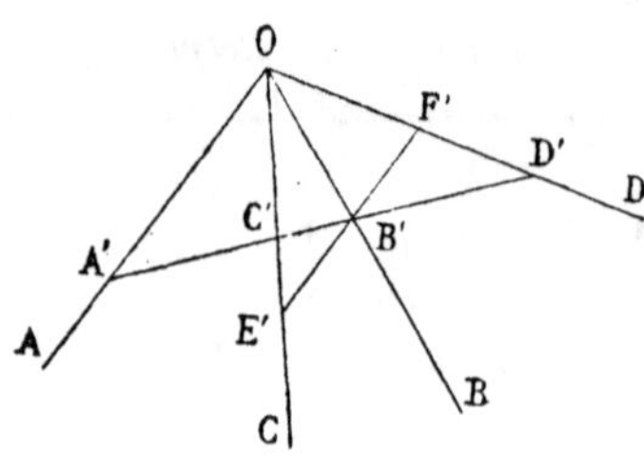

Fig. 12.

Cela posé, les triangles semblables B′D′F′ et A′D′O donnent la relation

$$\frac{D'B'}{D'A'} = \frac{B'F'}{A'O}.$$

Des triangles semblables C′B′E′ et C′A′O, on déduit

$$\frac{C'B'}{C'A'} = \frac{B'E'}{A'O}.$$

B′E′ étant égal à B′F′, il en résulte que les deux rapports $\frac{D'B'}{D'A'}$ et $\frac{C'B'}{C'A'}$ ont même valeur absolue ; donc C′ et D′ divisent harmoniquement A′B′.

38. Remarque I. — Il résulte de la démonstration qui précède que, dans un triangle quelconque OE′F′ (*fig.* 12),

la médiane OB′ et la parallèle OA′ menée par le sommet O à la base forment un faisceau harmonique avec les côtés OE′, OF′ du triangle.

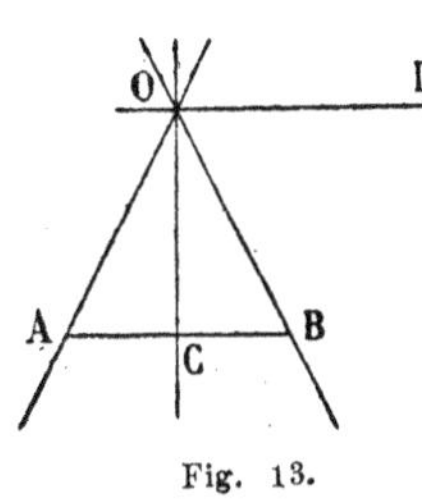

Fig. 13.

39. Remarque II. — Les bissectrices des angles formés par deux droites qui se coupent forment avec ces droites un faisceau harmonique. En effet, si l'on coupe les deux droites OA et OB (*fig.* 13) par une parallèle AB à la bissectrice OD, l'autre bissectrice OC est la médiane du triangle OAB.

40. Remarque III. — Si deux droites rectangulaires OC et OD forment un faisceau harmonique avec les droites OA et OB (*fig.* 13), ces droites sont les bissectrices de l'angle AOB. En effet, si l'on coupe par une parallèle à OD qui rencontre les droites OA, OB, OC respectivement en A, B, C, le point C sera le milieu de AB (36). La droite OC, étant médiane et hauteur du triangle AOB, sera bissectrice de l'angle AOB.

§ VIII.

Faisceaux homographiques.

41. **Définition.** — Un *faisceau* est formé de droites passant par un point fixe ; ce point fixe est le *centre* du faisceau ; une droite passant par le point fixe est un *rayon* du faisceau.

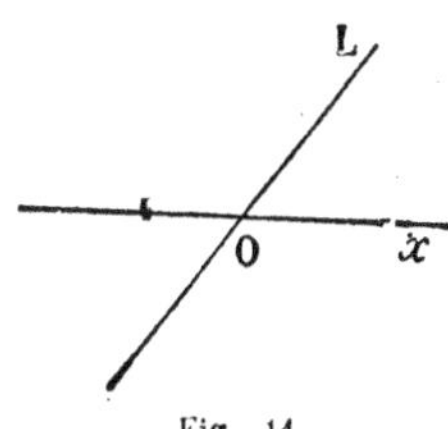

Fig. 14.

Par le centre O du faisceau, menons un rayon origine Ox (*fig.* 14) ; un rayon quelconque OL sera défini sans ambiguïté si l'on connaît la tangente de l'angle xOL. Cette tangente est le *coefficient angulaire* du rayon L.

42. Lemme. — *Si l'on joint un point* O *du plan* (*fig.* 15) *à trois points* A, B, C *d'une droite, on a*

$$\frac{CA}{CB} = \frac{OA \sin COA}{OB \sin COB}.$$

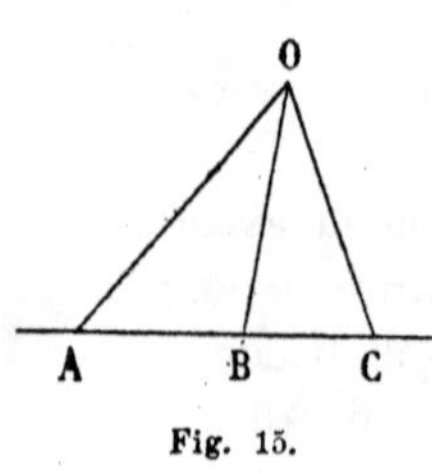

Fig. 15.

Remarquons d'abord que les rapports $\frac{CA}{CB}$ et $\frac{\sin COA}{\sin COB}$ sont de même signe ; il reste à établir que l'égalité précédente a lieu en valeur absolue. Or

$$\frac{CA}{CB} = \frac{\text{aire } AOC}{\text{aire } BOC} = \frac{\frac{1}{2} OA.OC \sin COA}{\frac{1}{2} OB.OC \sin COB} = \frac{OA \sin COA}{OB \sin COB}.$$

43. Théorème. — *Lorsqu'on coupe un faisceau de quatre droites par une transversale, le rapport anharmonique des quatre points d'intersection est indépendant de la position de la transversale.*

Soient les quatre droites $O\alpha$, $O\beta$, $O\gamma$, $O\delta$ (*fig.* 16), coupées en A, B, C, D par une transversale L. On a (42)

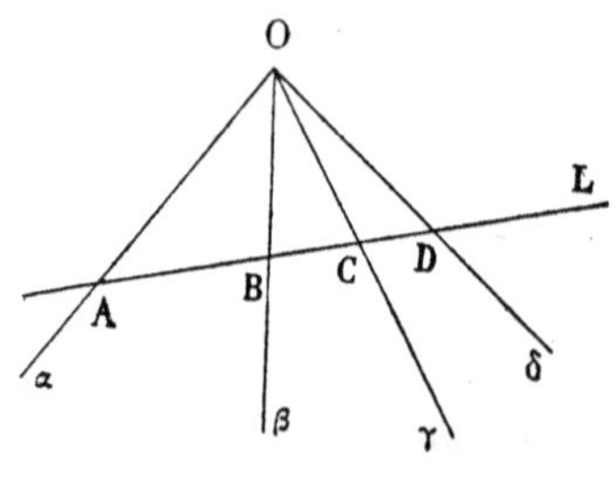

Fig. 16.

$$\frac{CA}{CB} = \frac{OA \sin COA}{OB \sin COB}$$

et

$$\frac{DA}{DB} = \frac{OA.\sin DOA}{OB.\sin DOB};$$

donc

$$(ABCD) = \frac{CA}{CB} \cdot \frac{DB}{DA} = \frac{\sin COA}{\sin COB} \cdot \frac{\sin DOB}{\sin DOA}.$$

Le rapport anharmonique ne dépend donc que des angles des droites du faisceau ; il a la même valeur quelle que soit la transversale L.

44. On appelle *rapport anharmonique* d'un faisceau de quatre droites le rapport anharmonique des quatre points d'intersection des droites du faisceau avec une transversale quelconque. Le rapport anharmonique des quatre droites $O\alpha$, $O\beta$, $O\gamma$, $O\delta$ est représenté par la notation $(O.\alpha\beta\gamma\delta)$; si A, B, C, D sont les points de rencontre respectifs des rayons $O\alpha$, $O\beta$, $O\gamma$, $O\delta$ avec une transversale quelconque L, on aura

$$(O.\alpha\beta\gamma\delta) = (ABCD) = \frac{\sin(\gamma O\alpha)}{\sin(\gamma O\beta)} \times \frac{\sin(\delta O\beta)}{\sin(\delta O\alpha)}.$$

En changeant l'ordre dans lequel sont placées les droites, on obtiendra six valeurs du rapport anharmonique des quatre droites ; elles se déduisent toutes de l'une d'elles (12).

45. **Théorème.** — *Les rayons issus d'un point déterminent sur deux transversales des divisions homographiques.*

Soient L et L′ (*fig.* 17) deux transversales quelconques ; faisons correspondre sur ces droites les points M et M′ où elles sont coupées par un même rayon issu du centre O du faisceau ; je dis que les points M et M′ décrivent des divisions homographiques. En effet, le rapport anharmonique de quatre points quelconques de la première division est égal (44) au rapport anharmonique des points correspondants de la seconde ; donc (18) la correspondance est homographique.

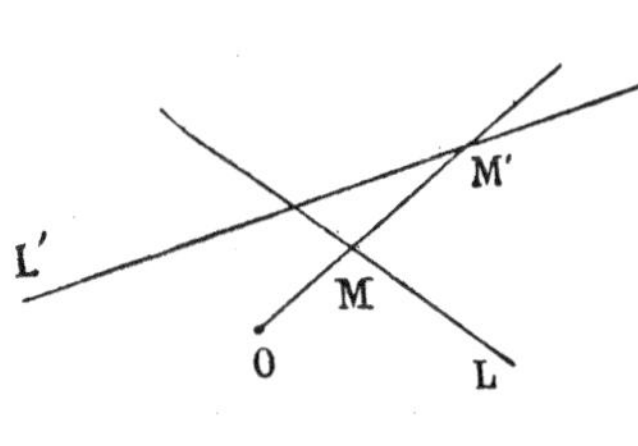

Fig. 17.

46. **Correspondance entre deux faisceaux.** — Soient deux faisceaux de centres O et O′. Désignons par m le coefficient angulaire d'un rayon L du premier faisceau, par m' le coefficient angulaire d'un rayon L′ du second faisceau ; si l'on assujettit m et m' à vérifier l'équation

$$(1) \qquad F(m, m') = 0,$$

on fait correspondre à chaque rayon L du premier faisceau un ou plusieurs rayons L′ du second et inversement. On dit alors qu'il existe une *correspondance* entre les deux faisceaux ; l'équation (1) est l'équation de la correspondance.

47. **Faisceaux homographiques.** — La correspondance entre deux faisceaux O et O′ (*fig.* 18) est dite *homographique* si les points M et M′ où deux rayons correspondants rencontrent une même transversale R décrivent des divisions homographiques.

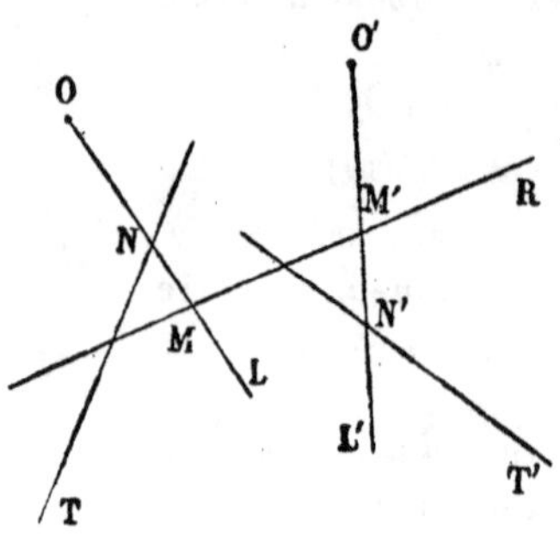

Fig. 18.

Coupons le premier faisceau par une transversale T et le second par une transversale T′; soient N et N′ les points où deux rayons correspondants rencontrent respectivement T et T′ ; je dis que les points N et N′ décrivent des divisions homographiques.

En effet, les points N et M décrivent des divisions homographiques (45) ; il en est de même des points N′ et M′. Par hypothèse les divisions décrites par M et M′ sont homographiques ; or deux divisions homographiques d'une troisième sont homographiques (20) ; donc les points N et N′ se correspondent homographiquement.

48. Des propriétés établies pour les divisions on déduit immédiatement les propriétés suivantes des faisceaux homographiques :

Dans deux faisceaux homographiques, le rapport anharmonique de quatre rayons du premier faisceau est égal au rapport anharmonique des quatre rayons correspondants du second faisceau (17).

Réciproquement, *si deux faisceaux se correspondent de telle sorte que le rapport anharmonique de quatre rayons quelconques du premier faisceau soit égal au rapport anharmonique des rayons correspondants du second, la correspondance entre les deux faisceaux est homographique* (18).

Trois couples de rayons homologues déterminent deux faisceaux homographiques (19).

49. **Faisceaux homographiques de même sommet.** — Quand deux faisceaux homographiques ont le même sommet, on appelle *rayon double* un rayon qui coïncide avec son homologue. Il est clair que si l'on coupe ces faisceaux par une même transversale T, le point d'intersection d'un rayon double avec T est un point double des divisions homographiques déterminées par les faisceaux sur cette transversale et inversement ; donc :

Deux faisceaux homographiques de même centre ont deux, un ou zéro rayons doubles (21).

Le rapport anharmonique des deux rayons doubles et de deux rayons correspondants quelconques est constant (22).

50. **Théorème.** — *Quand un angle de grandeur constante tourne autour de son sommet, les deux côtés de cet angle engendrent des faisceaux homographiques.*

En effet, l'angle de deux rayons du premier faisceau est égal à l'angle des rayons correspondants du second. Il en résulte (44) que le rapport anharmonique de quatre rayons du premier faisceau est égal à celui des quatre rayons correspondants du second ; donc (48) les deux faisceaux sont homographiques.

Il est clair que, dans cet exemple, il n'y a pas de rayons doubles.

§ IX.

Faisceaux en involution.

51. **Définition.** — On dit que deux faisceaux homographiques de même sommet sont *en involution* ou forment un *faisceau involutif* lorsqu'il existe une transversale qui les coupe suivant deux divisions en involution.

Soient A, B, C trois rayons quelconques du premier faisceau, A′, B′, C′ les rayons correspondants du second, T la transversale qui coupe ces faisceaux suivant des divisions en involution, a, b, c, a', b', c' les points de rencontre respectifs des rayons A, B, C, A′, B′, C′ avec la transversale T. Les divisions tracées sur T étant en involution, on a (28)

$$(aa'bc) = (a'ab'c'),$$

et par conséquent

$$(1) \qquad (\mathrm{O.AA'BC}) = (\mathrm{O.A'AB'C'}).$$

Soient alors T_1 une seconde transversale quelconque, a_1, b_1, c_1, a'_1, b'_1, c'_1 les points d'intersection respectifs de T_1 avec les rayons A, B, C, A′, B′, C′. On aura, à cause de la relation (1),

$$(a_1a'_1b_1c_1) = (a'_1a_1b'_1c'_1) ;$$

donc (28) les divisions tracées sur T_1 sont aussi en involution, d'où l'on conclut que :

Si deux faisceaux homographiques de même centre sont en involution, toute transversale les coupe suivant des divisions en involution.

52. Des propriétés des divisions en involution, on déduit immédiatement les propriétés suivantes des faisceaux en involution :

Dans deux faisceaux en involution, tout rayon considéré successivement comme appartenant au premier ou au second faisceau a le même homologue (23).

Réciproquement, *si dans deux faisceaux homographiques de même centre, il existe un rayon qui, considéré comme appartenant au premier ou au second faisceau, a le même homologue, les faisceaux sont en involution* (24).

Dans un faisceau involutif il existe deux, un ou zéro rayons doubles ; les rayons doubles forment un faisceau harmonique avec deux rayons correspondants quelconques (26).

Deux couples de rayons homologues déterminent un faisceau involutif (27).

Pour que trois couples de rayons correspondants appartiennent à un faisceau involutif, il faut et il suffit que le rapport anharmonique de quatre de ces rayons soit égal à celui des quatre rayons homologues (28).

53. **Théorème.** — *Quand un angle droit tourne autour d'un point fixe, ses côtés engendrent un faisceau involutif.*

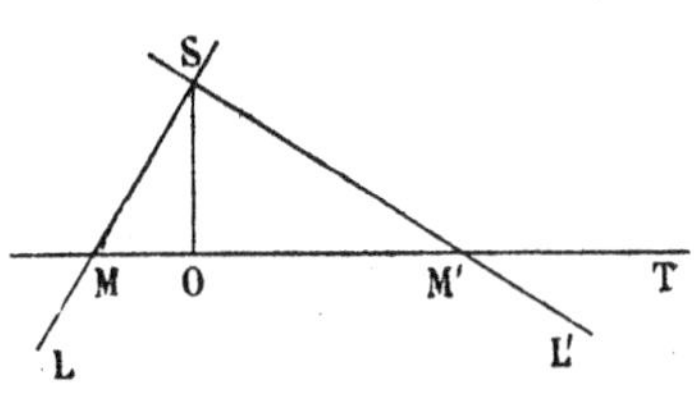

Fig. 19.

Soient LSL′ (*fig.* 19) un angle droit qui tourne autour de son sommet S, T une transversale quelconque qui coupe les rayons SL et SL′ en M et M′, O le pied de la perpendiculaire abaissée de S sur T. On aura

$$\mathrm{OM}.\mathrm{OM}' = -\overline{\mathrm{OS}}^2\ ;$$

donc (25) les points M et M′ décrivent des divisions en involution ; O est le point central de cette involution.

Il en résulte (51) que les rayons SL, SL′ décrivent un faisceau involutif.

§ X.

Polaire d'un point par rapport à deux droites.

54. **Théorème.** — *Le lieu du conjugué harmonique d'un point* P *par rapport aux points de rencontre d'une sécante quelconque issue de* P *avec deux droites fixes* OR, OS (*fig.* 20) *est une droite* OQ *passant par leur intersection.*

Menons par le point P une sécante qui rencontre les droites OR, OS en A et B ; soient C le conjugué harmonique du point P par rapport aux points A et B et OQ la droite joignant O à C. Les quatre droites OR, OS, OQ, OP forment un faisceau harmonique (35). Donc toute transversale est divisée harmoniquement par ces quatre droites ; en particulier, sur chaque sécante issue de P, le conjugué harmonique du point P, par rapport aux points de rencontre de la sécante avec OR et OS, se trouve sur la droite OQ.

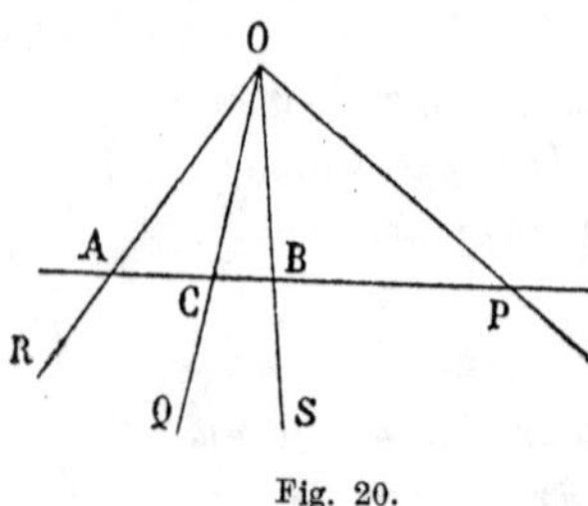

Fig. 20.

55. La droite OQ, lieu du conjugué harmonique du point P par rapport aux points de rencontre d'une sécante issue de P avec les deux droites OR et OS, est la *polaire* du point P par rapport à ces deux droites. On dit aussi que le point P est un *pôle* de la droite OQ par rapport aux deux droites OR et OS.

Tous les points de la droite OP ont pour polaire la droite OQ ; inversement, tous les points de la droite OQ ont pour polaire la droite OP.

56. **Quadrilatère complet.** — On appelle *quadrilatère complet* la figure formée par quatre droites ; ces droites sont les *côtés* du quadrilatère. Le point d'intersection de deux côtés quelconques est un *sommet ;* il y a donc six sommets. Deux sommets sont dits *opposés* quand ils ne sont pas situés sur un même côté ; chaque sommet est opposé à un seul sommet. La droite qui joint deux sommets opposés est une *diagonale ;* il y a par conséquent trois diagonales.

La figure 21 représente un quadrilatère complet ; les droites ABC, CDE, AEF, BDF en sont les côtés ; (A, D), (B, E), (C, F) sont les trois couples de sommets opposés ; les droites AD, BE, CF sont les diagonales.

57. **Théorème de Pappus.** — *Dans tout quadrilatère complet, chaque diagonale est divisée harmoniquement par les deux autres.*

Démontrons, par exemple, que la diagonale AD (*fig.* 21) est divisée harmoniquement par les points O et P où elle rencontre les deux autres diagonales EB et CF. Soient R et S les conjugués harmoniques du point C par rapport aux segments AB et ED. La polaire du point C par rapport aux deux droites FEA, FDB passe par R et S ; la droite RS passe donc par le point F ; cette droite RS est aussi la polaire du point C par rapport aux deux droites AOD, BOE, donc RS passe par O ; la droite RS est confondue avec la droite FO. Les quatre droites FA, FB, FO, FC forment un faisceau harmonique ; donc les quatre points A, D, O, P forment une division harmonique.

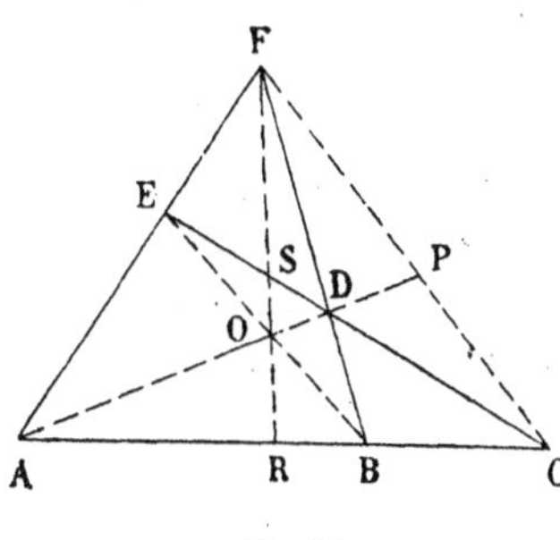

Fig. 21.

58. **Corollaire.** — *Etant donnés deux droites* Ox, Oy *et un point* P (*fig.* 22), *si par le point* P *on mène arbitrairement deux sécantes quelconques* PAB, PA′B′, *le point de rencontre* M *des diagonales du quadrilatère* ABB′A′ *est situé sur la polaire du point* P *par rapport aux deux droites* Ox, Oy.

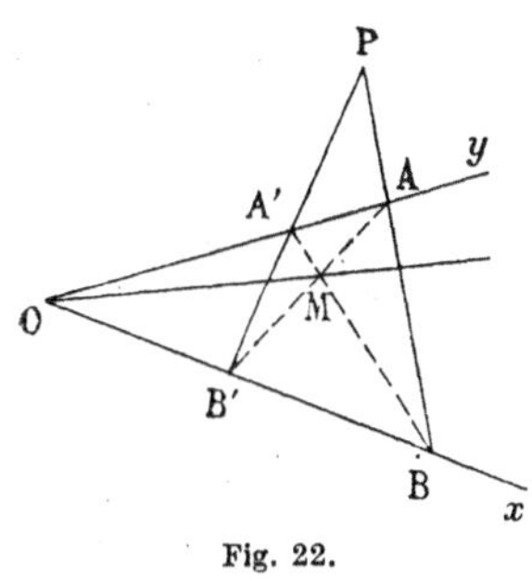

Fig. 22.

En effet, les quatre droites Ox, Oy, PAB, PA′B′ forment un quadrilatère complet ; donc la droite OM est la polaire du point P par rapport aux deux droites Ox, Oy (57).

Ce corollaire permet de construire la polaire d'un point par rapport à deux droites.

§ XI.

Applications de l'homographie.

59. **Théorème.** — *Quand deux figures rectilignes de quatre points* ABCD, A'B'C'D' (*fig.* 23) *ont même rapport anharmonique et un point homologue commun* A, *les droites* BB', CC', DD' *qui joignent les couples d'autres points homologues concourent en un même point* O.

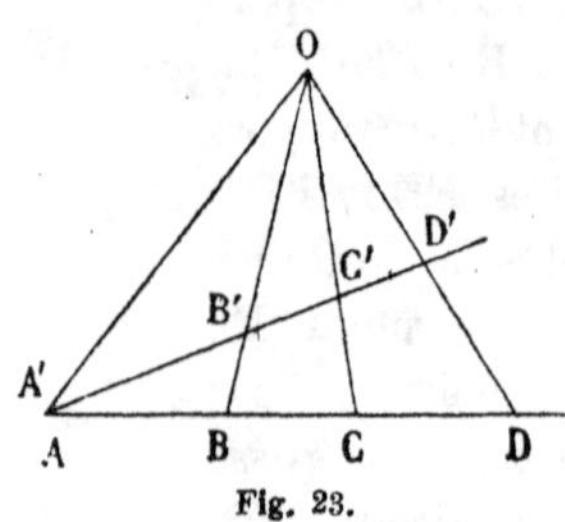

Fig. 23.

En effet, soit O le point de concours de BB' et de CC', δ le point où la droite OD rencontre la transversale A'B'C'. Le faisceau des quatre droites O.ABCD donne les égalités

$$(ABCD) = (O.ABCD) = (A'B'C'\delta).$$

Mais, par hypothèse,

$$(ABCD) = (A'B'C'D')\,;$$

donc

$$(A'B'C'D') = (A'B'C'\delta),$$

et par suite (11) δ coïncide avec D'; la droite DD' passe par le point O.

60. **Corollaire.** — *Si deux divisions homographiques ont un point homologue commun, les droites qui joignent les couples de points homologues passent par un point fixe.*

Considérons sur les bases L et L' (*fig.* 24) deux divisions homographiques qui ont un point homologue commun A, A'; prenons deux couples quelconques de points homologues

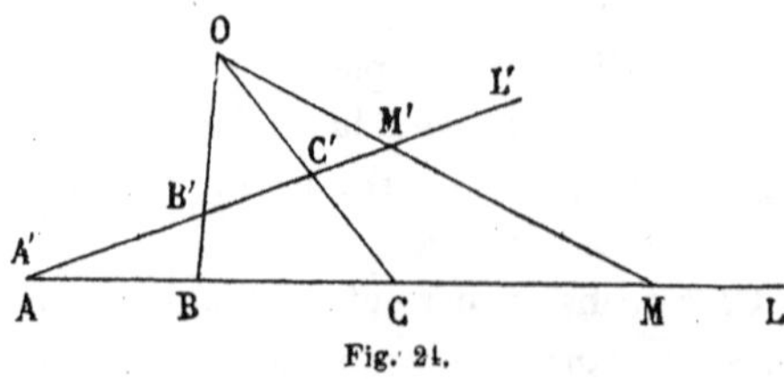

Fig. 24.

B, B' et C, C'; soit O le point de rencontre de BB' et de

CC'. La droite MM' qui joint deux points homologues quelconques passera par O, car (17)

$$(ABCM) = (A'B'C'M').$$

61. Théorème. — *Si deux faisceaux de quatre droites* OA, OB, OC, OD *et* O'A', O'B', O'C', O'D' (*fig.* 25) *ont même rapport anharmonique et un rayon homologue commun* OO'AA', *les trois points d'intersection* β, γ, δ *des couples* OB, O'B', OC, O'C', OD, O'D' *sont en ligne droite.*

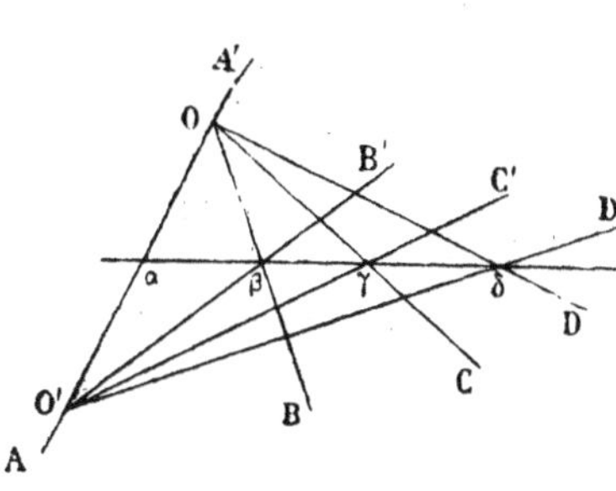

Fig. 25.

En effet, désignons par α, δ, δ' les points de rencontre de la droite βγ avec les droites OO', OD, O'D'. On a (43)

$$(\alpha\beta\gamma\delta) = (O.ABCD), \qquad (\alpha\beta\gamma\delta') = (O'.A'B'C'D').$$

Mais, par hypothèse,

$$(O.ABCD) = (O'.A'B'C'D'),$$

donc

$$(\alpha\beta\gamma\delta) = (\alpha\beta\gamma\delta'),$$

et par suite (11) δ coïncide avec δ', ce qui démontre le théorème.

62. Corollaire. — *Quand deux faisceaux homographiques ont un rayon homologue commun, les points d'intersection des couples de rayons homologues sont en ligne droite.*

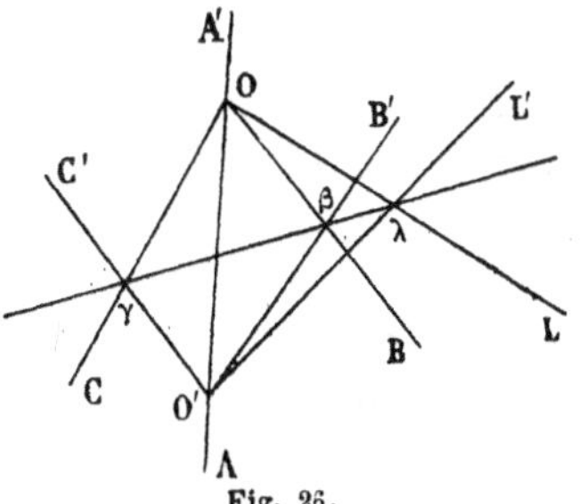

Fig. 26.

Soient deux faisceaux homographiques de centres O et O' (*fig.* 26) qui ont le rayon homologue commun OA, O'A'; prenons deux couples quelconques de rayons homologues OB, O'B' et

OC, O′C′; soit βγ la droite qui joint les points d'intersection de ces couples de rayons. Le point d'intersection λ de deux rayons homologues quelconques OL, O′L′ sera sur la droite βγ, car (61)

$$(O.ABCL) = (O'.A'B'C'L').$$

63. **Théorème.** — *Etant donnés un triangle* ABC *et deux points* P *et* Q *situés sur une droite issue de* A (*fig.* 27), *on prend sur le côté* BC *un point quelconque* a, *la droite* Pa *coupe* AC *en* b ; *la droite* Qa *coupe* AB *en* c ; *quand le point* a *décrit le côté* BC, *la droite* bc *tourne autour d'un point* O *situé à l'intersection de* BP *et de* CQ.

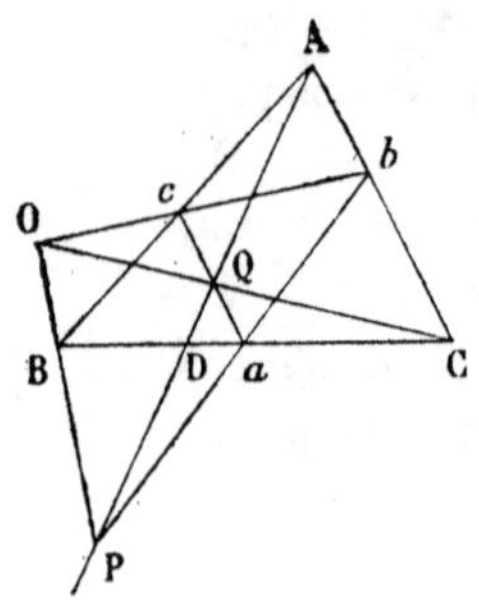

Fig. 27.

En effet, les divisions décrites par les points *a* et *b* sont homographiques (45) ; il en est de même de celles décrites par les points *a* et *c* ; donc (20) les points *b* et *c* décrivent des divisions homographiques. Quand le point *a* vient au point d'intersection D de BC et de PQ, les points *b* et *c* viennent en A. Les divisions décrites par les points *b* et *c* ont un point homologue commun A, donc (60) la droite *bc* passe par un point fixe O. Si le point *a* vient au point B, le point *c* vient en B et *b* sur PB ; la droite *bc* se confond donc avec BP et le point O est sur BP. On voit de même qu'il est sur la droite CQ.

64. **Théorème.** — *Etant donnés un triangle* ABC (*fig.* 28) *et deux droites* OR, OS *qui se coupent en* O *sur le côté* BC, *on mène par le point* A *une sécante quelconque qui coupe* OR *en* β *et* OS *en* γ ; *le point d'intersection* M *de* Bβ *et* Cγ *décrit une droite* L *quand la sécante tourne autour du point* A ; *cette droite* L *passe par le point* E, *commun à* OS *et* AB, *et par le point* F *commun à* OR *et* AC.

En effet, les divisions décrites par β et γ sont homographiques (45). Il en est de même des faisceaux décrits par $B\beta$ et $C\gamma$; quand la transversale passe par O, les points β et γ viennent en O, les rayons homologues $B\beta$, $C\gamma$ sont confondus avec le côté BC. Les deux faisceaux B et C ayant un rayon homologue commun, le lieu des points d'intersection M de deux rayons homologues $B\beta$, $C\gamma$ est une droite L (62).

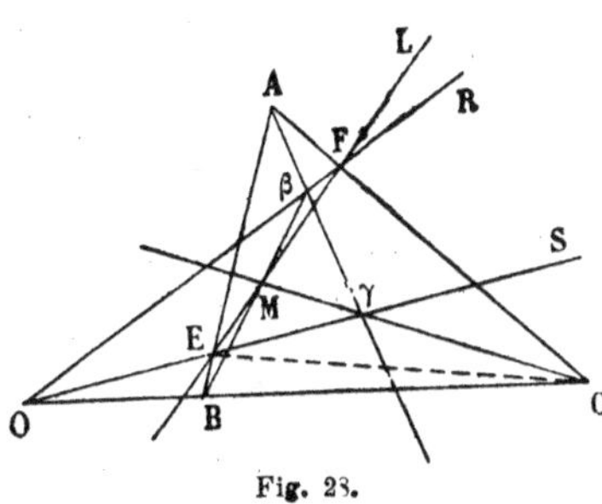

Fig. 28.

Quand la transversale occupe la position AB, $B\beta$ est confondu avec AB, $C\gamma$ prend la position CE, le point M vient en E. La droite L passe donc par le point E. On voit de même qu'elle passe par le point F.

65. **Problème.** — *Construire les points limites de deux divisions homographiques de même base définies par trois couples de points correspondants.*

Soit sur une droite L (*fig.* 29) deux divisions homographiques telles qu'aux trois points donnés A, B, C de la première division correspondent trois points donnés A′, B′, C′

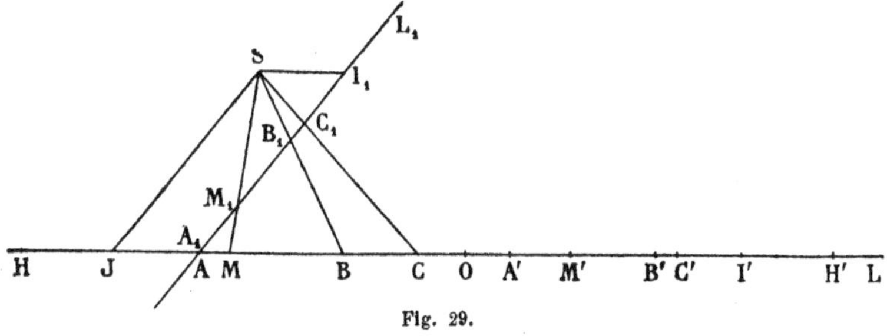

Fig. 29.

de la deuxième ; à un point quelconque M de la première correspond un point M′ de la seconde. Par le point A je mène une droite quelconque L_1 et je prends sur cette droite un segment AM_1 égal au segment $A'M'$. Les divisions décrites par M' et M_1 sont homographiques ; donc il en est de même (20) des divisions décrites par M et M_1. Or, quand M' vient en A', M_1 vient en un point A_1 qui coïncide avec A ; aux positions B' et C' de M' correspondent les positions B_1 et C_1 de M_1 qu'on obtient en prenant des segments A_1B_1, A_1C_1 respectivement égaux aux segments $A'B'$, $A'C'$.

Cela posé, les divisions décrites par M et M_1 ont un point homologue commun, le point A ; par conséquent (60) la droite MM_1 passe par un point fixe S, qui est le point de rencontre de BB_1 et de CC_1.

Si maintenant le point M' va à l'infini sur L, le point M_1 va à l'infini sur L_1 ; la droite SM_1 devient la parallèle menée par S à L_1 ; cette parallèle rencontre la droite L en un point J ; ce point J est le point de la première division qui correspond au point à l'infini sur la seconde : c'est (16) le point limite de la première division.

De même, si M va à l'infini sur L, la droite SM devient la parallèle menée par S à la droite L ; cette parallèle rencontre L_1 en un point I_1 ; en prenant un segment $A'I'$ égal au segment A_1I_1, on obtient un point I' qui correspond au point à l'infini de la première division. Ce point I' est le point limite sur la deuxième division.

66. Remarque. — Si l'on a la relation

$$\frac{AB}{BC} = \frac{A'B'}{B'C'},$$

les droites BB_1 et CC_1 sont parallèles ; le point S est rejeté à l'infini. Dans ce cas, les divisions homographiques sont semblables ; on sait que dans ce cas les points limites sont à l'infini. C'est ce qui résulte d'ailleurs de la construction précédente.

67. **Problème.** — *Construire les points doubles de deux divisions homographiques de même base définies par trois couples de points correspondants.*

Je conserve les notations du n° 65. Deux cas sont à considérer :

1° On a la relation

$$(1) \qquad \frac{AB}{BC} = \frac{A'B'}{B'C'}.$$

Les deux divisions homographiques sont semblables ; l'un des points doubles est à l'infini (21) ; l'autre est un point H défini par la relation

$$\frac{AH}{A'H} = \frac{AB}{A'B'},$$

ce qui permet de construire le point H.

2° La relation (1) n'est pas vérifiée. On construit (65) les points limites J et I'. On sait que l'on a (16)

$$JM \times I'M' = JA \times I'A'.$$

Si H est un point double, on aura

$$JH \times I'H = JA \times I'A'$$

ou, en désignant par O (*fig.* 29) le milieu de JI',

$$\overline{OH}^2 = \overline{OJ}^2 + JA \times I'A',$$

ce qui permet de construire la longueur OH.

68. **Problème.** — *Construire les rayons doubles de deux faisceaux homographiques de même sommet.*

Soit S le sommet commun aux deux faisceaux. Coupons par une droite quelconque L; les deux faisceaux déterminent sur L des divisions homographiques ; on déterminera les points doubles H et H' de ces divisions (67) ; les rayons doubles demandés sont les droites SH, SH'.

69. **Théorème.** — *Si les droites* AA', BB', CC' (*fig.* 30) *qui joignent les sommets homologues de deux triangles* ABC, A'B'C' *concourent en un même point* O, *les côtés homologues* BC *et* B'C', CA *et* C'A', AB *et* A'B' *se rencontrent en trois points* α, β, γ *situés en ligne droite.*

Soient P et P′ les points de rencontre des côtés AC, A′C′ avec la droite OBB′ ; les quatre droites OAA′, OBB′, OCC′, Oβ coupées par les sécantes βAC, βA′C′ donnent des rapports anharmoniques égaux. On a donc

$$(PAC\beta) = (P'A'C'\beta).$$

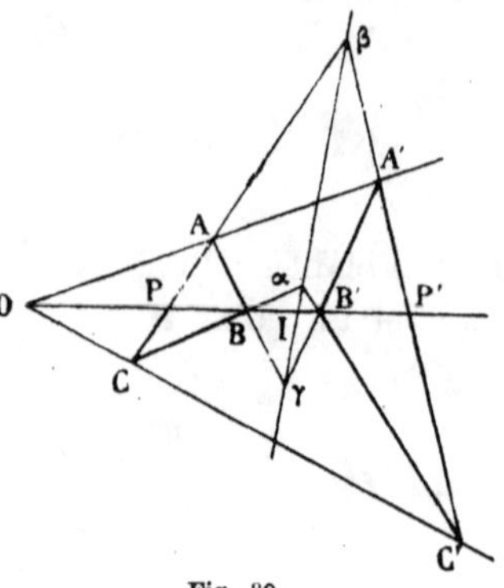

Fig. 30.

Les deux faisceaux BP, BA, BC, Bβ et B′P′, B′A′, B′C′, B′β ont même rapport anharmonique ; ces deux faisceaux ont un rayon homologue commun BP, B′P′ ; donc (61) les points d'intersection γ, α, β des couples de rayons homologues BA, B′A′ ; BC, B′C′ ; Bβ, B′β sont en ligne droite.

70. **Théorème.** — *Si les côtés homologues* BC *et* B′C′, CA *et* C′A′, AB *et* A′B′ *de deux triangles* ABC, A′B′C′ *se coupent respectivement en trois points* α, β, γ (*fig.* 30) *situés en ligne droite, les droites* AA′, BB′, CC′ *qui joignent les sommets homologues concourent en un même point* O.

En effet, soit O le point de concours de AA′ et de CC′, je vais montrer que la droite BB′ passe par O. Je désigne par I, P, P′ les points de rencontre de BB′ avec les droites αβγ, AC, A′C′. Les deux faisceaux (B.βαIγ) et (B′.βαIγ) ont le même rapport anharmonique.

Si l'on coupe ces faisceaux respectivement par les droites AC et A′C′, on en déduit l'égalité des deux rapports anharmoniques (βCPA) et (βC′P′A′). Ces deux figures rectilignes de quatre points ont un point homologue commun β, donc les droites AA′, CC′, PP′ concourent en un même point, par conséquent BB′ passe par O.

71. Remarque. — Les deux triangles ABC, A′B′C′ qui possèdent les propriétés indiquées dans les deux numéros

précédents sont appelés des *triangles homologiques* ; le point de concours O des droites qui joignent les sommets homologues est le *centre d'homologie ;* la droite $\alpha\beta\gamma$, qui passe par les points de rencontre des côtés homologues, est l'*axe d'homologie*.

§ XII.

Applications de l'involution.

72. **Théorème.** — *Une transversale quelconque* L (*fig.* 31) *rencontre les couples de côtés opposés et les diagonales d'un quadrilatère* ABCD *en trois couples de points* (a, a'), (b, b'), (c, c'), *qui sont en involution.*

En effet, les deux faisceaux (A.BCDc') et (C.BADc') sont tels que leurs rayons correspondants coupent la droite BD aux mêmes points ; donc

(A.BCDc') = (C.BADc').

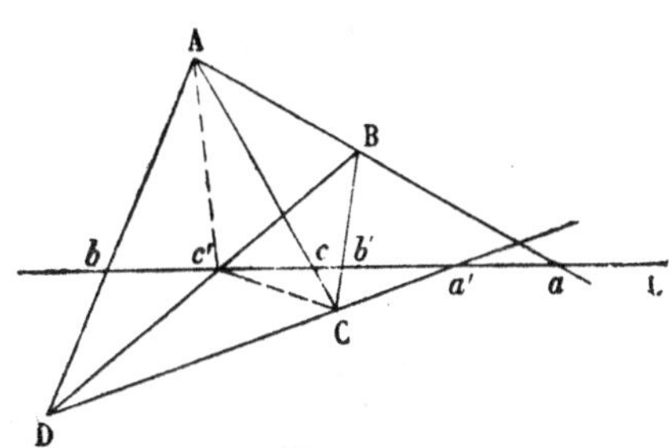

Fig. 31.

En coupant ces deux faisceaux par la transversale L, on aura

$$(acbc') = (b'ca'c').$$

Mais on a (12),

$$(b'ca'c') = (a'c'b'c) ;$$

donc

$$(acbc') = (a'c'b'c),$$

et par conséquent (28), les trois couples (a, a'), (b, b') et (c, c') sont en involution.

73. **Théorème.** — *Les trois couples de droites* (OA, OC), (OB, OD), (OE, OF) (*fig.* 32) *qui joignent les couples de sommets*

opposés d'un quadrilatère complet à un point quelconque O *de son plan appartiennent à un faisceau involutif.*

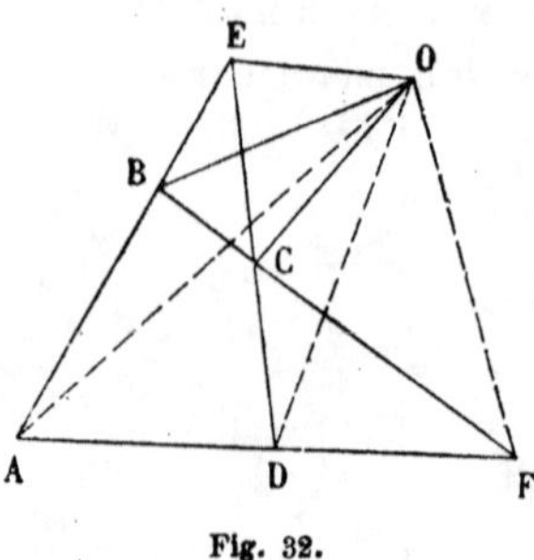

Fig. 32.

En effet, considérons le quadrilatère OEBC, les couples de droites (EB, OC), (OB, EC) et (OE, BC) déterminent (72) sur une transversale quelconque trois couples de points en involution. Les points d'intersection de ces couples de droites avec la transversale ADF sont respectivement les mêmes que ceux des couples (OA, OC), (OB, OD), (OE, OF) ; ces trois couples appartiennent donc à un faisceau involutif.

74. **Théorème.** — *Etant donnés un triangle* ABC (*fig.* 33) *et deux divisions en involution sur une droite* L, *soient* α, β, γ *les points de rencontre respectifs des côtés* BC, CA, AB *avec la droite* L, α', β', γ' *les homologues des points* α, β, γ *dans la correspondance involutive, les trois droites* $A\alpha'$, $B\beta'$, $C\gamma'$ *concourent en un même point* M.

En effet, soient M le point de rencontre de $A\alpha'$ et $B\beta'$, θ le point de rencontre de CM avec L. Dans le quadrilatère ABMC,

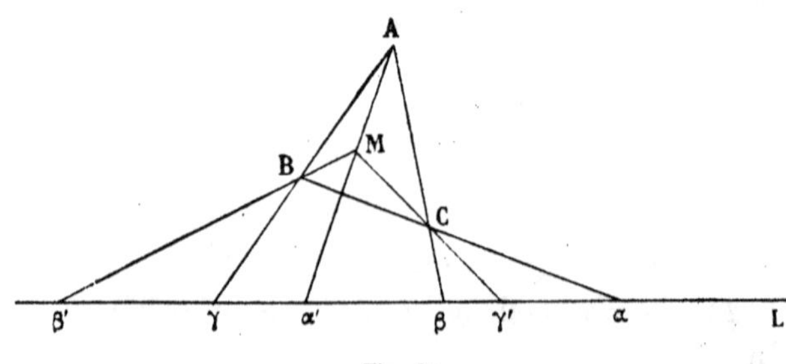

Fig. 33.

les couples de droites (BC, AM), (AC, BM), (AB, CM) déterminent (72) sur la droite L trois couples de points (α, α'),

(β, β'), (γ, θ), qui sont en involution. Cette involution est identique à celle qui est donnée sur la base L, car elle a deux couples de points communs (α, α'), (β, β') (27) ; donc θ coïncide avec γ', et par conséquent la droite $C\gamma'$ passe par le point M.

75. **Théorème.** — *Etant donnés un triangle* ABC (*fig.* 34) *et un faisceau involutif* S, *soient* A′ *l'intersection de* BC *avec le rayon homologue de* SA, B′ *celle de* CA *avec le rayon homologue de* SB ; C′ *celle de* AB *avec le rayon homologue de* SC, *les trois points* A′, B′, C′ *sont en ligne droite.*

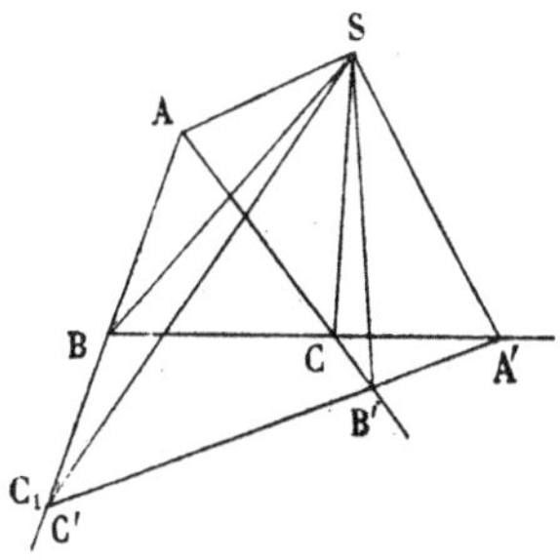

Fig. 34.

En effet, soit C_1 le point de rencontre de A′B′ et de AB. Les trois côtés du triangle ABC et la droite A′B′ forment un quadrilatère complet. Les couples de rayons (SA, SA′), (SB, SB′), (SC, SC_1) appartiennent (73) à un même faisceau involutif. Ce faisceau involutif ayant deux couples de rayons communs (SA, SA′), (SB, SB′) avec le faisceau donné est identique au faisceau donné. SC_1 coïncide donc avec SC′, le point C_1 avec C′ ; donc les points A′, B′, C′ sont en ligne droite.

§ XIII.

Faisceaux de plans.

76. **Définition.** — Un faisceau de plans est formé de plans passant par une droite fixe ; cette droite fixe est l'*axe* du faisceau. Soient A un plan fixe du faisceau, P un plan quelconque de ce faisceau ; par un point O de l'axe menons un plan M perpendiculaire à l'axe ; ce plan coupe A suivant

un rayon (A) et P suivant un rayon (P) ; pour déterminer le plan P du faisceau, il suffit de connaître le rayon (P) ; ce dernier est déterminé par son coefficient angulaire (41) qui est la tangente de l'angle que fait le rayon (P) avec le rayon (A), ou, ce qui revient au même, la tangente de l'angle dièdre (A, P). Ainsi un plan quelconque P du faisceau est déterminé par son *coefficient angulaire*, qui est la tangente de l'angle dièdre formé par un plan origine A et le plan P.

77. **Rapport anharmonique de quatre plans.** — *Si l'on coupe un faisceau de quatre plans par un plan, le rapport anharmonique du faisceau des quatre droites d'intersection est indépendant de la position du plan sécant.*

En effet, soient A, B, C, D les quatre plans du faisceau, Q et Q′ deux plans sécants quelconques qui coupent les plans du faisceau suivant les faisceaux de droites a, b, c, d et a', b', c', d' ; si α, β, γ, δ sont les points où les plans du faisceau sont coupés par la droite d'intersection des plans Q et Q′, les droites a et a' se rencontrent en α, b et b' en β, c et c' en γ, d et d' en δ. Donc

$$(abcd) = (\alpha\beta\gamma\delta),$$
$$(a'b'c'd') = (\alpha\beta\gamma\delta) ;$$

par conséquent

$$(abcd) = (a'b'c'd').$$

On appelle *rapport anharmonique* d'un faisceau de quatre plans le rapport anharmonique du faisceau des quatre droites obtenues en coupant le faisceau de quatre plans par un plan quelconque. Si A, B, C, D sont les quatre plans du faisceau, on désigne ce rapport anharmonique par la notation (ABCD).

Si (ABCD) = — 1, on dit que les plans C et D divisent harmoniquement le dièdre (A, B).

Coupons en particulier le faisceau de plans par un plan perpendiculaire à l'axe. Les plans A, B, C, D seront coupés suivant les droites a, b, c, d. On aura

$$(\mathrm{ABCD}) = (abcd) = \frac{\sin(a, c)}{\sin(b, c)} : \frac{\sin(a, d)}{\sin(b, d)}$$

$$= \frac{\sin(\mathrm{A}, \mathrm{C})}{\sin(\mathrm{B}, \mathrm{C})} : \frac{\sin(\mathrm{A}, \mathrm{D})}{\sin(\mathrm{B}, \mathrm{D})}.$$

78. **Théorème.** — *Le rapport anharmonique des quatre points d'intersection d'une transversale avec les quatre plans d'un faisceau est égal au rapport anharmonique de ces quatre plans.*

En effet, ces deux rapports sont égaux à celui du faisceau des quatre droites obtenues en coupant les quatre plans par un plan quelconque mené par la transversale.

79. **Faisceaux homographiques.** — On peut établir une correspondance entre les plans de deux faisceaux par une relation entre les coefficients angulaires des plans correspondants.

Cette correspondance sera homographique si le rapport anharmonique de quatre plans quelconques du premier faisceau est égal à celui de leurs correspondants.

Coupons les plans du premier faisceau par une droite L, ceux du second par une droite L′ ; un plan du premier faisceau coupe la droite L en M, le plan correspondant du second faisceau coupe L′ en M′ ; on établit ainsi une correspondance entre les points des droites L et L′ ; cette correspondance est homographique, car le rapport anharmonique de quatre points de L est égal à celui des quatre plans correspondants du premier faisceau, par conséquent à celui des quatre plans correspondants du second faisceau, et par suite à celui des quatre points correspondants de L′.

On voit de même que, inversement, si M et M′ décrivent sur L et L′ des divisions homographiques, les plans menés par M et un axe D et les plans menés par M′ et un axe D′ décrivent des faisceaux homographiques.

Si l'on coupe des faisceaux de plans homographiques par un plan quelconque, on obtient deux faisceaux de droites homographiques.

80. Quand deux faisceaux homographiques ont le même axe, on appelle *plans doubles* les plans qui coïncident avec leurs homologues.

Les propriétés des faisceaux de droites permettent d'énoncer les résultats suivants :

Deux faisceaux homographiques de même axe ont au plus deux plans doubles (49).

Le rapport anharmonique de deux plans doubles et de deux plans correspondants quelconques est constant.

81. Deux faisceaux homographiques de même axe sont en *involution* ou forment un *faisceau involutif* lorsqu'il existe une transversale qui les coupe suivant deux divisions en involution.

On démontre, comme au n° 51, que :

Si deux faisceaux de plans de même axe sont en involution, toute transversale les coupe suivant des divisions en involution.

Donc :

Si deux faisceaux de plans de même axe sont en involution, tout plan les coupe suivant des faisceaux de droites en involution.

Les propriétés des faisceaux de droites en involution permettent d'énoncer les résultats suivants :

Dans deux faisceaux de plans en involution, tout plan considéré successivement comme appartenant au premier et au second faisceau a le même homologue.

Réciproquement, *si dans deux faisceaux homographiques de plans de même axe, il existe un plan qui, considéré successivement comme appartenant au premier et au second faisceau, a le même homologue, les deux faisceaux sont en involution.*

Dans un faisceau de plans en involution, il existe au plus deux plans doubles ; les plans doubles forment un faisceau harmonique avec deux plans correspondants quelconques.

82. **Théorème.** — *Le rapport anharmonique du faisceau de quatre plans passant par une droite quelconque* Δ *et les quatre sommets* A, B, C, D *d'un tétraèdre est égal au rapport anharmonique des quatre points de rencontre* α, β, γ, δ *de la droite* Δ *avec les faces du tétraèdre respectivement opposées aux sommets* A, B, C, D (*fig.* 35).

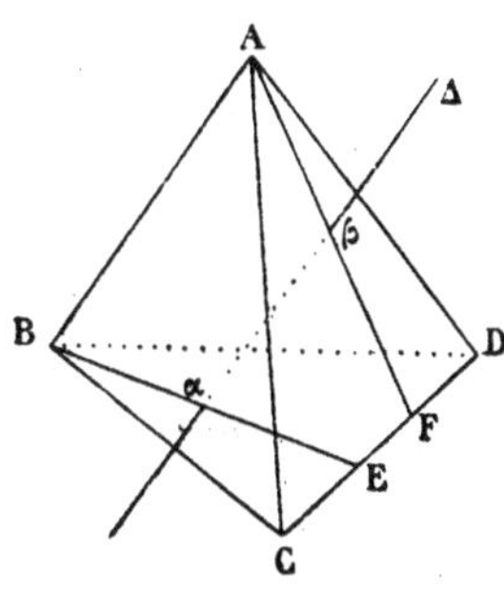

Fig. 35.

Je désigne par E et F les points de rencontre de Bα et Aβ avec le côté CD. Les plans Δ A, Δ B, Δ C, Δ D coupent l'arête CD respectivement en F, E, C, D. On a donc

$$(\Delta.\ ABCD) = (FECD).$$

Le rapport anharmonique (αβγδ) est égal à celui des quatre plans ABα, ABβ, ABγ, ABδ. Ces quatre plans coupent respectivement la droite CD aux points E, F, D, C. On a donc

$$(\alpha\beta\gamma\delta) = (EFDC).$$

Or les deux rapports anharmoniques (FECD) et (EFDC) sont égaux (12), donc

$$(\Delta.\ ABCD) = (\alpha\beta\gamma\delta),$$

ce qui démontre le théorème.

§ XIV.

Droites qui rencontrent trois droites données.

83. **Positions relatives de trois droites.** — Trois droites données A, B, C peuvent occuper les positions relatives suivantes : 1° elles passent par un même point O et sont situées dans un même plan P ; 2° elles passent par un même point O, mais ne sont pas dans un même plan ; 3° elles sont situées

dans un même plan P, mais elles ne sont pas concourantes ; 4° deux d'entre elles A et B sont dans un même plan P, elles se coupent en un point O ; la troisième droite C ne rencontre pas les deux autres ; 5° deux quelconques des trois droites A, B, C ne sont pas dans un même plan. C'est le cas général. Avant d'étudier ce cas général, je vais chercher les droites qui rencontrent les trois droites données en me plaçant dans les cas particuliers.

84. **Cas particuliers.** — Dans le premier cas, les droites cherchées se composent : 1° de celles qui passent par le point O ; 2° de celles qui sont situées dans le plan P. Dans le 2e cas, nous avons les droites passant par O ; dans le 3e cas, les droites situées dans le plan P. Dans le quatrième cas, je désigne par I le point de rencontre de la droite C avec le plan P. Les droites cherchées se décomposent en deux groupes : 1° les droites passant par O et situées dans le plan O, C ; 2° les droites passant par I et situées dans le plan P.

85. **Définition.** — On appelle *faisceau de droites* l'ensemble des droites qui passent par un point O et qui sont situées dans un plan P, contenant le point O. O est le sommet du faisceau ; P le plan de base du faisceau.

Dans le quatrième cas particulier, les droites cherchées forment donc deux faisceaux : le premier a pour sommet le point O et pour base le plan O, C ; le deuxième a pour sommet le point I et pour base le plan P. Le sommet de chacun de ces faisceaux est situé dans le plan de base de l'autre.

On voit tout de suite que chaque droite de ces deux faisceaux rencontre toutes les droites des deux faisceaux suivants : 1° le faisceau qui a pour sommet O et pour base le plan P ; 2° le faisceau qui a pour sommet I et pour base le plan O, C.

86. **Cas général.** — *Deux quelconques des trois droites* A, B, C *ne sont pas dans un même plan.*

Soit α_1 (*fig.* 36) un point de A, toute droite passant par α_1 et rencontrant les droites B et C se trouve dans les plans α_1B et α_1C, et réciproquement ; par chaque point α_1 de A, il passe donc une droite Δ_1 et une seule qui rencontre les trois droites A, B, C aux points α_1, β_1, γ_1. Si l'on fait varier le point α_1 sur A, on obtiendra une infinité de sécantes communes aux trois droites A, B, C. Cet ensemble de sécantes communes forme le *premier système de génératrices.* Il est clair que par chaque point de l'une des droites B ou C passe une droite et une seule de ce système.

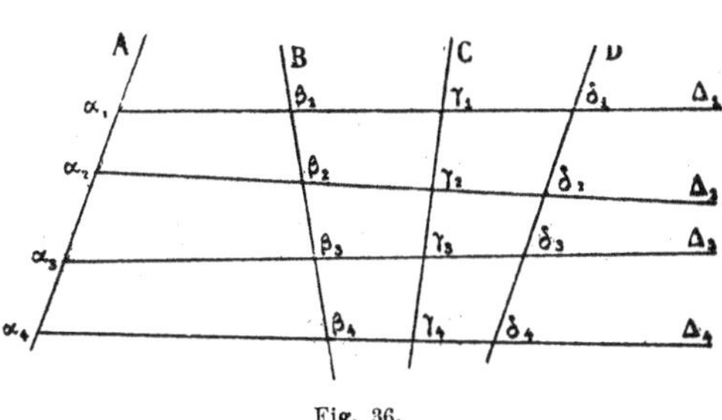

Fig. 36.

87. **Théorème.** — *Deux droites de ce premier système ne sont pas situées dans un même plan.*

En effet, soient Δ_1 et Δ_2 deux sécantes aux droites A, B, C qui rencontrent A en α_1 et α_2, B en β_1 et β_2 ; les points α_1 et α_2 sont distincts ; il en est de même des points β_1 et β_2 ; si les droites Δ_1 et Δ_2 étaient situées dans un même plan, ce plan contiendrait les droites A et B, ce qui est contraire à l'hypothèse.

88. **Théorème.** — *Si l'on fait varier le point α_1, les points correspondants β_1 et γ_1 décrivent des divisions homographiques.*

En effet, les points β_1 et γ_1 sont les points d'intersection des droites B et C avec un plan passant par A ; lorsque ce plan tourne autour de la droite A, les points β_1 et γ_1 décrivent des divisions homographiques, car le rapport anharmonique de quatre positions de β_1 ou de quatre positions de γ_1 est égal au rapport anharmonique des quatre plans passant par A.

On voit de même que si la sécante commune se déplace, les points α_1 et β_1 décrivent des divisions homographiques.

89. **Corollaire.** — *Si quatre sécantes communes* Δ_1, Δ_2, Δ_3, Δ_4 *rencontrent la droite* A *respectivement en* α_1, α_2, α_3, α_4, *la droite* B *en* β_1, β_2, β_3, β_4, *la droite* C *en* γ_1, γ_2, γ_3, γ_4, *on a*

$$(\alpha_1\alpha_2\alpha_3\alpha_4) = (\beta_1\beta_2\beta_3\beta_4) = (\gamma_1\gamma_2\gamma_3\gamma_4).$$

90. **Théorème.** — *Si* Δ_1, Δ_2, Δ_3 *sont trois sécantes communes aux droites* A, B, C *qui rencontrent ces droites en* α_1, α_2, α_3 ; β_1, β_2, β_3 ; γ_1, γ_2, γ_3 *et si l'on prend sur les droites* A, B, C *des points* α_4, β_4, γ_4 *tels que*

$$(1) \qquad (\alpha_1\alpha_2\alpha_3\alpha_4) = (\beta_1\beta_2\beta_3\beta_4) = (\gamma_1\gamma_2\gamma_3\gamma_4),$$

les trois points α_4, β_4, γ_4 *sont en ligne droite.*

En effet, par le point α_4 passe une sécante commune Δ_4 aux trois droites A, B, C ; cette sécante commune rencontre B et C respectivement en β'_4 et γ'_4 et l'on a (88)

$$(2) \qquad (\alpha_1\alpha_2\alpha_3\alpha_4) = (\beta_1\beta_2\beta_3\beta'_4) = (\gamma_1\gamma_2\gamma_3\gamma'_4).$$

En comparant les égalités (1) et (2), on voit que β'_4 et γ'_4 coïncident respectivement avec β_4 et γ_4, ce qui démontre le théorème.

91. **Deuxième système de génératrices.** — Soient Δ_1, Δ_2, Δ_3 trois droites quelconques du premier système ; deux quelconques de ces trois droites ne sont pas dans un même plan (87) ; les sécantes communes aux trois droites Δ_1, Δ_2, Δ_3 forment ce que j'appelle le *deuxième système de génératrices*. Ce deuxième système possède les mêmes propriétés que le premier. En particulier :

Deux droites du deuxième système ne sont pas situées dans un même plan.

Il est évident que les droites données A, B, C font partie du deuxième système.

92. **Théorème.** — *Deux droites de systèmes différents se rencontrent.*

Soient Δ_4 une génératrice du premier système qui rencontre les droites A, B, C en α_4, β_4, γ_4 ; D une droite du deuxième système qui rencontre Δ_1, Δ_2, Δ_3 en δ_1, δ_2, δ_3 (*fig.* 36).

On sait que l'on a (89)

$$(\alpha_1\alpha_2\alpha_3\alpha_4) = (\beta_1\beta_2\beta_3\beta_4) = (\gamma_1\gamma_2\gamma_3\gamma_4).$$

Cela posé, je prends sur la droite D un point δ_4 tel que

$$(\delta_1\delta_2\delta_3\delta_4) = (\alpha_1\alpha_2\alpha_3\alpha_4) = (\beta_1\beta_2\beta_3\beta_4) = (\gamma_1\gamma_2\gamma_3\gamma_4).$$

Si je considère les trois droites A, B, D, l'égalité

$$(\delta_1\delta_2\delta_3\delta_4) = (\alpha_1\alpha_2\alpha_3\alpha_4) = (\beta_1\beta_2\beta_3\beta_4)$$

prouve que les trois points α_4, β_4, δ_4 (90) sont en ligne droite ; le point δ_4 est donc situé sur la droite Δ_4, ce qui démontre le théorème.

93. Remarque. — Si A′, B′, C′ sont trois génératrices quelconques du second système, l'ensemble des droites qui rencontrent A′, B′, C′ est identique au premier système de génératrices. En effet, toutes les génératrices du premier système rencontrent A′, B′, C′ (92). D'autre part, parmi les droites qui rencontrent A′, B′, C′ se trouvent les droites Δ_1, Δ_2, Δ_3. Or, on a démontré (92) que toute sécante commune à A′, B′, C′ rencontre toute sécante commune à Δ_1, Δ_2, Δ_3. En particulier, les sécantes communes à A′, B′, C′ rencontrent les droites A, B, C.

94. **Définition.** — L'ensemble des points situés sur les génératrices du premier système forme ce qu'on appelle *une surface gauche du second degré ;* par tout point de cette surface passe une génératrice du second système, et réciproquement tout point d'une génératrice du second système appartient à la surface, puisque par un tel point passe une génératrice du premier. La surface peut donc encore être définie comme le lieu des points situés sur les génératrices du second système.

95. Théorème. — *Les droites qui joignent les points correspondants de deux divisions homographiques situées sur des droites* A *et* B *qui ne sont pas dans un même plan engendrent une surface gauche du second degré.*

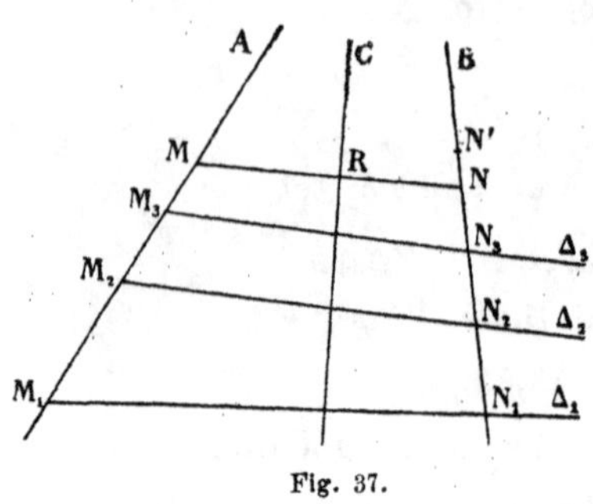

Fig. 37.

Soient M et N (*fig.* 37) les points qui décrivent des divisions homographiques sur A et B ; M_1, M_2, M_3 trois positions de M ; N_1, N_2, N_3 les positions correspondantes de N. On aura

$$(1) \qquad (M_1M_2M_3M) = (N_1N_2N_3N).$$

Je désigne maintenant par Δ_1, Δ_2, Δ_3 les droites M_1N_1, M_2N_2, M_3N_3 ; deux quelconques de ces droites ne sont pas dans un même plan ; les trois droites Δ_1, Δ_2, Δ_3 définissent donc une surface gauche du second degré. Cette surface contient les droites A et B ; par le point M de A passe une génératrice du système Δ_1, Δ_2, Δ_3 ; cette génératrice rencontre B en un point N' et l'on a (89)

$$(2) \qquad (M_1M_2M_3M) = (N_1N_2N_3N').$$

En comparant (1) et (2), on voit que N' coïncide avec N ; les droites telles que MN forment donc un système de génératrices de la surface.

96. **Cas particulier.** — *Les divisions décrites par* M *et* N *sont semblables.*

La droite MN reste parallèle à un plan fixe P [489]. Je vais démontrer que les génératrices de l'autre système possèdent la même propriété.

En effet, soit Π un plan parallèle aux deux droites A et B ; A' et B' des droites de Π respectivement parallèles aux droites A et B. Les divisions décrites par M et N étant semblables, quand M va à l'infini, il en est de même de N ; le point à l'infini sur A est le même que le point à l'infini sur A′ ; même remarque pour les points à l'infini sur B et B′ ; donc quand M s'éloigne indéfiniment, la droite MN a pour position limite la droite à l'infini du plan Π.

Cela posé, soit C une génératrice du second système ; elle rencontre MN en R ; quand MN s'éloigne indéfiniment, R s'éloigne indéfiniment sur C ; donc le point à l'infini sur C est un point de la droite à l'infini du plan Π; par conséquent la droite C est parallèle au plan Π.

(Autre démonstration, n° 120.)

97. **Définitions.** — Il résulte de ce qui précède que si les génératrices d'un système sont parallèles à un plan, il en est de même de celles de l'autre système. Dans ce cas, la surface gauche est un *paraboloïde hyperbolique*. Les plans fixes parallèles aux génératrices de chacun des systèmes sont les *plans directeurs* du paraboloïde.

Dans le cas général, où la propriété précédente n'existe pas, la surface gauche est un *hyperboloïde*.

§ XV.

Droites qui rencontrent quatre droites données.

98. Soient A, B, C, D les quatre droites données. Je me borne à examiner le cas général où deux quelconques des quatre droites ne sont pas situées dans un même plan (*fig.* 38).

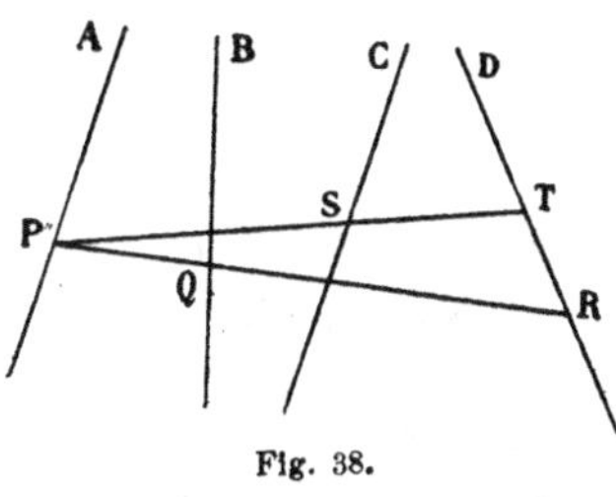

Fig. 38.

Par un point P pris arbitrairement sur A, on peut mener une droite PQR qui rencontre les droites B et D en Q et R; de même par le point P on peut mener une droite PST qui rencontre les droites C et D en S et T. Quand le point P se déplace sur A, les points P et R décrivent des divisions homographiques ; il en est de même des points P et T ; donc (20) les points R et T décrivent sur D des divisions homographiques.

Cela posé, une sécante commune aux quatre droites A, B, C, D coupe A en un point P tel que les points R et T qui lui correspondent sont confondus, et réciproquement si R et T coïncident, les droites PQR et PST coïncident, on a bien une sécante commune aux quatre droites ; donc les sécantes communes aux quatre droites coupent D aux points doubles des divisions homographiques décrites par R et T.

99. **Discussion.** — Je suppose d'abord que les divisions décrites par R et T soient distinctes; alors les divisions homographiques ont 0, 1 ou 2 points doubles (21); il y aura par conséquent 0, 1 ou 2 sécantes communes aux quatre droites.

Si les divisions décrites par R et T sont identiques, c'est-à-dire si R coïncide constamment avec T, toutes les sécantes communes aux droites A, B, C rencontrent la droite D ; les quatre droites A, B, C, D sont quatre génératrices d'un même système d'une surface gauche du second degré. — On dit que ces quatre droites forment un *quadruple hyperboloïde.*

100. **Problème.** — *Construire les sécantes communes à quatre droites données* A, B, C, D.

On prendra (*fig.* 38) trois positions P_1, P_2, P_3 du point P ; on déterminera (98) les positions correspondantes R_1, R_2, R_3 de R et les positions T_1, T_2, T_3 de T. On construira (67) les points doubles H et H' des divisions homographiques définies par les trois couples de points correspondants R_1, T_1 ; R_2, T_2 et R_3, T_3. Par chacun de ces points on mène les sécantes qui rencontrent A et B ; on obtient les deux droites cherchées.

101. **Remarque.** — S'il existe trois sécantes communes aux droites A, B, C, D, les divisions homographiques décrites par R et T ont trois points homologues communs ; elles sont donc identiques, les quatre droites forment un quadruple hyperboloïde ; donc

Si quatre droites, telles que deux quelconques d'entre elles ne sont pas dans un même plan, admettent trois sécantes communes, elles en admettent une infinité ; par un point quelconque de l'une d'elles on peut mener une droite qui rencontre les trois autres.

EXERCICES SUR LE CHAPITRE I

1. A, B, C, D étant quatre points en ligne droite, on a la relation

$$AB.CD + AC.DB + AD.BC = 0.$$

2. A, B, C étant trois points en ligne droite, on désigne par A′ le conjugué harmonique de A par rapport au segment BC, par B′ celui de B par rapport à AC et par C′ celui de C par rapport à AB ; démontrer que C et C′ sont conjugués par rapport au segment A′B′.

3. Etant données deux équations du second degré

$$Ax^2 + Bx + C = 0, \qquad A'x^2 + B'x + C' = 0,$$

trouver la relation qui doit exister entre les coefficients A, B, C, A′, B′, C′, pour que les points qui ont pour abscisses les racines de la première équation soient conjugués harmoniques par rapport au segment déterminé par les points qui ont pour abscisses les racines de la deuxième équation.

4. Construire une division harmonique connaissant les longueurs des deux segments conjugués.

5. Deux droites OA, OA′ forment un faisceau harmonique avec les droites OB, OB′ ; construire ce faisceau connaissant les angles AOA′, BOB′.

6. Soient A, B, C, M quatre points en ligne droite, α, β, γ les conjugués harmoniques du point M par rapport aux segments BC, CA, AB. Démontrer que le point M a le même conjugué harmonique par rapport aux segments $A\alpha$ et $\beta\gamma$.

7. Les segments AB et CD étant conjugués harmoniques, soient A′ et B′ les conjugués de D par rapport aux segments AC et BC. Démontrer que CD divise harmoniquement A′B′.

8. A, B, C, D_1, D_2, D_3, D_4 étant des points d'une droite, calculer le rapport anharmonique $(D_1D_2D_3D_4)$, connaissant les rapports

$$(ABCD_1), \qquad (ABCD_2), \qquad (ABCD_3), \qquad (ABCD_4).$$

9. Etant donnés sur une droite deux couples de points (A ,A′) (B, B′) et un point I, trouver un point J tel que

$$(AA'IJ) = (BB'IJ).$$

Construction géométrique du point J.

10. Dans deux divisions homographiques de même base on connaît le milieu O des points limites et deux couples de points correspondants (A, A′) et (B, B′). — Construire les points limites.

11. Si deux divisions homographiques de même base n'ont pas de point double, on peut trouver dans le plan un point S, tel que l'angle MSM′, formé par les droites qui joignent deux points homologues au point S, soit constant.

12. Soit A une correspondance homographique sur une droite ; à un point quelconque M cette correspondance fait correspondre un point M′ ; au point M′ un point M″ et au point M″ un point M‴. Démontrer que si M‴ coïncide constamment avec M, la correspondance n'a pas de point double et l'angle constant de l'exercice précédent est égal à 60°.

13. On considère toutes les correspondances homographiques qui, à deux points donnés A et B d'une droite, font correspondre les points A′ et B′ de la même droite. Démontrer que les points doubles de ces correspondances homographiques forment une involution.

14. Deux droites divisées homographiquement peuvent toujours être placées l'une sur l'autre, de manière que les deux divisions soient en involution.

15. Une involution étant définie par deux couples de points correspondants, trouver deux points correspondants situés à une distance donnée l'un de l'autre.

16. Démontrer que si (a, a'), (b, b'), (c, c') sont trois couples correspondants d'une involution, on a

$$ab' \times bc' \times ca' + a'b \times b'c \times c'a = 0.$$

Réciproque.

17. Dans un faisceau involutif, il existe un couple de rayons homologues également inclinés sur une direction donnée. — Construction de ce couple. Discussion.

18. Si les trois côtés d'un triangle tournent autour de trois points fixes situés en ligne droite, et si deux sommets glissent sur deux droites fixes, le troisième sommet décrit une droite. — Deux triangles mobiles sont homologiques. — Déduire de là une démonstration de la propriété des triangles homologiques par l'homographie.

19. Si les trois sommets d'un triangle glissent sur trois droites concourantes et si deux côtés tournent autour de deux points fixes, le troisième côté tourne autour d'un point fixe.

20. Si les côtés d'un polygone tournent autour de points fixes situés en ligne droite et si tous les sommets, sauf un, décrivent des droites fixes, le dernier sommet décrit une droite.

21. Si les sommets d'un polygone glissent sur des droites fixes concourantes et si tous les côtés, sauf un, tournent autour de points fixes, le dernier côté passe par un point fixe.

22. Etant donné un triangle ABC, lui inscrire un triangle abc dont les côtés bc, ca, ab passent respectivement par des points donnés α, β, γ.

23. Etant donnés un triangle ABC et un point S, on mène par S des perpendiculaires aux droites SA, SB, SC ; les droites ainsi menées coupent respectivement les côtés BC, CA, AB en α, β, γ. Démontrer que α, β, γ sont en ligne droite.

24. Etant donnés un triangle ABC, une droite D, un point S sur la droite D, on suppose que des rayons lumineux issus de

A, B, C se réfléchissent en S sur la droite D; les points où les rayons réfléchis coupent les côtés opposés sont en ligne droite.

25. Etant donnés un triangle ABC, une droite L et un point I sur L, on prend les symétriques par rapport à I des points de rencontre des côtés avec L ; on joint ces points aux sommets opposés. Démontrer que les trois droites ainsi menées sont concourantes.

26. Sur une droite L, on prend arbitrairement trois points A, B, C ; sur une autre droite L′, trois points A′, B′, C′; démontrer que les points de rencontre α, β, γ des couples de droites BC′ et CB′, CA′ et AC′, AB′ et BA′ sont en ligne droite.

27. Par un point O on mène trois droites quelconques A, B, C; par un autre point O′ trois droites quelconques A′, B′, C′; on désigne par α la droite qui passe par les points de rencontre de B et C′ et de C et B′; par β la droite qui passe par les points de rencontre de C et A′ et de A et C′; par γ la droite qui passe par les points de rencontre de A et B′ et de B et A′. — Démontrer que les trois droites α, β, γ passent par un même point.

28. Soient P et P′ les plans correspondants de deux faisceaux homographiques d'axes quelconques D et D′. Les droites d'intersection de P et P′ rencontrent une infinité de droites fixes.

29. Soient D et D′ deux axes quelconques, P un plan passant par D, P′ le plan mené par D′ perpendiculairement au plan P. Démontrer que P et P′ décrivent des faisceaux homographiques. Dans quel cas obtient-on une correspondance singulière ?

30. Soient D et D′ deux axes situés dans un même plan Π; par les axes D et D′ on mène des plans P et P′ tels que le rapport

$$\frac{\operatorname{tg}(P, \Pi)}{\operatorname{tg}(P', \Pi)}$$

soit constant. Démontrer que la droite d'intersection des plans P et P′ décrit un plan perpendiculaire au plan Π.

31. Soient P et P′ deux plans qui se coupent suivant une droite L, S un point de L; par le point S on mène respectivement dans les plans P et P′ des droites SA, SA′ telles que le rapport

$$\frac{\operatorname{tg} ASL}{\operatorname{tg} A'SL}$$

soit constant. Démontrer que le plan ASA′ tourne autour d'une droite fixe perpendiculaire à L.

32. Etant donnés deux plans P et P′ qui se coupent suivant une droite L, autour d'un point A de la droite L on fait tourner un angle droit xAy ayant un côté Ax dans le plan P et le côté Ay dans le plan P′; le côté Ax rencontre une droite fixe D du plan P en M; le côté Ay rencontre une droite fixe D′ du plan P′ en M′. Démontrer que les points M et M′ décrivent des divisions homographiques.

33. Etant donnés deux plans P et P′ qui se coupent suivant une droite L, par un point A du plan P on mène une droite quelconque AM de ce plan, par un point A′ on mène dans le plan P′ une droite A′M′ perpendiculaire à AM. Démontrer que les points M et M′ où ces droites rencontrent la droite L décrivent des divisions homographiques. Dans quel cas la correspondance entre M et M′ est-elle involutive ?

34. Soit D un axe; à chaque point M de l'axe on fait correspondre un plan μ passant par l'axe: cette correspondance s'appelle une *corrélation*. La corrélation est dite *linéaire* si le rapport anharmonique de quatre points quelconques de l'axe est égal au rapport anharmonique des plans qui leur correspondent. Cela posé, on propose de démontrer les propriétés suivantes:

1° Une corrélation linéaire est définie quand on se donne les plans qui correspondent à trois points de l'axe;

2° Soient M et M′ deux points de l'axe, μ et μ' les plans correspondants de la corrélation; si les points M et M′ décrivent des divisions homographiques, les plans μ et μ' forment des faisceaux homographiques, et inversement;

3° Si M et M′ décrivent des divisions en involution, les plans μ et μ' forment des faisceaux en involution.

35. Deux corrélations linéaires de même axe ont deux couples communs, c'est-à-dire qu'il existe deux points A et B de l'axe auxquels correspond le même plan dans les deux corrélations.

36. Dans une corrélation linéaire, on appelle *plan central* le plan π qui correspond au point à l'infini sur l'axe, *point central* le point C qui a pour correspondant un plan perpendiculaire à π; soient alors M un point quelconque de l'axe, μ le plan qui lui correspond. Démontrer que le rapport

$$\frac{\cot(\pi, \mu)}{\mathrm{CM}}$$

est constant.

37. Etant donnés un trièdre SABC et l'axe SO d'un faisceau de plans involutif, on prend l'intersection Sα de la face BSC avec le plan conjugué du plan OSA dans l'involution; on construit de même les droites analogues Sβ, Sγ. Démontrer que les trois droites Sα, Sβ, Sγ appartiennent à un même plan.

38. Etant donnés un trièdre SABC, un plan P passant par le sommet S et dans ce plan un faisceau involutif de centre S, soient Sα la droite conjuguée de l'intersection de la face BSC avec le plan P; Sβ, Sγ les droites analogues. Démontrer que les plans ASα, BSβ, CSγ ont une droite commune.

CHAPITRE II

TRANSVERSALES

---

§ I.

Transversales à un triangle.

102. Un point pris sur un côté d'un triangle est l'origine de deux segments qui ont pour extrémités les sommets du triangle situés sur ce côté. Le signe du rapport de ces deux segments ne dépend pas du sens positif choisi sur le côté. Le rapport sera négatif si les segments sont de sens contraire, c'est-à-dire si le point est placé sur le côté même ; il sera positif si les segments ont même sens, c'est-à-dire si le point est placé sur le prolongement du côté.

103. **Théorème de Ménélaüs.** — *Les segments déterminés sur les côtés d'un triangle* ABC (*fig.* 39) *par une transversale qui rencontre les côtés* BC, CA, AB *respectivement en* A′, B′, C′, *satisfont à la condition*

$$(1) \qquad \frac{A'B}{A'C} \times \frac{B'C}{B'A} \times \frac{C'A}{C'B} = 1.$$

Les points de rencontre d'une transversale avec les côtés d'un triangle sont, ou tous trois sur les prolongements des côtés, ou deux sur les côtés mêmes et un sur l'autre côté prolongé. Dans le premier cas, les trois rapports qui figurent dans la relation (1) sont tous positifs ; dans le second cas, il y a deux rapports négatifs et un rapport positif. Dans tous les cas le premier membre de (1) est positif. Il reste à montrer que le produit des valeurs absolues des rapports est égal à l'unité.

Menons par le point C une parallèle au côté AB, cette parallèle rencontre la transversale au point D. Les triangles

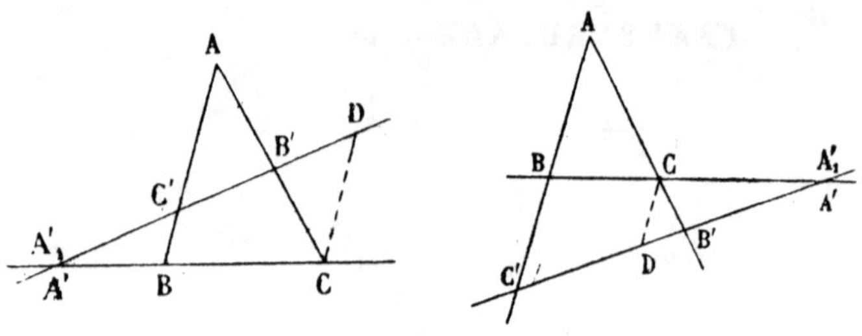

Fig. 39.

A'BC' et A'CD, étant semblables, ainsi que les triangles B'AC', B'CD, on aura, entre les longueurs absolues des segments, les relations

$$\frac{A'B}{A'C} = \frac{BC'}{CD},$$

$$\frac{B'C}{B'A} = \frac{CD}{AC'}.$$

En multipliant membre à membre, il vient

$$\frac{A'B}{A'C} \times \frac{B'C}{B'A} = \frac{BC'}{AC'},$$

et par conséquent,

$$\frac{A'B}{A'C} \times \frac{B'C}{B'A} \times \frac{C'A}{C'B} = 1.$$

104. **Réciproque.** — *Si trois points* A', B', C', *pris respectivement sur les côtés* BC, CA, AB *d'un triangle* ABC *sont tels que la relation* (1) *soit satisfaite, les trois points* A', B', C' *sont en ligne droite.*

Soit A'_1 (*fig.* 39) le point où la droite $B'C'$ coupe le côté BC. D'après le théorème précédent, on aura

$$\frac{A'_1B}{A'_1C} \times \frac{B'C}{B'A} \times \frac{C'A}{C'B} = 1\,;$$

mais par hypothèse on a

$$\frac{A'B}{A'C} \times \frac{B'C}{B'A} \times \frac{C'A}{C'B} = 1\,;$$

donc, en valeur absolue et en signe,

$$\frac{A'_1B}{A'_1C} = \frac{A'B}{A'C},$$

ce qui prouve [270] que A'_1 coïncide avec A' ; donc les trois points A', B', C' sont en ligne droite.

105. **Théorème de Céva.** — *Les droites qui joignent un point* O (*fig.* 40) *aux sommets* A, B, C *d'un triangle rencontrent respectivement les côtés opposés en des points* A', B', C' *tels que l'on a la relation*

$$(2) \qquad \frac{A'B}{A'C} \times \frac{B'C}{B'A} \times \frac{C'A}{C'B} = -\,1.$$

En coupant le triangle ABA' par la transversale CC' et le triangle ACA' par la transversale BB', on a les relations

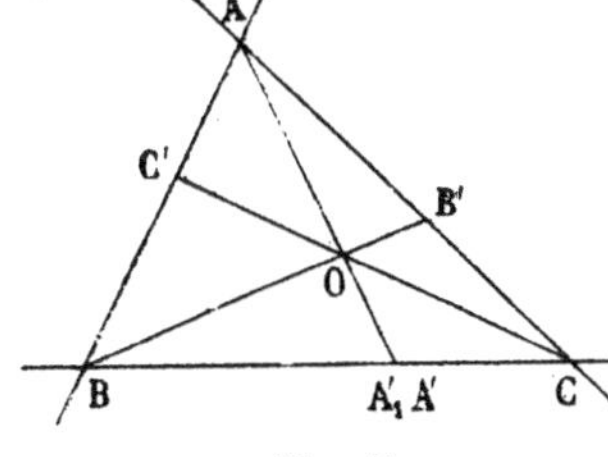

Fig. 40.

$$\frac{CB}{CA'} \times \frac{OA'}{OA} \times \frac{C'A}{C'B} = 1,$$

$$\frac{BA'}{BC} \times \frac{B'C}{B'A} \times \frac{OA}{OA'} = 1.$$

Multiplions membre à membre et simplifions ; il vient

$$\frac{CB}{CA'} \times \frac{BA'}{BC} \times \frac{B'C}{B'A} \times \frac{C'A}{C'B} = 1.$$

En remarquant que

$$CB = -BC, \qquad \frac{BA'}{CA'} = \frac{A'B}{A'C},$$

on aura

$$\frac{A'B}{A'C} \times \frac{B'C}{B'A} \times \frac{C'A}{C'B} = -1.$$

106. **Réciproque.** — *Si trois points* A', B', C' *situés sur les côtés* BC, CA, AB *d'un triangle sont tels que la relation* (2) *soit vérifiée, les trois droites* AA', BB', CC' *concourent en un même point.*

En effet, soit O le point de rencontre de BB' et de CC' ; A'_1 le point où la droite AO rencontre le côté BC (*fig.* 40). D'après le théorème précédent, on a

$$\frac{A'_1B}{A'_1C} \times \frac{B'C}{B'A} \times \frac{C'A}{C'B} = -1;$$

mais par hypothèse

$$\frac{A'B}{A'C} \times \frac{B'C}{B'A} \times \frac{C'A}{C'B} = -1;$$

donc

$$\frac{A'_1B}{A'_1C} = \frac{A'B}{A'C}.$$

Par conséquent A'_1 coïncide avec A', donc les trois droites AA', BB', CC' concourent en un même point.

107. Remarque I. — On a (42)

$$\frac{A'B}{A'C} = \frac{AB}{AC} \times \frac{\sin A'AB}{\sin A'AC},$$

$$\frac{B'C}{B'A} = \frac{BC}{BA} \times \frac{\sin B'BC}{\sin B'BA},$$

$$\frac{C'A}{C'B} = \frac{CA}{CB} \times \frac{\sin C'CA}{\sin C'CB}.$$

En multipliant ces égalités membre à membre, on a

$$\frac{A'B}{A'C} \times \frac{B'C}{B'A} \times \frac{C'A}{C'B} = \frac{\sin A'AB}{\sin A'AC} \times \frac{\sin B'BC}{\sin B'BA} \times \frac{\sin C'CA}{\sin C'CB},$$

donc

Pour que les trois points A′, B′, C′ *soient en ligne droite, il faut et il suffit que l'on ait la relation*

$$\frac{\sin A'AB}{\sin A'AC} \times \frac{\sin B'BC}{\sin B'BA} \times \frac{\sin C'CA}{\sin C'CB} = 1.$$

Pour que les trois droites AA′, BB′, CC′ *soient concourantes, il faut et il suffit que l'on ait la relation*

$$\frac{\sin A'AB}{\sin A'AC} \times \frac{\sin B'BC}{\sin B'BA} \times \frac{\sin C'CA}{\sin C'CB} = -1.$$

108. Remarque II. — La réciproque du théorème de Ménélaüs sert à démontrer que dans certaines figures trois points sont en ligne droite ; celle du théorème de Céva, que trois droites sont concourantes. Nous allons donner quelques exemples :

1° *Propriété des bissectrices intérieures ou extérieures des angles d'un triangle.*

Désignons par A_1 le point où la bissectrice de l'angle A coupe le côté BC ; par A_2 le point de rencontre de la bissectrice de l'angle extérieur à A avec le côté BC ; par B_1, B_2 les points analogues du côté AC ; par C_1, C_2 les points analogues du côté AB. On sait que

$$\frac{A_1B}{A_1C} = -\frac{AB}{AC}, \qquad \frac{A_2B}{A_2C} = \frac{AB}{AC};$$

des relations analogues existent pour les points (B_1, B_2), (C_1, C_2). Cela posé, on vérifie facilement les résultats suivants :

Chacun des systèmes de trois points (B_1, C_1, A_2), (C_1, A_1, B_2), (A_1, B_1, C_2), (A_2, B_2, C_2) est formé de trois points situés en ligne droite.

Chacun des systèmes de trois droites (AA_1, BB_1, CC_1), (AA_1, BB_2, CC_2), (BB_1, CC_2, AA_2), (CC_1, AA_2, BB_2) est formé de trois droites concourantes.

2° *Les trois médianes d'un triangle concourent en un même point.*

En effet, dans le cas où A', B', C' sont les pieds des médianes, chacun des rapports qui figurent dans la relation (2) est égal à — 1.

3° *Les hauteurs d'un triangle concourent en un même point.*

Si A', B', C' sont les pieds des hauteurs d'un triangle (*fig.* 41) les trois rapports qui figurent dans la relation (2) sont négatifs si le triangle n'a pas d'angle obtus ; si le triangle a un angle

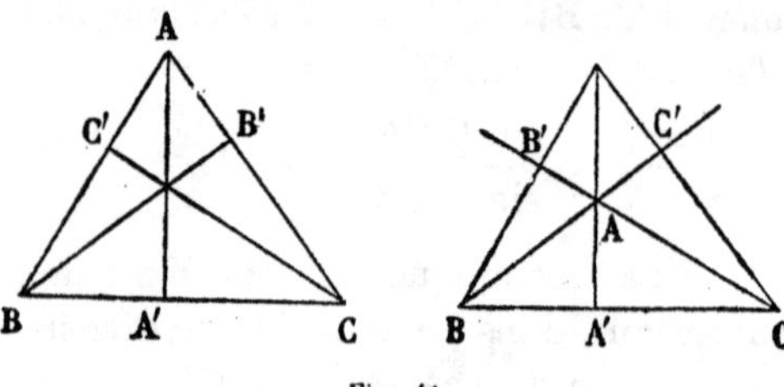

Fig. 41.

obtus, deux rapports sont positifs et le troisième négatif. Dans tous les cas le premier membre de la relation (2) est négatif ; il reste à montrer que la valeur absolue est l'unité.

Les triangles rectangles ACA' et BCB' ayant un angle commun sont semblables et donnent

$$\frac{A'C}{B'C} = \frac{AC}{BC}.$$

On aurait de même

$$\frac{B'A}{C'A} = \frac{AB}{AC} \qquad \text{et} \qquad \frac{C'B}{A'B} = \frac{BC}{AB}.$$

En multipliant, membre à membre, on trouve que la valeur absolue du premier membre de (2) est égale à 1.

109. **Théorème de Pappus.** — (Voir l'énoncé et une première démonstration n° 57.)

Pour démontrer que la diagonale AD (*fig.* 42) est divisée harmoniquement par les points O et P où elle est coupée par les deux autres diagonales, il suffit d'appliquer le théorème de Ménélaüs au triangle FAD coupé par la transversale EOB et le théorème de Céva au même triangle et aux trois droites concourantes CA, CD, CF. On obtient les égalités

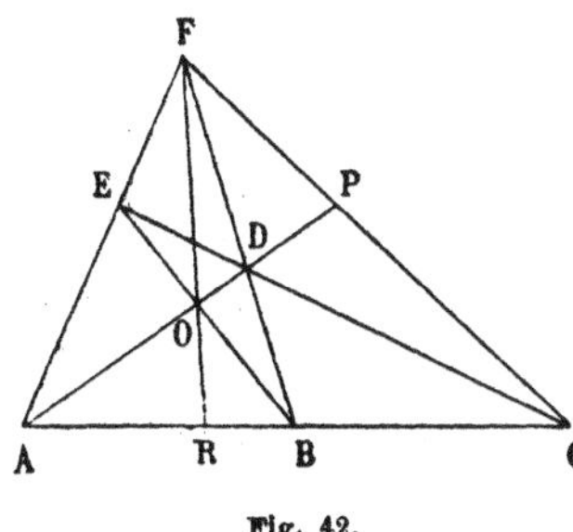

Fig. 42.

$$\frac{EA}{EF}\cdot\frac{BF}{BD}\cdot\frac{OD}{OA} = +1,$$

$$\frac{EA}{EF}\cdot\frac{BF}{BD}\cdot\frac{PD}{PA} = -1;$$

d'où l'on déduit l'égalité

$$\frac{OD}{OA} = -\frac{PD}{PA},$$

qui montre que les points O et P divisent harmoniquement le segment AD.

110. **Théorème.** — *Dans tout quadrilatère complet les milieux des trois diagonales sont en ligne droite.*

Considérons le triangle ABC (*fig.* 43) formé par trois côtés quelconques du quadrilatère complet ; prenons les milieux α, β, γ des côtés de ce triangle. Les droites $\beta\gamma$, $\gamma\alpha$, $\alpha\beta$ passent respectivement par les milieux A′, B′, C′ des diagonales AD, BE, CF. Pour démontrer que les points A′, B′, C′ sont en ligne droite, il faut montrer que l'on a

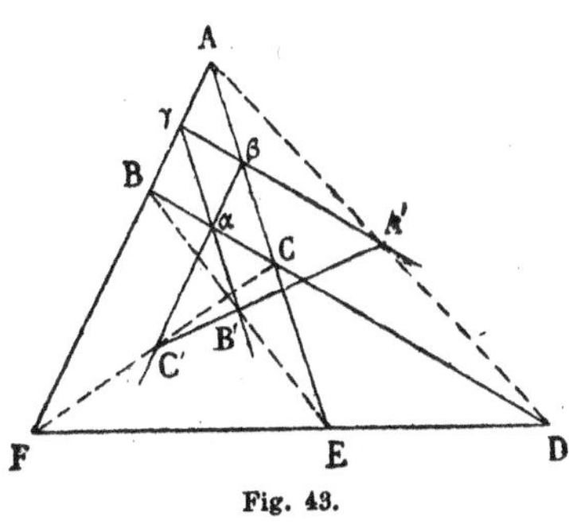

Fig. 43.

$$\frac{A'\beta}{A'\gamma}\cdot\frac{B'\gamma}{B'\alpha}\cdot\frac{C'\alpha}{C'\beta} = 1. \quad (1)$$

Or, en coupant le triangle ABC par la transversale DEF, on a

$$(2) \qquad \frac{DB}{DC} \cdot \frac{EC}{EA} \cdot \frac{FA}{FB} = 1.$$

Or chacun des rapports qui figurent dans la relation (1) est égal au rapport qui occupe le même rang dans la relation (2). La relation (1) est donc vérifiée en même temps que la relation (2), et par conséquent les trois points A′, B′, C′ sont en ligne droite.

111. Théorème. — *Si les droites* AA′, BB′, CC′ (*fig.* **44**) *qui joignent les sommets homologues de deux triangles* ABC, A′B′C′ *concourent en un même point* O, *les côtés homologues* BC *et* B′C′, CA *et* C′A′, AB *et* A′B′ *se rencontrent en trois points* α, β, γ *situés en ligne droite.*

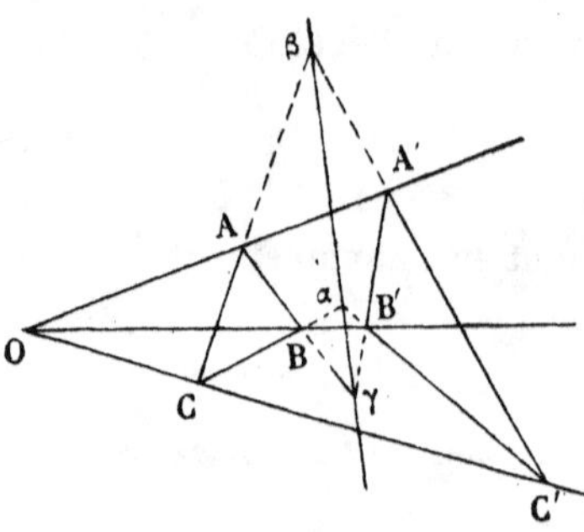

Fig. 44.

En effet, en considérant les triangles OBC, OCA, OAB coupés respectivement par les transversales αB′C′, βC′A′, γA′B′, on a les relations

$$\frac{\alpha B}{\alpha C} \cdot \frac{C'C}{C'O} \cdot \frac{B'O}{B'B} = 1,$$

$$\frac{\beta C}{\beta A} \cdot \frac{A'A}{A'O} \cdot \frac{C'O}{C'C} = 1,$$

$$\frac{\gamma A}{\gamma B} \cdot \frac{B'B}{B'O} \cdot \frac{A'O}{A'A} = 1.$$

En multipliant membre à membre et en simplifiant, on aura

$$\frac{\alpha B}{\alpha C} \cdot \frac{\beta C}{\beta A} \cdot \frac{\gamma A}{\gamma B} = 1\,;$$

donc les trois points α, β, γ sont en ligne droite.

(Autre démonstration, n° 69).

112. Théorème. — *Si les côtés homologues* BC *et* B′C′, CA *et* C′A′, AB *et* A′B′ *de deux triangles* ABC, A′B′C′ *se coupent respectivement en trois points* α, β, γ *situés en ligne droite* (*fig.* 44), *les droites* AA′, BB′, CC′ *qui joignent les sommets homologues concourent en un même point* O.

En effet, soit O le point de rencontre de BB′ et de CC′ ; je vais démontrer que la droite AA′ passe par O. Les deux triangles γBB′ et βCC′ sont tels que les droites qui joignent les sommets homologues passent par le point α ; donc (111) les points de rencontre des côtés homologues sont en ligne droite. Or, les côtés BB′ et CC′ se coupent en O, les côtés γB et βC en A, les côtés γB′ et βC′ en A′. Les trois points O, A, A′ sont en ligne droite ; donc la droite AA′ passe par le point O.

113. Théorème de Pascal. — *Quand un hexagone est inscrit dans un cercle, les points de rencontre des couples de côtés opposés sont trois points en ligne droite.*

Soit ABCDEF (*fig.* 45) un hexagone inscrit dans un cercle. Je dis que les points de rencontre R, S, T des couples de côtés opposés AB et DE, BC et EF, CD et AF sont en ligne droite. Je considère le triangle HKL formé par les côtés AB, CD, EF de l'hexagone pris de deux en deux ; en coupant ce triangle par les trois autres côtés de l'hexagone, on aura

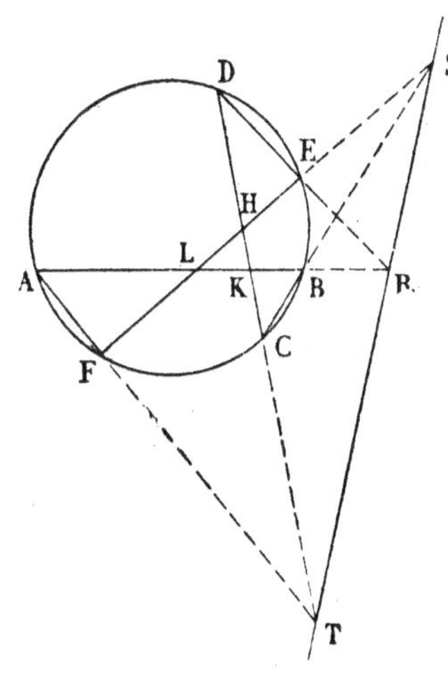

Fig. 45.

$$\frac{RL}{RK} \cdot \frac{DK}{DH} \cdot \frac{EH}{EL} = 1,$$

$$\frac{TK}{TH} \cdot \frac{FH}{FL} \cdot \frac{AL}{AK} = 1,$$

$$\frac{SH}{SL} \cdot \frac{BL}{BK} \cdot \frac{CK}{CH} = 1.$$

Multiplions ces égalités membre à membre et remarquons que

$$\begin{aligned} EH.FH &= DH.CH, \\ DK.CK &= AK.BK, \\ AL.BL &= EL.FL. \end{aligned}$$

Il restera
$$\frac{RL}{RK}\cdot\frac{TK}{TH}\cdot\frac{SH}{SL}=1;$$
donc les trois points R, S, T sont en ligne droite.

§ II.

Quadrilatère gauche.

114. **Définitions.** — Soient A, B, C, ..., K, L des points quelconques de l'espace ; joignons par une droite le point A au point B, puis le point B au point C, ..., le point K au point L. La figure ainsi formée est une ligne brisée gauche ; A est le *premier sommet*, B le *second*, ... ; AB le *premier côté*, BC le *second*, ... ; ABC le *premier angle*, BCD le *second*, ... ; (ABCD) le *premier dièdre*, (BCDE) le *second*, ... Il en résulte que si la ligne brisée a n sommets, elle aura $n - 1$ côtés, $n - 2$ angles et $n - 3$ dièdres.

Si deux lignes brisées ont le même nombre de sommets, on appelle *sommets homologues, côtés homologues, angles homologues, dièdres homologues*, les sommets, côtés, angles et dièdres qui occupent le même rang dans les deux lignes.

Il est évident qu'on peut construire une ligne brisée en se donnant arbitrairement les valeurs des côtés, angles, dièdres de cette ligne. Quand on a placé la portion ABC, la ligne est complètement déterminée. (On suppose qu'on donne non seulement la grandeur des dièdres, mais aussi leurs sens [551].)

Si deux lignes brisées sont superposables, les côtés homologues, les angles homologues, les dièdres homologues sont égaux. Réciproquement, si ces égalités existent, les lignes sont superposables, car, d'après la remarque qui précède, si l'on fait coïncider la portion A'B'C' de la seconde ligne avec la portion ABC de la première, la seconde viendra coïncider partout avec la première.

Le nombre des éléments égaux étant $3n - 6$, on en conclut qu'il faut $3n - 6$ conditions pour exprimer l'égalité de deux lignes brisées de n sommets.

115. Un *polygone gauche* est une ligne brisée fermée. On peut construire un polygone gauche en joignant le dernier sommet au premier dans une ligne brisée. Si un polygone gauche a n sommets, il aura n côtés, n angles et n dièdres. Nous supposerons toujours que dans un polygone gauche on indique le rang des sommets ; on en déduit le rang des côtés, des angles et des dièdres.

Quand deux polygones gauches ont le même nombre de sommets, on appelle *sommets homologues*, *côtés homologues*, *angles homologues*, *dièdres homologues*, les sommets, côtés, angles et dièdres qui occupent le même rang dans les deux polygones.

Si deux polygones sont superposables, les côtés homologues, les angles homologues, les dièdres homologues sont égaux. On dit que les deux polygones sont égaux.

Pour que deux polygones soient égaux, il faut et il suffit que les lignes brisées obtenues par la suppression de deux côtés homologues soient superposables. Si les polygones ont n sommets, il faudra $3n - 6$ conditions pour exprimer l'égalité des deux polygones.

116. **Théorème.** — *Si un plan* P *coupe les côtés* AB, BC, CD, DA *d'un quadrilatère gauche en des points* a, b, c, d (*fig.* 46), *on a la relation*

$$(1) \qquad \frac{a\mathrm{A}}{a\mathrm{B}} \times \frac{b\mathrm{B}}{b\mathrm{C}} \times \frac{c\mathrm{C}}{c\mathrm{D}} \times \frac{d\mathrm{D}}{d\mathrm{A}} = 1.$$

En effet, soit e le point de rencontre du plan P avec la diagonale BD ; les trois points a, d, e sont en ligne droite, de même que b, c, e. Appliquons le théorème de Ménélaüs aux triangles BAD, BCD coupés par les transversales ade, bce. On aura

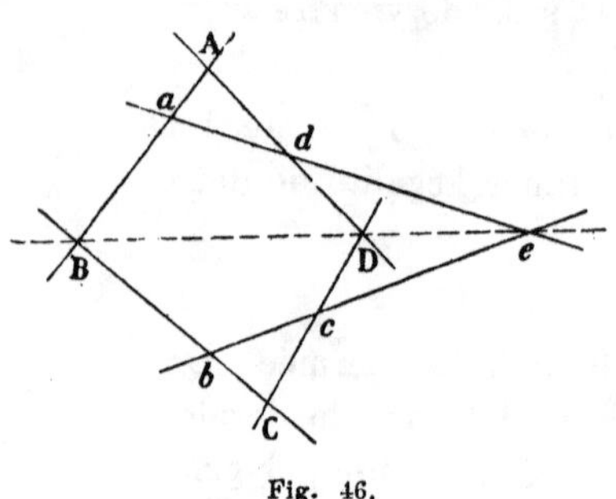

Fig. 46.

$$\frac{aA}{aB} \times \frac{eB}{eD} \times \frac{dD}{dA} = 1,$$

$$\frac{bB}{bC} \times \frac{cC}{cD} \times \frac{eD}{eB} = 1.$$

En multipliant ces deux relations membre à membre, on obtient la relation (1).

117. **Réciproque.** — *Si sur les côtés* AB, BC, CD, DA *d'un quadrilatère gauche on prend quatre points* a, b, c, d *satisfaisant à la relation* (1), *ces quatre points appartiennent à un même plan.*

Par les trois points a, b, c faisons passer un plan P; il coupe AD en un point d'. D'après le théorème direct, on aura

$$\frac{aA}{aB} \times \frac{bB}{bC} \times \frac{cC}{cD} \times \frac{d'D}{d'A} = 1.$$

En comparant avec la relation (1), on obtient

$$\frac{d'D}{d'A} = \frac{dD}{dA};$$

par conséquent d' coïncide avec d ; donc les quatre points a, b, c, d appartiennent à un même plan.

118. **Théorème.** — *Les plans menés par un point quelconque* O *et les arêtes d'un quadrilatère gauche coupent les arêtes opposées* AB, BC, CD, DA *en des points* a, b, c, d (*fig.* 47) *satisfaisant à la relation*

$$(1) \qquad \frac{aA}{aB} \times \frac{bB}{bC} \times \frac{cC}{cD} \times \frac{dD}{dA} = 1.$$

En effet, soient e le point où le plan mené par la diagonale AC et par le point O coupe la diagonale BD, α le point où la droite AO perce le plan BCD. Les droites AB, Aα et le point c étant dans un même plan, la droite Bc passe par α. On démontre de même que les droites Db et Ce passent aussi par α. On aura donc (105)

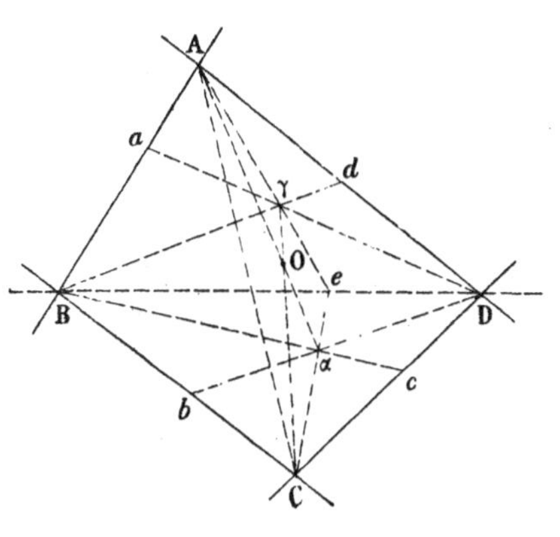

Fig. 47.

$$\frac{bB}{bC} \times \frac{cC}{cD} \times \frac{eD}{eB} = -1.$$

De même, si γ est le point de rencontre de CO avec le plan BAD, les droites Ae, Bd, Da passent par γ ; on aura donc

$$\frac{dD}{dA} \times \frac{aA}{aB} \times \frac{eB}{eD} = -1.$$

En multipliant membre à membre les deux relations précédentes, on obtient la relation (1).

119. **Réciproque.** — *Si sur les côtés* AB, BC, CD, DA *d'un quadrilatère gauche on prend des points* a, b, c, d *satisfaisant à la relation* (1), *les plans* aCD, bDA, cAB, dBC *concourent en un même point.*

En effet, soit O le point de concours des plans aCD, bDA, cAB. Le plan mené par O et la droite BC coupe la droite AD en un point d'. D'après le théorème direct, on a

$$\frac{aA}{aB} \times \frac{bB}{bC} \times \frac{cC}{cD} \times \frac{d'D}{d'A} = 1.$$

En comparant avec la relation (1) on trouve

$$\frac{d'D}{d'A} = \frac{dD}{dA} ;$$

d' coïncide avec d ; donc les quatre plans concourent en un même point.

120. **Paraboloïde hyperbolique.** — Soient A et B deux droites qui ne sont pas situées dans un même plan, P un plan qui coupe chacune de ces droites ; les sécantes communes aux droites A et B qui sont parallèles au plan P forment un premier système de génératrices d'un paraboloïde hyperbolique (97).

Soient C et D deux de ces droites ; Π un plan parallèle aux deux droites A et B ; les droites C et D ne sont pas dans un même plan ; elles ne sont pas parallèles au plan Π, car le plan mené par A parallèlement à Π coupe les droites C et D. On peut donc obtenir un deuxième système de droites en prenant les sécantes communes à C et à D qui sont parallèles au plan Π. Ce deuxième système définit aussi un paraboloïde hyperbolique.

121. **Théorème.** — *Deux droites appartenant à des systèmes différents sont situées dans un même plan.*

En effet, soient H, K, L, M (*fig.* 48) les sommets du quadrilatère gauche qui a pour côtés les droites A, B, C, D ; $\alpha\beta$ une droite du premier système, $\gamma\delta$ une droite du second. Les trois droites HK, LM, $\alpha\beta$ étant parallèles au plan P, on a [487]

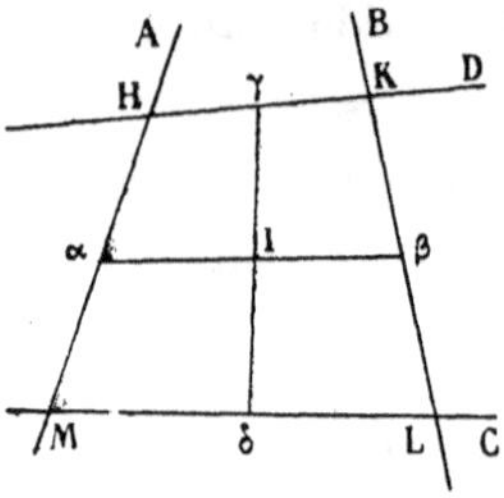

$$(1) \qquad \frac{\alpha H}{\alpha M} = \frac{\beta K}{\beta L}.$$

Fig. 48.

De même, les droites HM, $\gamma\delta$, KL étant parallèles au plan Π, on aura

$$(2) \qquad \frac{\delta M}{\delta L} = \frac{\gamma H}{\gamma K}.$$

Des équations (1) et (2) on déduit

$$\frac{\alpha H}{\alpha M} \times \frac{\delta M}{\delta L} \times \frac{\beta L}{\beta K} \times \frac{\gamma K}{\gamma H} = 1,$$

donc (117) les quatre points $\alpha, \beta, \gamma, \delta$ sont dans un même plan.

(Autre démonstration, nº 96.)

122. Remarque I. — *Par un point d'une génératrice, passe une génératrice de l'autre système et une seule.*

Soit I un point situé sur la génératrice $\gamma\delta$ du second système ; le plan P′ mené par I parallèlement au plan P coupe A et B en $\alpha\beta$; la droite $\alpha\beta$ est une génératrice du premier système ; donc (121) elle rencontre $\gamma\delta$; $\alpha\beta$ étant dans le plan P′, le point de rencontre est forcément le point I.

123. Remarque II. — *Il existe une génératrice du premier système et une seule qui est parallèle à une droite quelconque* G *du plan* P.

Soit Q le plan mené par A parallèlement à la droite G, β le point où ce plan coupe la droite B ; la génératrice $\alpha\beta$ du premier système, qui passe par le point β, est la droite cherchée. En effet, $\alpha\beta$ est l'intersection du plan Q avec un plan P′ parallèle à P ; $\alpha\beta$ est donc parallèle à l'intersection des plans P et Q et par suite à la droite G.

§ III.

Trièdres.

124. Soit SABC un trièdre ; nous désignerons par $S\alpha$ une droite du plan BSC, par $S\beta$ une droite du plan CSA, par $S\gamma$ une droite du plan ASB.

125. **Théorème.** — *Pour que les trois plans* $AS\alpha$, $BS\beta$, $CS\gamma$ (*fig.* 49) *aient une droite commune, il faut et il suffit qu'on ait la relation*

$$(1) \qquad \frac{\sin \alpha SB}{\sin \alpha SC} \times \frac{\sin \beta SC}{\sin \beta SA} \times \frac{\sin \gamma SA}{\sin \gamma SB} = -1.$$

En effet, coupons la figure par un plan P ; soient A, B, C, α, β, γ les traces des droites SA, SB, SC, Sα, Sβ, Sγ sur le plan P ; pour que les trois plans énoncés aient une droite commune, il faut et il suffit que les droites Aα, Bβ, Cγ concourent en un même point O, c'est-à-dire que l'on ait (105)

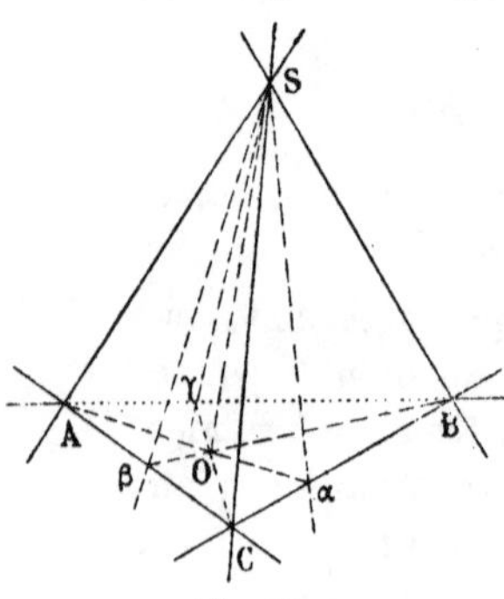

Fig. 49.

$$(2) \qquad \frac{\alpha B}{\alpha C} \times \frac{\beta C}{\beta A} \times \frac{\gamma A}{\gamma B} = -1.$$

Mais on a (42)

$$(3) \quad \left\{ \begin{aligned} \frac{\alpha B}{\alpha C} &= \frac{SB}{SC} \cdot \frac{\sin \alpha SB}{\sin \alpha SC}, \\ \frac{\beta C}{\beta A} &= \frac{SC}{SA} \cdot \frac{\sin \beta SC}{\sin \beta SA}, \\ \frac{\gamma A}{\gamma B} &= \frac{SA}{SB} \cdot \frac{\sin \gamma SA}{\sin \gamma SB}. \end{aligned} \right.$$

Si l'on porte les valeurs des rapports (3) dans la relation (2), on obtient, après avoir simplifié, la relation (1).

126. **Théorème.** — *Pour que les trois droites* Sα, Sβ, Sγ (*fig.* 50) *soient situées dans un même plan, il faut et il suffit que l'on ait*

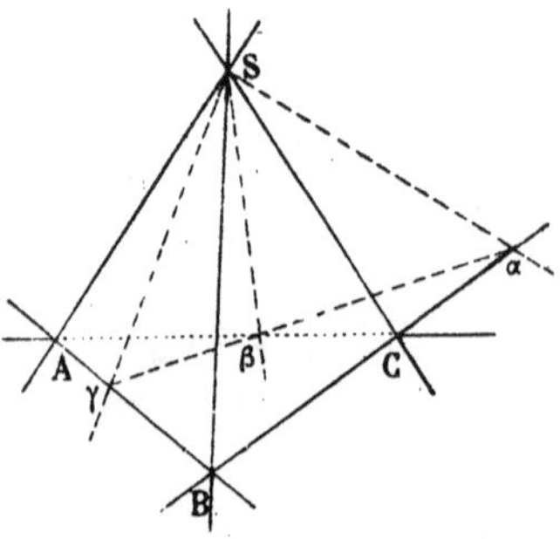

Fig. 50.

$$(4) \qquad \frac{\sin \alpha SB}{\sin \alpha SC} \times \frac{\sin \beta SC}{\sin \beta SA} \times \frac{\sin \gamma SA}{\sin \gamma SB} = +1.$$

Coupons, en effet, la figure par un plan P ; pour que les trois droites considérées soient situées dans un même plan, il faut et il suffit que leurs traces α, β, γ soient en ligne droite, c'est-à-dire que l'on ait (69)

$$\frac{\alpha B}{\alpha C} \times \frac{\beta C}{\beta A} \times \frac{\gamma A}{\gamma B} = +1.$$

En remplaçant dans cette équation les rapports par leurs valeurs fournies par les formules (3), on trouve, après simplification, la relation (4).

127. LEMME. — Si SB, SC, Sα *sont trois droites d'un même plan* (*fig.* 51), SA *une droite quelconque, on a*

$$\frac{\sin \alpha SB}{\sin \alpha SC} = \frac{\sin (\alpha SAB)}{\sin (\alpha SAC)} \times \frac{\sin ASB}{\sin ASC}.$$

Remarquons d'abord que les deux membres de la relation précédente ont le même signe, car le rapport des sinus des angles αSB et αSC a évidemment le même signe que celui des sinus des dièdres αSAB et αSAC ; il reste à démontrer que les deux membres ont la même valeur absolue. Pour cela, je coupe la figure par un plan quelconque, qui coupe les droites SA, SB, SC, Sα en A, B, C, α ; du point α j'abaisse les perpendiculaires αb, αc sur les plans SAC, SAB. Nous allons de deux manières différentes évaluer le rapport des volumes SABα et SACα. On a d'abord

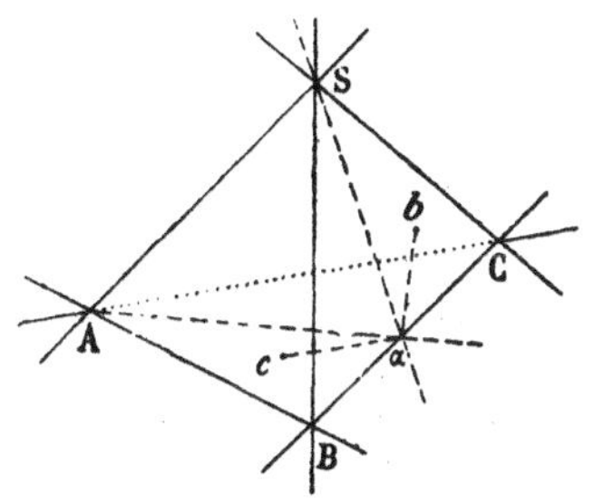

Fig. 51.

$$\frac{SAB\alpha}{SAC\alpha} = \frac{\text{aire } BS\alpha}{\text{aire } CS\alpha} = \frac{SB.S\alpha \sin \alpha SB}{SC.S\alpha \sin \alpha SC} = \frac{SB \times \sin \alpha SB}{SC \times \sin \alpha SC}.$$

D'autre part, on a

$$\frac{SAB\alpha}{SAC\alpha} = \frac{\text{aire } ASB}{\text{aire } ASC} \times \frac{\alpha c}{\alpha b}.$$

Le rapport $\frac{\alpha c}{\alpha b}$ est égal au rapport des sinus des dièdres αSAB et αSAC; le rapport $\frac{\text{aire ASB}}{\text{aire ASC}}$ est égal à $\frac{\text{SB.sin ASB}}{\text{SC.sin ASC}}$. On aura donc

$$\frac{\text{SAB}\alpha}{\text{SAC}\alpha} = \frac{\sin(\alpha\text{SAB})}{\sin(\alpha\text{SAC})} \times \frac{\text{SB.sin ASB}}{\text{SC.sin ASC}}.$$

En égalant les deux valeurs du rapport des volumes, on obtient la relation qu'il s'agissait d'établir.

128. **Théorèmes.** — En appliquant ce lemme aux rapports qui figurent dans les relations (1) et (4), on obtient les théorèmes suivants :

I. — *Pour que les plans* αSA, βSB, γSC *aient une droite commune, il faut et il suffit que l'on ait*

$$\frac{\sin(\alpha\text{SAB})}{\sin(\alpha\text{SAC})} \times \frac{\sin(\beta\text{SBC})}{\sin(\beta\text{SBA})} \times \frac{\sin(\gamma\text{SCA})}{\sin(\gamma\text{SCB})} = -1.$$

II. — *Pour que les trois droites* Sα, Sβ, Sγ *appartiennent à un même plan, il faut et il suffit que l'on ait*

$$\frac{\sin(\alpha\text{SAB})}{\sin(\alpha\text{SAC})} \times \frac{\sin(\beta\text{SBC})}{\sin(\beta\text{SBA})} \times \frac{\sin(\gamma\text{SCA})}{\sin(\gamma\text{SCB})} = +1.$$

129. Remarque. — Les théorèmes qui précèdent jouent dans la géométrie du trièdre un rôle analogue à celui que jouent dans la géométrie du triangle les théorèmes de Ménélaüs et de Céva. Ils permettent de voir si des plans menés par les arêtes d'un trièdre ont une droite commune ou si des droites menées par le sommet dans les faces d'un trièdre appartiennent à un même plan. En voici quelques applications :

Les plans menés par les arêtes d'un trièdre et les bissectrices des faces opposées ont une droite commune.

Il suffit d'appliquer le théorème du nº 125, chaque rapport de sinus est ici égal à — 1.

Les bissectrices extérieures des faces d'un trièdre appartiennent à un même plan.

On applique le théorème du nº 126, chaque rapport de sinus est égal à $+1$.

Les plans bissecteurs des dièdres d'un trièdre ont une droite commune.

Les plans bissecteurs extérieurs des dièdres d'un trièdre coupent les faces opposées suivant des droites qui appartiennent à un même plan.

On démontre facilement ces deux derniers théorèmes par l'application des théorèmes I et II du nº 128.

Nous terminerons ces applications par le théorème suivant :

Les plans menés par les arêtes d'un trièdre perpendiculairement aux faces opposées ont une droite commune.

En effet, soient $S\alpha$, $S\beta$, $S\gamma$ les projections de SA, SB, SC sur les faces opposées (*fig.* 52). D'un point A de l'arête SA abaissons la perpendiculaire $A\alpha$ sur SBC ; du point α menons les perpendiculaires αB, αC à SB et à SC. Les droites AB, AC seront ainsi perpendiculaires à SB et à SC ; les angles $AB\alpha$, $AC\alpha$ sont les angles plans des dièdres B et C. Cela posé, le rapport $\dfrac{\sin \alpha SB}{\sin \alpha SC}$ a même valeur absolue que $\dfrac{\alpha B}{\alpha C}$ ou

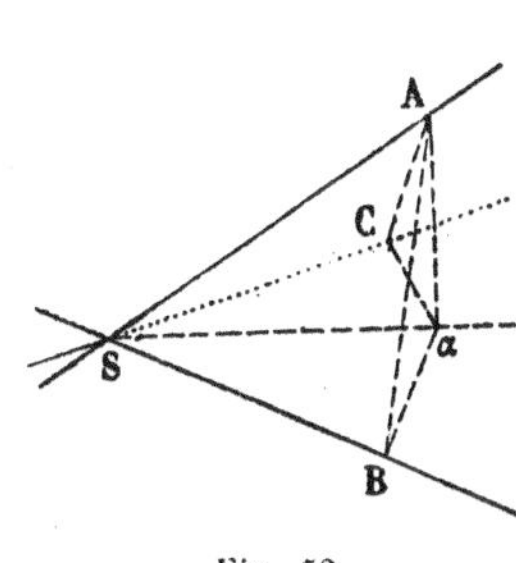

Fig. 52.

que $\dfrac{\cot B}{\cot C}$; on voit facilement que le premier et le dernier rapport sont toujours de signes contraires ; donc

$$\frac{\sin \alpha SB}{\sin \alpha SC} = -\frac{\cot B}{\cot C}.$$

On aurait de même

$$\frac{\sin \beta SC}{\sin \beta SA} = -\frac{\operatorname{cotg} C}{\operatorname{cotg} A},$$

$$\frac{\sin \gamma SA}{\sin \gamma SB} = -\frac{\operatorname{cotg} A}{\operatorname{cotg} B}.$$

On vérifie que la relation (1) du théorème 125 est satisfaite.

§ IV.

Tétraèdres.

130. Soient ABCD un tétraèdre, ξ, η, ζ, λ, μ, ν des points situés sur les arêtes AB, AC, AD, CD, DB, BC. Nous allons chercher : 1° dans quel cas les droites $\xi\lambda$, $\eta\mu$, $\zeta\nu$ passent par un même point ; 2° dans quel cas les six points ξ, η, ζ, λ, μ, ν sont situés dans un même plan.

131. **Théorème.** — *Si les droites $\xi\lambda$, $\eta\mu$, $\zeta\nu$ concourent en un point O, dans chaque face du tétraèdre (fig. 53), les droites qui joignent les sommets aux points situés sur les côtés opposés sont concourantes ; réciproquement, si la propriété précédente est vérifiée pour trois faces du tétraèdre, les droites $\xi\lambda$, $\eta\mu$, $\zeta\nu$ sont concourantes.*

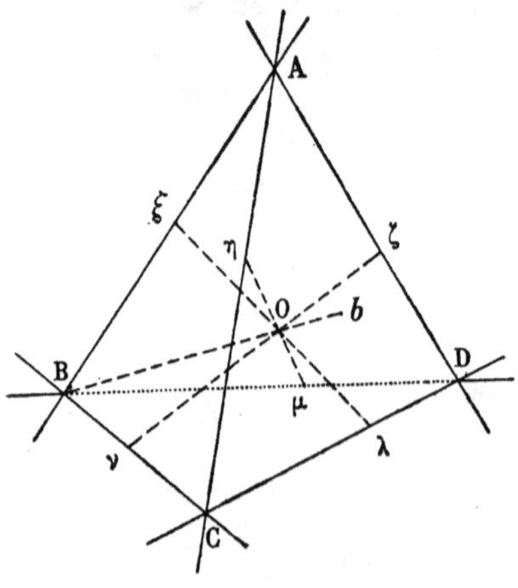

Fig. 53

En effet, supposons que les droites $\xi\lambda$, $\eta\mu$, $\zeta\nu$ concourent en O; soit b le point où la droite BO coupe la face ACD. Les trois droites BA, Bb et $\xi\lambda$ étant dans un même plan, les points A, b, λ sont en ligne droite ; il en est de même des points C, b, ζ et D, b, η ; donc, dans la face ACD, les trois droites $A\lambda$, $C\zeta$, $D\eta$ sont concourantes ; même démonstration pour les autres faces.

Réciproquement, supposons que la propriété énoncée existe pour les faces opposées aux sommets B, C, D ; soient b, c, d les points de concours correspondants. Les droites Bb, Cc étant situées dans le plan $BC\zeta$ se rencontrent en un point O ; on voit de même que Dd doit rencontrer Bb et Cc, ce qui ne peut avoir lieu que de deux façons : ou bien Dd passe par le point de rencontre O de Bb et de Cc, ou bien Dd est situé dans le plan des droites Bb, Cc. Cette dernière hypothèse est à rejeter, car le plan Bb, Cc coupe l'arête AD en ζ ; donc déjà les trois droites Bb, Cc, Dd concourent en un point O.

D'autre part, le plan $AB\lambda$ contient les droites Bb et $\xi\lambda$; le plan $CD\xi$ contient les droites Cc, Dd, $\xi\lambda$; $\xi\lambda$ rencontre donc les droites Bb, Cc, Dd ; donc $\xi\lambda$ passe par O. Même démonstration pour les droites $\eta\mu$ et $\zeta\nu$.

132. Remarque. — Il résulte de ce qui précède que, pour que les trois droites $\xi\lambda$, $\eta\mu$, $\zeta\nu$ soient concourantes, il faut et il suffit que l'on ait les trois relations suivantes :

$$(1)\quad \left\{ \begin{aligned} &\frac{\eta A}{\eta C} \times \frac{\lambda C}{\lambda D} \times \frac{\zeta D}{\zeta A} = -1, \\ &\frac{\zeta A}{\zeta D} \times \frac{\mu D}{\mu B} \times \frac{\xi B}{\xi A} = -1, \\ &\frac{\xi A}{\xi B} \times \frac{\nu B}{\nu C} \times \frac{\eta C}{\eta A} = -1. \end{aligned} \right.$$

Il en résulte aussi que ces relations entraînent la suivante :

$$(2)\qquad \frac{\lambda C}{\lambda D} \times \frac{\mu D}{\mu B} \times \frac{\nu B}{\nu C} = -1,$$

ce qu'on peut vérifier directement en multipliant membre à membre les relations (1).

Donc, étant donnés les points λ, μ, ν, ζ, η, ξ, si les relations (1) sont vérifiées, il en sera de même de la relation (2), et on aura les résultats suivants :

1° *Dans chaque face du tétraèdre, les droites qui joignent les sommets aux points situés sur les côtés opposés sont concourantes ;*

2° *Si a, b, c, d sont les points de concours situés dans les faces opposées aux sommets* A, B, C, D, *les droites* A*a*, B*b*, C*c*, D*d concourent en un même point* O ;

3° *Les droites* ξλ, ημ, ζν *concourent au point* O.

133. **Théorème.** — *Si les six points* ξ, η, ζ, λ, μ, ν *sont situés dans un plan* P (*fig.* 54), *les trois points qui sont dans une même face du tétraèdre sont en ligne droite ; réciproquement, si cette condition est satisfaite pour trois faces du tétraèdre, les six points appartiennent à un même plan.*

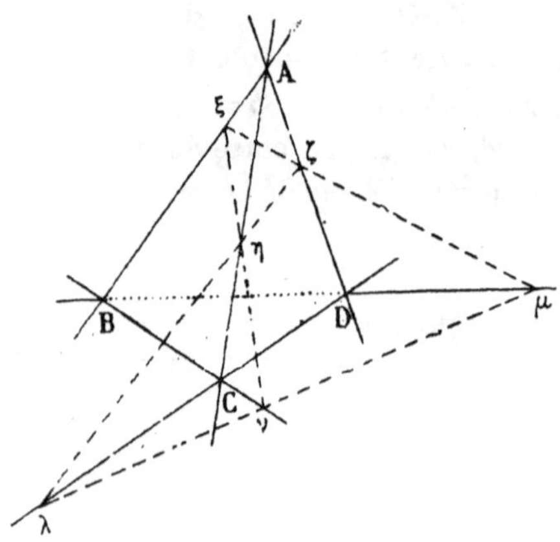

Fig. 54.

La première partie est évidente, car les trois points d'une face sont à l'intersection de cette face et du plan P.

Réciproquement, supposons que la propriété énoncée existe pour les faces opposées aux sommets B, C, D ; le plan qui passe par les trois points ξ, η, ζ contiendra les points λ, μ, ν. et par conséquent les six points sont situés dans un même plan.

134. Remarque. — Il résulte de ce qui précède que, pour que les six points appartiennent à un même plan, il faut et il suffit que les trois relations suivantes soient vérifiées :

$$(3)\quad \left\{\begin{array}{l} \dfrac{\eta A}{\eta C} \times \dfrac{\lambda C}{\lambda D} \times \dfrac{\zeta D}{\zeta A} = +1, \\[2ex] \dfrac{\zeta A}{\zeta D} \times \dfrac{\mu D}{\mu B} \times \dfrac{\xi B}{\xi A} = +1, \\[2ex] \dfrac{\xi A}{\xi B} \times \dfrac{\nu B}{\nu C} \times \dfrac{\eta C}{\eta A} = +1, \end{array}\right.$$

et que ces relations entraînent la relation

$$(4)\qquad \frac{\lambda C}{\lambda D} \times \frac{\mu D}{\mu B} \times \frac{\nu B}{\nu C} = 1,$$

ce qu'on vérifie d'ailleurs directement en multipliant membre à membre les équations (3).

135. **Théorème.** — *Si quatre droites a, b, c, d, issues des sommets* A, B, C, D (*fig.* 55) *d'un tétraèdre, forment un quadruple hyperboloïde, par chaque sommet on pourra mener une*

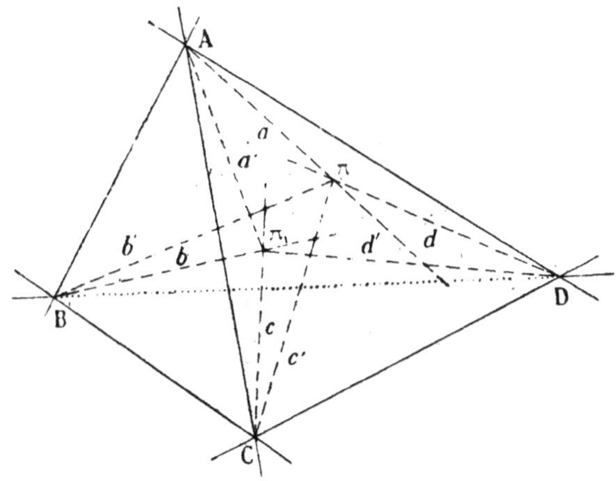

Fig. 55.

droite rencontrant les trois droites issues des trois autres sommets ; réciproquement, si cette propriété est vérifiée pour trois sommets du tétraèdre, les quatre droites forment un quadruple hyperboloïde.

En effet, si les quatre droites forment un quadruple hyperboloïde, par tout point de la droite a (101) passe une transversale commune aux quatre droites ; donc par le point A on peut mener une droite rencontrant les droites b, c, d ; même conclusion pour les autres sommets.

Réciproquement, si la propriété indiquée est vérifiée pour trois sommets du tétraèdre, les quatre droites ont trois transversales communes ; donc (101) elles forment un quadruple hyperboloïde.

136. Remarque. — Pour que les droites a, b, c, d forment un *véritable* quadruple hyperboloïde, il faut vérifier en outre que deux quelconques d'entre elles n'appartiennent pas à un même plan. Nous allons examiner ce qui arrive, lorsque la condition indiquée au n° 135 est vérifiée pour les sommets B, C, D du tétraèdre et que parmi les quatre droites a, b, c, d, il en existe plusieurs qui sont situées dans un même plan.

1° *Les droites b et c sont situées dans un même plan* Π (*fig.* 55).

Par le point B on peut mener une droite b' rencontrant c, d, a et par le point C une droite c' rencontrant b, d, a ; les droites b' et c' sont évidemment situées dans le plan Π ; les droites a et d n'étant pas situées dans le plan Π et devant rencontrer b' et c', passent par le point de concours π de b' et c'. Les droites a et d appartiennent ainsi à un même plan Π_1, le point de concours π de a et d étant dans le plan Π. De même, par le point D on peut mener une droite d' rencontrant a, b, c ; cette droite est évidemment dans le plan Π_1, et comme elle rencontre b et c, elle passe par leur point de concours π_1. Il en résulte que la droite qui joint le point A au point de concours de b et c rencontre aussi la droite d ; c'est a'.

2° *Les droites a et d sont situées dans un même plan.*

Par le point B on peut mener une droite b' rencontrant a, d, c ; cette droite b' devra passer par le point de concours de a et d. La droite c rencontrant b' est dans le plan mené par BC et le point de rencontre de a avec d ; il en est de même de la droite b ; on retombe dans le cas précédent.

3° *Une droite en rencontre deux autres.*

Supposons par exemple que b rencontre c et d ; b et c étant dans un même plan, il en est de même (2°) de a et d et le point de concours de a et d est dans le plan de b et c, c'est-à-dire ici sur la droite b ; la droite a passe donc par le point de rencontre de b et d ; on voit de même qu'elle passe par le point de rencontre de b et c ; donc les quatre droites sont concourantes. On peut encore dans ce cas mener par A une droite rencontrant b, c, d ; c'est la droite a elle-même.

La discussion qui précède permet d'énoncer les résultats suivants :

La condition indiquée au n° 135 *étant vérifiée pour trois sommets du tétraèdre :*

1° *Elle est vérifiée pour le quatrième sommet ;*

2° *Si, parmi les quatre droites, on ne peut pas en trouver deux appartenant à un même plan, ces droites forment un véritable quadruple hyperboloïde ;*

3° *Si deux des quatre droites appartiennent à un même plan, il en est de même des deux autres ; le point de rencontre des deux premières droites est dans le plan des deux autres, et inversement ;*

4° *Si une droite en rencontre deux autres, les quatre droites sont concourantes.*

137. **Expression analytique des conditions précédentes.** — Je désignerai par b'_a le point où le plan ABa coupe l'arête CD (*fig.* 56) ; par a'_b le point d'intersection du plan ABb avec la même arête ; enfin, par des notations analogues, les points qui correspondent aux autres arêtes. Les trois plans BAa, CAa, DAa ayant une droite commune, les droites Bb'_a, Cc'_a, Dd'_a sont des droites concourantes du plan BCD. L'existence

de la droite a donne déjà une relation, fournie par le théorème de Céva, entre les segments de la figure. On a de même des relations analogues pour les droites b, c, d ; de telle sorte que, quelles que soient les droites a, b, c, d issues des sommets A, B, C, D, on aura le groupe des quatre équations suivantes :

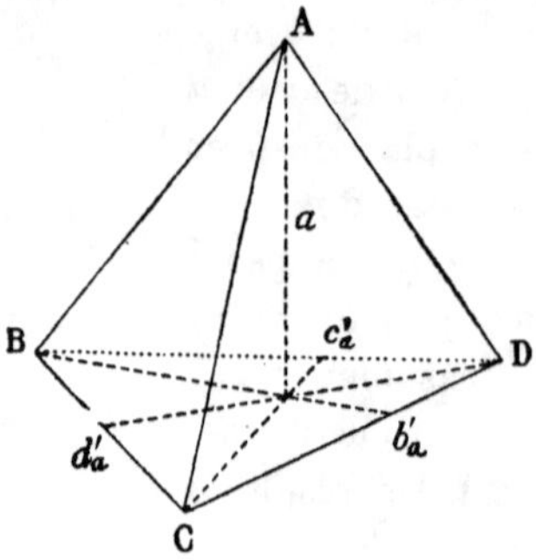

Fig. 56.

$$(5)\left\{\begin{aligned}
&\frac{b'_a\mathrm{C}}{b'_a\mathrm{D}}\cdot\frac{c'_a\mathrm{D}}{c'_a\mathrm{B}}\cdot\frac{d'_a\mathrm{B}}{d'_a\mathrm{C}}=-1,\\
&\frac{c'_b\mathrm{D}}{c'_b\mathrm{A}}\cdot\frac{d'_b\mathrm{A}}{d'_b\mathrm{C}}\cdot\frac{a'_b\mathrm{C}}{a'_b\mathrm{D}}=-1,\\
&\frac{d'_c\mathrm{A}}{d'_c\mathrm{B}}\cdot\frac{a'_c\mathrm{B}}{a'_c\mathrm{D}}\cdot\frac{b'_c\mathrm{D}}{b'_c\mathrm{A}}=-1,\\
&\frac{a'_d\mathrm{B}}{a'_d\mathrm{C}}\cdot\frac{b'_d\mathrm{C}}{b'_d\mathrm{A}}\cdot\frac{c'_d\mathrm{A}}{c'_d\mathrm{B}}=-1.
\end{aligned}\right.$$

Pour qu'il existe une droite issue de A, rencontrant b, c, d, il faut et il suffit que les trois plans ABb, ACc, ADd aient une droite commune, ou bien que dans le triangle BCD les trois droites Ba'_b, Ca'_c, Da'_d concourent, ce qui donne une nouvelle relation entre les segments. On obtient des relations analogues pour les sommets B, C, D, ce qui fournit le second groupe de relations :

$$(6)\left\{\begin{aligned}
&\frac{a'_b\mathrm{D}}{a'_b\mathrm{C}}\cdot\frac{a'_d\mathrm{C}}{a'_d\mathrm{B}}\cdot\frac{a'_c\mathrm{B}}{a'_c\mathrm{D}}=-1,\\
&\frac{b'_c\mathrm{A}}{b'_c\mathrm{D}}\cdot\frac{b'_a\mathrm{D}}{b'_a\mathrm{C}}\cdot\frac{b'_d\mathrm{C}}{b'_d\mathrm{A}}=-1,\\
&\frac{c'_d\mathrm{B}}{c'_d\mathrm{A}}\cdot\frac{c'_b\mathrm{A}}{c'_b\mathrm{D}}\cdot\frac{c'_a\mathrm{D}}{c'_a\mathrm{B}}=-1,\\
&\frac{d'_a\mathrm{C}}{d'_a\mathrm{B}}\cdot\frac{d'_c\mathrm{B}}{d'_c\mathrm{A}}\cdot\frac{d'_b\mathrm{A}}{d'_b\mathrm{C}}=-1.
\end{aligned}\right.$$

Si l'on multiplie membre à membre les équations (5) et (6), on obtient une identité ; donc si les équations (5) et trois des équations (6) sont vérifiées, il en est de même de la quatrième équation (6).

Ce résultat est équivalent à celui qui a été établi géométriquement (n° 136, 1°).

Si l'on divise membre à membre les deux premières équations (6), on trouve

$$\frac{a'_b\text{D}}{a'_b\text{C}} \times \frac{b'_a\text{C}}{b'_a\text{D}} = \frac{b'_c\text{A}}{b'_c\text{D}} \times \frac{a'_c\text{D}}{a'_c\text{B}} \times \frac{a'_d\text{B}}{a'_d\text{C}} \times \frac{b'_d\text{C}}{b'_d\text{A}}.$$

En divisant de même, membre à membre, les deux dernières équations (5), on aura

$$\frac{d'_c\text{A}}{d'_c\text{B}} \times \frac{c'_d\text{B}}{c'_d\text{A}} = \frac{b'_c\text{A}}{b'_c\text{D}} \times \frac{a'_c\text{D}}{a'_c\text{B}} \times \frac{a'_d\text{B}}{a'_d\text{C}} \times \frac{b'_d\text{C}}{b'_d\text{A}},$$

donc

$$(\text{DC}a'_b b'_a) = (\text{AB}d'_c c'_d). \tag{7}$$

On trouverait de même des rapports anharmoniques égaux sur les couples d'arêtes opposées BC, AD et BD, AC.

Si les droites a et b sont dans un même plan, les points a'_b et b'_a sont confondus ; l'égalité (7) montre qu'il en est de même des points d'_c et c'_d; par conséquent les droites c et d sont aussi dans un même plan (Résultat établi géométriquement au n° 136).

138. **Théorème.** — *Si quatre droites a, b, c, d, situées respectivement dans les faces opposées aux sommets* A, B, C, D *d'un tétraèdre* ABCD, *forment un quadruple hyperboloïde, sur chaque face les traces des droites situées dans les trois autres sont en ligne droite ; réciproquement, si cette condition est satisfaite pour trois faces du tétraèdre, les droites appartiennent à un quadruple hyperboloïde.*

En effet, si les quatre droites forment un quadruple hyperboloïde, il existera (101) dans le plan BCD mené par la droite *a* une transversale commune aux quatre droites ; cette transversale passe évidemment par les traces des droites *b*, *c*, *d* ; donc ces traces sont en ligne droite.

Réciproquement, si cette condition est satisfaite pour trois faces du tétraèdre, les quatre droites ont trois transversales communes, et par suite (101) forment un quadruple hyperboloïde.

139. Remarque. — Une discussion analogue à celle du n° 136 permet d'énoncer les résultats suivants :

La condition indiquée au n° 138 étant satisfaite pour trois faces du tétraèdre :

1° *Elle est satisfaite pour la quatrième face ;*

2° *Si, parmi les quatre droites, on ne peut pas en trouver deux appartenant à un même plan, ces droites forment un véritable quadruple hyperboloïde ;*

3° *Si deux droites sont situées dans un même plan, il en est de même des deux autres ; le point de rencontre des deux premières droites est dans le plan des deux dernières et inversement ;*

4° *Si une droite en rencontre deux autres, les quatre droites sont dans un même plan.*

140. **Expressions analytiques.** — Si l'on désigne par b'_a le point où la droite *a* rencontre l'arête CD, et par des notations analogues les autres points de rencontre, on aura entre les segments les huit équations obtenues en remplaçant -1 par $+1$ dans les équations (5) et (6).

On en conclut que la relation (7) existe aussi dans ce cas.

141. **Exemples.** — 1° *Les droites qui joignent les sommets d'un tétraèdre aux centres des cercles inscrits dans les faces opposées forment un quadruple hyperboloïde.*

En effet, les plans AB*b*, AC*c*, AD*d* sont dans ce cas les plans menés par les arêtes du trièdre A et les bissectrices des faces opposées ; on sait que ces plans ont une droite commune (129).

Pour que les droites a et b soient dans un même plan, il faut et il suffit que les bissectrices des angles CAD, CBD coupent CD au même point, c'est-à-dire que

$$AC \times BD = AD \times BC.$$

Les droites c et d sont aussi concourantes.

Enfin si

$$AB \times CD = BC \times AD = AC \times BD,$$

les quatre droites a, b, c, d sont concourantes.

2° On sait que dans un triangle les points de rencontre des bissectrices extérieures avec les côtés opposés sont sur une droite Δ (108).

Les quatre droites ainsi obtenues dans les quatre faces d'un tétraèdre forment un quadruple hyperboloïde.

En effet, les traces des droites b, c, d sur le plan BCD sont les mêmes que celles des bissectrices extérieures des faces du trièdre A ; ces bissectrices extérieures sont dans un même plan (129) ; donc les traces de b, c, d sont en ligne droite.

Si $$AC \times BD = BC \times AD,$$

les droites a et b sont dans un même plan ; il en est de même des droites c et d.

Si $$AB \times CD = AC \times BD = AD \times BC,$$

les quatre droites a, b, c, d sont dans un même plan.

3° *Les hauteurs d'un tétraèdre forment un quadruple hyperboloïde.*

En effet, les plans ABb, ACc, ADd sont les plans menés par les arêtes du trièdre A perpendiculairement aux faces opposées ; donc ces plans ont une droite commune (129).

Pour que les droites a et b se rencontrent, il faut et il suffit que les arêtes AB et CD soient orthogonales ; les droites c et d se rencontreront aussi.

Si AB est orthogonal à CD et AC à BD, les quatre droites a, b, c, d sont concourantes ; donc AD et BC seront aussi des arêtes orthogonales.

De là cette propriété :

Si dans un tétraèdre deux couples d'arêtes opposées sont orthogonales, il en est de même des arêtes du troisième couple.

§ V.

Droites concourantes perpendiculaires aux côtés d'un triangle.

142. **Lemme.** — *Sur une droite* AB *il existe un point* M *et un seul tel que la différence* $\overline{MA}^2 - \overline{MB}^2$ *ait une valeur donnée* k.

En effet, soit O le milieu de AB, on a la relation segmentaire

$$\overline{MA}^2 - \overline{MB}^2 = 2\,AB \times OM.$$

On devra donc avoir

$$OM = \frac{k}{2AB},$$

ce qui détermine le point M d'une manière unique.

143. **Théorème.** — *Si d'un point* M *on abaisse des perpendiculaires* Ma, Mb, Mc *sur les côtés* BC, CA, AB (*fig.* **57**), *on a la relation*

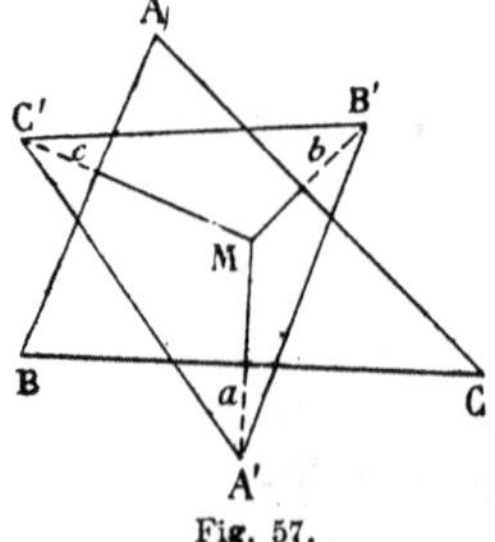

Fig. 57.

$$(1) \qquad \overline{aB}^2 - \overline{aC}^2 + \overline{bC}^2 - \overline{bA}^2 + \overline{cA}^2 - \overline{cB}^2 = 0.$$

En effet, on a

$$\overline{MB}^2 - \overline{MC}^2 = \overline{aB}^2 - \overline{aC}^2,$$
$$\overline{MC}^2 - \overline{MA}^2 = \overline{bC}^2 - \overline{bA}^2,$$
$$\overline{MA}^2 - \overline{MB}^2 = \overline{cA}^2 - \overline{cB}^2.$$

En ajoutant ces équations membre à membre, on obtient la relation (1).

144. **Réciproque.** — *Si la relation* (1) *existe, les perpendiculaires menées des points a, b, c aux côtés* BC, CA, AB *concourent.*

Soit M (*fig.* 57) le point de rencontre des perpendiculaires menées en a et b aux côtés BC et CA. Du point M j'abaisse la perpendiculaire Mc' sur le côté AB. D'après la proposition directe, on a

$$(2) \qquad \overline{aB}^2 - \overline{aC}^2 + \overline{bC}^2 - \overline{bA}^2 + \overline{c'A}^2 - \overline{c'B}^2 = 0.$$

En comparant les équations (1) et (2) on a

$$\overline{c'A}^2 - \overline{c'B}^2 = \overline{cA}^2 - \overline{cB}^2,$$

donc (142) c' coïncide avec c ; ce qui démontre la réciproque.

145. **Théorème.** — *Si les perpendiculaires menées des sommets* A', B', C' *d'un triangle* A'B'C' *sur les côtés* BC, CA, AB *du triangle* ABC (*fig.* 57) *concourent en un même point, il en est de même des perpendiculaires menées des sommets* A, B, C *du triangle* ABC *sur les côtés* B'C', C'A', A'B' *du triangle* A' B' C'.

En effet, soit A'a, B'b, C'c les perpendiculaires menées de A', B', C' sur les côtés BC, CA, AB ; puisque les perpendiculaires se rencontrent, on a (142)

$$(1) \qquad \overline{aB}^2 - \overline{aC}^2 + \overline{bC}^2 - \overline{bA}^2 + \overline{cA}^2 - \overline{cB}^2 = 0.$$

Or on a

$$\overline{aB}^2 - \overline{aC}^2 = \overline{A'B}^2 - \overline{A'C}^2,$$
$$\overline{bC}^2 - \overline{bA}^2 = \overline{B'C}^2 - \overline{B'A}^2,$$
$$\overline{cA}^2 - \overline{cB}^2 = \overline{C'A}^2 - \overline{C'B}^2.$$

En ajoutant ces équations membre à membre, on voit que la relation (1) est équivalente à

$$(3) \qquad \overline{A'B}^2 - \overline{A'C}^2 + \overline{B'C}^2 - \overline{B'A}^2 + \overline{C'A}^2 - \overline{C'B}^2 = 0.$$

L'équation (3) exprime la condition nécessaire et suffisante pour que les perpendiculaires menées des points A', B', C' aux côtés BC, CA, AB concourent. Or cette relation reste vérifiée si l'on permute A avec A′, B avec B′, C avec C′ ; donc les perpendiculaires menées des points A, B, C aux côtés B′C′, C′A′, A′B′ concourent.

§ VI.

Plans perpendiculaires aux faces d'un trièdre.

146. **Lemme I.** — *Si* Ox *et* Oy *sont deux axes, il existe une droite* OL *et une seule du faisceau* Ox, Oy (*fig.* 58) *telle que le rapport*

$$\frac{\cos(\mathrm{OL}, \mathrm{O}x)}{\cos(\mathrm{OL}, \mathrm{O}y)}$$

ait une valeur donnée k.

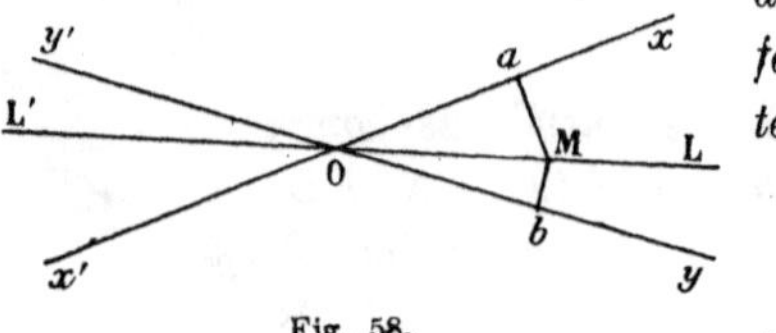

Fig. 58.

Soit OL une droite du faisceau Ox, Oy ; fixons un sens positif sur cette droite ; si M est un point de L, a et b ses projections sur Ox et Oy, on a entre les segments Oa, Ob, OM les relations

$$\mathrm{O}a = \mathrm{OM} \times \cos(\mathrm{OL}, \mathrm{O}x),$$
$$\mathrm{O}b = \mathrm{OM} \times \cos(\mathrm{OL}, \mathrm{O}y).$$

On devra donc avoir

$$\frac{\mathrm{O}a}{\mathrm{O}b} = k.$$

Cela posé, je prends sur Oy un segment arbitraire Ob, sur Ox un segment égal à $k.\mathrm{O}b$; les perpendiculaires en a et b aux axes Ox et Oy se rencontrent en un point M ; il est clair que la droite OM satisfait à la question. Maintenant si l'on change la valeur du segment Ob, la droite OM définie par la construction précédente ne change pas. Ce qui démontre le lemme.

147. Lemme II. — *Si m est la projection d'un point* M *sur le plan* xOy, *on a la relation*

$$\frac{\cos(\mathrm{OM}, Ox)}{\cos(\mathrm{OM}, Oy)} = \frac{\cos(Om, Ox)}{\cos(Om, Oy)}.$$

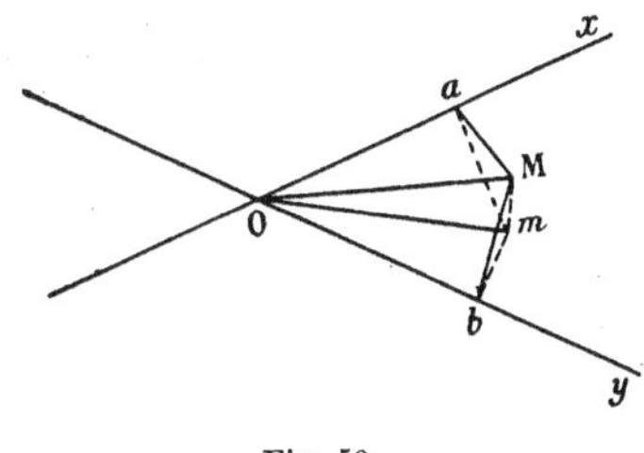

Fig. 59.

J'abaisse de m les perpendiculaires ma, mb sur Ox et Oy ; d'après le théorème des trois perpendiculaires, $\mathrm{M}a$, $\mathrm{M}b$ sont perpendiculaires à Ox et Oy. On a donc

$$Oa = Om \cos(Om, Ox) = \mathrm{OM} \cos(\mathrm{OM}, Ox),$$
$$Ob = Om \cos(Om, Oy) = \mathrm{OM} \cos(\mathrm{OM}, Oy),$$

d'où

$$\frac{Oa}{Ob} = \frac{\cos(Om, Ox)}{\cos(Om, Oy)} = \frac{\cos(\mathrm{OM}, Ox)}{\cos(\mathrm{OM}, Oy)},$$

ce qui démontre le lemme.

148. Théorème. — *Si* $\mathrm{S}\alpha$, $\mathrm{S}\beta$, $\mathrm{S}\gamma$ *sont les projections d'une droite* SL *sur les faces* BSC, CSA, ASB *d'un trièdre* SABC, *on a la relation*

$$(1) \qquad \frac{\cos(\mathrm{S}\alpha, \mathrm{SB})}{\cos(\mathrm{S}\alpha, \mathrm{SC})} \times \frac{\cos(\mathrm{S}\beta, \mathrm{SC})}{\cos(\mathrm{S}\beta, \mathrm{SA})} \times \frac{\cos(\mathrm{S}\gamma, \mathrm{SA})}{\cos(\mathrm{S}\gamma, \mathrm{SB})} = 1.$$

En effet, d'après le lemme précédent on a

$$\frac{\cos(\mathrm{S}\alpha, \mathrm{SB})}{\cos(\mathrm{S}\alpha, \mathrm{SC})} = \frac{\cos(\mathrm{SL}, \mathrm{SB})}{\cos(\mathrm{SL}, \mathrm{SC})},$$
$$\frac{\cos(\mathrm{S}\beta, \mathrm{SC})}{\cos(\mathrm{S}\beta, \mathrm{SA})} = \frac{\cos(\mathrm{SL}, \mathrm{SC})}{\cos(\mathrm{SL}, \mathrm{SA})},$$
$$\frac{\cos(\mathrm{S}\gamma, \mathrm{SA})}{\cos(\mathrm{S}\gamma, \mathrm{SB})} = \frac{\cos(\mathrm{SL}, \mathrm{SA})}{\cos(\mathrm{SL}, \mathrm{SB})}.$$

En multipliant membre à membre ces équations, on obtient la relation (1).

149. Réciproque. — *Si la relation* (1) *est vérifiée, les plans menés par* Sα, Sβ, Sγ *perpendiculairement aux faces* BSC, CSA, ASB *ont une droite commune.*

En effet, soient SL la droite d'intersection des plans menés par Sα et Sβ perpendiculairement aux faces BSC, CSA ; Sγ' la projection de SL sur la face ASB. D'après le théorème direct on a

$$(2) \qquad \frac{\cos(S\alpha, SB)}{\cos(S\alpha, SC)} \times \frac{\cos(S\beta, SC)}{\cos(S\beta, SA)} \times \frac{\cos(S\gamma', SA)}{\cos(S\gamma', SB)} = 1.$$

En comparant les relations (1) et (2) on a

$$\frac{\cos(S\gamma', SA)}{\cos(S\gamma', SB)} = \frac{\cos(S\gamma, SA)}{\cos(S\gamma, SB)},$$

donc (**146**) Sγ' coïncide avec Sγ, ce qui démontre la réciproque.

150. Théorème. — *Si les plans menés par les arêtes* SA', SB', SC' *d'un trièdre* SA'B'C' *perpendiculairement aux faces* BSC, CSA, ASB *ont une droite commune, il en est de même des plans menés par* SA, SB, SC *perpendiculairement aux faces* B'SC', C'SA', A'SB' *du trièdre* SA'B'C'.

En effet soient SL la droite commune aux plans menés par les arêtes SA', SB', SC' ; Sα, Sβ, Sγ les projections de SA', SB', SC' sur les faces BSC, CSA, ASB. Les droites Sα, Sβ, Sγ sont les projections de SL sur les faces du trièdre SABC ; par conséquent la relation (1) est vérifiée. Or on a (147)

$$\frac{\cos(S\alpha, SB)}{\cos(S\alpha, SC)} = \frac{\cos(SA', SB)}{\cos(SA', SC)},$$

$$\frac{\cos(S\beta, SC)}{\cos(S\beta, SA)} = \frac{\cos(SB', SC)}{\cos(SB', SA)},$$

$$\frac{\cos(S\gamma, SA)}{\cos(S\gamma, SB)} = \frac{\cos(SC', SA)}{\cos(SC', SB)}.$$

En multipliant ces équations membre à membre, on obtient la relation suivante qui est équivalente à l'équation (1) :

$$(3) \qquad \frac{\cos(SA', SB)}{\cos(SA', SC)} \times \frac{\cos(SB', SC)}{\cos(SB', SA)} \times \frac{\cos(SC', SA)}{\cos(SC', SB)} = 1.$$

La relation (3) exprime donc la condition nécessaire et suffisante pour que les plans menés par SA′, SB′, SC′ perpendiculairement aux faces BSC, CSA, ASB aient une droite commune. Or cette relation reste vérifiée si l'on permute SA′ avec SA, SB′ avec SB et SC′ avec SC, ce qui démontre le théorème.

§ VII.

Plans perpendiculaires aux arêtes d'un tétraèdre et droites perpendiculaires aux faces de ce tétraèdre.

151. Je désigne, comme au n° 129, par ξ, η, ζ, λ, μ, ν des points situés respectivement sur les arêtes AB, AC, AD, CD, DB, BC d'un tétraèdre ABCD. Je vais chercher dans quels cas les plans menés par chacun de ces points perpendiculairement à l'arête correspondante concourent en un même point.

152. **Théorème.** — *Si les six plans ont un point commun, dans chaque face du tétraèdre, les droites menées dans cette face, perpendiculairement aux côtés, par les points situés sur ces côtés, passent par un même point ; réciproquement, si la propriété précédente est vérifiée pour trois faces du tétraèdre, les six plans ont un point commun.*

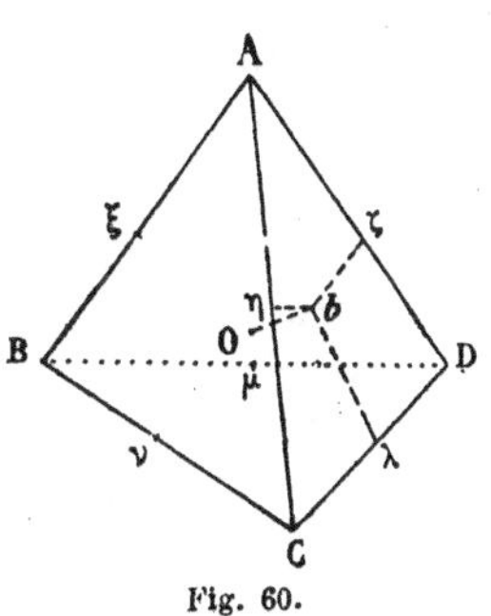

Fig. 60.

En effet, je suppose que les six plans passent par un point O ; je désigne par a, b, c, d (*fig.* 60) les projections du point O sur les faces BCD, CDA, DBA, BCA. Le plan mené par λ, perpendiculaire à la droite CD, est perpendiculaire à la face

ACD, donc il contient la droite Ob qui est perpendiculaire à cette face, et par suite $b\lambda$ est perpendiculaire à CD ; on voit de même que $b\eta$ et $b\zeta$ sont respectivement perpendiculaires à AC et à AD ; la propriété indiquée existe pour la face ACD ; on démontre de même qu'elle existe pour les autres faces.

Réciproquement, si la propriété indiquée existe pour les faces ABC, ACD, ADB, les six plans ont un point commun. Je désigne par b, c, d les points de rencontre des perpendiculaires menées dans les faces ACD, ADB, ABC; par β, γ, δ les perpendiculaires menées par les points b, c, d aux faces correspondantes ; deux quelconques de ces droites se rencontrent ; en effet les droites β et γ, par exemple, sont situées dans le plan mené par ζ perpendiculairement à AD ; de plus ces deux droites ne sont pas parallèles, car elles sont perpendiculaires à deux plans qui se coupent ; donc β et γ se rencontrent. Puisque deux quelconques des trois droites β, γ, δ se rencontrent, c'est qu'elles passent par un même point ou qu'elles sont situées dans un même plan. Or elles ne peuvent pas être situées dans un même plan, car elles sont perpendiculaires aux faces du trièdre A. Les trois droites β, γ, δ ont donc un point commun O. Ce point O étant situé sur β se trouve sur les plans menés par λ, η, ζ ; de même O étant sur γ se trouve dans les plans menés par μ, ζ, ξ ; enfin O étant sur δ se trouve sur les plans menés par γ, ξ, η ; donc les six plans passent par O.

153. Remarque. — Il résulte de ce qui précède que si la propriété indiquée existe pour trois faces d'un trièdre, elle existe pour la quatrième face. En écrivant que cette propriété existe pour les faces ACD, ADB, ABC on obtient (143) les relations

$$(1)\quad \begin{cases} \zeta\overline{A}^2 - \zeta\overline{D}^2 + \lambda\overline{D}^2 - \lambda\overline{C}^2 + \eta\overline{C}^2 - \eta\overline{A}^2 = 0, \\ \zeta\overline{D}^2 - \zeta\overline{A}^2 + \xi\overline{A}^2 - \xi\overline{B}^2 + \mu\overline{B}^2 - \mu\overline{D}^2 = 0, \\ \xi\overline{B}^2 - \xi\overline{A}^2 + \eta\overline{A}^2 - \eta\overline{C}^2 + \nu\overline{C}^2 - \nu\overline{B}^2 = 0, \end{cases}$$

qui expriment les conditions nécessaires et suffisantes pour que les six plans aient un point commun.

Ces relations entraînent la suivante :

$$(2) \qquad \overline{\lambda D}^2 - \overline{\lambda C}^2 + \overline{\nu C}^2 - \overline{\nu B}^2 + \overline{\mu B}^2 - \overline{\mu D}^2 = 0.$$

qui exprime que la propriété indiquée existe pour la face BCD. La relation (2) s'obtient en ajoutant les équations (1) membre à membre.

154. Je désigne par a, b, c, d des points situés dans les faces BCD, CDA, DBA, BCA d'un tétraèdre ABCD ; par α, β, γ, δ les droites menées par chacun de ces points perpendiculairement à la face dans laquelle il est situé. Je vais chercher dans quels cas ces quatre droites α, β, γ, δ forment un quadruple hyperboloïde. Pour cela je projette chacun de ces points sur les trois arêtes de la face dans laquelle il se trouve. Chacune de ces projections sera représentée par deux lettres, la première une *italique* qui représente la lettre du sommet de la face où se trouve le point projeté et qui est opposé à l'arête sur laquelle on a projeté ; la deuxième, une italique accentuée, placée en indice, représente le point projeté. Ainsi la projection de a sur CD sera désignée par $b_{a'}$; celle de b sur CD par $a_{b'}$, etc.

155. **Théorème.** — *Si les quatre droites α, β, γ, δ forment un quadruple hyperboloïde, les projections sur une face quelconque des perpendiculaires aux trois autres faces sont des droites concourantes ; réciproquement, si cette propriété existe pour trois des faces, les quatre droites α, β, γ, δ forment, en général, un quadruple hyperboloïde.*

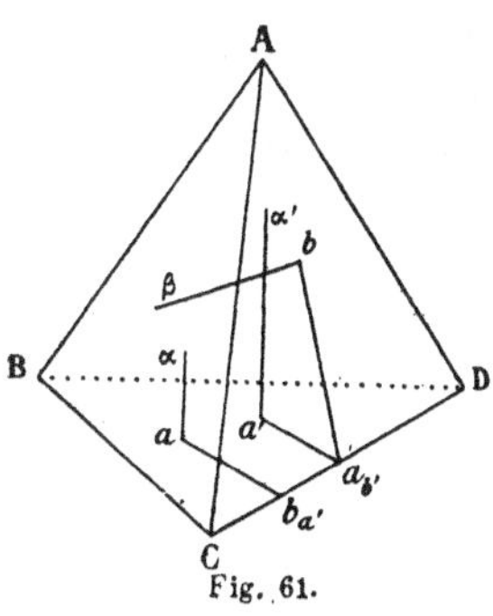

Fig. 61.

En effet, si les quatre droites α, β, γ, δ forment un quadruple hyperboloïde on pourra (101) par le point à l'infini sur α mener une droite α' rencontrant β, γ et δ. Cette droite α' (*fig.* 61) est perpendiculaire au plan BCD, soit a' le point où elle perce ce plan. Les plans β, α' ; γ, α' ; δ, α' sont les plans qui projettent les droites β, γ, δ sur le plan BCD ; donc les projections des droites β, γ, δ sur le plan BCD passent par le point a', ce qui démontre la proposition directe.

Réciproquement, si les projections de β, γ, δ sur la face BCD passent par un même point a', la droite α' menée par a' perpendiculairement à la face BCD rencontre les trois droites β, γ, δ ; elle rencontre aussi α en un point situé à l'infini. Si donc, la propriété indiquée existe pour trois des faces du tétraèdre, il existera trois sécantes communes aux droites α, β, γ, δ ; par conséquent (101) si deux quelconques de ces quatre droites ne sont pas dans un même plan, les quatre droites α, β, γ, δ forment un quadruple hyperboloïde.

156. Remarque I. — Je suppose que la condition indiquée au théorème précédent existe pour trois faces du tétraèdre, mais qu'il existe un couple ou plusieurs pris parmi les quatre droites α, β, γ, δ de droites appartenant à un même plan. On pourra, par une discussion analogue à celle du n° 136, arriver aux résultats suivants.

1° *Si la condition indiquée existe pour trois faces du tétraèdre, elle existe pour la quatrième.*

2° *Si deux des quatre droites appartiennent à un même plan, il en est de même des deux autres ; le point de rencontre des deux premières droites est dans le plan des deux autres, et inversement.*

3° *Si une droite en rencontre deux autres, les quatre droites sont concourantes.*

157. Remarque II. — La projection de la droite β sur le plan BCD (*fig.* 61) est évidemment la perpendiculaire menée par $a_{b'}$ au côté CD ; dire que les projections de β, γ, δ sur le plan BCD sont concourantes, c'est dire que les

perpendiculaires menées par les points $a_{b'}, a_{c'}, a_{d'}$, aux côtés CD, DB, BC du triangle BCD concourent. On a des propriétés analogues pour les autres faces du tétraèdre. Il résulte d'ailleurs de ce qui précède que si cette propriété existe pour trois faces du tétraèdre, elle existe pour la quatrième.

158. **Expression analytique des conditions précédentes.** — Entre les segments déterminés sur les arêtes par les projections des points a, b, c, d sur ces arêtes existent des relations que je vais indiquer. Tout d'abord le point a se projette en $b_{a'}$, $c_{a'}$, $d_{a'}$ sur les arêtes CD, DB et BC de la face BCD. Le théorème du n° **143** donne une relation entre les segments déterminés par les points $b_{a'}$, $c_{a'}$, $d_{a'}$ sur les côtés CD, DB et BC ; on a des relations analogues pour les autres faces. D'où le premier groupe d'équations

$$(3) \quad \left\{ \begin{aligned} &\overline{Cb_{a'}}^2 - \overline{Db_{a'}}^2 + \overline{Dc_{a'}}^2 - \overline{Bc_{a'}}^2 + \overline{Bd_{a'}}^2 - \overline{Cd_{a'}}^2 = 0, \\ &\overline{Dc_{b'}}^2 - \overline{Ac_{b'}}^2 + \overline{Ad_{b'}}^2 - \overline{Cd_{b'}}^2 + \overline{Ca_{b'}}^2 - \overline{Da_{b'}}^2 = 0, \\ &\overline{Ab_{c'}}^2 - \overline{Db_{c'}}^2 + \overline{Da_{c'}}^2 - \overline{Ba_{c'}}^2 + \overline{Bd_{c'}}^2 - \overline{Ad_{c'}}^2 = 0, \\ &\overline{Bc_{d'}}^2 - \overline{Ac_{d'}}^2 + \overline{Ab_{d'}}^2 - \overline{Cb_{d'}}^2 + \overline{Ca_{d'}}^2 - \overline{Ba_{d'}}^2 = 0. \end{aligned} \right.$$

Les équations (3) existent quelle que soit la position des points a, b, c, d sur les faces du tétraèdre. Si maintenant les quatre droites α, β, γ, δ possèdent les propriétés indiquées au n° 155, les perpendiculaires menées par les points $a_{b'}$, $a_{c'}$, $a_{d'}$ aux côtés CD, DB, BC du triangle BCD concourent. Le théorème du n° 143 donne une relation entre les segments déterminés par les points $a_{b'}$, $a_{c'}$, $a_{d'}$ sur les côtés CD, DB et BC. On a des relations analogues pour les autres faces. D'où le second groupe d'équations :

$$(4) \quad \left\{ \begin{aligned} &\overline{Ca_{b'}}^2 - \overline{Da_{b'}}^2 + \overline{Da_{c'}}^2 - \overline{Ba_{c'}}^2 + \overline{Ba_{d'}}^2 - \overline{Ca_{d'}}^2 = 0, \\ &\overline{Db_{c'}}^2 - \overline{Ab_{c'}}^2 + \overline{Ab_{d'}}^2 - \overline{Cb_{d'}}^2 + \overline{Cb_{a'}}^2 - \overline{Db_{a'}}^2 = 0, \\ &\overline{Ac_{b'}}^2 - \overline{Dc_{b'}}^2 + \overline{Dc_{a'}}^2 - \overline{Bc_{a'}}^2 + \overline{Bc_{d'}}^2 - \overline{Ac_{d'}}^2 = 0, \\ &\overline{Bd_{c'}}^2 - \overline{Ad_{c'}}^2 + \overline{Ad_{b'}}^2 - \overline{Cd_{b'}}^2 + \overline{Cd_{a'}}^2 - \overline{Bd_{a'}}^2 = 0. \end{aligned} \right.$$

Si l'on tient compte des équations (3), les équations (4) se réduisent à trois ; elles donnent les conditions nécessaires et suffisantes pour que les propriétés indiquées au nº 155 existent.

159 **Théorème.** — *Si les perpendiculaires menées les sommets* A′, B′, C′, D′ *d'un tétraèdre* A′B′C′D′ *sur les faces* BCD, CDA, DAB, ABC *du tétraèdre* ABCD *forment un quadruple hyperboloïde, il en est de même des perpendiculaires menées par les sommets* A, B, C, D *sur les faces* B′C′D′, C′D′A′, D′A′B′, A′B′C′.

En effet, soient a, b, c, d les projections des points A′, B′, C′, D′ sur les faces BCD, CDA, DAB, ABC. Si l'on conserve les notations du numéro précédent, les équations (3) sont vérifiées quelle que soit la position des quatre points A′, B′, C′, D′; si, maintenant les perpendiculaires menées de A′, B′, C′, D′ sur les faces du tétraèdre ABCD forment un quadruple hyperboloïde, les relations (4) devront être vérifiées. Je vais transformer ces relations; pour cela je remarque que les projections du point A′ sur les arêtes CD, DB et BC sont les points $b_{a'}$, $c_{a'}$, $d_{a'}$. On a donc

$$\begin{aligned}
\overline{Cb_{a'}}^2 - \overline{Db_{a'}}^2 &= \overline{CA'}^2 - \overline{DA'}^2,\\
\overline{Dc_{a'}}^2 - \overline{Bc_{a'}}^2 &= \overline{DA'}^2 - \overline{BA'}^2,\\
\overline{Bd_{a'}}^2 - \overline{Cd_{a'}}^2 &= \overline{BA'}^2 - \overline{CA'}^2
\end{aligned}$$

et des relations analogues pour les sommets B′, C′, D′.

Si l'on tient compte de ces relations, les équations (4) donnent

$$(5)\quad \left\{\begin{aligned}
\overline{CB'}^2 - \overline{DB'}^2 + \overline{DC'}^2 - \overline{BC'}^2 + \overline{BD'}^2 - \overline{CD'}^2 &= 0,\\
\overline{DC'}^2 - \overline{AC'}^2 + \overline{AD'}^2 - \overline{CD'}^2 + \overline{CA'}^2 - \overline{DA'}^2 &= 0,\\
\overline{AB'}^2 - \overline{DB'}^2 + \overline{DA'}^2 - \overline{BA'}^2 + \overline{BD'}^2 - \overline{AD'}^2 &= 0,\\
\overline{BC'}^2 - \overline{AC'}^2 + \overline{AB'}^2 - \overline{CB'}^2 + \overline{CA'}^2 - \overline{BA'}^2 &= 0.
\end{aligned}\right.$$

Les équations (5), qui se réduisent d'ailleurs à trois, expriment les conditions nécessaires et suffisantes pour que les perpendiculaires menées des points A′, B′, C′, D′ forment un quadruple hyperboloïde, général ou particulier. Or, ces équations restent vérifiées si l'on permute A, B, C, D respectivement avec A′, B′, C′, D′, ce qui démontre le théorème.

EXERCICES SUR LE CHAPITRE II

39. Soient ABC un triangle, O un point de son plan, A′, B′, C′ les points où les droites qui joignent le point O aux sommets du triangle coupent les côtés opposés, D, E, F les points de rencontre des droites BC et B′C′, CA et C′A′, AB et A′B′. Démontrer que les points D, E, F sont en ligne droite.

40. Soient Aα, Bβ, Cγ les droites symétriques des droites AO, BO, CO (exercice précédent) par rapport aux bissectrices des angles A, B, C. Démontrer que les droites Aα, Bβ, Cγ concourent en un même point.

41. Si par les sommets d'un triangle on mène les tangentes au cercle circonscrit, les points où ces tangentes coupent les côtés opposés sont en ligne droite.

42. Les droites qui joignent les sommets d'un triangle aux points où les côtés opposés touchent un cercle tangent aux trois côtés du triangle concourent en un même point.

43. Une transversale coupe les côtés BC, CA, AB aux points D, E, F; soient D′, E′, F′ les conjugués harmoniques de D, E, F par rapport aux segments AB, BC, CA:

1° Les trois droites AD′, BE′, CF′ sont concourantes;

2° Les points D, E′, F′ sont en ligne droite.

44. Etant donné un quadrilatère gauche ABCD, sur les côtés AB, BC, CD, DA on prend des points a, b, c, d situés dans un même plan P; soient a', b', c', d' les conjugués harmoniques de a, b, c, d par rapport aux segments AB, BC, CD, DA. Démontrer que les quatre points a', b', c', d' sont situés dans un même plan P′ et que l'intersection des plans P et P′ rencontre les diagonales AC et BD du quadrilatère.

45. Dans l'exercice précédent, les droites ac, bd se coupent en un point O, les droites $a'c'$, $b'd'$ en un point O′. Démontrer que la droite OO′ rencontre les diagonales AC et BD.

46. Construire un quadrilatère gauche ABCD connaissant les côtés et les angles ABC et BCD.

47. Construire un quadrilatère gauche ABCD connaissant les côtés, l'angle BAD et le dièdre DABC.

48. Soient un trièdre SABC; Sα, Sβ, Sγ des droites situées dans les faces BSC, CSA, ASB; Sα' la droite conjuguée harmonique de Sα par rapport aux droites SB, SC; Sβ' la conjuguée harmonique de Sβ par rapport à SC et SA; Sγ' la conjuguée harmonique de Sγ par rapport à SA et SB. Démontrer que si les trois plans ASα, BSβ, CSγ ont une droite commune, les trois droites Sα', Sβ', Sγ' sont situées dans un même plan. — Réciproque.

49. Soient SABC un trièdre, G un point quelconque. Mener par le point G un plan coupant le trièdre suivant un triangle ABC ayant son centre de gravité au point G.

50. Etant donnés deux trièdres SABC, SA'B'C', démontrer que si les plans ASA', BSB', CSC' ont une droite commune, les droites d'intersection des faces BSC, B'SC', CSA, C'SA', ASB, A'SB' sont trois droites situées dans un même plan. — Réciproque.

51. Soient Sa, Sb, Sc les bissectrices intérieures des faces BSC, CSA, ASB d'un trièdre; Sα, Sβ, Sγ des droites situées respectivement dans ces faces; Sα', Sβ', Sγ' les symétriques des droites Sα, Sβ, Sγ prises respectivement par rapport aux droites Sa, Sb, Sc. Démontrer que si les plans ASα, BSβ, CSγ ont une droite commune, il en est de même des plans ASα', BSβ', CSγ'.

52. Soient ξ, η, ζ, λ, μ, ν des points situés sur les arêtes AB, AC, AD, CD, DB, BC d'un tétraèdre ABCD; ξ', η', ζ', λ', μ', ν' les conjugués harmoniques de ces points par rapport aux segments AB, AC, AD, CD, DB, BC. Démontrer les propriétés suivantes:

1° Si les droites $\xi\lambda$, $\eta\mu$, $\zeta\nu$ concourent en un même point, les six points ξ', η', ζ', λ', μ', ν' sont situés dans un même plan;

2° Si les droites $\xi\lambda$, $\eta\mu$, $\zeta\nu$ sont concourantes, les six points ξ, η, ζ, λ', μ', ν' sont dans un même plan;

3° Dans les mêmes conditions, les trois droites $\lambda\xi'$, $\mu\eta'$, $\nu\zeta'$ sont concourantes.

53. Si α, β, γ, δ sont quatre coefficients quelconques et si l'on détermine les points ξ, η, ζ, λ, μ, ν de telle sorte que

$$\alpha.\xi A + \beta.\xi B = 0, \qquad \alpha.\eta A + \gamma.\eta C = 0, \qquad \alpha.\zeta A + \delta.\zeta D = 0,$$
$$\gamma.\lambda C + \delta.\lambda D = 0, \qquad \delta.\mu D + \beta.\mu B = 0, \qquad \beta.\nu B + \gamma.\nu C = 0,$$

les droites $\xi\lambda$, $\eta\mu$, $\zeta\nu$ sont concourantes.

Si $\alpha + \beta + \gamma + \delta = 0$, ces droites sont parallèles.

54. Si dans un tétraèdre ABCD, on a

$$AB \times CD = AC \times DB = AD \times BC,$$

les droites qui joignent les sommets aux centres des cercles inscrits dans les faces opposées sont concourantes. — Réciproque.

55. Les plans qui bissectent extérieurement les dièdres d'un tétraèdre rencontrent les arêtes opposées en six points situés dans un même plan.

56. Trouver les relations qui doivent exister entre les longueurs des arêtes d'un tétraèdre pour qu'il existe une sphère tangente à ces six arêtes. Démontrer que les droites qui joignent les points de contact sur les arêtes opposées sont concourantes. Les plans tangents à la sphère menés par chaque arête rencontrent l'arête opposée en six points situés dans un même plan.

57. Soient ξ, η, ζ, λ, μ, ν les milieux des arêtes AB, AC, AD, CD, DB, BC d'un tétraèdre. Si $\eta\mu = \zeta\nu$, les arêtes AB et CD sont orthogonales. — Réciproque. En conclure que si les couples AB, CD et AC, BD sont des arêtes orthogonales, il en est de même de AD et BC.

58. Pour que les arêtes opposées d'un tétraèdre soient orthogonales, il faut et il suffit que

$$\overline{AB}^2 + \overline{CD}^2 = \overline{AC}^2 + \overline{BD}^2 = \overline{AD}^2 + \overline{BC}^2.$$

59. Si les arêtes opposées d'un tétraèdre sont orthogonales, les milieux des arêtes, les pieds des perpendiculaires communes aux arêtes opposées sont 12 points d'une même sphère.

60. Si les arêtes opposées d'un tétraèdre sont égales, chaque sommet se projette sur la face opposée en un point qui est le symétrique du point de rencontre des hauteurs de cette face par rapport à son centre de gravité. — Réciproque.

61. Soient α, β, γ des plans menés par les arêtes SA, SB, SC d'un trièdre, α', β', γ' les symétriques de ces plans par rapport aux plans bissecteurs des dièdres SA, SB, SC. Démontrer que: 1° si les plans α, β, γ ont une droite commune, il en est de même des plans α', β', γ'; 2° si les plans α, β, γ coupent les faces BSC, CSA, ASB suivant trois droites d'un même plan, il en est de même des plans α', β', γ'.

62. Soient ABC un triangle, M un point de son plan, α, β, γ les points de rencontre respectifs des droites AM, BM, CM avec les côtés BC, CA, AB, α', β', γ' les conjugués harmoniques des points α, β, γ par rapport aux segments BC, CA, AB; on sait que les points α', β', γ' sont situés sur une même droite μ qu'on appelle la polaire du point M par rapport au triangle ABC. Cela posé, soient ABCD un tétraèdre, a, b, c, d des points pris dans les faces opposées aux sommets A, B, C, D; α, β, γ, δ les polaires des points a, b, c, d par rapport au triangle de chaque face correspondante. Démontrer que si les droites Aa, Bb, Cc, Dd forment un quadruple hyperboloïde, il en est de même des droites α, β, γ, δ. — Réciproque.

63. Soient ABC un triangle, M un point de son plan, α, β, γ les points de rencontre respectifs des droites AM, BM, CM avec les côtés BC, CA, AB, α', β', γ' les symétriques respectifs des points α, β, γ par rapport aux milieux des côtés BC, CA, AB; on sait que les droites Aα', Bβ', Cγ' concourent en un point M' appelé l'inverse de M. Cela posé, soient ABCD un tétraèdre, a, b, c, d des points pris dans les faces opposées aux sommets A, B, C, D, a', b', c', d' les inverses des points a, b, c, d par rapport au triangle de chaque face correspondante. Démontrer que si les droites Aa, Bb, Cc, Dd forment un quadruple hyperboloïde, il en est de même des droites Aa', Bb', Cc', Dd'.

64. Si les droites qui joignent les sommets homologues de deux tétraèdres forment un quadruple hyperboloïde, il en est de même des droites d'intersection des faces homologues. — Réciproque.

65. Les plans tangents menés par les sommets d'un tétraèdre à la sphère circonscrite coupent les faces opposées suivant quatre droites qui forment un quadruple hyperboloïde. Cas où ces quatre droites ne forment pas un véritable quadruple hyperboloïde.

66. Si les perpendiculaires menées aux côtés d'un triangle par les pieds des bissectrices intérieures concourent, le triangle est isocèle.

67. D'un point O on abaisse les perpendiculaires Oα, Oβ, Oγ sur les côtés BC, CA, AB d'un triangle; le cercle qui passe par les points α, β, γ coupe ces côtés respectivement en α', β', γ'. Démontrer que les perpendiculaires menées par α', β', γ' aux côtés BC, CA, AB concourent.

68. Les notations étant les mêmes que dans l'exercice 51, démontrer que si les plans menés par Sα, Sβ, Sγ perpendiculairement aux faces BSC, CSA, ASB ont une droite commune, il en est de même pour les plans menés par Sα', Sβ', Sγ' perpendiculairement aux faces BSC, CSA, ASB.

69. Si les plans menés par Sα, Sβ, Sγ perpendiculairement aux faces BSC, CSA, ASB du trièdre SABC ont une droite commune, les droites Sα', Sβ', Sγ' menées dans ces faces perpendiculaires respectivement à Sα, Sβ, Sγ sont situées dans un même plan. — Réciproque.

70. Les perpendiculaires aux faces d'un tétraèdre menées aux points de rencontre des hauteurs de ces faces forment un quadruple hyperboloïde.

71. Les perpendiculaires aux faces d'un tétraèdre menées par les centres de gravité de ces faces forment un quadruple hyperboloïde.

72. Trouver la relation qui doit exister entre les arêtes d'un tétraèdre pour que les perpendiculaires aux faces menées par les centres des cercles inscrits à ces faces forment un quadruple hyperboloïde.

73. Si les perpendiculaires aux faces d'un tétraèdre menées par les points a, b, c, d de ces faces forment un quadruple hyperboloïde et s'il en est de même de celles qui sont menées par les points a', b', c', d', il en est aussi de même de celles qui sont menées par les milieux de aa', bb', cc', dd'. — Généraliser.

CHAPITRE III

POLE ET POLAIRE PAR RAPPORT A UN CERCLE. POLE ET PLAN POLAIRE PAR RAPPORT A UNE SPHÈRE. INVOLUTION SUR UN CERCLE. FIGURES POLAIRES RÉCIPROQUES

§ I.

Pôle et polaire par rapport à un cercle.

160. **Définitions.** — Soient O le centre d'un cercle (*fig.* 62), R son rayon, P un point quelconque de son plan.

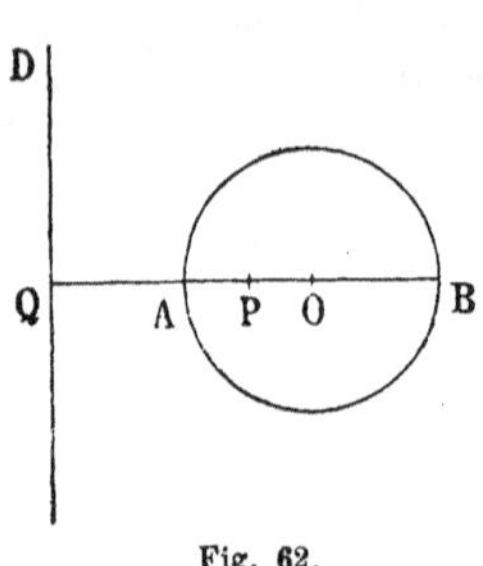

Fig. 62.

Sur la droite OP, prenons un point Q tel que le produit OP.OQ soit égal à R^2. Par le point Q menons une droite D perpendiculaire à la droite OP : la droite D ainsi construite est la *polaire* du point P par rapport au cercle.

Inversement, si D est une droite quelconque du plan du cercle, abaissons du centre O la perpendiculaire OQ sur la droite ; prenons sur OQ un point P tel que $OP.OQ = R^2$: le point P ainsi déterminé est le *pôle* de la droite D par rapport au cercle.

Les points P et Q divisent harmoniquement le diamètre AB qui passe par le point P (6).

Si le point P est extérieur au cercle, le point Q est à l'intérieur ; la polaire coupe le cercle. Si le point P est sur le cercle, il en est de même du point Q ; la polaire est tangente au cercle au point P. Si le point P est intérieur au cercle, le point Q est à l'extérieur ; la polaire ne coupe pas le cercle ; quand le point P se rapproche de O, le point Q s'en éloigne, et si P tend vers O, Q s'éloigne indéfiniment. On dit que la polaire du point O est rejetée à l'infini.

161. **Théorème.** — *Le conjugué harmonique d'un point* P (*fig.* 63) *par rapport aux deux points où une sécante quelconque issue de* P *coupe un cercle est situé sur la polaire du point* P *par rapport à ce cercle.*

Menons par le point P une sécante rencontrant le cercle

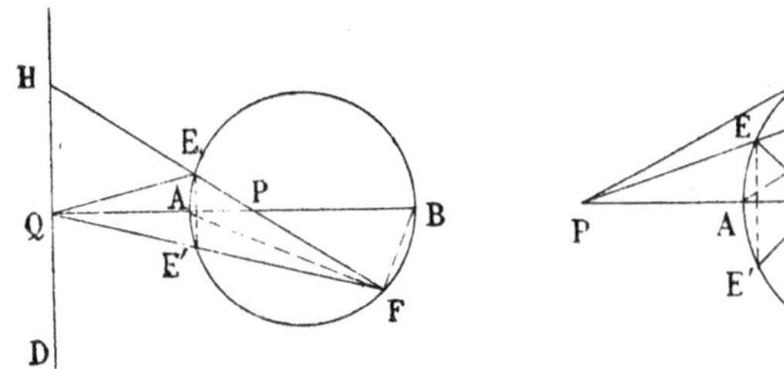

Fig. 63.

en E et F, et la polaire du point P en H. Le diamètre AB étant divisé harmoniquement par les points P et Q, le faisceau (F.ABPQ) est harmonique ; les droites conjuguées FA et FB étant rectangulaires, ces droites sont les bissectrices de l'angle PFQ (39) ; il en résulte que la droite FQ passe par le symétrique E′ du point E par rapport au diamètre AB. La droite QA est donc bissectrice de l'angle EQE′ ; par conséquent le faisceau (Q.AHEE′) est un faisceau harmonique (39), et en coupant ce faisceau par la sécante PEF, on en conclut que H est le conjugué harmonique de P par rapport au segment EF.

162. Remarque. — Supposons le point P extérieur au cercle ; imaginons que la sécante PEF tourne autour du point

P en se rapprochant constamment de la tangente PG ; les points E et F viennent à la limite se confondre avec le point G ; il en est de même du point H qui est situé sur le segment EF ; la polaire du point P passe par G. Donc :

La polaire d'un point extérieur au cercle est la droite qui joint les points de contact des tangentes au cercle issues de ce point.

163. Théorème. — *Les polaires de tous les points d'une droite passent par le pôle de cette droite ; inversement, les pôles de toutes les droites qui passent par un point sont situés sur la polaire de ce point.*

Soit XY une droite quelconque (*fig.* 64), A un point quelconque de cette droite. Du point C pôle de XY abaissons la perpendiculaire CB sur le diamètre OA. Les angles B et D du quadrilatère ABCD étant droits, ce quadrilatère est inscriptible, et l'on a

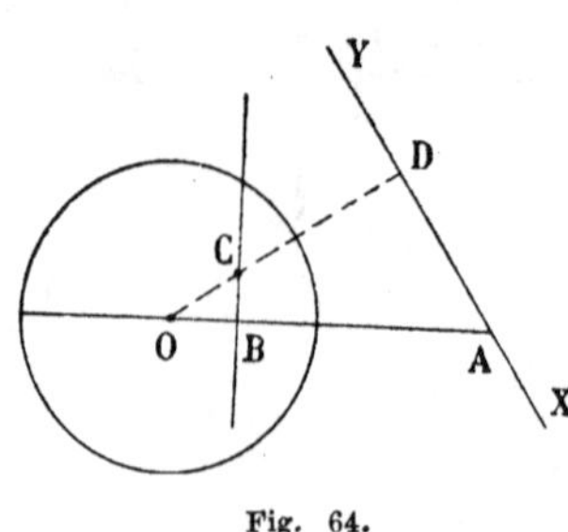

Fig. 64.

$$OB.OA = OC.OD.$$

Mais, puisque C est le pôle de XY,

$$OC.OD = R^2 ;$$

donc

$$OB.OA = R^2,$$

et par conséquent la droite BC est la polaire du point A.

Il résulte de là : 1° que la polaire de tout point A de la droite XY passe par le pôle C de cette droite ; 2° que le pôle C de toute droite XY passant par A est situé sur la polaire BC de ce point.

164. Le théorème précédent peut encore s'énoncer ainsi :

1° *Si un point* C *est situé sur la polaire du point* A, *inversement le point* A *est situé sur la polaire du point* C. Deux points tels que l'un soit situé sur la polaire de l'autre sont dits *conjugués* par rapport au cercle.

2° *Si une droite* β *passe par le pôle d'une droite* α, *inversement la droite* α *passe par le pôle de la droite* β. Deux droites qui sont telles que le pôle de chacune d'elles est situé sur l'autre sont dites *conjuguées* par rapport au cercle.

165. **Corollaire I.** — *Toute droite a pour pôle l'intersection des polaires de deux de ses points.*

Tout point a pour polaire la droite qui joint les pôles de deux droites issues du point.

166. **Corollaire II.** — *Si d'un point* T (*fig.* 65) *on mène les tangentes* TM, TN *à un cercle, la droite* MN *qui joint les points de contact est la polaire du point* T. (Résultat établi d'une autre manière au n° 162.)

En effet, M est le pôle de la tangente TM, N celui de TN ; donc (165) MN est la polaire de T.

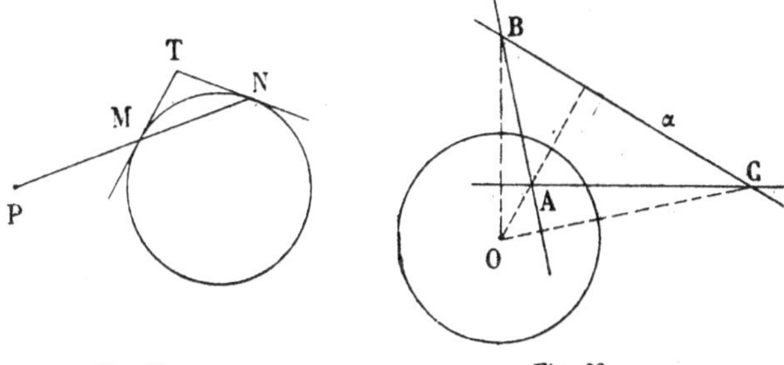

Fig. 65. Fig. 66.

167. **Corollaire III.** — *Si par un point* P (*fig.* 65) *on mène une sécante quelconque* PMN *au cercle, le point de rencontre* T *des tangentes au cercle en* M *et* N *est situé sur la polaire du point* P.

En effet, T est le pôle de la droite PMN (166) ; par conséquent T est situé sur la polaire du point P (165).

168. **Triangle conjugué par rapport à un cercle.** — Soit A un point quelconque du plan (*fig.* 66), α la polaire du point A par rapport à un cercle O.

Sur la droite α, prenons un point quelconque B ; menons la polaire du point B ; elle passe par A (163) et coupe la droite α en un point C. La polaire du point C doit passer par les pôles des droites CB, CA (165) ; cette polaire est donc la droite AB. Le triangle ABC possède la propriété suivante : chacun des côtés est la polaire du sommet opposé par rapport au cercle. Tout triangle qui possède cette propriété est dit *conjugué* par rapport au cercle.

Quand un triangle est conjugué par rapport à un cercle, le point de rencontre des hauteurs du triangle est le centre du cercle.

En effet, la perpendiculaire menée d'un point à la polaire de ce point passe par le centre du cercle (160) ; donc dans un triangle conjugué par rapport au cercle, les trois hauteurs passent par le centre du cercle.

169. **Théorème.** — *Quand un quadrilatère est inscrit dans un cercle, les points de rencontre des côtés opposés et le point de rencontre des diagonales sont les sommets d'un triangle conjugué par rapport au cercle.*

Soient ABCD un quadrilatère inscrit (*fig.* 67), P et R les points de rencontre des côtés opposés, Q le point de rencontre des diagonales. Démontrons, par exemple, que la polaire du point P est la droite RQ. Soient S et T les conjugués harmoniques de P par rapport aux segments AB et CD ; la droite ST (161) est la polaire du point P par rapport au cercle. C'est aussi la polaire du point P par rapport aux droites RAD et RBC, donc ST passe par R ; on voit de même que ST passe par Q. Donc RQ est la polaire du point P par rapport au cercle.

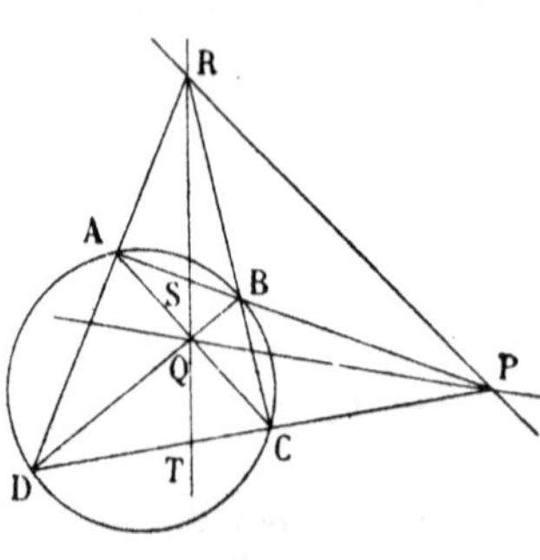

Fig. 67.

170. Remarque. — Le théorème précédent permet de construire, avec la règle seule, la polaire d'un point P par rapport à un cercle ; pour cela on mène deux sécantes quelconques PAB, PCD issues du point P (*fig.* 67). Le point d'intersection Q de AC et de BD appartient à la polaire du point P ; il en est de même du point d'intersection R de AD et de BC.

171. **Théorème.** — *Quand un quadrilatère complet est circonscrit à un cercle, le triangle formé par les trois diagonales est conjugué par rapport au cercle.*

Soient A, B, C, D (*fig.* 68) les points de contact des quatre tangentes ; P, Q, R les points de rencontre des côtés opposés et des diagonales du quadrilatère ABCD ; α, β, γ, δ les tan-

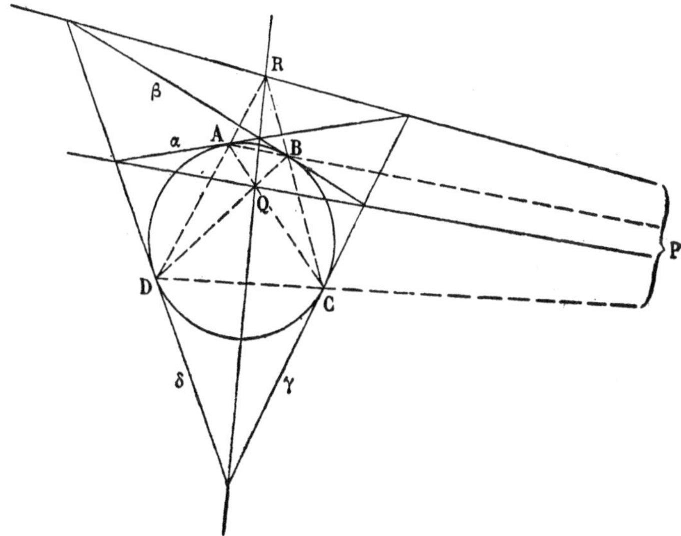

Fig. 68.

gentes aux points A, B, C, D. Le point de rencontre de α et de β est sur la polaire du point P (167), c'est-à-dire sur la droite QR (169); il en est de même du point de rencontre de γ et de δ. Une diagonale du quadrilatère complet, celle qui contient les points d'intersection de α, β et γ, δ est la droite QR. On verrait de même que la diagonale qui contient les points d'intersection de β, γ et de α, δ est la droite PQ ; enfin la diagonale qui contient les points d'intersection de α, γ et β, δ est la droite PR. Le triangle formé par les trois diagonales est le triangle PQR, or nous savons (169) que ce triangle est conjugué par rapport au cercle.

172. **Extension de la théorie.** — Soit O un point fixe, P un point quelconque (*fig.* 69) ; sur le prolongement de la droite OP je prends un point Q tel que la valeur absolue du produit $OP \times OQ$ soit égale à R^2, c'est-à-dire, en donnant des signes aux segments, tel que

$$OP \times OQ = -R^2.$$

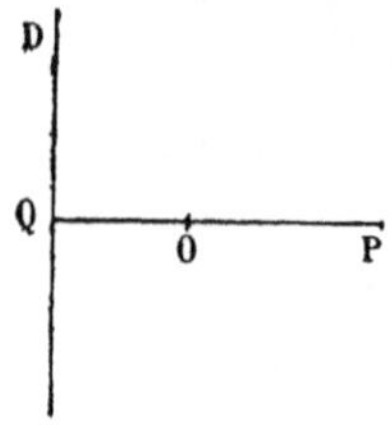

Par le point Q je mène une droite D perpendiculaire à la droite OP. Cette droite D est, par définition, la polaire du point P par rapport à un *cercle imaginaire* qui a pour centre O et pour rayon $R\sqrt{-1}$.

Fig. 69.

On définit de même le pôle d'une droite quelconque par rapport à ce cercle.

Toutes les propriétés établies dans le cas des cercles réels, sauf bien entendu celles qui se rapportent aux points de rencontre d'une sécante et du cercle, subsistent.

§ II.

Pôle et plan polaire par rapport à une sphère.

173. **Définitions.** — Soient O le centre d'une sphère, R son rayon, P un point quelconque (*fig.* 70). Sur la droite OP prenons un point Q tel que le produit $OP \times OQ$ soit égal à R^2 ;

par le point Q menons un plan D perpendiculaire à la droite OP. Le plan D ainsi construit est le *plan polaire* du point P par rapport à la sphère.

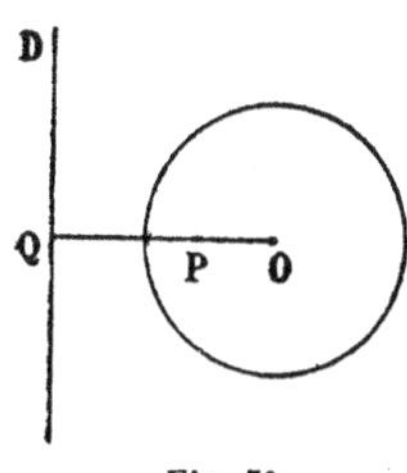

Fig. 70.

Inversement, si D est un plan quelconque, abaissons du centre O de la sphère la perpendiculaire OQ sur ce plan ; prenons sur OQ un point P tel que le produit $OP \times OQ$ soit égal à R^2. Le point P ainsi construit est le *pôle* du plan D par rapport à la sphère.

Si le point P est extérieur à la sphère, le point Q est à l'intérieur et le plan polaire coupe la sphère. Si le point P est sur la sphère, il en est de même du point Q ; le plan polaire est tangent à la sphère. Si le point P est intérieur à la sphère, le point Q est extérieur ; le plan polaire ne coupe pas la sphère. Quand le point P se rapproche du point O, le point Q s'en éloigne ; quand P vient en O, Q est rejeté à l'infini, le plan polaire est rejeté à l'infini.

174. Remarque. — Soit D le plan polaire du point P par rapport à une sphère de centre O. Si l'on coupe la figure par un plan quelconque mené par OP, la sphère est coupée suivant un grand cercle C et le plan D suivant une droite Δ; la droite Δ sera (161) la polaire du point P par rapport au cercle C.

De cette remarque et des résultats établis (Chapitre III, § 1) découlent les conclusions suivantes :

Le conjugué harmonique d'un point P *par rapport aux deux points où une sécante quelconque issue de* P *coupe une sphère est situé sur le plan polaire du point* P *par rapport à cette sphère.*

Si le point P *est extérieur à la sphère, le plan polaire du point* P *est le plan de contact du cône circonscrit à cette sphère qui a le point* P *pour sommet.*

Les plans polaires de tous les points d'un plan passent par le pôle de ce plan ; inversement, les pôles de tous les plans qui passent par un point sont situés sur le plan polaire de ce point.

Si un point B *est situé sur le plan polaire d'un point* A, *inversement, le point* A *est sur le plan polaire du point* B.

Deux points tels que le plan polaire de l'un passe par l'autre sont dits *conjugués* par rapport à la sphère.

Si un plan β *passe par le pôle d'un plan* α, *inversement, le plan* α *passe par le pôle du plan* β.

Deux plans tels que le pôle de l'un soit situé sur l'autre sont dits *conjugués* par rapport à la sphère.

175. **Théorème.** — *Les plans polaires de tous les points d'une droite* D *passent par une même droite* D'; *les pôles de tous les plans passant par la droite* D *sont situés sur cette droite* D'.

En effet, soient P et Q deux plans menés par D, p et q leurs pôles, D' la droite pq, μ un point quelconque de la droite D. Le point μ étant situé dans le plan P, son plan polaire passera par p (174) ; on voit de même qu'il passe par q; ce plan polaire contient donc la droite D'.

Soient maintenant M un plan passant par D, A et B deux points de cette droite. Le plan M contenant le point A, son pôle est situé sur le plan polaire a du point A ; on voit de même qu'il est situé sur le plan polaire b du point B ; mais les plans a et b passent par la droite D', donc le pôle du plan M est situé sur D'.

176. **Droites réciproques.** — Ces deux droites D et D' qui sont telles que le plan polaire d'un point de l'une passe par l'autre et que le pôle d'un plan passant par l'une est situé sur l'autre, sont appelées *droites réciproques* par rapport à la sphère.

On obtient la réciproque d'une droite D : 1° en menant la droite qui joint les pôles de deux plans quelconques passant par la droite D ; 2° en prenant l'intersection des plans polaires de deux points quelconques de la droite D.

177. Soient D et D' deux droites réciproques, Π un plan mené par D qui coupe la sphère suivant un cercle C, A le

point d'intersection du plan Π et de la droite D'. Le point A est le pôle de D par rapport au cercle C. En effet, la polaire de A par rapport à ce cercle doit se trouver à la fois dans le plan polaire de A par rapport à la sphère et dans le plan Π ; c'est donc la droite D.

178. **Position relative de deux droites réciproques.** — Menons le plan qui passe par le centre de la sphère et la droite D (*fig.* 71) ; ce plan coupe la sphère suivant un grand cercle C ; soit Q le pôle de D par rapport à ce grand cercle.

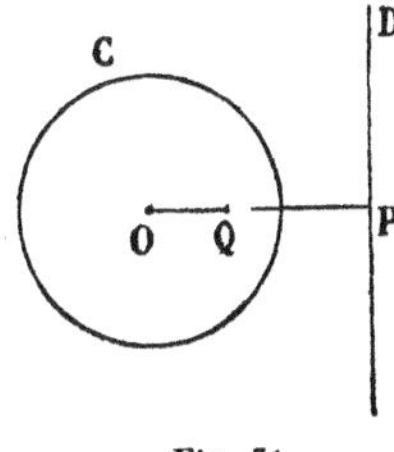

Fig. 71.

Les plans polaires de tous les points de la droite D passent par Q et sont perpendiculaires au plan de la figure ; la droite D' est la droite menée par Q perpendiculairement au plan de la figure. Donc :

Deux droites réciproques sont rectangulaires ; leur perpendiculaire commune passe par le centre ; le produit OP × OQ *des distances du centre aux deux droites est égal au carré du rayon.*

Il résulte de là que si la droite D est extérieure à la sphère, la droite D' coupe cette sphère. Les plans tangents aux points d'intersection passeront par D, car le plan polaire d'un point d'intersection est le plan tangent en ce point.

179. **Extension de la théorie.** — Soient O un point fixe, P un point quelconque (*fig.* 72) ; sur le prolongement de la droite PO prenons un point Q tel que la valeur absolue du produit OP × OQ soit égale à R^2, c'est-à-dire en donnant des signes aux segments, tel que

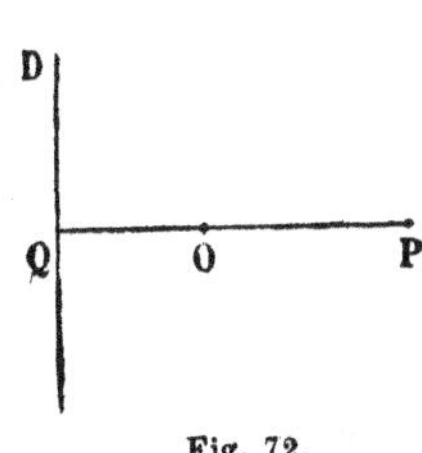

Fig. 72.

$$OP \times OQ = -R^2.$$

Par le point Q menons un plan D perpendiculaire à la droite OP. Ce plan D est, par définition, le plan polaire du point P par rapport à une *sphère imaginaire*, qui a pour centre O et pour rayon $R\sqrt{-1}$.

On définit de même le pôle d'un plan quelconque par rapport à cette sphère.

Toutes les propriétés établies dans le cas des sphères réelles, sauf bien entendu celles qui se rapportent aux points de rencontre d'une sécante et de la sphère, subsistent.

180. **Tétraèdre conjugué par rapport à une sphère.** — Considérons une sphère réelle ou imaginaire qui a pour centre O. Soient A un point quelconque, α son plan polaire par rapport à la sphère. Sur le plan α prenons un point quelconque B ; le plan polaire β de ce point B passe par A et coupe le plan α suivant une droite d. Sur la droite d prenons un point quelconque C ; le plan polaire γ du point C passe par les points A et B et coupe la droite d en un point D. On forme ainsi un tétraèdre ABCD qui possède les propriétés suivantes :

1° *Chaque sommet est le pôle de la face opposée par rapport à la sphère.*

Cela résulte de ce qui vient d'être dit pour les sommets A, B, C ; d'autre part, le sommet D est situé dans les plans polaires α, β, γ des points A, B, C ; donc le plan polaire du point D passe par les points A, B, C.

2° *Chaque arête est réciproque de l'arête opposée par rapport à la sphère.*

En effet, la droite réciproque de AB par rapport à la sphère est l'intersection des plans polaires de A et B par rapport à cette sphère, c'est-à-dire l'intersection des plans BCD et CDA ; la réciproque de AB est donc la droite CD.

Il en résulte les propriétés suivantes :

1° *Les quatre hauteurs du tétraèdre concourent au centre* O *de la sphère.*

Il suffit, pour le démontrer, de remarquer que la perpendiculaire menée d'un point sur son plan polaire passe par le centre de la sphère.

2° *Les perpendiculaires communes aux arêtes opposées passent par le centre* O *de la sphère.*

En effet, la perpendiculaire commune à deux droites réciproques passe par le centre de la sphère.

Un tétraèdre, tel que celui que nous venons de définir, est dit *conjugué* par rapport à la sphère.

181. Nous avons vu (141) que si deux couples d'arêtes opposées d'un tétraèdre sont orthogonales, il en est de même des arêtes du troisième couple. Nous laissons au lecteur le soin de vérifier qu'un tel tétraèdre est toujours conjugué par rapport à une sphère réelle ou imaginaire.

§ III.

Involution sur un cercle.

182. **Théorème.** — *Si* A, B, C, D (*fig.* 73) *sont quatre points d'un cercle,* M *un point quelconque du cercle, le rapport anharmonique du faisceau* (M.ABCD) *reste fixe quand le point* M *se déplace sur le cercle.*

En effet, on a (44)

$$(\mathrm{M.ABCD}) = \frac{\sin \mathrm{CMA}}{\sin \mathrm{CMB}} \times \frac{\sin \mathrm{DMB}}{\sin \mathrm{DMA}}.$$

Or, quand le point M se déplace sur le cercle, tous les sinus qui figurent au second membre restent constants.

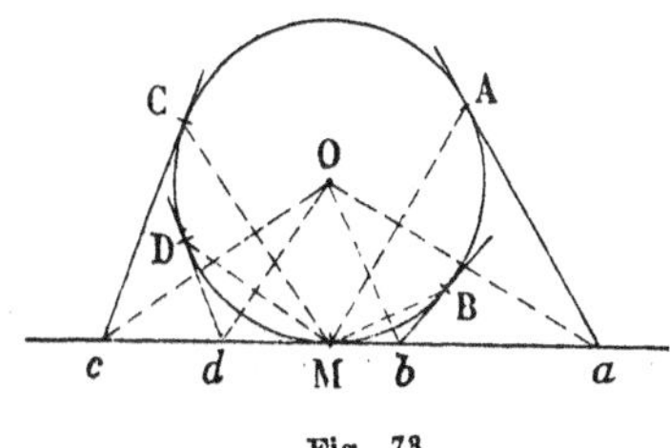

Fig. 73.

Ce rapport constant est le *rapport anharmonique* des quatre points A, B, C, D du cercle.

Soient a, b, c, d les points où les tangentes en A, B, C, D coupent la tangente au point M. On a

$$(abcd) = (\mathrm{O}.abcd).$$

Mais

$$(O.abcd) = (M.ABCD),$$

car les rayons correspondants des faisceaux O et M sont rectangulaires ; donc

$$(abcd) = (M.ABCD).$$

$(abcd)$ reste fixe quand le point M se déplace sur le cercle et par conséquent : *Si l'on coupe quatre tangentes fixes d'un cercle par une tangente mobile, le rapport anharmonique des quatre points d'intersection reste le même.*

Ce rapport constant est le *rapport anharmonique* des quatre tangentes fixes.

Le rapport anharmonique de quatre tangentes à un cercle est égal au rapport anharmonique des quatre points de contact.

C'est ce qui résulte de l'égalité

$$(abcd) = (M.ABCD).$$

183. Théorème. — *Les droites* PM, P'M (*fig.* 74) *qui joignent deux points fixes* P *et* P' *d'un cercle à un point mobile* M *de ce cercle décrivent des faisceaux homographiques.*

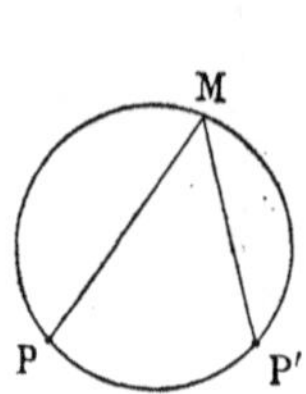

Fig. 74.

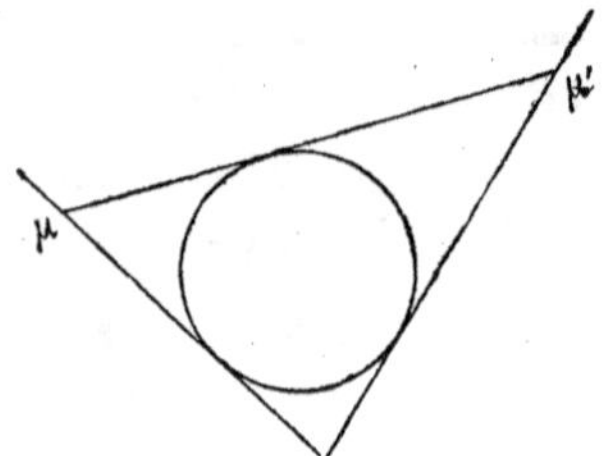

Fig. 75.

En effet, le rapport anharmonique de quatre rayons du faisceau P est égal à celui des rayons correspondants du faisceau P' (182).

Les points μ' *et* μ (*fig.* 75) *où une tangente mobile à un cercle coupe deux tangentes fixes de ce cercle décrivent des divisions homographiques.*

En effet, le rapport anharmonique de quatre points de la première division est égal à celui des points correspondants de la seconde.

184. **Définition.** — Faisons correspondre à chaque point M d'un cercle un point M′ de ce cercle ; on dit que les points M et M′ décrivent des divisions correspondantes sur le cercle.

La correspondance sera dite *homographique* si le rapport anharmonique de quatre points quelconques de la première division est égal au rapport anharmonique des quatre points correspondants de la seconde.

Supposons que les points M et M′ décrivent des divisions homographiques sur le cercle ; soient S et S′ deux points quelconques du cercle ; les rayons SM et S′M′ décrivent des faisceaux homographiques. En effet, si (A, A′), (B,B′), (C, C′), (D, D′) sont quatre couples de points correspondants quelconques, on aura

$$(S.ABCD) = (ABCD),$$
$$(S'.A'B'C'D') = (A'B'C'D').$$

Mais

$$(ABCD) = (A'B'C'D') ;$$

donc

$$(S.ABCD) = (S'.A'B'C'D').$$

Le rapport anharmonique de quatre rayons quelconques du faisceau S étant égal au rapport anharmonique des rayons correspondants du faisceau S′, les deux faisceaux S et S′ sont homographiques.

On démontrerait de même que si σ et σ' sont deux tangentes quelconques au cercle, μ le point de rencontre de la tangente en M avec σ, μ' le point de rencontre de la tangente en M′ avec σ', les points μ et μ' décrivent des divisions homographiques.

Inversement, si un cercle passe par les sommets S et S′ de deux faisceaux homographiques, et si M et M′ sont les points où deux rayons homologues des faisceaux sont coupés par le cercle, les points M et M′ décrivent des divisions homographiques. En effet, on voit facilement que le rapport anharmonique de quatre points quelconques de la première division est égal à celui de leurs correspondants.

On voit de même que si un cercle est tangent aux deux bases σ et σ' de deux divisions homographiques et si M et M′ sont les points de contact des tangentes issues de deux points homologues des divisions, les points M et M′ décrivent des divisions homographiques.

185. **Involution sur un cercle.** — Une correspondance homographique entre les points d'un cercle est dite *involutive* lorsqu'il existe un point A qui, considéré successivement comme appartenant à la première et à la seconde division, a toujours le même homologue A′.

Soit alors S un point quelconque du cercle ; SM, SM′ les rayons qui joignent le point S à deux points homologues quelconques. On sait (184) que les rayons SM et SM′ décrivent des faisceaux homographiques ; au rayon SA, considéré successivement comme appartenant au premier et au second faisceau, correspond toujours le rayon SA′; donc *les rayons* SM, SM′ *décrivent des faisceaux en involution.*

On voit de même que si σ est une tangente au cercle, μ et μ' les points où les tangentes en M et M′ rencontrent σ, *les points* μ et μ' *décrivent des divisions en involution.*

Inversement, si par le sommet S d'un faisceau en involution on fait passer un cercle, les points M et M′ où le cercle est coupé par deux rayons homologues du faisceau, sont en correspondance involutive. En effet, nous savons déjà (184) que la correspondance entre M et M′ est homographique ; chaque point du cercle a toujours le même homologue dans la première et dans la seconde division ; donc la correspondance est involutive.

On voit de même que si on mène un cercle tangent à la base d'une division en involution, les points de contact M et M′ des tangentes issues de deux points homologues de σ, sont en correspondance involutive. A cause de cette propriété on dit que les tangentes au cercle en M et M′ sont en correspondance involutive.

186. REMARQUE. — A toute propriété de l'involution sur une droite, on peut faire correspondre une propriété de l'involution sur un cercle. Ainsi

Deux couples de points homologues déterminent une involution sur un cercle.

Si (A, A′), (B, B′), (C, C′) *sont trois couples de points homologues de l'involution sur un cercle, on a*

$$(ABCC') = (A'B'C'C).$$

Dans une involution sur un cercle, il y a au plus deux points doubles. Le rapport anharmonique de deux points doubles et de deux points correspondants quelconques est égal à — 1.

187. **Théorème.** — *Les points de rencontre* M, M′ (*fig.* 76) *d'un cercle et d'une sécante variable qui tourne autour d'un point fixe* P *sont en correspondance involutive.*

En effet, soient PAB une sécante fixe, PMM′ une sécante variable. Les droites BM et AM′ se coupent en un point μ situé sur la polaire du point P. Cela posé, si l'on prend quatre positions quelconques du point M, le rapport anharmonique de ces quatre points est le même que celui des quatre rayons BM, ou encore que celui des quatre positions correspondantes du point μ; il en est de même du rapport anharmonique des quatre points M′ ; il en résulte que la correspondance entre M et M′ est déjà homographique ; cette correspondance étant évidemment symétrique est involutive.

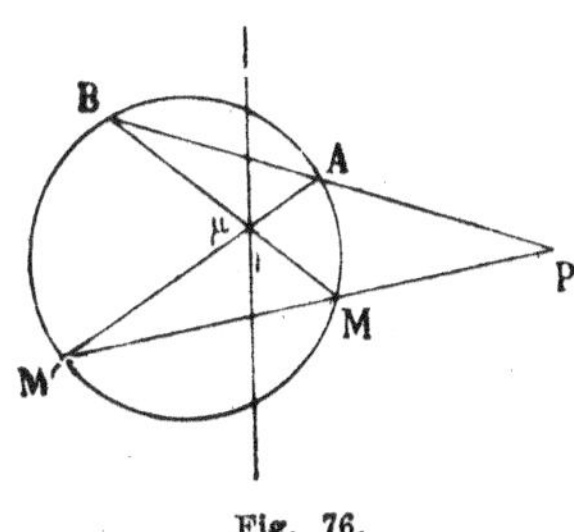

Fig. 76.

188. **Réciproque.** — *Les cordes qui joignent les points homologues d'une correspondance involutive sur un cercle passent par un point fixe.*

En effet, soient (A, A′), (B, B′) (*fig.* 77) deux couples de points homologues, P le point de rencontre des cordes AA′, BB′ ; M, M′ deux points homologues quelconques ; désignons pour un instant par M″ le point de rencontre de PM avec le cercle. D'après le théorème direct (187), les trois couples (A, A′) (B,B′), (M, M″) sont en involution ; mais par hypothèse il en est de même des trois couples (A, A′), (B, B′), (M, M′). Une involution étant définie par deux couples, M″ coïncide avec M′ ; donc la corde MM′ passe par le point P.

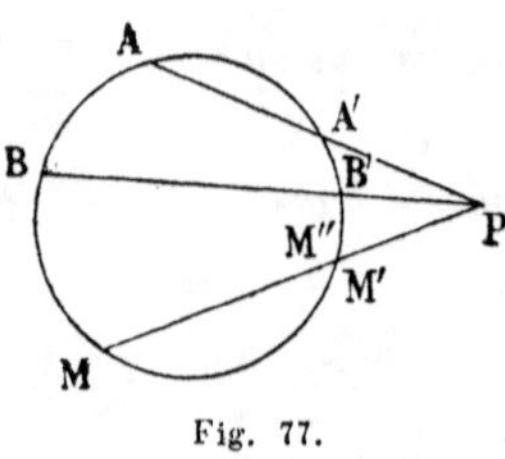

Fig. 77.

189. **Théorème.** — *Si de chaque point d'une droite* D, *on mène les tangentes à un cercle, on obtient des tangentes qui sont en correspondance involutive.*

Soient IA et IB deux tangentes fixes menées d'un point I de la droite D, T et T′ les tangentes menées d'un point quelconque P de la droite D ; α le point de rencontre de A avec T′; β le point de rencontre de B avec T (*fig.* 78). La droite αβ passe par le pôle H de D (171) ; le rapport anharmonique de quatre positions de α est donc égal à celui des quatre positions correspondantes de β, ce qui revient à dire (182) que le rapport anharmonique de quatre tangentes T est égal au rapport anharmonique des quatre tangentes correspondantes T′. La correspondance entre T

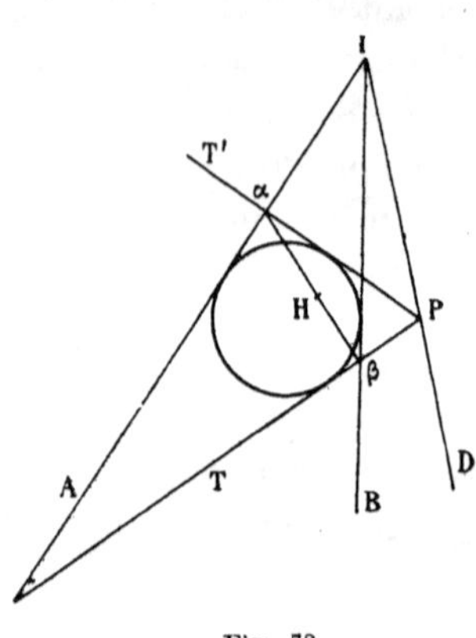

Fig. 78.

et T′ est donc homographique ; comme cette correspondance est évidemment symétrique, elle est involutive.

190. **Réciproque.** — *Les points de rencontre de deux tangentes homologues d'une involution sur un cercle sont situés sur une droite.*

Soient (α, α'), (β, β') deux couples de tangentes homologues ; D la droite qui joint les points de rencontre de α, α' et de β, β'. Soient μ et μ' deux tangentes homologues quelconques, P le point où μ rencontre D, je désigne, pour un instant, par μ'' la seconde tangente menée de P au cercle ; d'après le théorème direct, les trois couples de tangentes (α, α'), (β, β'), (μ, μ'') sont en involution ; par hypothèse, il en est de même des trois couples (α, α'), (β, β'), (μ, μ'), donc μ' coïncide avec μ'', le point de rencontre de μ et de μ' est donc sur la droite D.

191. **Problème.** — *Etant donnés deux couples de rayons d'un faisceau en involution, construire les rayons doubles.*

Par le sommet S du faisceau (*fig.* 79), faisons passer un cercle quelconque qui coupe le premier couple de rayons en A, A′ et le second en B, B′.

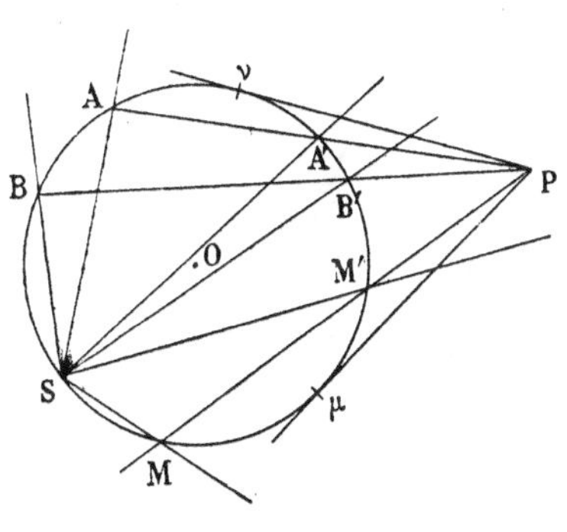

Fig. 79.

Soit P le point de rencontre de AA′ et BB′ ; si par le point P on mène une sécante au cercle, PMM′, les droites SM, SM′ sont deux rayons homologues du faisceau en involution (187). Pour que ces rayons soient confondus, il faut et il suffit que la droite PMM′ devienne tangente au cercle, ce qui permet de construire les rayons doubles.

On voit que si le point P est extérieur au cercle, les rayons doubles sont réels ; il n'y a pas de rayons doubles si P est à l'intérieur du cercle.

Pour que les rayons homologues SM, SM′ (*fig.* 79) soient rectangulaires, il faut et il suffit que la sécante PMM′ passe par le centre du cercle.

192. **Problème.** — *Trouver dans un faisceau en involution les couples de rayons homologues rectangulaires.*

Si le point P n'est pas au centre du cercle, il y aura un seul couple de rayons homologues rectangulaires.

Si le point P est au centre du cercle, tous les couples de rayons homologues sont rectangulaires.

193. **Théorème de Pascal.** — *Quand un hexagone est inscrit dans un cercle, les points de rencontre des couples de côtés opposés sont trois points en ligne droite.*

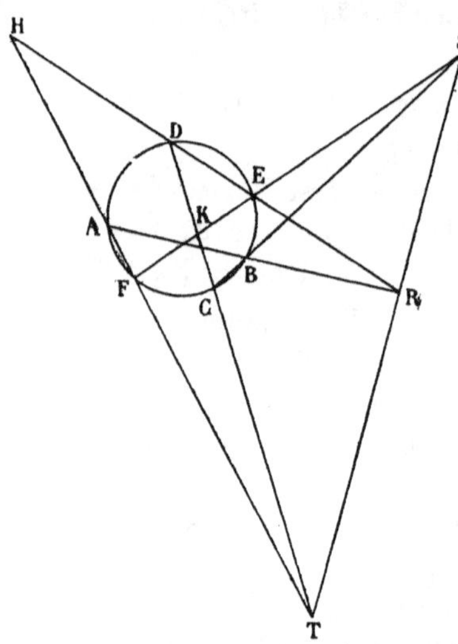

Fig. 80.

Soit ABCDEF (*fig.* 80) un hexagone inscrit dans un cercle. Je dis que les points de rencontre R, S, T des couples de côtés opposés AB, DE ; BC, EF ; CD, AF sont en ligne droite. En effet on a (182)

(A.BDEF) = (C.BDEF).

Je coupe le premier faisceau par la droite DE, le second par la droite EF ; j'aurai, en désignant par H le point de rencontre de AF et DE et par K le point de rencontre de DC et EF,

(RDEH) = (SKEF).

Or ces deux groupes ont un point homologue commun E, donc (59) les droites RS, DK, HF concourent; les deux dernières se coupent en T ; donc les points R, S, T sont en ligne droite.

(Autre démonstration, n° 113.)

194. Remarque. — Si le point B se rapproche indéfiniment du point A, la droite AB a pour position limite la tangente en A au cercle. On pourra appliquer le théorème de Pascal à ce cas limite, en remplaçant le côté AB de l'hexagone par la tangente au cercle au point A.

On peut supposer que plusieurs couples de points viennent coïncider. Je suppose, en particulier, que A et B coïncident avec un point L ; C et D avec un point M ; E et F avec un point N. Le triangle LMN est inscrit dans le cercle ; la droite AB est la tangente en L au cercle ; la droite DE devient la droite MN. Le point R est le point de rencontre de la tangente en L avec le côté opposé MN ; mêmes remarques pour les points S et T. Donc :

Si un triangle est inscrit dans un cercle, les trois points de rencontre des tangentes aux sommets avec les côtés opposés sont en ligne droite.

195. **Théorème de Brianchon.** — *Quand un hexagone est circonscrit à un cercle, les trois droites qui joignent les sommets opposés de l'hexagone sont concourantes.*

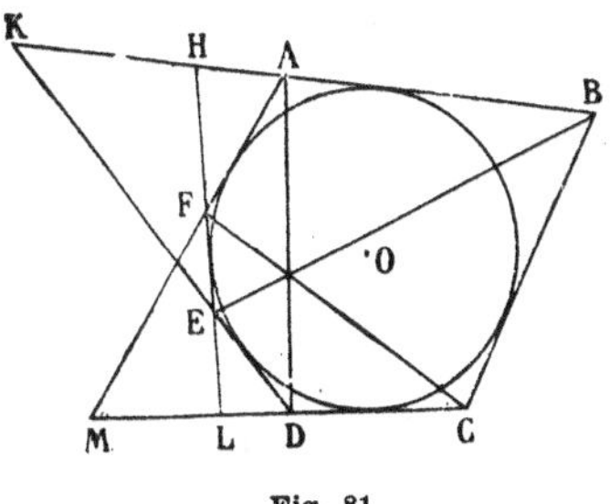

Fig. 81.

En effet, si l'on coupe les deux tangentes AB et CD par les quatre autres tangentes, on aura (182), en désignant par H et K les points de rencontre de AB avec EF et DE (*fig.* 81) et par L et M les points de rencontre de CD avec EF et AF,

$$(BKHA) = (CDLM).$$

En joignant les points de la première division au point E, ceux de la seconde au point F, on aura

$$(E.BKHA) = (F.CDLM).$$

Ces deux faisceaux de quatre droites ont une droite homologue commune, la droite EFHL ; donc (61) les trois couples de droites EB,FC ; EK,FD ; EA,FM se coupent en des points situés en ligne droite. Or EK et FD se coupent en D, EA et FM se coupent en A, donc la droite AD passe par le point de concours de EB et FC, ce qui démontre le théorème.

196. Remarque. — Si la tangente BC se rapproche indéfiniment de la tangente AB, le point d'intersection B de ces deux tangentes a pour position limite le point de contact de AB avec le cercle. On pourra donc appliquer le théorème de Brianchon à ce cas limite, en remplaçant le point B par le point de contact de la tangente AB avec le cercle.

En particulier, si l'on suppose que les six tangentes viennent se confondre deux à deux; on aura, par un raisonnement analogue à celui du nº 194, le théorème suivant :

Si un cercle est tangent aux trois côtés d'un triangle, les droites qui joignent les sommets du triangle aux points de contact avec les côtés opposés sont trois droites concourantes.

§ IV.

Figures polaires réciproques.

197. Étant donnés un cercle et un polygone quelconque ABCDE, construisons le polygone A′B′C′D′E′ dont les sommets A′, B′, C′, D′, E′ sont les pôles des côtés AB, BC, CD, DE, EA. Les points B, C, D, E, A sont (165) les pôles des côtés A′B′, B′C′, C′D′, D′E′, E′A′. Le premier polygone se construit avec le second comme le second a été construit avec le

premier. Ces deux polygones sont dits *polaires réciproques* par rapport au cercle.

Considérons maintenant une courbe quelconque C (*fig.* 82) ; soient MT la tangente en un point M de cette courbe, m le pôle de cette tangente par rapport au cercle donné. Quand le point M décrit la courbe C, le point m décrit une courbe c. Nous allons montrer qu'il y a réciprocité entre les courbes C et c. En effet, soient M′T′ une autre tangente de la courbe C, m' son pôle. Le point de rencontre S de MT et de M′T′ est le pôle de la corde mm'. Or quand M′ se rapproche indéfiniment du point M, le point S a pour position limite le point M et la corde mm', la tangente en m à la courbe c; donc le point M est le pôle de la tangente en m à la courbe c. Ces deux courbes C et c sont dites *polaires réciproques* par rapport au cercle.

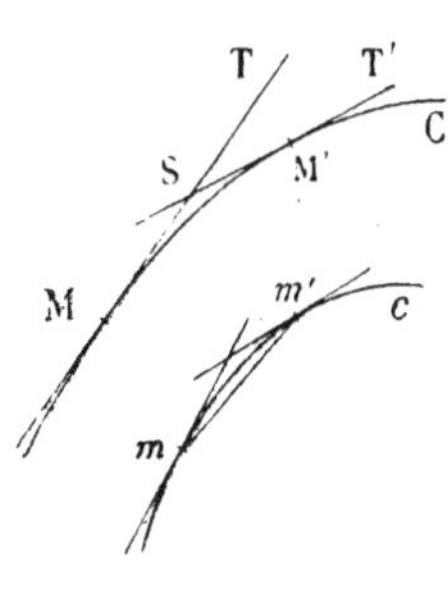

Fig. 82.

198. Lorsque deux figures sont polaires réciproques, à un certain nombre de points situés en ligne droite dans l'une correspond, dans l'autre, un même nombre de droites passant par un même point, pôle de la droite, et inversement.

Il en résulte qu'à tout théorème concernant des points en ligne droite dans une figure on fait correspondre dans la figure polaire réciproque un théorème concernant des droites concourantes, et inversement. Ces deux théorèmes sont dits *corrélatifs*. Ainsi, par exemple, les théorèmes des n°s 111 et 112 sont corrélatifs ; il en est de même des théorèmes de Pascal et de Brianchon (193 et 195).

199. **Théorème.** — *Le rapport anharmonique de quatre points en ligne droite est égal au rapport anharmonique du faisceau formé par leurs quatre polaires.*

En effet, soient a, b, c, d quatre points d'une droite L, SA, SB, SC, SD les polaires de ces points qui passent par le pôle S de la droite D, et O le centre du cercle (*fig.* **83**). On a

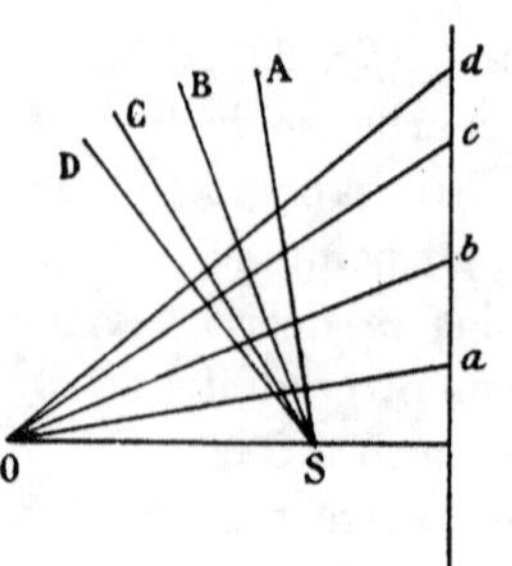

Fig. 83.

(1) $(abcd) = (O.abcd)$.

Mais les droites SA, SB, SC, SD sont respectivement perpendiculaires aux droites Oa, Ob, Oc, Od. On a donc

(2) $(SA, SB, SC, SD) = (O.abcd)$.

En comparant les équations (1) et (2), on aura

$$(abcd) = (SA, SB, SC, SD).$$

200. **Théorème.** — *Le rapport anharmonique d'un faisceau de quatre droites est égal au rapport anharmonique de leurs quatre pôles.*

Démonstration analogue à celle du numéro précédent.

201. **Corollaire.** — *A deux divisions homographiques la transformation par polaires réciproques fait correspondre deux faisceaux homographiques et inversement.*

EXERCICES SUR LE CHAPITRE III

74. Mener un cercle passant par un point P et tel que la polaire d'un point donné A soit une droite donnée α.

75. Mener un cercle tangent à une droite donnée D et tel que la polaire d'un point donné A soit une droite donnée α.

76. A, B, C, D étant quatre points d'un cercle, le rapport anharmonique (ABCD) est égal à

$$\frac{AC \times BD}{BC \times AD}.$$

77. Les points μ et μ' où une tangente mobile à un cercle rencontre deux tangentes fixes décrivent des divisions homographiques (183). Former l'équation de cette correspondance. — Réciproque.

78. Si de chaque point d'une droite D on mène les tangentes à un cercle, les points où ces tangentes coupent une tangente fixe sont en correspondance involutive. Construire les points doubles et le point central de cette involution.

79. Un cercle est tangent aux côtés du triangle ABC, une tangente mobile au cercle rencontre le côté BC en D; on prend le point d'intersection M de la tangente mobile et de la polaire de D par rapport aux côtés AB, AC. Lieu du point M.

80. Sur le cercle circonscrit à un triangle ABC on prend un point variable M; la polaire de M par rapport aux droites AB, AC coupe BC en D; démontrer que la droite MD passe par un point fixe.

81. Etant donnés deux cercles C et C′ et une tangente commune A à ces cercles, par un point quelconque M du plan on mène les tangentes au cercle C qui coupent A en μ et μ'; par μ et μ' on mène les tangentes, autres que A, au cercle C′; ces tangentes se rencontrent en un point M′. Démontrer que si le point M décrit une droite, il en est de même du point M′.

82. Deux cercles C et C′ se coupent en un point A; soit D une droite quelconque coupant le cercle C en M et N; les droites AM, AN coupent le cercle C′ en M′ et N′; on mène la droite D′ qui passe par M′ et N′. Démontrer que si la droite D tourne autour d'un point fixe, il en est de même de la droite D′.

83. Soient β et γ les polaires de deux points B et C par rapport à un cercle, A un point de la droite BC; par le point A on mène une transversale quelconque rencontrant β en b et γ en c. Démontrer que les droites Bc et Cb se coupent sur la polaire du point A par rapport au cercle.

84. Deux triangles polaires réciproques par rapport à un cercle sont homologiques.

85. Etant donnés un triangle ABC et un point O, à chaque droite α passant par le point A on fait correspondre la droite α', qui est la conjuguée de α dans le faisceau involutif dont un rayon double est AO et dont AB et AC sont deux rayons correspondants; de même, à des droites β et γ passant par B et C on fera correspondre, suivant la même loi, des droites β' et γ'. Démontrer que:

1° Si les droites α, β, γ sont concourantes, il en est de même des droites α', β', γ';

2° Si les droites α, β, γ rencontrent les côtés BC, CA, AB en des points situés en ligne droite, il en est de même des droites α', β', γ'.

86. Par un point A d'un cercle on mène deux droites Ax, Ay. A chaque point M de la droite Ax, on fait correspondre sur Ay un point M', situé sur la polaire de M. Démontrer que la droite MM' passe par un point fixe.

87. Sur une tangente à un cercle on prend deux points S et T. A chaque droite D issue de S on fait correspondre une droite D' passant par T et par le pôle de D par rapport au cercle. Démontrer que le lieu des points d'intersection de D et D' est une droite.

88. Soient ABC un triangle, H le point de concours des hauteurs, $A\alpha$ une hauteur. On mène par le point H une perpendiculaire au plan ABC et on prend sur cette perpendiculaire deux points D et E tels que

$$HD \times HE = -HA \times H\alpha.$$

Démontrer que les cinq points A, B, C, D, E possèdent les propriétés suivantes:

1° La droite qui joint deux quelconques de ces points est perpendiculaire au plan qui contient les trois autres; elle passe par le point de rencontre des hauteurs du triangle formé par ces trois points;

2° Quatre points quelconques sont les sommets d'un tétraèdre à arêtes opposées orthogonales; le cinquième point est le point de concours des hauteurs de ce tétraèdre.

89. Construire une sphère passant par un point A et telle que le plan polaire d'un point donné P par rapport à cette sphère soit un plan donné.

90. Construire une sphère tangente à un plan donné et telle que deux droites données D et Δ soient réciproques par rapport à cette sphère.

91. Construire une sphère passant par un cercle donné et telle que deux points donnés A et A′ soient conjugués par rapport à cette sphère.

92. Etant données deux droites D et Δ, démontrer que si la droite D rencontre la droite polaire réciproque de la droite Δ, inversement la droite Δ rencontre la droite polaire réciproque de la droite D.

93. Lieu des centres des sphères qui passent par un point donné A et qui sont telles que le plan polaire d'un point donné B contienne une droite donnée β.

94. Etant données deux droites D et D′ qui ne sont pas réciproques par rapport à une sphère S, à chaque point A de la droite D on fait correspondre le point A′ où le plan polaire du point A coupe la droite D′; démontrer que la correspondance entre les points A et A′ est homographique. Le milieu I du segment AA′ décrit une courbe plane; si dans le plan de cette courbe on décrit le cercle de centre I et de rayon IA, tous les cercles ainsi obtenus sont orthogonaux à un cercle fixe.

Examiner le cas où les droites D et D′ sont rectangulaires.

95. La correspondance homographique entre les points A et A′ (*exercice* 94) étant donnée d'une façon arbitraire, lieu des centres des sphères correspondantes S.

96. Etant données deux droites quelconques D et D′, il existe, en général, un seul couple Δ, Δ' de droites réciproques par rapport à une sphère donnée S, qui rencontrent D et D′; construire ces droites.

Démontrer que s'il existe plus d'un couple de telles droites, il en existe une infinité. Les points A et A′ où une droite Δ rencontre les droites D et D′ décrivent des divisions homographiques.

97. Deux couples de droites réciproques par rapport à une même sphère forment un quadruple hyperboloïde. — Cas d'exception.

98. Etant données une sphère S et trois droites quelconques A, B, C, trouver un plan P coupant les droites A, B, C en a, b, c, la sphère S suivant un cercle Σ tel que le triangle abc soit conjugué par rapport au cercle Σ.

Le problème admet en général deux solutions; s'il en admet plus de deux, il en admet une infinité.

99. Construire une sphère sachant que, par rapport à cette sphère, le pôle d'un plan donné A est sur une droite donnée α et le pôle d'un autre plan donné B sur une droite donnée β.

100. On considère un cône dont la base est un cercle C. Démontrer que s'il existe un trièdre trirectangle dont les arêtes sont génératrices du cône, il en existe une infinité.

Soient a, b, c les points où les arêtes d'un tel trièdre rencontrent la base; trouver le lieu des pieds des hauteurs du triangle abc. Trouver l'enveloppe des côtés de ce triangle.

101. Le cercle C étant donné, trouver le lieu des points S tels que le cône qui a pour sommet S et pour base C contienne les arêtes d'un trièdre trirectangle.

102. Etant donné un cône dont le sommet est S et la base un cercle C, on mène une génératrice quelconque Sa du cône; le plan mené par S perpendiculairement à Sa coupe le cercle en deux points b et c. Lieu du milieu du côté bc; enveloppe de ce côté.

103. Soient SABC un trièdre, a, b, c les pôles des plans BSC, CSA, ASB par rapport à une sphère. Démontrer que les trois plans aSA, bSB, cSC ont une droite commune.

104. Démontrer que les quatre droites qui joignent les sommets d'un tétraèdre aux pôles des faces opposées par rapport à une sphère forment un quadruple hyperboloïde.

105. Démontrer que les quatre droites d'intersection des faces d'un tétraèdre avec les plans polaires des sommets opposés forment un quadruple hyperboloïde.

106. Soit ABCD un tétraèdre. Démontrer que si la réciproque de la droite AB rencontre la droite CD et si la réciproque de la droite AC rencontre la droite BD, la réciproque de la droite AD rencontre la droite BC.

107. Si quatre droites forment un quadruple hyperboloïde, il en est de même de leurs réciproques par rapport à une sphère.

CHAPITRE IV

FAISCEAUX ET RÉSEAUX DE CERCLES ET DE SPHÈRES

§ I.

Cercles orthogonaux.

202. **Définition.** — Lorsque deux courbes ont un point commun M (*fig.* 84), *l'angle des deux courbes en ce point* est, par définition, l'angle formé par les tangentes aux deux courbes au point M.

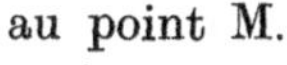

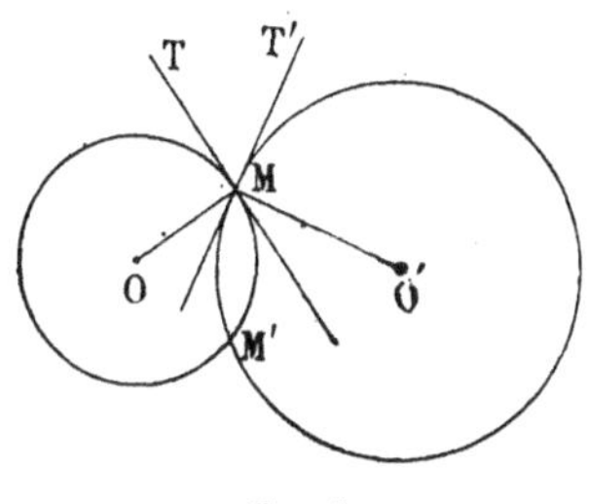

Fig. 84.

Considérons, en particulier, deux cercles O et O', qui se coupent en M et en M'. Les tangentes MT, MT' à ces cercles sont respectivement perpendiculaires aux rayons MO, MO'; par conséquent les angles que forment les tangentes sont égaux aux angles formés par les rayons.

On voit que les angles formés en M sont égaux aux angles formés en M'. Les valeurs de ces angles sont les valeurs des *angles formés par les deux cercles.*

Quand deux cercles se coupent à angles droits, on dit que les deux cercles sont *orthogonaux.*

Pour que deux cercles soient orthogonaux, il faut et il suffit que les rayons OM, O'M qui passent par un point d'intersection M, soient rectangulaires (*fig.* 85).

De là les corollaires suivants :

203. **Corollaire I.** — *Pour que deux cercles soient orthogonaux, il faut et il suffit que le carré de la distance de leurs centres soit égal à la somme des carrés de leurs rayons.*

204. **Corollaire II.** — *Pour que deux cercles* O *et* O′ *qui se coupent en* M *et* M′ (*fig.* 85) *soient orthogonaux, il faut et il suffit que le rayon* OM *soit tangent au cercle* O′ *ou encore que la puissance du point* O *par rapport au cercle* O′ *soit égale au carré du rayon du cercle* O.

205. **Corollaire III.** — *Si deux cercles sont orthogonaux, tout diamètre de l'un est divisé harmoniquement par les points où il rencontre l'autre.*

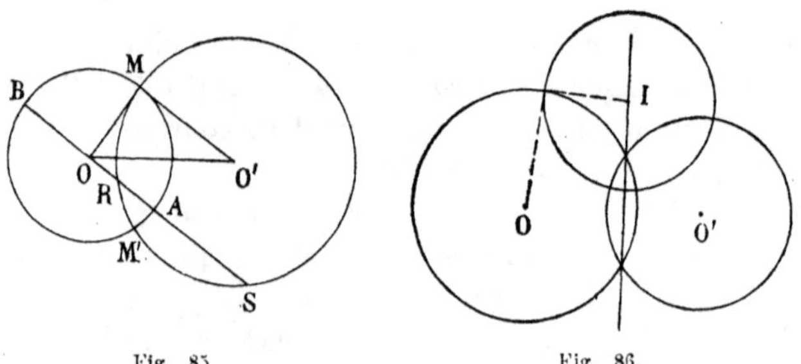

Fig. 85. Fig. 86.

En effet, soit AB (*fig.* 85) un diamètre du cercle O qui rencontre le cercle O′ en R et S. On a

$$\mathrm{OR.OS} = \overline{\mathrm{OM}}^2 = \overline{\mathrm{OA}}^2\,;$$

donc le segment AB est divisé harmoniquement par les points R et S.

206. **Théorème.** — *Le lieu des centres des cercles orthogonaux à deux cercles donnés est la portion de l'axe radical extérieure à ces deux cercles.*

En effet, soient O et O′ (*fig.* 86) les deux cercles donnés, I le centre d'un cercle orthogonal à ces deux cercles. Les tangentes issues du point I aux deux cercles, étant égales au rayon du cercle I, sont égales ; donc [354] le point I est sur la portion de l'axe radical extérieure aux deux cercles.

Inversement si I est placé sur l'axe radical, à l'extérieur des deux cercles, les tangentes menées de I aux deux cercles sont égales ; le cercle qui a pour centre le point I et pour rayon la longueur de ces tangentes sera orthogonal (204) aux deux cercles O et O′.

207. **Problème.** — *Construire un cercle orthogonal à trois cercles donnés.*

Nous nous placerons dans le cas où les centres O, O′, O″ des cercles donnés ne sont pas situés sur une même droite. Le centre I du cercle cherché doit se trouver (206) sur l'axe radical des cercles O et O′ ; il est aussi sur l'axe radical de O et O″. Le point I est donc le centre radical [355] des trois cercles O, O′, O″.

Si le centre radical est extérieur à ces cercles, les tangentes issues de ce point I aux trois cercles sont égales. Le cercle qui a pour centre I et pour rayon la longueur commune de ces tangentes est le cercle cherché.

Si le centre radical est intérieur aux cercles donnés, le problème est impossible.

§ II.

Faisceaux de cercles.

208. Etant donnés un cercle O et une droite D, considérons tous les cercles C tels que l'axe radical des cercles C et O soit la droite D ; l'ensemble de ces cercles forme *un faisceau ;* l'axe radical de deux cercles quelconques du faisceau est évidemment la droite D. Cette droite D est l'*axe* du faisceau.

Les centres des cercles C sont situés sur la droite Δ menée du centre du cercle O perpendiculairement à la droite D. Cette droite Δ est la *base* du faisceau.

Trois cas peuvent se présenter :

1° La droite D coupe le cercle O en deux points A et A′ ; tous les cercles du faisceau passent par les points A et A′ ;

inversement tout cercle passant par A et A′ appartient au faisceau. On a, dans ce cas, un *faisceau de cercles sécants.* Les points A et A′ sont appelés *points fondamentaux* du faisceau.

2° La droite D est tangente au cercle O en un point A ; tous les cercles C sont tangents à la droite D au point A, inversement tout cercle tangent à la droite D au point A appartient au faisceau. On a, dans ce cas, un *faisceau de cercles tangents.*

3° La droite D est extérieure au cercle O ; deux cercles quelconques du faisceau n'ont aucun point commun. On a, dans ce cas, *un faisceau de cercles non sécants.*

209. Théorème. — *Par tout point du plan, situé hors de l'axe, passe un cercle du faisceau et un seul.*

En effet, par le point donné P (*fig.* 87) menons une sécante rencontrant le cercle O en M et M′ et l'axe D en I. Le cercle cherché coupera la sécante en un point P′, tel que

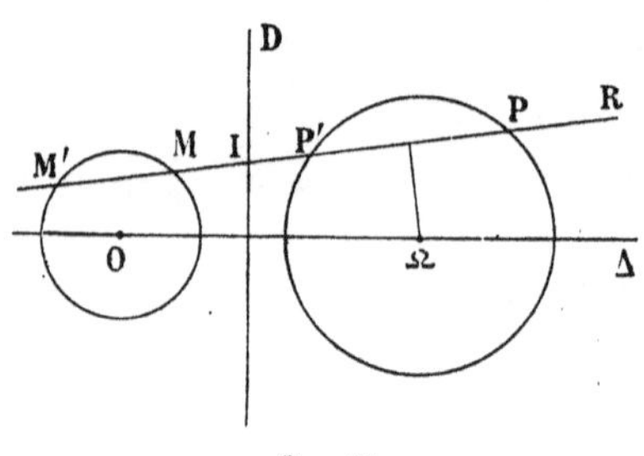

Fig. 87.

$$(1) \qquad IP \times IP' = IM \times IM',$$

ce qui détermine le point P′. Le centre du cercle cherché sera sur la perpendiculaire menée à PP′ en son milieu et sur la base Δ du faisceau, ce qui détermine le centre Ω.

Inversement, le cercle passant par P et ayant pour centre Ω appartient au faisceau. En effet, l'axe radical des cercles O et Ω passe par I à cause de la relation (1); il est perpendiculaire à la droite OΩ ; cet axe radical est donc la droite D et par conséquent le cercle Ω appartient au faisceau.

210. **Théorème.** — *Les deux points d'intersection d'un cercle du faisceau avec une sécante quelconque sont deux points conjugués d'une division en involution.*

En effet, soient P et P′ (*fig.* 87) les deux points d'intersection d'un cercle quelconque du faisceau avec une sécante R, I le point d'intersection de la transversale R avec l'axe du faisceau. Le produit IP × IP′ reste le même pour tous les cercles du faisceau ; donc P et P′ sont deux points correspondants d'une involution dont I est le point central (25).

211. **Théorème.** — *Tout cercle orthogonal à deux cercles d'un faisceau est orthogonal à tous les cercles du faisceau.*

Soit I le centre d'un cercle orthogonal à deux cercles O et O′

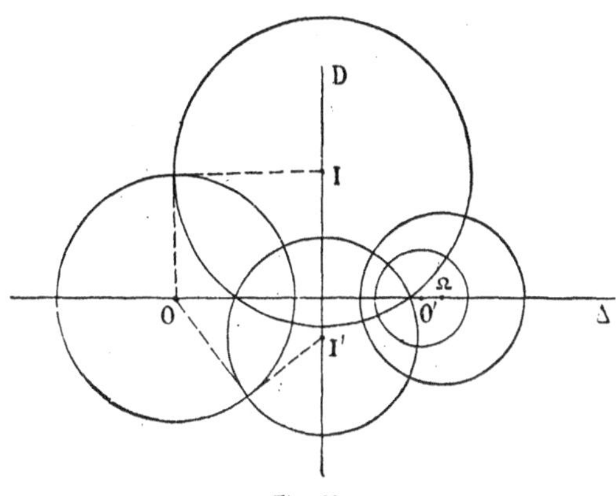

Fig. 88.

(*fig.* 88) ; le centre I de ce cercle est situé sur l'axe radical des cercles O et O′, c'est-à-dire sur l'axe du faisceau ; le carré du rayon du cercle I est égal à la puissance du point I par rapport aux cercles O et O′ ou encore à la puissance de I par rapport à un cercle quelconque Ω du faisceau; donc (204) le cercle I est orthogonal au cercle Ω.

212. **Théorème.** — *Les cercles orthogonaux aux cercles d'un faisceau forment un faisceau.*

En effet, soient I un cercle orthogonal aux cercles du faisceau donné (*fig.* 88), O et O′ deux cercles de ce faisceau ; considérons un deuxième faisceau qui contient le cercle I et qui a pour axe OO′.

Soit maintenant I′ un cercle orthogonal aux cercles du premier faisceau. La puissance du point O par rapport aux cercles I et I′ est égale au carré du rayon de ce cercle ; le point O est donc situé sur l'axe radical des cercles I et I′ ; il en est de même de O′ ; l'axe radical des cercles I et I′ étant la droite OO′, le cercle I′ appartient au deuxième faisceau.

213. Remarque. — Les deux faisceaux ainsi obtenus sont dits *conjugués*. Le premier a pour axe la droite D et pour base Δ, tandis que le second a pour axe la droite Δ et pour base la droite D. Tout cercle de l'un des faisceaux est orthogonal à tous les cercles de l'autre.

Si le premier faisceau est formé de cercles sécants passant

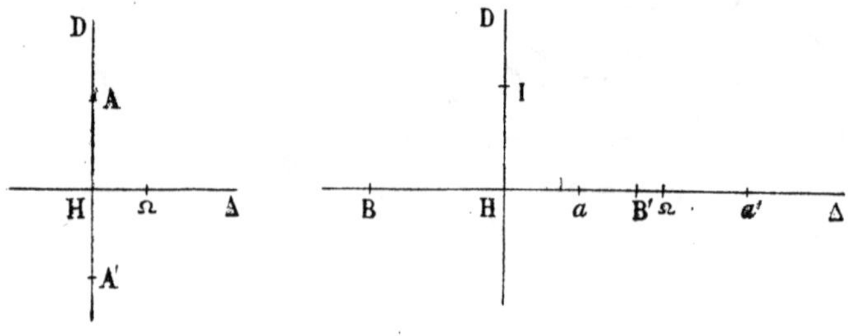

Fig. 89.

par A et A′ (*fig.* 89), quelle que soit la position du point Ω sur la droite Δ, il y a un cercle du premier faisceau qui a pour centre Ω. La puissance du point Ω par rapport aux cercles du second faisceau est égale à $\overline{\Omega A}^2$; la droite Δ est donc extérieure aux cercles du second faisceau et le second faisceau est formé de cercles non sécants.

Si au contraire le premier faisceau est formé de cercles non sécants, la puissance de tout point I de la droite D est positive ; donc, quelle que soit la position du point I sur la droite D, il y a un cercle du second faisceau qui a son centre en I. En particulier, il y a un cercle du second faisceau qui a son centre au point d'intersection H des droites D et Δ. Ce cercle coupe évidemment la droite Δ en deux points B et B' ; mais Δ étant l'axe du second faisceau, tous les cercles de ce second faisceau passeront par B et B'. Le second faisceau est donc formé de cercles sécants.

Ces points B et B' sont les *points limites* du premier faisceau. Le centre Ω d'un cercle du premier faisceau doit être situé en dehors du segment BB'. En effet, le carré du rayon de ce cercle est la puissance de Ω par rapport aux cercles du second faisceau, et est égal au produit $\Omega B \times \Omega B'$; ce produit étant ainsi positif, Ω est hors du segment BB'. On voit de plus que si Ω se rapproche du point B', le rayon du cercle correspondant tend vers zéro. Les points B et B' peuvent donc être considérés comme des cercles de rayon nul du premier faisceau. De là le nom de *points limites* qui leur a été donné par Poncelet.

214. **Théorème.** — *Un point limite a même polaire par rapport à tous les cercles du faisceau.*

En effet, soient B, B' (*fig.* 89) les points limites, Ω un cercle du faisceau, a, a' les points où Ω coupe la base Δ. On a

$$\overline{\Omega a}^2 = \Omega B . \Omega B',$$

ce qui montre que le segment BB' divise harmoniquement le segment aa'. La polaire du point B par rapport au cercle Ω est donc la perpendiculaire à Δ menée par B'.

215. **Théorème.** — *Les polaires d'un point* P *par rapport à tous les cercles d'un faisceau concourent en un même point* P' (*fig.* 90).

Soient Ω un cercle quelconque du faisceau, I le cercle du faisceau conjugué qui passe par P. Menons la droite ΩP ; elle coupe le cercle Ω en A et B, et le cercle I en Q. Le point Q est le conjugué harmonique de P par rapport aux points A et B (205) ; la polaire du point P est la perpendiculaire à la droite PΩ menée par Q, cette perpendiculaire passera par le point P′ diamétralement opposé à P sur le cercle I ; donc les polaires du point P par rapport à tous les cercles du faisceau passent par P′.

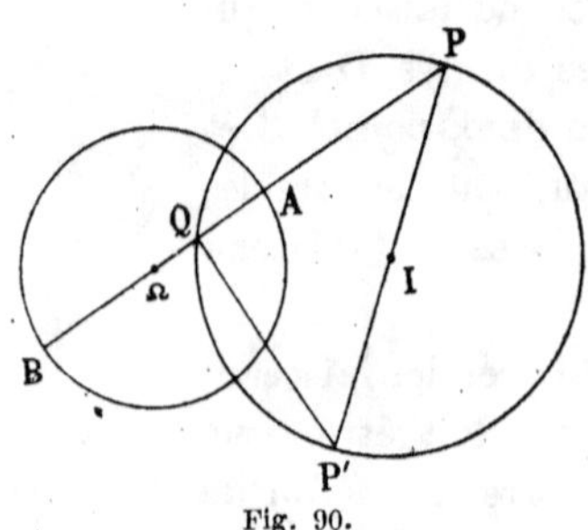

Fig. 90.

§ III.

Réseaux de cercles.

216. **Définition.** — On appelle *réseau de cercles* l'ensemble des cercles dont la puissance par rapport à un point donné I a une valeur donnée p. Le point I est le *centre* du réseau ; la puissance donnée p est le *module* du réseau.

Si p est positif et égal à R^2, tout cercle du réseau est orthogonal (204) au cercle Γ qui a pour centre I et pour rayon R. Réciproquement (204), tout cercle orthogonal au cercle Γ appartient au réseau.

Si p est nul, tout cercle du réseau passe par I et réciproquement.

Si p est négatif, les cercles du réseau ne sont pas tous orthogonaux à un même cercle.

217. **Théorème.** — *Par deux points* A *et* B *du plan, non en ligne droite avec le point* I (*fig.* 91), *passe un cercle du réseau et un seul.*

Si p est nul, le cercle demandé est évidemment le cercle qui passe par les trois points I, A, B.

Si p n'est pas nul, je prends sur les droites IA et IB des points A′ et B′ tels que

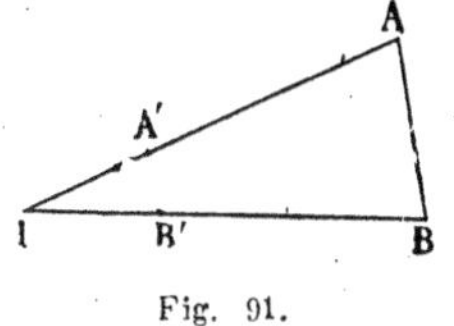

Fig. 91.

$$(1) \quad IA \times IA' = IB \times IB' = p.$$

Tout cercle du réseau passant par A et B doit passer par A′ et B′. D'autre part, à cause de la relation (1), les quatre points A, B, A′, B′ sont situés sur un même cercle (C), qui appartient au réseau.

218. **Théorème.** — *L'axe radical de deux cercles du réseau passe par le centre* I.

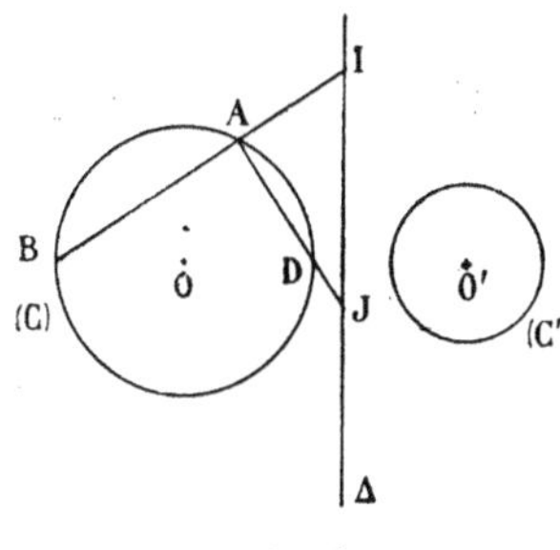

Fig. 92.

En effet, soient (C) et (C′) deux cercles du réseau ; le point I a même puissance par rapport aux cercles C et C′ ; donc leur axe radical passe par I (*fig.* 92).

219. **Théorème.** — *Tous les cercles du faisceau défini par deux cercles du réseau appartiennent au réseau.*

En effet, soient (C) et (C′) deux cercles du réseau ; Δ leur axe radical qui passe par I (*fig.* 92). Je considère le faisceau défini par les cercles (C) et (C′), ou, ce qui revient au même, le faisceau défini par le cercle (C) et la droite Δ (208). Tous les cercles de ce faisceau ont même puissance par rapport à chaque point de Δ. En particulier, la puissance du point I par rapport à tous ces cercles est égale à p ; donc ces cercles appartiennent au réseau.

220. **Théorème.** — *Par un point quelconque* A (*fig.* 92) *passe un cercle et un seul qui appartient à deux réseaux de centres différents.*

En effet, soient I et J les centres de deux réseaux, p et p' leurs modules. Sur les droites IA, JA je prends des points B et D tels que

$$\text{IA} \times \text{IB} = p,$$
$$\text{JA} \times \text{JD} = p'.$$

Le cercle qui passe par les trois points A, B, D appartient aux deux réseaux. Il est clair qu'il n'existe pas d'autres cercles passant par A et appartenant aux deux réseaux.

221. **Théorème.** — *Les cercles communs à deux réseaux, de centres distincts, forment un faisceau.*

En effet, soient I et J les centres de deux réseaux ; (C) un cercle commun aux deux réseaux (*fig.* 92) ; je considère le faisceau F défini par le cercle (C) et la droite IJ. Soit maintenant (C′) un cercle quelconque commun aux deux réseaux ; l'axe radical de (C) et de (C′) (218) est la droite IJ ; donc le cercle (C′) appartient au faisceau F.

Il est clair qu'inversement, tout cercle du faisceau F appartient aux deux réseaux.

§ IV.

Sphères orthogonales.

222. **Définition.** — Lorsque deux sphères ont un point commun M, l'angle des deux sphères en ce point est, par définition, l'angle formé par les plans tangents aux sphères en ce point ; cet angle est le même que celui formé par les rayons qui aboutissent en M.

Il résulte de là que si deux sphères se coupent, elles se coupent partout sous le même angle.

Deux sphères sont dites *orthogonales* quand elles se coupent à angle droit.

223. On établit, comme dans la géométrie plane (nos 203, 204, 205), les propriétés suivantes :

Pour que deux sphères soient orthogonales, il faut et il suffit que le carré de la distance de leurs centres soit égal à la somme des carrés de leurs rayons ;

Pour que deux sphères de centres O *et* O′ *soient orthogonales, il faut et il suffit que la puissance du point* O *par rapport à la sphère* O′ *soit égale au carré du rayon de la sphère* O ;

Lorsque deux sphères sont orthogonales, tout diamètre de l'une est divisé harmoniquement aux points où il rencontre l'autre sphère.

224. **Définition.** — Si un cercle et une sphère ont un point commun M, l'angle de la sphère et du cercle en ce point est, par définition, l'angle que fait la tangente en M au cercle avec le plan tangent en M à la sphère.

Soit M′ le second point d'intersection du cercle et de la sphère. En remarquant que le cercle et la sphère ont pour plan de symétrie le plan mené perpendiculairement à la corde MM′ en son milieu, on voit que l'angle du cercle et de la sphère est le même en M et en M′ ; cet angle est l'angle du cercle et de la sphère.

Si cet angle est droit, on dit que la sphère est *orthogonale* au cercle, ou encore que le cercle est *orthogonal* à la sphère.

225. Si un cercle est orthogonal à une sphère, la tangente au cercle en un point M d'intersection est normale au plan tangent en M à la sphère ; cette tangente est donc le rayon MO de la sphère. De là résultent les conclusions suivantes:

Si un cercle C *est orthogonal à une sphère* S :

1° *Le plan du cercle* C *passe par le centre* O *de la sphère* S *et coupe la sphère suivant un grand cercle orthogonal au cercle* C ;

2° *La puissance du point* O *par rapport au cercle* C *est égale au carré du rayon de la sphère ;*

3° *La puissance du centre du cercle* C *par rapport à la sphère est égale au carré du rayon du cercle* C ;

4° *Toute sphère passant par le cercle* C *est orthogonale à la sphère* S.

226. **Théorèmes.** — I. *Le lieu des centres des sphères orthogonales à deux sphères données* O *et* O′ *est la portion du plan radical extérieure à ces sphères.*

Même démonstration qu'au n° 206.

Le centre O a même puissance par rapport à toutes les sphères orthogonales ; il en est de même du centre O′ ; par conséquent, la droite OO′ est un axe radical de toutes ces sphères.

On démontrerait de même que :

II. — *Le lieu des centres des cercles orthogonaux aux sphères* O *et* O′ *est la portion de leur plan radical extérieure à ces sphères.*

Chaque point de la droite OO′ a même puissance par rapport à tous ces cercles.

227. **Théorème.** — *Le lieu des centres des sphères orthogonales à trois sphères* O, O′, O″, *dont les centres ne sont pas en ligne droite, est la portion de leur axe radical extérieure à ces sphères.*

Même démonstration qu'au n° 206.

227*bis*. **Cercle orthogonal à trois sphères.** — Tout cercle orthogonal à trois sphères est situé dans le plan des centres O, O′, O″ et est orthogonal aux grands cercles suivant lesquels ce plan coupe les sphères. Le centre du cercle cherché sera (207) le centre radical des trois grands cercles ; ce cercle sera réel si ce centre radical est extérieur aux trois grands cercles ; dans le cas contraire, il sera imaginaire.

228. **Problème.** — *Construire une sphère orthogonale à quatre sphères données.*

Plaçons-nous dans le cas où les centres des sphères données ne sont pas dans un même plan. En raisonnant comme au n° 207, on voit qu'il n'existe qu'une seule sphère orthogonale aux quatre sphères données ; son centre est le centre radical des quatre sphères ; elle est réelle si ce centre est extérieur aux sphères, imaginaire dans le cas contraire.

§ V.

Faisceaux et réseaux de sphères.

229. **Définition.** — Etant donnés une sphère S et un plan P, on considère toutes les sphères Σ telles que le plan radical de S et Σ soit le plan P. L'ensemble de ces sphères forme un *faisceau*. Le plan radical de deux sphères quelconques du faisceau est évidemment le plan P. Ce plan est le plan du faisceau.

Les centres des sphères Σ sont situés sur la droite Δ menée du centre de S perpendiculairement au plan P. Cette droite Δ est l'axe du faisceau.

Si l'on coupe les sphères d'un faisceau par un plan quelconque Q, les cercles de section forment un faisceau de cercles qui a pour axe l'intersection des plans P et Q.

Trois cas peuvent se présenter :

1° Le plan P coupe la sphère S suivant un cercle C. Toutes les sphères du faisceau contiennent le cercle C; inversement, toute sphère menée par le cercle C appartient au faisceau. On a dans ce cas un *faisceau de sphères sécantes*.

2° Le plan P est tangent à la sphère S en un point A. Toutes les sphères du faisceau sont tangentes en A au plan P et inversement. On a un *faisceau de sphères tangentes*.

3° Le plan P est extérieur à la sphère S ; deux sphères quelconques du faisceau n'ont aucun point commun. On a, dans ce cas, *un faisceau de sphères non sécantes*.

230. On démontre comme au § II les résultats suivants :

Par un point de l'espace, pris en dehors du plan radical, passe une sphère du faisceau et une seule ;

Les deux points d'intersection d'une sphère du faisceau avec une sécante quelconque sont deux points conjugués d'une division en involution ;

Toute sphère orthogonale à deux sphères du faisceau est orthogonale à toutes les sphères du faisceau.

231. Points limites. — Le lieu des centres des sphères du faisceau est la droite de base Δ ; si donc, une sphère du faisceau se réduit à un point I, ce point I sera situé sur la droite Δ. Soit alors H le point de rencontre de Δ avec le plan radical P ; p la puissance de H par rapport aux sphères du faisceau. On devra avoir

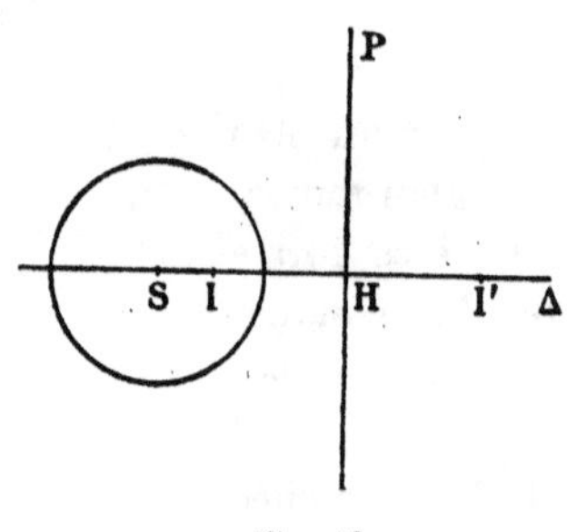

Fig. 93.

$$\overline{\mathrm{HI}}^2 = p.$$

Si p est négatif, il n'y a pas de sphères réduites à un point dans le faisceau ; si p est positif, on obtient deux sphères points I et I', symétriques par rapport à H. Ces points I et I' sont *les points limites* du faisceau.

On démontre comme au n° 214 le théorème suivant :

Un point limite a même plan polaire par rapport à toutes les sphères du faisceau.

232. Définition. — On appelle *réseau de sphères* l'ensemble des sphères telles que les puissances de deux points donnés I et J par rapport à toutes ces sphères aient des valeurs données p' et p''. La droite IJ est *l'axe* du réseau.

233. Théorème. — *Par deux points donnés* A *et* B *qui ne sont pas dans un même plan avec l'axe passe une sphère du réseau et une seule* (*fig.* 94).

En effet, sur les droites IA et JA je prends des points C et D tels que

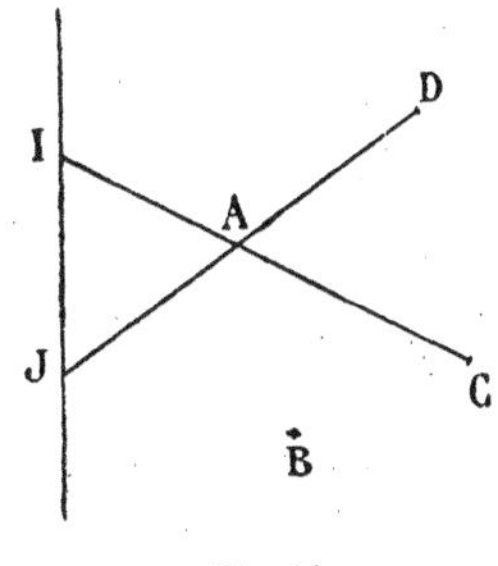

Fig. 94.

$$IA \times IC = p', \qquad JA \times JD = p''.$$

Par les quatre points A, B, C, D, qui ne sont pas situés dans un même plan, passe une sphère Σ qui appartient au réseau. Il est clair que toute sphère du réseau qui passe par A et B doit contenir les points C et D et par suite coïncide avec Σ.

234. **Théorème.** — *Le plan radical de deux sphères du réseau contient l'axe du réseau.*

Soient, en effet, Σ et Σ' deux sphères du réseau ; le point I a même puissance par rapport à ces deux sphères ; il en est de même du point J ; donc le plan radical des deux sphères contient les points I et J.

235. **Corollaire.** — *Tout point de l'axe a même puissance par rapport à toutes les sphères du réseau.*

236. **Théorème.** — *Le lieu des centres des sphères d'un réseau est un plan.*

En effet, soit O une sphère arbitrairement choisie dans le réseau, O′ une autre sphère quelconque du réseau ; le plan radical des sphères O et O′ contient l'axe (234) ; par conséquent la droite OO′ est perpendiculaire à l'axe ; il en résulte que le point O′ se trouve dans le plan P mené par O perpendiculairement à l'axe.

Ce plan P est le *plan de base du réseau.*

237. **Discussion.** — Je désigne par H le point où l'axe du réseau coupe le plan de base P ; par p la puissance du point

H par rapport à toutes les sphères du réseau. Soit alors O le centre d'une sphère du réseau, R son rayon. On aura

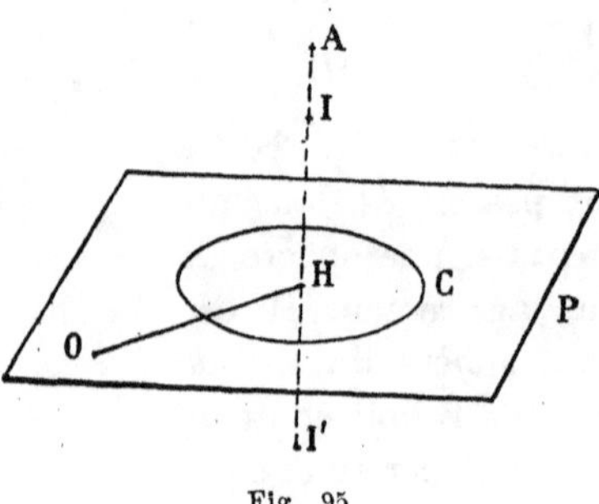

Fig. 95.

$$(1) \quad \overline{OH}^2 - R^2 = p.$$

Réciproquement, si O est un point quelconque du plan P, R un rayon défini par la formule (1), Σ la sphère de centre O et de rayon R, l'ensemble des sphères Σ qu'on obtient en faisant varier O dans le plan P forme un réseau. En effet, si A est un point pris sur la perpendiculaire en H au plan P, la puissance du point A par rapport à la sphère Σ est

$$\overline{OA}^2 - R^2 = \overline{OH}^2 + \overline{HA}^2 - R^2 = p + \overline{HA}^2.$$

Chaque point de la perpendiculaire a donc même puissance par rapport à toutes les sphères Σ ; ce qui prouve que les sphères Σ forment un réseau.

De la formule (1) on tire

$$(2) \qquad R^2 = \overline{OH}^2 - p.$$

Cela posé, je distinguerai trois cas :

1° p est négatif ; soit $p = -\rho^2$, on a

$$R^2 = \overline{OH}^2 + \rho^2.$$

Tout point O du plan P est le centre d'une sphère du réseau ; toutes ces sphères coupent l'axe en deux points I et I' tels que

$$\overline{HI}^2 = \overline{HI'}^2 = \rho^2.$$

Le réseau est formé de l'ensemble des sphères qui passent par I et I'.

2° $p = 0$, on a

$$R^2 = \overline{OH}^2.$$

Le réseau est formé par l'ensemble des sphères qui sont tangentes à l'axe au point H.

3° p est positif, soit $p = \rho^2$. On a

$$R^2 = \overline{OH}^2 - \rho^2.$$

Pour que la sphère existe, il faut que le point O soit extérieur au cercle C qui a pour centre H et pour rayon ρ ; si le point O vient sur ce cercle, R est nul ; les points du cercle C forment les sphères de rayon nul qui appartiennent au réseau.

Dans ce cas les sphères du réseau ne rencontrent pas l'axe. Ce cercle C orthogonal à toutes les sphères du réseau est appelé le *cercle limite* du réseau.

238. **Théorème.** — *Si trois sphères du réseau n'ont pas leurs centres en ligne droite, leur axe radical est l'axe du réseau.*

C'est une conséquence immédiate du n° 235.

239. **Théorème.** — *Si trois sphères du réseau n'ont pas leurs centres en ligne droite, toute sphère orthogonale à ces trois sphères est orthogonale à toutes les sphères du réseau.*

Démonstration analogue à celle du n° 211.

240. **Théorème.** — *Les sphères orthogonales à toutes les sphères d'un faisceau forment un réseau.*

Soient A et B les centres de deux sphères du faisceau, α et β leurs rayons. Les sphères orthogonales aux sphères du faisceau sont les mêmes (230) que celles qui sont orthogonales aux sphères A et B. Pour qu'une sphère Σ soit orthogonale à la sphère A, il faut et il suffit que la puissance de A par rapport à Σ soit égale à α^2 (223) ; conclusion analogue pour les sphères orthogonales à B. Les sphères orthogonales aux sphères du faisceau sont donc les mêmes que celles dont les puissances des points A et B ont pour valeurs respectives α^2 et β^2 ; donc ces sphères forment un réseau.

241. **Théorème.** — *Les sphères orthogonales aux sphères d'un réseau forment un faisceau.*

Soient A, B, C trois sphères du réseau qui n'ont pas leurs centres en ligne droite. Les sphères orthogonales aux sphères du réseau sont les mêmes (239) que les sphères orthogonales aux sphères A, B, C. Le centre d'une telle sphère (227) est sur l'axe radical des trois sphères A, B, C, c'est-à-dire (238) sur l'axe du réseau.

Soit alors Σ une sphère orthogonale particulière, Σ' une autre sphère orthogonale quelconque ; les points A, B, C ont même puissance par rapport aux sphères Σ et Σ'; le plan radical de ces deux sphères est le plan ABC c'est-à-dire le plan de base P du réseau. La sphère Σ' appartient donc au faisceau défini par la sphère Σ et le plan P (229) ; réciproquement toute sphère de ce faisceau est orthogonale à toutes les sphères du réseau.

242. Remarque. — Les démonstrations des deux théorèmes précédents mettent en évidence les résultats suivants :

Si les sphères d'un faisceau sont orthogonales aux sphères d'un réseau : 1° *le plan radical du faisceau coïncide avec le plan de base du réseau ;* 2° *la droite de base du faisceau coïncide avec l'axe du réseau ;* 3° *si les sphères du faisceau ont un cercle commun, ce cercle est le cercle limite du réseau ;* 4° *si les sphères du réseau ont deux points communs, ces points sont les points limites du faisceau.*

EXERCICES SUR LE CHAPITRE IV.

108. Etant donné un triangle ABC, construire un cercle (A) ayant pour centre A et tel que B et C soient conjugués par rapport à ce cercle.

109. Si l'on construit les cercles (B) et (C) analogues au cercle (A) de l'exercice précédent, les trois cercles (A), (B), (C) sont deux à deux orthogonaux.

110. Tous les cercles qui passent par un point A et qui sont conjugués par rapport à deux points P et P′ passent par un second point A′.

111. Lieu des points tels que leurs polaires, par rapport à trois cercles quelconques, concourent en un même point. — Lieu du point de concours des polaires.

112. Mener par un point un cercle de rayon donné coupant orthogonalement un cercle donné.

113. Soient A et B deux cercles, R un point de rencontre d'une tangente commune intérieure et d'une tangente commune extérieure à ces cercles; les polaires de R par rapport aux cercles A et B sont rectangulaires et se coupent en un point qui a même polaire par rapport aux deux cercles.

114. Les pôles de l'axe radical de deux cercles par rapport à ces deux cercles divisent harmoniquement le segment qui a pour extrémités leurs centres de similitude.

115. Etant donné un triangle ABC, construire un cercle O tel que les tangentes issues de A, B, C au cercle O aient respectivement pour longueurs les côtés BC, CA, AB du triangle.

116. Etant donnés deux cercles O et O′, on considère toutes les transversales L qui coupent les cercles suivant deux segments conjugués harmoniques. Lieu des projections des centres des cercles sur les droites L. Enveloppe des droites L.

117. Soient C et C′ deux cercles, S et T leurs centres de similitude. Le cercle qui a pour diamètre ST appartient au faisceau défini par les cercles C et C′.

118. Condition pour qu'il existe un cercle commun à deux faisceaux. Condition pour qu'il existe un cercle orthogonal à tous les cercles de deux faisceaux.

119. On considère deux faisceaux non conjugués de cercles, Démontrer que tout cercle A du premier faisceau est orthogonal, *en général,* à un seul cercle B du second; les centres des cercles A et B décrivent des divisions homographiques.

120. Construire un cercle d'un faisceau donné sachant que deux points donnés A et A′ sont conjugués par rapport à ce cercle.

121. Par chaque point M d'un cercle C on mène les tangentes à un cercle C′; ces tangentes coupent le cercle C aux points P et Q; démontrer que la droite PQ enveloppe un cercle appartenant au faisceau défini par les cercles C et C′.

122. Construire une sphère passant par un cercle donné et orthogonale à une sphère donnée.

123. Lieu des centres des sphères passant par deux points donnés et orthogonales à une sphère donnée.

124. Lieu des centres des cercles passant par un point donné et orthogonaux à une sphère donnée.

125. Construire une sphère tangente à un plan donné et orthogonale à trois sphères données.

126. Construire une sphère tangente à une droite donnée et orthogonale à trois sphères données.

127. On considère les sphères orthogonales à deux sphères données et tangentes à un plan P. Lieu de leurs points de contact avec le plan P.

128. Construire une sphère orthogonale à deux cercles donnés.

129. Construire une sphère passant par deux points donnés et orthogonale à un cercle donné.

130. Etant donnés dans un plan deux cercles C et C′, on fait tourner, autour de l'axe radical, le cercle C′ d'un angle quelconque, ce qui amène C′ en C_1. Démontrer que les cercles C et C_1 appartiennent à une même sphère.

131. Etant donnés dans un plan deux cercles orthogonaux C et C′, on fait tourner le cercle C′ d'un angle droit autour de la ligne des centres, ce qui amène C′ en C_1. Démontrer que toute sphère passant par le cercle C est orthogonale à toute sphère passant par le cercle C_1.

Ces deux cercles C et C_1 forment ce qu'on appelle un *anneau orthogonal.*

132. Démontrer que si deux cercles C_1 et C_2 forment des anneaux orthogonaux avec un même cercle C, les cercles C_1 et C_2 sont situés sur une même sphère.

133. Les sphères qui passent par deux points fixes et qui admettent un couple donné A, A′ de points conjugués contiennent un cercle fixe.

134. Les sphères qui admettent trois couples de points conjugués donnés A,A′, B,B′, C,C′ passent par un cercle fixe. — Construire ce cercle.

135. Lieu des centres des sphères qui admettent deux couples donnés A,A′, B,B′ de points conjugués.

136. Les plans polaires d'un point par rapport à toutes les sphères d'un faisceau ont une droite commune.

137. Trouver tous les couples de deux droites réciproques par rapport à toutes les sphères d'un faisceau.

138. On considère toutes les sphères d'un réseau qui sont tangentes à un plan donné P. Lieu des points de contact.

139. Les plans polaires d'un point par rapport à toutes les sphères d'un réseau passent par un même point.

140. Etant donnés deux cercles C et C′, montrer que si par le cercle C on peut faire passer une sphère orthogonale au cercle C′, inversement par le cercle C′ on pourra faire passer une sphère orthogonale au cercle C. Quelle doit être la situation relative des cercles C et C′ pour qu'il en soit ainsi ? Montrer que si deux cercles C et C′ possèdent cette propriété, il en est de même de ceux qu'on en déduit par une inversion quelconque.

141. Etant donnés deux cercles quelconques C et C′, montrer qu'en général, à chaque sphère S passant par le cercle C on peut faire correspondre une sphère S′ et une seule passant par le cercle C′ et orthogonale à la sphère S.

Montrer qu'on peut, en général, et d'une seule manière, trouver deux sphères orthogonales S_1 et S_2 passant par le cercle C et telles que les deux sphères S_1', S_2 passant par le cercle C′, qui leur sont respectivement orthogonales, soient elles-mêmes orthogonales.

Quelle doit être la position relative des cercles C et C′ pour qu'il existe une infinité de couples S_1, S_2 possédant la propriété indiquée ?

142. Etant données deux sphères S et S′, on considère tous les plans P qui coupent ces deux sphères suivant deux cercles orthogonaux C et C′. Lieu des centres des cercles C et C′; enveloppe des plans P.

143. Mener par une droite donnée un plan coupant deux sphères données suivant des cercles orthogonaux.

144. Mener par un cercle donné une sphère coupant deux sphères données suivant des cercles orthogonaux.

145. Etant données deux sphères S et S′, on considère toutes les droites D, telles que la corde interceptée sur une droite D par la sphère S soit divisée harmoniquement par la corde interceptée sur la même droite par la sphère S′. Celles de ces droites D qui passent par un point fixe P engendrent un cône; trouver les sections circulaires de ce cône.

146. Démontrer que si le point H est le point de rencontre des hauteurs d'un triangle ABC, *a* le pied de la hauteur issue du sommet A, O le centre d'un cercle tangent aux trois côtés du triangle, R son rayon, on a

$$2R^2 = \overline{OH}^2 - HA \times Ha.$$

En déduire que si un cône qui a pour sommet S et pour base un cercle C est tangent aux trois faces d'un trièdre trirectangle, il existe une infinité de trièdres trirectangles circonscrits au cône.

Le cercle C étant donné, lieu des sommets S des cônes qui possèdent les propriétés indiquées.

147. Etant données deux sphères A et B, nous appellerons *bissectrice intérieure* la sphère qui a pour centre le centre de similitude interne des sphères A et B et pour rayon la racine carrée de la puissance d'inversion correspondante; *bissectrice* *extérieure*, la sphère définie comme la précédente en remplaçant le centre de similitude interne par le centre de similitude externe. Cela posé, on propose d'établir les propriétés suivantes:

Soient A, B, C trois sphères, γ et γ' les bissectrices intérieure et extérieure des sphères A et B, α et α' celles des sphères B et C; β et β' celles des sphères C et A. Les trois sphères α', β', γ' appartiennent à un même faisceau; les cercles d'intersection des sphères A et α, des sphères B et β, des sphères C et γ sont trois cercles d'une même sphère.

148. A, B, C étant trois sphères quelconques, D une sphère quelconque du faisceau B, C, E une sphère quelconque du faisceau C, A, démontrer: 1° que les deux faisceaux D, E et A, B ont une sphère commune; 2° qu'il en est de même des faisceaux A, D et B, E.

149. Etant données trois sphères A, B, C, soient D et E deux sphères orthogonales quelconques à ces trois sphères. On désigne par α la sphère orthogonale aux sphères B, C, D, E, par β celle qui est orthogonale aux sphères C, A, D, E, par γ celle qui est orthogonale aux sphères A, B, D, E. Démontrer que les faisceaux A, α ; B, β ; C, γ ont une sphère commune.

150. Désignons par (pq) et $(pq)'$ les bissectrices intérieure et extérieure de deux sphères P et Q. Démontrer que si l'on prend quatre sphères quelconques A, B, C, D:

1° Les faisceaux (ab), (cd); (ac), (bd); (ad), (bc) ont une sphère commune;

2° Les six sphères $(ab)'$, $(ac)'$, $(ad)'$, $(bc)'$, $(bd)'$, $(cd)'$ appartiennent à un même réseau.

CHAPITRE V

INVERSION

§ I.

Inversion dans le plan.

243. Définitions. — Etant donnés un point S et un nombre λ, à chaque point M du plan faisons correspondre un point M′ situé sur la droite SM et tel que le produit SM.SM′ soit égal à λ. Le point M′ est dit l'*inverse* du point M, de même que M est l'inverse de M′.

Si λ est positif, les points M et M′ sont situés d'un même côté du point S ; si λ est négatif, les points M et M′ sont de part et d'autre du point S.

Si le point M décrit une figure F, le point M′ décrira une figure F′. Ces figures F et F′ sont dites *inverses* ou encore *transformées par rayons vecteurs réciproques.*

Le point S est l'*origine* de l'inversion ; le nombre λ en est la *puissance*.

244. Théorème. — *Les tangentes à deux figures inverses en des points correspondants sont également inclinées sur le rayon vecteur.*

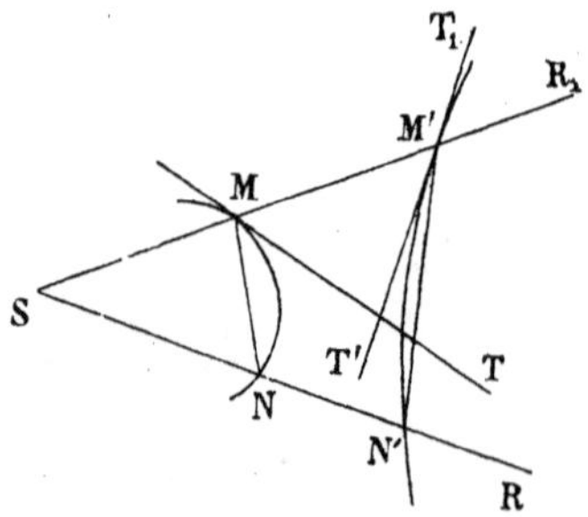

Fig. 96.

En effet, soient M et N deux points d'une figure, M′ et N′ leurs inverses (*fig.* 96). On a par hypothèse

$$SM.SM' = SN.SN';$$

par conséquent les quatre points M, N, M′, N′ sont situés sur un même cercle ;

il en résulte que les angles M'MN et M'N'R sont égaux. Si le rayon SNN' se rapproche indéfiniment du rayon SMM', les droites MN, M'N' ont pour positions limites les tangentes aux courbes en M et M'; l'angle M'MN a pour valeur limite l'angle M'MT ; la position limite de l'angle RN'M' est l'angle $R_1M'T_1$, opposé à l'angle MM'T'; donc les angles M'MT et MM'T' sont égaux.

245. **Corollaire.** — *L'angle de deux lignes qui se coupent en un point* A *est égal à l'angle de leurs inverses au point* A', *inverse de* A.

En effet, soient AT, AR (*fig.* 97) les tangentes aux deux courbes en A, A'T et A'R les tangentes aux courbes inverses. Les angles A'AT, A'AR étant respectivement égaux aux angles AA'T, AA'R, on en conclut l'égalité des angles TAR et TA'R ; donc les courbes se coupent sous le même angle que leurs inverses.

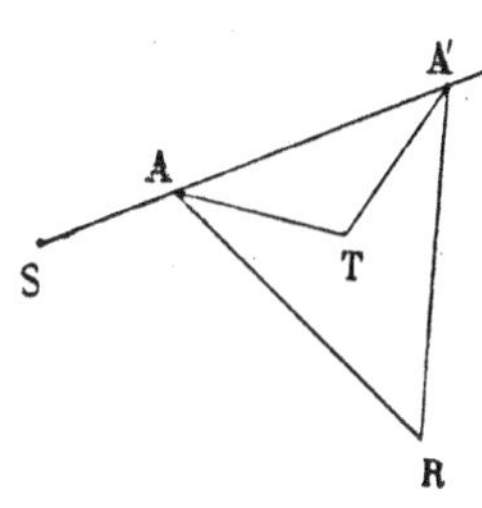

Fig. 97.

On exprime encore cette propriété très importante en disant que l'*inversion conserve les angles*.

En particulier, deux courbes tangentes se transforment en deux courbes tangentes.

246. **Théorème.** — *Si* M', N' (*fig.* 98) *sont les inverses des points* M, N *par rapport à l'origine* O *et à la puissance d'inversion* λ, *on a entre les segments* M'N' *et* MN *la relation*

$$M'N' = MN \times \frac{\lambda}{OM.ON}.$$

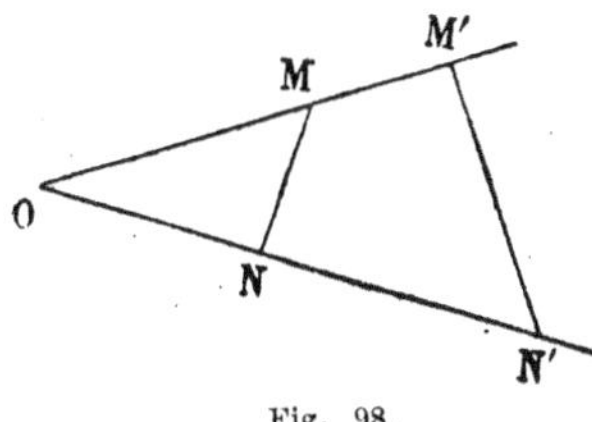

Fig. 98.

En effet, la relation

$$OM \times OM' = ON \times ON'$$

peut s'écrire

$$\frac{OM}{ON'} = \frac{ON}{OM'}.$$

Les triangles OMN et ON'M' sont semblables comme ayant un angle égal compris entre côtés proportionnels. On aura donc

$$\frac{MN}{M'N'} = \frac{OM}{ON'} = \frac{OM \times ON}{ON' \times ON} = \frac{OM \times ON}{\lambda};$$

donc

$$M'N' = MN \times \frac{\lambda}{OM \times ON}.$$

247. **Théorème.** — *Deux figures F', F'', inverses d'une figure F par rapport à une même origine O, sont homothétiques. Le centre de similitude est le point O, le rapport d'homothétie de F' à F'' est* $\frac{\lambda'}{\lambda''}$, *$\lambda'$ et λ'' étant les puissances d'inversion qui correspondent aux figures F', F''.*

En effet, soient M un point quelconque de la figure F, M', M'' les points correspondants dans les figures F' et F''.

Ces points M', M'' sont sur la droite OM et l'on a

$$OM \times OM' = \lambda',$$
$$OM \times OM'' = \lambda'';$$

donc

$$\frac{OM'}{OM''} = \frac{\lambda'}{\lambda''},$$

ce qui démontre le théorème.

248. **Théorème.** — *La figure inverse d'une droite est un cercle passant par l'origine.*

Nous laissons de côté le cas où la droite passe par l'origine ; dans ce cas, l'inverse est évidemment la droite elle-même.

Menons de l'origine O la perpendiculaire OP et une oblique quelconque OM à la droite D (*fig.* 99); soient P′ et M′ les inverses des points P et M. Les quatre points P, P′, M, M′ étant sur un même cercle, l'angle OM′P′ est égal à l'angle OPM ; donc l'angle en M′ est droit, et par conséquent le lieu du point M′ est le cercle qui a pour diamètre OP′.

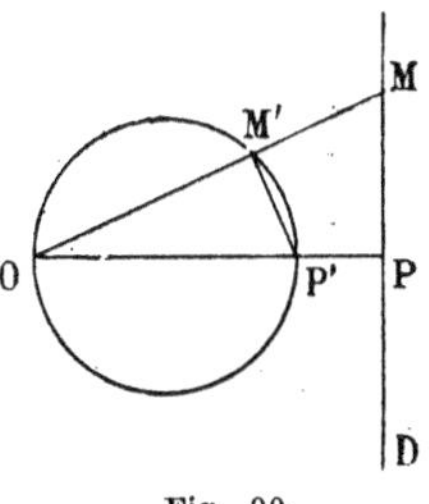

Fig. 99.

249. Réciproque. — *La figure inverse d'un cercle passant par l'origine est une droite perpendiculaire au diamètre mené par l'origine.*

Soient OP′ le diamètre qui passe par l'origine, P l'inverse du point P′ (*fig.* 99), M′ un point quelconque du cercle, M son inverse. Les angles OM′P′ et OPM sont égaux (244) ; mais le premier est droit, donc le point M est sur la perpendiculaire menée au point P au diamètre OP′.

250. Remarque. — *Un cercle et une droite peuvent être considérés de deux manières différentes comme des figures inverses.*

Menons le diamètre OP′ perpendiculaire à la droite donnée D (*fig.* 99) ; OP′ coupe la droite D en P. Si l'on prend pour origine O et pour puissance d'inversion le produit OP′.OP, le cercle et la droite seront deux figures inverses ; il en sera de même si l'on prend pour origine P′ et pour puissance le produit P′P × P′O.

Il résulte d'ailleurs de ce qui précède qu'il n'y a pas d'autres manières de faire du cercle et de la droite deux figures inverses.

Dans le cas particulier où la droite est tangente au cercle, il n'y a en réalité qu'une seule façon de faire du cercle et de la droite deux figures inverses. Il faut éliminer l'origine qui coïncide avec le point de contact.

251. Théorème. — *La figure inverse d'un cercle qui ne passe pas par l'origine est un cercle.*

Soient O l'origine (*fig.* 100), C le cercle donné, ρ la puissance du point O par rapport au cercle. La figure inverse du cercle C, quand l'origine est O et la puissance d'inversion ρ, est le

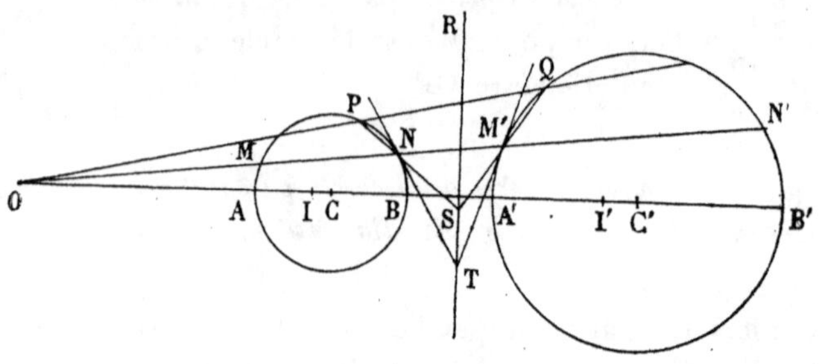

Fig. 100.

cercle C lui-même, car si OMN est une sécante au cercle issue de O, on a

$$OM \times ON = \rho.$$

La figure inverse, quand la puissance d'inversion est λ, est une figure homothétique du cercle C (247) ; ce sera un cercle C′ [305]. Le centre d'homothétie est l'origine O, le rapport d'homothétie de C′ à C est égal, en grandeur et en signe, à $\dfrac{\lambda}{\rho}$ (247).

252. Soit λ la puissance d'inversion, d la distance OC du centre C du cercle donné au centre d'inversion O ; R le rayon du cercle ; je désigne par d' la distance OC′ (*fig.* 100) du centre du cercle inverse au point O, cette distance étant comptée positivement dans le sens de O vers C ; par R′ le rayon du cercle inverse. La puissance du point O par rapport au cercle C est

$d^2 - R^2$; le rapport d'homothétie de C' à C est égal (247) à $\frac{\lambda}{d^2 - R^2}$. On a donc

$$d' = d \frac{\lambda}{d^2 - R^2},$$

$$R' = \pm R \frac{\lambda}{d^2 - R^2}.$$

Dans la seconde formule, on choisit le signe de façon que R' soit positif.

253. Réciproque. — *Deux cercles quelconques peuvent, en général, être considérés de deux manières différentes comme des figures inverses.*

En effet, soient C et C' les deux cercles donnés (*fig.* 100), O un de leurs centres de similitude, ρ la puissance du point O par rapport au cercle C, k le rapport de similitude de C' à C quand on prend pour centre d'homothétie le point O. Si l'on prend pour origine le point O, pour puissance d'inversion le nombre $\lambda = k\rho$, la figure inverse du cercle C sera le cercle C' (251).

On peut raisonner de même sur le second centre de similitude des cercles C et C'.

Il résulte d'ailleurs du théorème direct qu'il n'existe pas d'autre manière de transformer le cercle C dans le cercle C' par une inversion.

Soit alors ρ' la puissance de O par rapport au cercle C'. Le rapport d'homothétie de C à C' étant $\frac{1}{k}$, on aura

$$\lambda = \frac{1}{k} \rho'.$$

D'autre part, on sait que

$$\lambda = k\rho;$$

donc

$$\lambda^2 = \rho\rho'.$$

254. Remarque. — La réciproque que nous venons d'établir est en défaut dans les deux cas suivants :

1° *Les deux cercles sont tangents.* — Le point de contact O est un centre de similitude, on a ici $\rho = 0$ et par suite $\lambda = 0$; il faut rejeter la solution correspondant à ce point O.

2° *Les deux cercles sont égaux.* — Le centre de similitude externe est rejeté à l'infini ; on ne peut plus le choisir comme centre d'inversion.

Dans ces cas, il n'y a, en réalité, qu'une seule façon de considérer les cercles comme des figures inverses.

255. **Points antihomologues de deux cercles.** — Soit O un centre de similitude de deux cercles C et C′ ; les deux cercles peuvent être considérés comme deux figures homothétiques, le centre d'homothétie étant O, ou encore comme deux figures inverses, l'origine d'inversion étant le point O.

A un point M du cercle C correspond dans l'homothétie un point M′ (*fig.* 100) ; M et M′ sont appelés *points homologues.*

A un point M du cercle C correspond dans l'inversion un point N′ du cercle C′ ; les points M et N′ sont appelés *points antihomologues.*

Une sécante aux deux cercles passant par O coupe le cercle C en M et N, le cercle C′ en M′ et N′ (*fig.* 100). Ces quatre points forment deux couples de points homologues, savoir : les couples (M, M′) et (N, N′), et deux couples de points antihomologues, savoir : les couples (M, N′) et (N, M′).

Une corde du cercle C et une corde du cercle C′ sont dites *antihomologues* quand les extrémités de l'une sont antihomologues des extrémités de l'autre. (Ex. : les cordes PN et QM′, *fig.* 100).

Les extrémités de deux cordes antihomologues sont sur un même cercle.

Prenons les deux cordes antihomologues PN et QM′, on a

$$OP.OQ = ON.OM' = \lambda ;$$

donc les quatre points P, Q, N, M′ sont situés sur un même cercle.

Deux cordes antihomologues se coupent sur l'axe radical.

En effet, le point de rencontre de PN et de QM′ est le centre radical des trois cercles C, C′ et (PNQM′) ; il est donc situé sur l'axe radical des cercles C et C′.

Si l'on suppose que la droite OPQ tourne autour du point O en se rapprochant indéfiniment de ONM′, les cordes PN et QM′ ont pour positions limites les tangentes NT, M′T aux cercles C et C′ aux points N et M′ ; donc

Les tangentes à deux cercles en deux points antihomologues se coupent sur l'axe radical de ces deux cercles.

256. Les centres C et C′ de deux cercles inverses ne sont pas des points inverses ; il est facile de trouver l'inverse I′ du point C (*fig.* 100). Le diamètre commun CC′ coupe le cercle C aux points A et B et le cercle C′ aux points antihomologues B′ et A′. On a évidemment

$$2\,OC = OA + OB,$$

$$2\frac{\lambda}{OI'} = \frac{\lambda}{OB'} + \frac{\lambda}{OA'},$$

et par conséquent,

$$\frac{2}{OI'} = \frac{1}{OB'} + \frac{1}{OA'};$$

donc (7) le point I′ est le conjugué harmonique du point O par rapport au segment A′B′; ou bien encore, *l'inverse du centre de l'un des deux cercles est le pied de la polaire de l'origine par rapport à l'autre cercle.*

Donc : *Pour que deux cercles se transforment par inversion en deux cercles concentriques, il faut et il suffit que l'origine ait même polaire par rapport à ces deux cercles.*

257. **Méthode de transformation par rayons vecteurs réciproques.** — La considération de la figure inverse d'une figure donnée ou d'une figure à déterminer permet quelquefois de

simplifier la démonstration des théorèmes ou la résolution des problèmes. Il y a là une méthode de recherche très féconde à laquelle on a donné le nom de *méthode de transformation par rayons vecteurs réciproques.*

Nous appliquerons cette méthode aux exemples suivants :

258. Théorème de Ptolémée. [342]. — Soit un quadrilatère convexe OABC (*fig.* 101), inscrit dans un cercle ; faisons une inversion en prenant comme origine le point O et une puissance d'inversion quelconque λ. Les trois points A, B, C ont pour inverses trois points A′, B′, C′ situés en ligne droite ; on aura évidemment

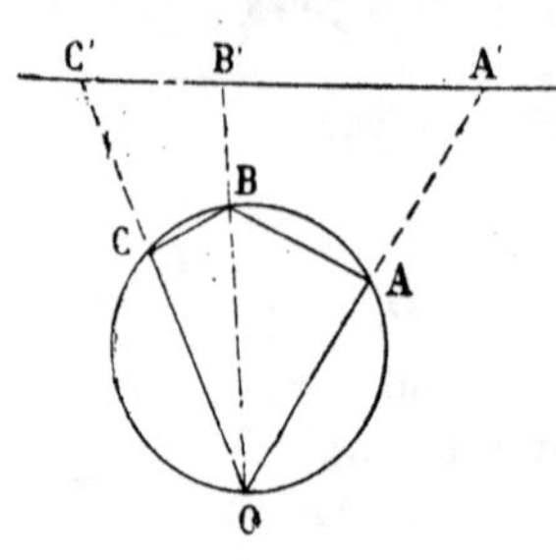

Fig. 101.

$$A'C' = A'B' + B'C'.$$

En remplaçant les segments par leur valeur, il vient

$$AC \cdot \frac{\lambda}{OA \cdot OC} = AB \cdot \frac{\lambda}{OA \cdot OB} + BC \cdot \frac{\lambda}{OB \cdot OC},$$

ou, en simplifiant,

$$(1) \qquad OB \times AC = OC \times AB + OA \times BC.$$

C'est le théorème de Ptolémée.

Réciproquement, si la relation (1) est satisfaite, le quadrilatère OABC est inscriptible. En effet, faisons une inversion en prenant comme origine le point O et une puissance quelconque λ. Les points A, B, C ont pour inverses les points A′, B′, C′, et l'on déduit de (1) :

$$\frac{\lambda}{OB'} \times \frac{\lambda}{OA' \cdot OC'} \cdot A'C'$$
$$= \frac{\lambda}{OC'} \times \frac{\lambda}{OA' \cdot OB'} \cdot A'B' + \frac{\lambda}{OA'} \times \frac{\lambda}{OB' \cdot OC'} \cdot B'C',$$

et, en simplifiant,

$$A'C' = A'B' + B'C' ;$$

donc les trois points A′, B′, C′ sont en ligne droite, et par conséquent les points A, B, C sont sur un cercle passant par O.

259. **Problème.** — *Par deux points donnés* A *et* B *mener un cercle tangent à un cercle donné* O [378].

Soit C (*fig.* 102) un cercle passant par les points A et B et tangent au cercle O. Faisons l'inversion de la figure en prenant comme origine le point A et comme puissance la puissance du point A par rapport au cercle O. Le cercle O se transforme en lui-même, le cercle C en une droite D tangente au cercle O (245) et passant par le point B′, inverse de B.

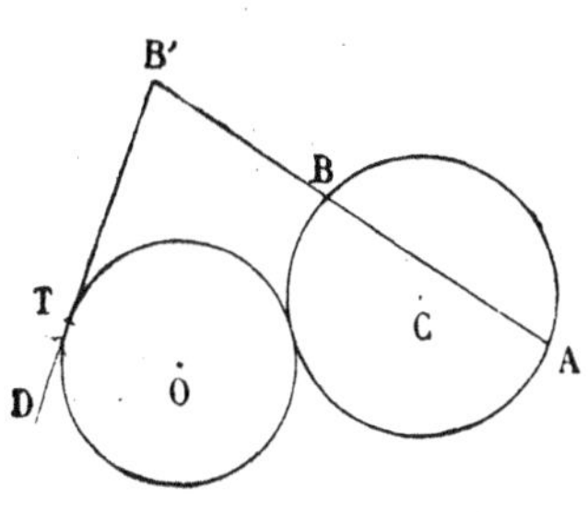

Fig. 102.

De là la solution suivante : par le point B′, inverse de B, on mène les tangentes au cercle O ; les figures inverses de ces tangentes sont les cercles cherchés.

Nous laisserons au lecteur le soin de discuter le problème et de retrouver les résultats établis dans la première partie [378].

§ II.

Figures inverses dans l'espace.

260. Les définitions des figures inverses planes (243) s'appliquent, sans aucune modification, aux figures de l'espace.

261. Deux couples de points inverses, non situés sur un même rayon vecteur, appartiennent à un même cercle.

Les tangentes à des lignes inverses en des points correspondants sont les côtés d'un triangle isocèle ayant pour base le rayon vecteur. (Même démonstration qu'au n° 244.)

262. Corollaire. — *L'angle de deux courbes qui se coupent en* A (*fig.* 103) *est égal à l'angle de leurs inverses au point* A' *inverse de* A.

En effet, soient AR, AS les tangentes aux deux courbes en A, A'R', A'S' les tangentes à leurs inverses en A'. Les deux angles RAS, R'A'S' sont égaux, car leurs côtés correspondants sont symétriques par rapport au plan Π, mené perpendiculairement à AA' en son milieu.

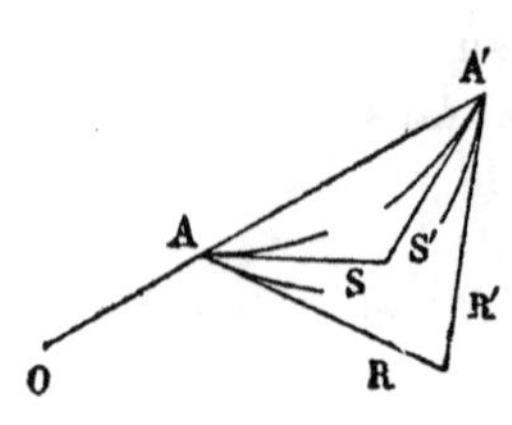

Fig. 103.

263. *Le plan tangent à une surface en un point* A *et le plan tangent à la surface inverse au point correspondant* A' *sont également inclinés sur le rayon vecteur* AA'.

En effet, traçons sur la première surface deux courbes passant par A ; leurs inverses seront des courbes tracées sur la seconde surface et passant par A'. Soient AR et AS les tangentes aux deux premières courbes, A'R' et A'S' les tangentes à leurs inverses ; le plan tangent à la première surface est le plan ARS ; le plan tangent à la seconde est le plan A'R'S'. Ces deux plans sont symétriques par rapport au plan Π (262), par conséquent ils sont également inclinés sur la droite AA'.

264. Définitions. — L'angle d'une courbe et d'une surface en un point d'intersection A est l'angle que fait la tangente à la courbe avec le plan tangent à la surface en ce point.

L'angle de deux surfaces en un point commun A est l'angle que font les plans tangents aux surfaces en ce point.

265. Théorèmes. — *L'angle d'une courbe et d'une surface en un point commun* A *est égal à l'angle de leurs inverses au point correspondant* A'.

L'angle de deux surfaces en un point commun A *est égal à l'angle de leurs inverses au point correspondant* A'.

Il suffit de remarquer, comme au nº 262, que les angles dont il s'agit de démontrer l'égalité sont symétriques par rapport au plan Π.

266. *Si* M' *et* N' *sont les inverses des points* M *et* N *par rapport à l'origine* O *et à la puissance d'inversion* λ, *on a*

$$M'N' = MN \times \frac{\lambda}{OM \times ON}.$$

Même démonstration qu'au nº 246.

267. Théorème. — *Deux figures* F', F'', *inverses d'une figure* F *par rapport à la même origine* O, *sont homothétiques. Le centre de similitude est le point* O, *le rapport de similitude de* F' *à* F'' *est* $\frac{\lambda'}{\lambda''}$, λ' *et* λ'' *étant les puissances d'inversion qui correspondent aux figures* F' *et* F''.

Même démonstration qu'au nº 247.

268. Théorème. — *La figure inverse d'un plan est une sphère passant par l'origine.*

Nous laissons de côté le cas où le plan passe par l'origine ; dans ce cas particulier la figure inverse est le plan lui-même.

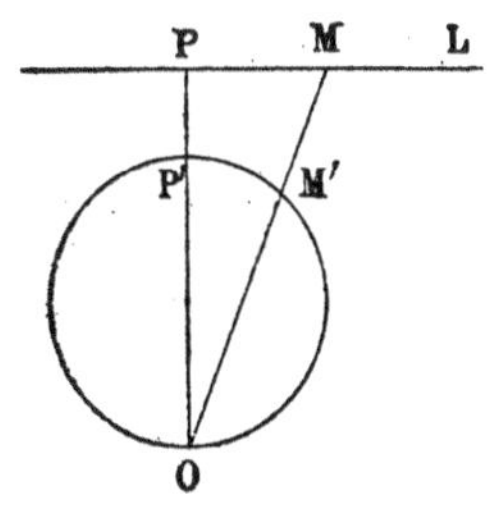

Fig. 104.

De l'origine O menons la perpendiculaire OP au plan (*fig.* 104); soit P' l'inverse du point P. Si par la droite OP on mène un plan quelconque Π, il coupe le plan donné suivant une droite L dont l'inverse est (248) un cercle ayant pour diamètre OP'.

En faisant tourner le plan Π autour de OP, ce cercle décrit la sphère qui a pour diamètre OP′ ; c'est la figure inverse du plan.

269. **Réciproque.** — *La figure inverse d'une sphère passant par l'origine est un plan.*

Soient OP′ le diamètre de la sphère qui passe par l'origine O (*fig.* 104), P l'inverse du point P′. Par la droite OP menons un plan quelconque Π ; il coupe la sphère suivant un cercle dont l'inverse est (249) la droite PL perpendiculaire à la droite OP. Si le plan Π tourne autour de la droite OP, la droite PL décrit un plan perpendiculaire à OP ; c'est la figure inverse de la sphère.

270. Remarque. — *Un plan et une sphère peuvent, en général, être considérés, de deux manières distinctes, comme des figures inverses.*

Même démonstration qu'au nº 250.

271. **Théorème.** — *La figure inverse d'une sphère qui ne passe pas par l'origine est une sphère.*

Même démonstration qu'au nº 251.

272. Remarque. — *Deux sphères quelconques peuvent, en général, être considérées de deux manières distinctes comme des figures inverses.*

Même démonstration qu'aux nºs 253 et 254.

273. Deux points qui se correspondent sur deux sphères considérées comme figures inverses sont dits *antihomologues.* Deux cordes sont *antihomologues* quand les extrémités de l'une sont les inverses des extrémités de l'autre.

En raisonnant comme au nº 255, on voit que :

Deux cordes antihomologues se coupent sur le plan radical ;

Les plans tangents aux sphères en des points antihomologues se coupent sur le plan radical.

274. Théorème. — *La figure inverse d'un cercle C par rapport à un centre S, non situé dans son plan, est un cercle C'.*

Le plan du cercle C' est parallèle au plan tangent en S à la sphère Σ qui contient le cercle C et le point S.

Le centre du cercle C' est sur la droite qui joint le point S au pôle G du plan du cercle C par rapport à la sphère Σ.

Prenons, comme plan de la figure (*fig.* 105), le plan mené par l'origine S et le centre du cercle C perpendiculairement au plan de ce cercle. Il coupe le cercle C suivant un diamètre AB ; le cercle circonscrit au triangle SAB est un grand cercle de la sphère Σ.

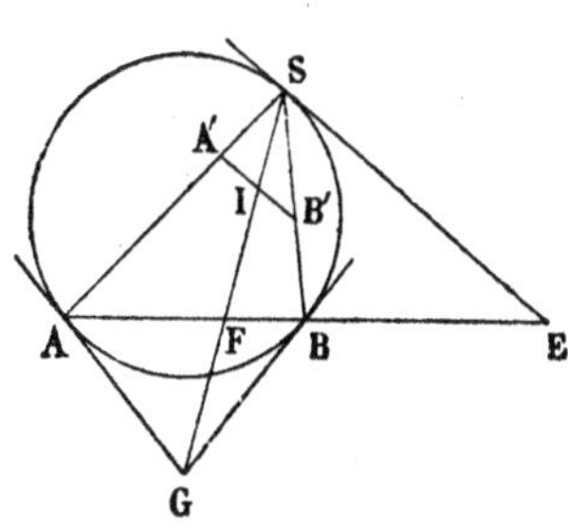

Fig. 105.

Cela posé, le cercle C est l'intersection de la sphère Σ et du plan P qui contient ce cercle. La sphère Σ a pour inverse un plan P', et le plan P une sphère Σ' ; par suite, l'inverse du cercle C est l'intersection du plan P' et de la sphère Σ' ; c'est donc un cercle C'.

Le plan P' du cercle C' étant l'inverse de la sphère Σ, ce plan est parallèle au plan tangent en S à la sphère Σ.

Le plan P' est perpendiculaire au plan de la figure, sa trace est la droite A'B', A' et B' étant respectivement les inverses de A et B.

Le cercle C' a évidemment pour diamètre A'B'; son centre est le milieu I de A'B'. Soient E le point où la tangente en S rencontre AB, G le point de rencontre des tangentes en A et B au cercle ABS. La droite SG est la polaire du point E ; si donc F est le point de rencontre des droites AB et SG, le point F sera le conjugué harmonique du point E par rapport au segment AB, ce qui revient à dire que les droites SE et SG sont conjuguées par rapport aux droites SA et SB; la droite A'B' étant parallèle à la tangente SE, le milieu I de A′B′ sera sur la droite SG. Le centre I du cercle C′ est donc situé sur la droite qui joint l'origine S au pôle G du plan de C par rapport à la sphère Σ.

275. **Théorème.** — *Si un cône contient un cercle* C *d'une sphère, il coupe cette sphère suivant un second cercle* C′ (*fig.* 106).

En effet, soient S le sommet du cône et M un point quelconque du cercle C ; la génératrice SM rencontre la sphère en un second point M′, et l'on a

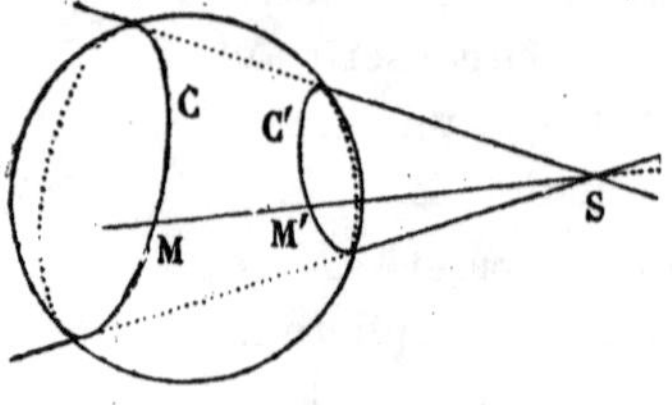

Fig. 106.

$$SM \times SM' = P,$$

P étant la puissance du point S par rapport à la sphère. Il en résulte que le lieu de M′ est l'inverse du cercle C quand on prend comme origine le point S et comme puissance d'inversion P ; ce lieu est donc un cercle C′ (274).

Il est clair que le cône et la sphère n'ont pas de points communs en dehors des cercles C et C′.

276. **Théorème.** — *Par deux cercles d'une sphère, on peut, en général, faire passer deux cônes.*

Par le centre de la sphère menons un plan perpendiculaire aux plans des deux cercles ; ce plan coupe la sphère suivant un grand cercle et les deux cercles suivant des diamètres AB, CD (*fig.* 107). Les droites AC et BD se coupent en un point S, les droites AD, BC en un point T.

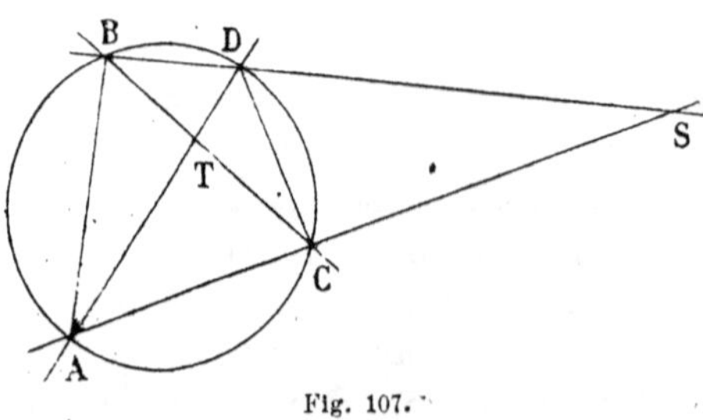

Fig. 107.

Le cône qui a pour sommet le point S et pour base le cercle AB coupe la sphère suivant un second cercle (275).

La sphère et le cône étant symétriques par rapport au plan SAB, le second cercle sera symétrique par rapport à ce plan ; il aura donc pour diamètre la droite CD.

On voit de même que le cône qui a pour sommet le point T et pour base le cercle AB contient le cercle CD.

277. Remarque I. — Il n'existe pas d'autres cônes contenant les cercles AB et CD. En effet, si un cône contient deux cercles d'une sphère, ces deux cercles sont (275) des figures inverses, l'origine étant au sommet du cône. Or, si l'on prend deux cercles inverses C et C′ (*fig.* 105), ils appartiennent toujours à une même sphère et le grand cercle ABA′B′ perpendiculaire aux plans des deux cercles contient le centre d'inversion.

Il en résulte que si un cône contient les cercles de diamètres AB et CD (*fig.* 107), son sommet est dans le plan ABCD ; ce sommet ne peut être que S ou T.

278. Remarque II. — Si les deux cercles sont tangents, l'un des points A ou B coïncide avec l'un des points C ou D. Il n'y a plus qu'un seul cône contenant les deux cercles.

279. Remarque III. — Il peut arriver que l'un des points S ou T soit rejeté à l'infini ; le cône correspondant est alors remplacé par un cylindre.

280. **Définitions.** — Deux sécantes AA′, BB′ à deux droites D et D′ d'un même plan (*fig.* 108) sont dites *antiparallèles* par rapport à ces deux droites lorsque les quatre points A, A′, B, B′ sont situés sur un même cercle.

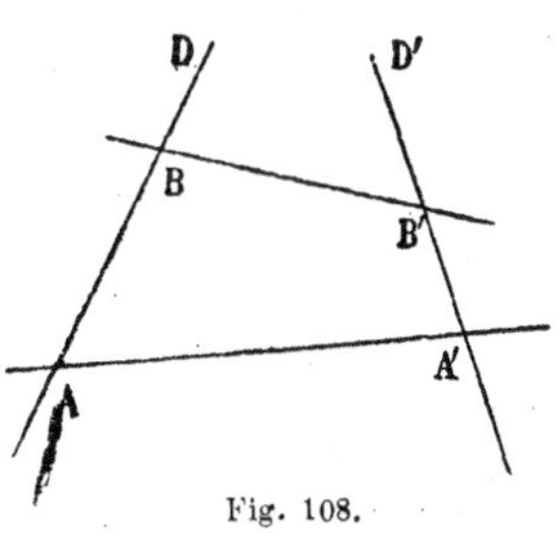

Fig. 108.

Dans ce cas, l'angle B′BD est égal à l'angle AA′D′; il en résulte que toutes les sécantes antiparallèles à une même sécante AA′ sont parallèles.

Soit S le sommet d'un cône oblique dont la base est un cercle C ; on appelle *plan principal* le plan mené par le sommet du cône et le centre du cercle perpendiculairement au plan de la base. On dit qu'un plan est *antiparallèle à la base* lorsqu'il est perpendiculaire au plan principal, et lorsque la trace de ce plan et la trace de la base sur le plan principal forment deux droites antiparallèles par rapport aux génératrices du cône qui sont dans le plan principal.

Ainsi le plan du cercle C′ (*fig.* 106) est antiparallèle à la base pour le cône qui a pour sommet S et pour base le cercle C.

281. **Théorème.** — *Dans le cône oblique à base circulaire, toute section antiparallèle à la base est un cercle.*

Considérons le cône qui a pour sommet S et pour base le cercle C (*fig.* 109). Soient SAB son plan principal, A′B′ la trace d'un plan Π antiparallèle à la base ; les quatre points A, B, A′, B′ étant sur un même cercle, on a

$$SA \times SA' = SB \times SB' = P.$$

Faisons une inversion ayant pour origine S et pour puissance P ; le cercle C se transforme en un cercle C′; ce cercle C′ est situé sur le cône, son plan est le plan Π ; donc le plan Π coupe le cône suivant un cercle.

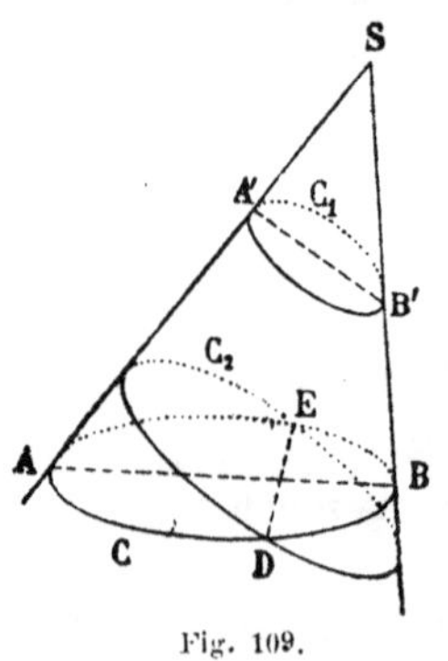

Fig. 109.

282. **Réciproque.** — *Les seules sections circulaires de ce cône sont les sections parallèles et les sections antiparallèles à la base.*

En effet, soit C_1 (*fig.* 109) une section circulaire du cône non parallèle à la base ; par un point D de la base C, menons un plan Π parallèle au plan de la section C_1 ; ce plan Π coupe le cône suivant un cercle C_2, et le cercle C en deux points D et E qui sont situés sur le cercle C_2. Les cercles C et C_2 ayant deux points communs appartiennent à une même sphère Σ. Il en résulte (274) que les cercles C et C_2 peuvent être considérés comme des cercles inverses par rapport à l'origine S ; donc le plan de C_2 est antiparallèle à la base ; il en est de même du plan de C_1.

283. *Deux sections circulaires d'un même cône, non situées dans des plans parallèles, appartiennent à une même sphère.*

Soient C et C_1 (*fig.* 109) les deux sections circulaires du cône S ; prenons pour base le cercle C ; le plan du cercle C_1 sera antiparallèle à la base (282) ; soient alors AB, A'B' les traces des plans des sections C et C_1 sur le plan principal SAB.

Les quatre points A, B, A', B' sont sur un même cercle γ ; la sphère qui a γ pour grand cercle contient évidemment les cercles C et C_1, qui ont pour diamètres AB, A'B'.

284. Remarque. — Les propriétés des trois paragraphes précédents s'étendent, comme cas limite, au cylindre oblique à base circulaire.

285. **Projections stéréographiques.** — Soient V un point fixe d'une sphère, appelé *point de vue*, P le plan mené par le centre perpendiculairement au diamètre OV, M un point quelconque de la sphère, *m* la trace de la droite VM sur le plan P ; *m* est la *projection stéréographique* (*fig.* 110) du point M. La projection stéréographique d'une figure tracée sur la sphère est formée par l'ensemble des projections stéréographiques des points de cette figure.

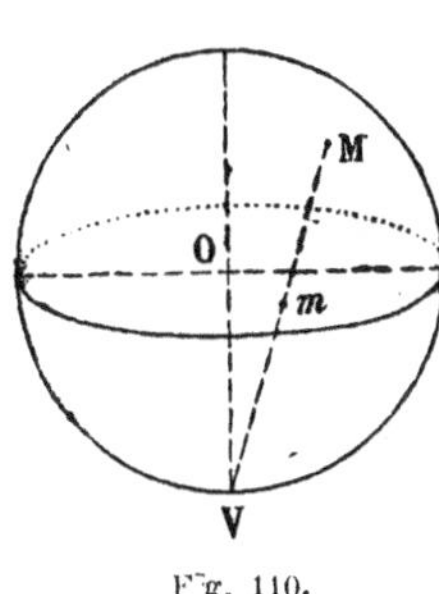

Fig. 110.

Si l'on remarque que la sphère et le plan P sont deux figures inverses par rapport au point V, on voit que les projections stéréographiques possèdent les deux propriétés suivantes :

1° *L'angle de deux lignes tracées sur la sphère est égal à l'angle de leurs projections stéréographiques ;*

2° *La projection stéréographique d'un cercle est un cercle. Le centre de la projection est sur la droite qui joint le point de vue au pôle du plan du cercle donné par rapport à la sphère.*

§ III.

Inversion des faisceaux et réseaux de cercles et de sphères.

286. **Théorème.** — *Les inverses des cercles d'un faisceau forment un faisceau.*

En effet, soient F un faisceau de cercles, A et B deux cercles du faisceau ; C et D deux cercles orthogonaux aux cercles A et B ; je désigne par A′, B′, C′, D′ les cercles inverses des cercles A, B, C, D.

Soient maintenant S un cercle quelconque du faisceau F, S′ l'inverse de ce cercle. Le cercle S est orthogonal (211) aux cercles C et D ; donc le cercle S′ est orthogonal aux cercles C′ et D′. Les cercles S′ étant orthogonaux à deux cercles C′ et D′ forment un faisceau F′. Il est clair qu'inversement tout cercle du faisceau F′ est l'inverse d'un cercle du faisceau F. On dit que ces faisceaux F et F′ sont des *faisceaux inverses.*

287. Remarque I. — Soient F_1 le faisceau conjugué (213) du faisceau F ; F_1' le faisceau inverse de F_1. Les faisceaux F′ et F'_1 sont conjugués, car tout cercle de F′ est orthogonal à tout cercle de F'_1.

Parmi les cercles du faisceau F_1, il y en a un Σ (209) qui passe par le centre d'inversion S. Ce cercle Σ se transforme en une droite orthogonale à tous les cercles du faisceau F′ ; cette droite est la base du faisceau F′ et l'axe du faisceau F'_1.

288. REMARQUE II. — Je suppose que les cercles du faisceau F passent par deux points fixes A et B et que le centre d'inversion S soit placé en A ; tous les cercles de F se transforment en droites passant par le point B′ inverse du point B. Le faisceau F′ est donc formé ici de droites qui passent par un point fixe. Un tel système de droites peut être considéré comme un faisceau particulier.

Les cercles de F_1 se transforment en cercles orthogonaux à ces droites, par suite tous les cercles de F'_1 ont leurs centres en B′.

Les points A et B sont les points limites du faisceau F_1 (213). Le résultat qui vient d'être signalé est une conséquence du théorème du n° 256.

289. REMARQUE III. — Je suppose que le faisceau F soit formé de cercles tangents en A à une droite D ; le faisceau conjugué F_1 sera formé de cercles tangents en A à une droite Δ perpendiculaire à D.

Si l'on place le centre d'inversion en A, les cercles du faisceau F se transforment en droites parallèles à D ; ceux du faisceau F_1 se transforment en droites parallèles à Δ.

290. **Théorème.** — *Les inverses des sphères d'un faisceau forment un faisceau.*

Soient F un faisceau de sphères, R le réseau conjugué formé par toutes les sphères orthogonales aux sphères de F. Je me place dans le cas où le centre d'inversion S n'est pas situé soit en un point commun à toutes les sphères de F, soit en un point commun à toutes les sphères de R.

Je prends dans le réseau R trois sphères A, B, C qui n'ont pas leurs centres en ligne droite ; je désigne par A′, B′, C′ les inverses des sphères A, B, C.

Les sphères A′, B′, C′ n'ont pas leurs centres en ligne droite, car s'il en était ainsi, les trois sphères A, B, C seraient orthogonales au cercle Γ, passant par S, inverse de la ligne des centres des sphères A′, B′, C′. Ce cercle Γ serait le cercle limite du réseau R (237) et, par conséquent (242) serait situé sur le cercle commun aux sphères du faisceau F ; ce qui est contraire à l'hypothèse faite sur la position du point S. Les sphères A′ B′, C′ font partie d'un réseau R′.

Cela posé, soit Σ une sphère quelconque du faisceau F ; Σ′ la sphère inverse de Σ. La sphère Σ est orthogonale aux sphères A, B, C, par conséquent Σ′ est orthogonale aux sphères A′, B′, C′ et par suite (239) à toutes les sphères du réseau R′. La sphère Σ′ appartient donc au faisceau F′ formé par les sphères orthogonales à toutes les sphères du réseau R′. Inversement, toute sphère du réseau F′ a pour inverse une sphère orthogonale aux sphères A, B, C ; c'est-à-dire une sphère du réseau F. Ce faisceau F′ est le *faisceau inverse du faisceau* F.

291. **Théorème.** — *Les sphères inverses des sphères d'un réseau forment un réseau.*

En effet, soient R un réseau, F le faisceau orthogonal. Je fais sur la position du centre d'inversion S les mêmes restrictions qu'au numéro précédent. Je désigne par F′ le faisceau inverse de F, par R′ le réseau formé par les sphères orthogonales à celles du faisceau F′. Toute sphère inverse d'une sphère de R est orthogonale aux sphères du réseau F′ et par conséquent appartient au réseau R′ ; réciproquement, toute sphère inverse d'une sphère de R′ appartient au réseau R ; ce qui démontre le théorème.

Ces réseaux R et R′ sont appelés des *réseaux inverses.*

292. Je laisse au lecteur le soin d'examiner ce qui arrive quand on place le centre d'inversion S dans une situation particulière (voir exercices 171, 172, 173).

293. **Théorème.** — *Les cercles inverses des cercles d'un réseau forment un réseau.*

Soient dans un plan P un réseau R de cercles ; I le centre du réseau ; S un centre d'inversion situé dans le plan P ; je désigne par A un cercle du réseau, par A′ le cercle inverse du cercle A; par (A) la sphère qui a pour grand cercle le cercle A, par (A′) la sphère qui a pour grand cercle le cercle A′; les sphères (A) et (A′) sont inverses par rapport au centre S.

Cela posé, l'ensemble des sphères (A) forme un réseau qui a pour plan de base le plan P et pour axe la perpendiculaire menée en I au plan P.

Les sphères (A′) forment aussi un réseau (265) ; ce réseau a évidemment pour plan de base le plan P, puisque les centres de ces sphères sont situés dans le plan P. L'axe de ce nouveau réseau est perpendiculaire au plan P et coupe ce plan en un point I′. Ce point I′ a même puissance par rapport à toutes les sphères (A′) ; il a donc même puissance par rapport à tous les cercles A′; ces cercles A′ appartiennent donc à un réseau R′ de centre I′. On voit que réciproquement, tout cercle du réseau R′ est l'inverse d'un cercle du réseau R.

Ces deux réseaux R et R′ sont appelés des réseaux inverses.

EXERCICES SUR LE CHAPITRE V

151. A, B, C étant trois points quelconques, trouver le lieu des centres d'inversion S tels que si A′, B′, C′ sont les inverses de A, B, C, A′B′ = B′C′.

152. Etant donné un triangle ABC, trouver un centre d'inversion S tel que les inverses A′, B′, C′ de A, B, C forment un triangle équilatéral.

153. Transformer par inversion deux cercles donnés en deux cercles de même rayon. — Lieu des centres d'inversion.

154. Transformer par inversion trois cercles donnés en trois cercles de même rayon.

155. Transformer par inversion trois cercles donnés en trois cercles ayant leurs centres en ligne droite. — Lieu des centres d'inversion.

156. Soient r et r' les rayons de deux cercles, d la distance de leurs centres, ρ et ρ' les rayons des cercles inverses, δ la distance de leurs centres. Etablir la relation

$$\frac{d^2 - r^2 - r'^2}{rr'} = \pm \frac{\delta^2 - \rho^2 - \rho'^2}{\rho\rho'}.$$

157. Soient C et C′ deux cercles inverses, A et B deux points de C, A′ et B′ leurs inverses; démontrer que si la droite AB passe par un point fixe, il en est de même de A′B′.

158. Transformer par inversion trois sphères quelconques en trois sphères ayant leurs centres en ligne droite. Condition de possibilité. — Lieu des centres d'inversion.

159. Transformer par inversion quatre sphères quelconques en quatre sphères ayant leurs centres dans un même plan. Condition de possibilité. — Lieu des centres d'inversion.

160. Transformer par inversion deux sphères quelconques en deux sphères concentriques.

161. Transformer par inversion deux sphères quelconques en deux sphères de même rayon. — Lieu des centres d'inversion.

162. Etant donnés une sphère S et un cercle C situé sur cette sphère, trouver le lieu des sommets des cônes qui contiennent le cercle C et qui coupent la sphère S suivant un second cercle de rayon donné.

163. Etant donnés deux cercles d'une même sphère, trouver sur le grand cercle perpendiculaire à ces deux cercles un point S tel que si l'on fait une inversion de centre S, les deux cercles se transforment en des cercles égaux.

164. Condition pour que tous les cercles de deux faisceaux appartiennent à un même réseau.

165. Les cercles communs à deux réseaux forment un faisceau.

166. Soient F un faisceau de cercles; F′ un faisceau inverse du faisceau F; démontrer que tous les cercles de F et F′ appartiennent à un même réseau.

167. Soient S un centre d'inversion, p la puissance d'inversion, I et I′ les centres de deux réseaux inverses R et R′; q et q' les modules des réseaux R et R′; d et d' les distances SI, SI′. Démontrer que I′ est sur la droite SI et que l'on a

$$\frac{d'}{d} = \frac{p}{d^2 - q},$$

$$(d^2 - q)(d'^2 - q') = p^2.$$

168. Construire un cercle commun à trois réseaux.

169. Construire une sphère commune à deux réseaux.

170. Condition pour qu'il existe une sphère commune à un faisceau et à un réseau.

171. Soient F un faisceau de sphères, R le réseau conjugué; que devient ce système si l'on fait une inversion en prenant comme centre d'inversion un point du cercle commun à toutes les sphères de F ?

172. Même question en prenant comme centre d'inversion un point limite du faisceau F.

173. On suppose le faisceau F formé de sphères tangentes; propriétés du réseau conjugué R. Que devient le système si l'on fait une inversion ayant pour centre le point de contact ?

174. Soient A et A′ deux sphères inverses; chaque sphère B du faisceau (A, A′) se transforme en une sphère B′ du même faisceau. Démontrer que les centres b et b' de ces sphères sont des points conjugués d'une involution; trouver les points doubles de cette involution.

175. On appelle *axe* d'un cercle la droite menée par le centre perpendiculairement au plan du cercle. Cela posé, on considère tous les cercles C qui ont pour axe une droite donnée; caractériser l'ensemble des cercles déduits de C par une inversion.

176. Transformer par une inversion deux cercles quelconques en deux cercles orthogonaux à un même plan.

CHAPITRE VI

CERCLES TANGENTS. SPHÈRES TANGENTES. CERCLES ISOGONAUX.

§ 1.

Cercles tangents à une droite et à un cercle.

294. Remarque. — Nous avons vu (250) qu'un cercle et une droite peuvent, en général, être considérés de deux manières différentes comme des figures inverses. Les centres d'inversion sont les extrémités V et V′ du diamètre perpendiculaire à la droite (*fig.* 111) ; les puissances d'inversion correspondantes sont les produits VP × VV′ et V′P × V′V.

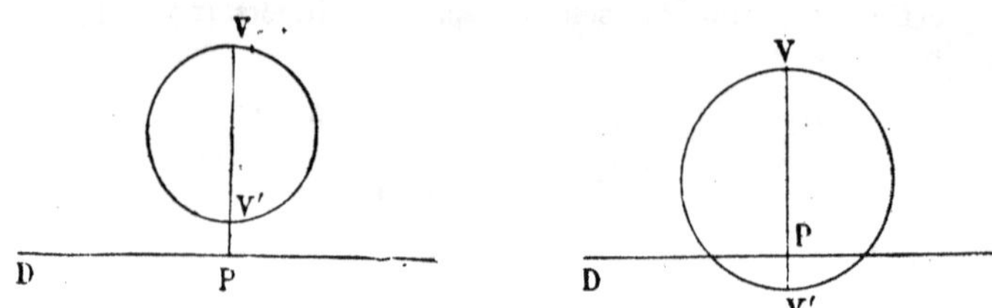

Fig. 111.

Si la droite coupe le cercle, ces deux puissances sont positives ; si la droite est extérieure au cercle, la puissance qui correspond au centre V′ le plus rapproché de la droite est négative, la puissance qui correspond au centre V le plus éloigné de la droite est positive.

Ces points V et V′ sont appelés les *centres d'inversion* de la droite et du cercle ; les produits VP × VV′ et V′P × V′V, les *puissances d'inversion* correspondantes.

295. Théorème. — *Si un cercle* O *est tangent à un cercle* C *et à une droite* D (*fig.* 112), *la droite qui joint les points de contact passe par l'un des centres d'inversion du cercle* C *et de la droite* D.

En effet, soit S le point de rencontre de la corde MM′ qui joint les points de contact avec le cercle C. Prenons comme centre d'inversion le point S, et comme puissance d'inversion le produit SM × SM′; le cercle O se transforme en lui-même, le cercle C en une droite tangente au cercle O et passant par le point M′, inverse du point M; par conséquent, la transformée du cercle C est la droite D ; donc le point S est un centre d'inversion de la droite et du cercle.

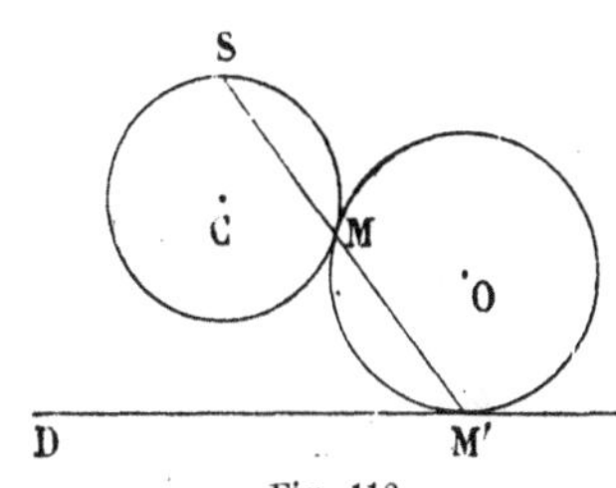

Fig. 112.

La puissance du point S par rapport au cercle O est égale à la puissance d'inversion correspondante du cercle et de la droite.

296. Discussion. — Nous distinguerons deux cas :

1° *La droite* D *est extérieure au cercle* C (*fig.* 111 *et* 112).

Si le cercle C est extérieur au cercle O, le point S est sur le prolongement de M′M, le produit SM.SM′ est positif ; le point S coïncide avec le centre d'inversion V à puissance positive.

Si le cercle C est intérieur au cercle O, le point S est placé entre M et M′ ; donc le point S coïncide avec le centre d'inversion V′ à puissance négative.

2° *La droite* D *coupe le cercle* C (*fig.* 111 *et* 113).

Supposons le cercle O extérieur au cercle C et, par exemple, du même côté que le point V par rapport à la droite D. Le point S est sur le prolongement de M′M au delà de M; le point S est du même côté que M par rapport à la droite D, donc le point S vient en V. Le point S est donc celui des centres d'inversion qui est du même côté que le cercle O par rapport à la droite D.

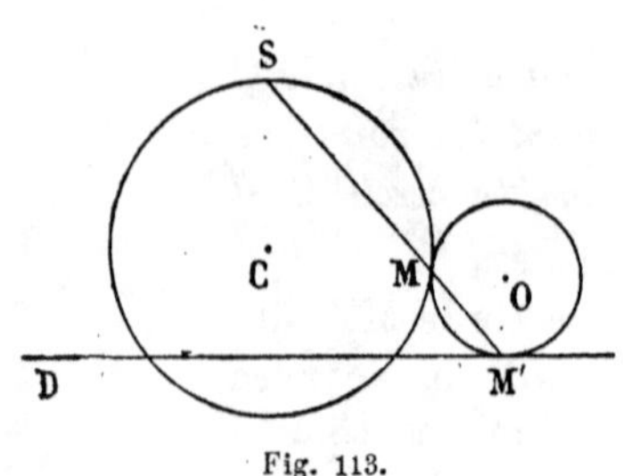

Fig. 113.

Supposons, au contraire, le cercle O intérieur au cercle C et, par exemple, du même côté que V par rapport à la droite D. Le point S est sur le prolongement de MM′ au delà de M′, et par conséquent du côté opposé à M par rapport à D ; le point S vient donc en V′. Le point S est alors celui des centres d'inversion qui est du côté opposé au cercle O par rapport à la droite D.

297. **Réciproque.** — *Soient* S *un centre d'inversion du cercle* C *et de la droite* D, *p la puissance d'inversion correspondante ; si la puissance de* S *par rapport à un cercle* O *est égale à* *p*, *le cercle* O *ne peut être tangent à* D *sans être tangent à* C, *et inversement.*

Supposons le cercle O tangent à la droite D ; je dis qu'il est tangent au cercle C. En effet, faisons une inversion d'origine S et de puissance *p* ; le cercle O se transforme en lui-même, la droite D, dans le cercle C ; les figures O et D étant tangentes, il en est de même de leurs transformées O et C, ou inversement.

298. **Problème.** — *Mener par un point* Q *un cercle tangent à une droite* D *et à un cercle* C (*fig.* 114).

Soit O un cercle cherché ; la corde de contact MM′ doit passer par un centre d'inversion S, la puissance du point S par rapport au cercle O sera égale à la puissance d'inversion du point S (295). Soit alors Q′ l'inverse du point Q dans cette inversion ; le cercle O devra passer par Q′. On est ramené à mener par Q et Q′ un cercle tangent à la droite D [376] ; réciproquement, le cercle ainsi déterminé est tangent au cercle C (297).

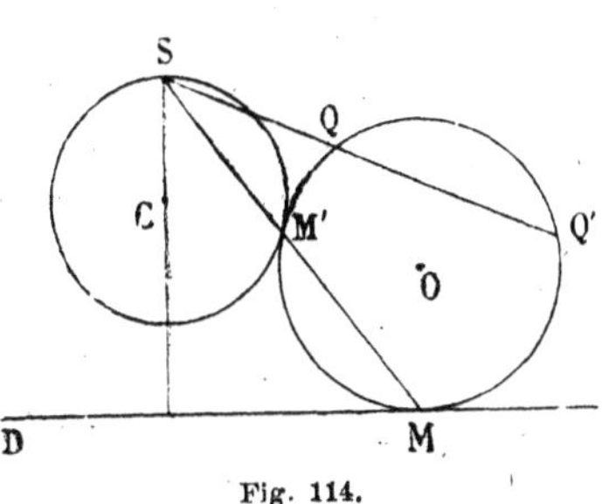

Fig. 114.

Discussion. — Nous distinguerons deux cas :

1er CAS. — *La droite* D *est extérieure au cercle* C (*fig.* 115).

La droite et le cercle partagent le plan en trois régions : 1° les points intérieurs au cercle C ; 2° les points extérieurs au cercle C et du même côté que ce cercle par rapport à la droite D ; 3° les points qui sont du côté opposé au cercle par rapport à la droite D.

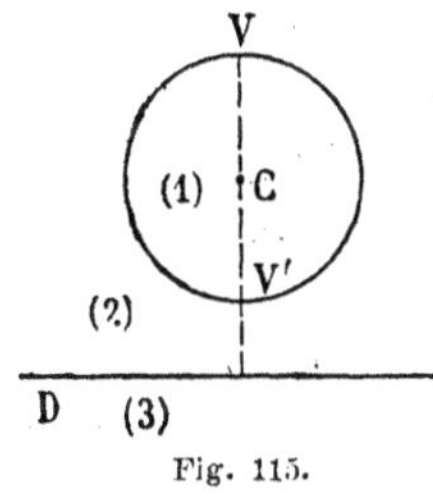

Fig. 115.

Dans chacune des inversions V ou V′, les points de la première région ont pour inverses des points de la troisième, les points de la seconde ont pour inverses des points de la seconde.

Si donc le point Q est dans la première ou la troisième région, son inverse Q′ sera du côté opposé à Q par rapport à la droite D, le problème sera impossible.

Si le point Q est dans la deuxième région, son inverse Q′ sera aussi dans la deuxième région, les points Q et Q′ seront d'un même côté de la droite D ; il y aura donc deux cercles correspondants au point V et deux autres cercles correspondants au point V′, en tout quatre solutions.

2e cas. — *La droite* D *coupe le cercle* C (*fig.* 116).

La droite et le cercle partagent le plan en quatre régions :

1° les points intérieurs au cercle et du même côté que V par rapport à la droite D ;

2° les points intérieurs au cercle et du côté de V′ par rapport à D ;

3° les points extérieurs au cercle et du côté de V par rapport à D ;

4° les points extérieurs au cercle et du côté de V′ par rapport à D.

Les points des régions (1), (2), (3), (4) ont respectivement pour inverses :

dans l'inversion V, les points des régions (4), (2), (3), (1) ;

dans l'inversion V′, les points des régions (1), (3), (2), (4).

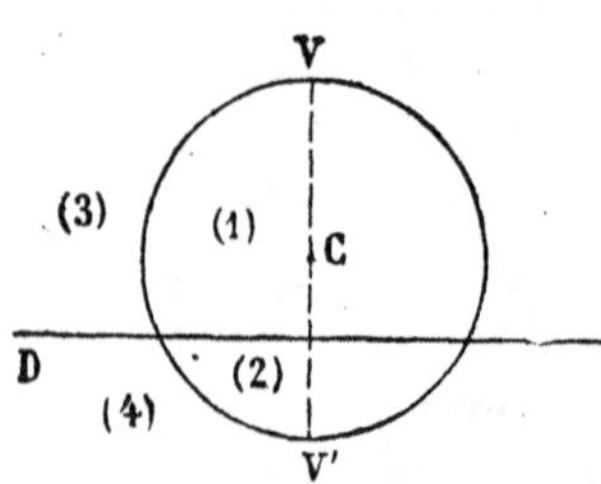

Fig. 116.

Si le point Q est dans la région (1) :

a) son inverse Q′ par rapport à V est dans la région (4) ; Q et Q′ sont de part et d'autre de D, il n'y a pas de solution correspondant au centre V ;

b) son inverse Q′ par rapport à V′ est dans la région (1) ; Q et Q′ sont d'un même côté de D, il y a deux solutions correspondant au centre V′.

Si le point Q est dans la région (3), son inverse Q′ par rapport à V est aussi dans cette région ; Q et Q′ étant d'un même côté de la droite D, il y a deux solutions correspondant au centre V. On voit facilement qu'il n'y a pas de solution correspondant au centre V′.

Les conclusions relatives aux régions (1) et (3) s'appliquent respectivement aux régions (2) et (4) en échangeant V et V′

On voit que dans tous les cas le problème admet deux solutions.

REMARQUE. — En faisant une inversion ayant pour origine un des points d'intersection de D et de C, on ramène le problème à construire un cercle passant par un point et tangent à deux droites. On sait [377] que ce problème admet deux solutions.

§ II.

Cercles tangents à deux cercles.

299. **Théorème.** — *Si un cercle* O *est tangent à deux cercles* C *et* C′ *en des points* M *et* M′ (*fig.* 117), *la droite* MM′ *passe par l'un des centres de similitude de* C *et de* C′.

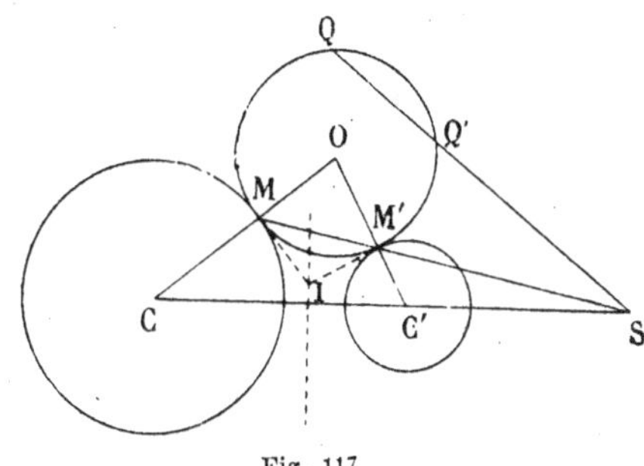

Fig. 117.

En effet, M est un centre de similitude des cercles O et C, M′ un centre de similitude des cercles O et C′; donc [309], la droite MM′ passe par un centre de similitude S de C et de C′.

Si le cercle O touche extérieurement les deux cercles C et C′, M et M′ sont des centres de similitude inverse ; la droite MM′ passe par le centre de similitude directe de C et de C′. Si le cercle O est tangent intérieurement aux deux cercles C et C′, M et M′ sont des centres directs ; la droite MM′ passe encore par le centre de similitude directe de C et de C′.

Si, au contraire, le cercle O touche intérieurement l'un des cercles C, C′ et extérieurement l'autre, M et M′ sont des centres d'espèces différentes ; la droite MM′ passe par le centre de similitude inverse de C et de C′.

300. Remarque I. — Nous avons vu (253) que deux cercles C et C′ peuvent, en général, être considérés de deux manières différentes comme des figures inverses. Les origines de ces inversions sont les centres de similitude auxquels nous donnons pour cette raison le nom de *centres d'inversion* des deux cercles. La *puissance d'inversion correspondant* à un centre est la puissance qu'il faut choisir pour transformer les deux cercles l'un dans l'autre quand on prend ce centre comme origine.

On peut donc dire : si un cercle O touche deux cercles C et C′ en M et M′, la droite MM′ passe par un centre d'inversion S. Les points M et M′ sont des points antihomologues (255) relativement à S ; le produit SM × SM′ est donc égal à la puissance d'inversion correspondant au centre S′; donc :

Si un cercle O *est tangent à deux cercles* C *et* C′, *la puissance du cercle* O *par rapport au centre d'inversion par lequel passe la corde de contact est égale à la puissance d'inversion correspondante.*

301. Remarque II. — Les points M et M′ étant des points antihomologues, les tangentes en M et M′ concourent en un point I situé sur l'axe radical des cercles C et C′ (255).

Ce point I est le centre radical [355] des cercles O, C et C′.

302. Réciproque. — *Si la puissance d'un cercle* O *par rapport à un centre d'inversion* S *de deux cercles* C *et* C′ *est égale à la puissance d'inversion correspondante, le cercle* O *ne peut être tangent à l'un des cercles sans être tangent à l'autre.*

Supposons le cercle O tangent au cercle C ; je dis qu'il est tangent au cercle C′. En effet, faisons l'inversion qui a pour origine S et pour puissance la puissance correspondant à S ; le cercle O se transforme en lui-même, le cercle C dans le cercle C′. Les deux figures O et C étant tangentes, il en est de même de leurs inverses O et C′.

303. Problème. — *Mener par un point* Q *un cercle tangent à deux cercles* C *et* C′ (*fig.* 117).

La corde de contact MM′ doit passer par l'un des centres d'inversion des deux cercles (300) ; soit S ce centre. La puissance du cercle cherché par rapport à S est égale à la puissance d'inversion correspondante ; donc le cercle passe par le point Q′, inverse de Q dans l'inversion S. Réciproquement, tout cercle passant par Q et Q′ et tangent au cercle C est tangent au cercle C′. On est donc ramené à mener par les deux points Q et Q′ un cercle tangent au cercle C [378].

304. Discussion. — Nous appellerons S le centre de similitude directe, T le centre de similitude inverse des deux cercles C et C′ ; ce sont les deux centres d'inversion ; si l'un de ces points est extérieur à l'un des cercles, il est extérieur à l'autre.

Faisons encore la remarque suivante :

Si le centre d'inversion est extérieur aux deux cercles inverses, tout point extérieur à l'un des cercles a pour inverse un point extérieur à l'autre, de même que tout point intérieur à l'un des cercles a pour inverse un point intérieur à l'autre.

Au contraire, si le centre d'inversion est intérieur aux deux cercles, tout point extérieur à l'un des cercles a pour inverse un point intérieur à l'autre.

Cela posé, nous distinguerons trois cas :

1er CAS. — *Les deux cercles* C *et* C′ *sont extérieurs* (*fig.* 118).

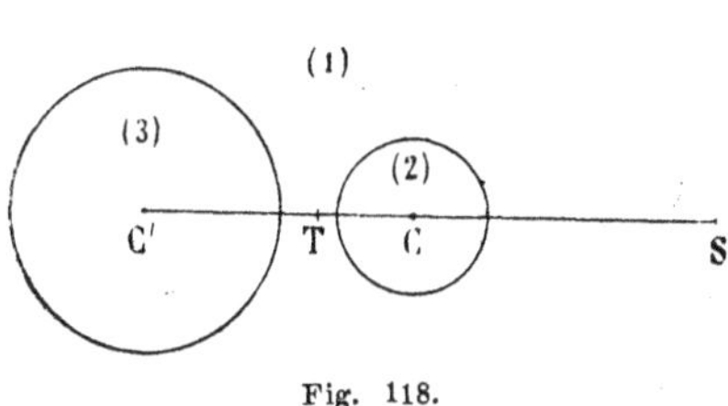

Fig. 118.

Les points du plan peuvent se partager en trois régions : 1° les points extérieurs aux deux cercles ; 2° les points intérieurs au cercle C ; 3° les points intérieurs au cercle C′. Dans l'inversion de centre S, comme dans l'inversion de centre T, les points de la première région ont leurs inverses dans cette région, les points de la région (2) dans la région (3).

Si le point Q est dans la région (1), il en est de même de son inverse Q′, Q et Q′ sont tous deux extérieurs au cercle C ; il y aura quatre solutions : deux cercles qui correspondent à l'inversion S et deux à l'inversion T.

Si le point Q est dans la région (2), son inverse Q′ est dans la région (3) ; le problème est impossible. Même conclusion si le point Q est dans la région (3).

2e cas. — *Les deux cercles* C *et* C′ *se coupent* (*fig.* 119).

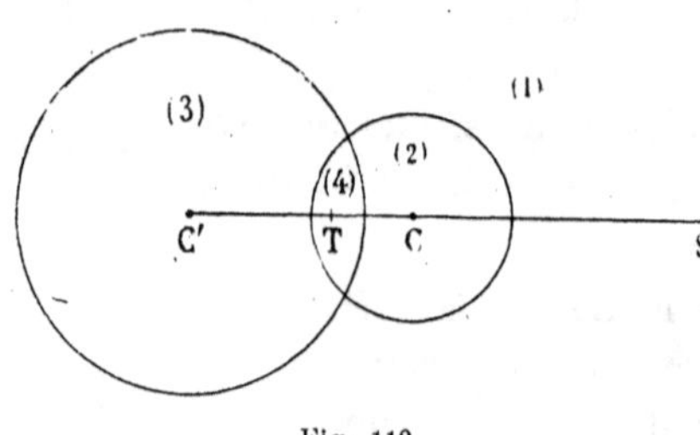

Fig. 119.

Les points du plan se partagent en quatre régions : 1° les points extérieurs aux deux cercles ; 2° les points intérieurs au cercle C et extérieurs au cercle C′ ; 3° les points intérieurs à C′ et extérieurs à C ; 4° les points intérieurs aux deux cercles. Le point S est dans la région (1), le point T dans la région (4).

L'inversion S transforme respectivement les points des régions (1) (2) (3) (4)
en ceux des régions (1) (3) (2) (4) ;
l'inversion T, en ceux des régions
(4) (2) (3) (1).

Donc :

Si le point Q est dans l'une des régions (1) ou (4), il y a deux solutions correspondant au centre S ;

Si le point Q est dans l'une des régions (2) ou (3), il y a deux solutions correspondant au centre T.

On voit que le problème admet toujours deux solutions.

Remarque. — En faisant une inversion ayant comme origine un point commun aux deux cercles, on est ramené à construire un cercle passant par un point et tangent à deux droites, problème qui admet deux solutions [377].

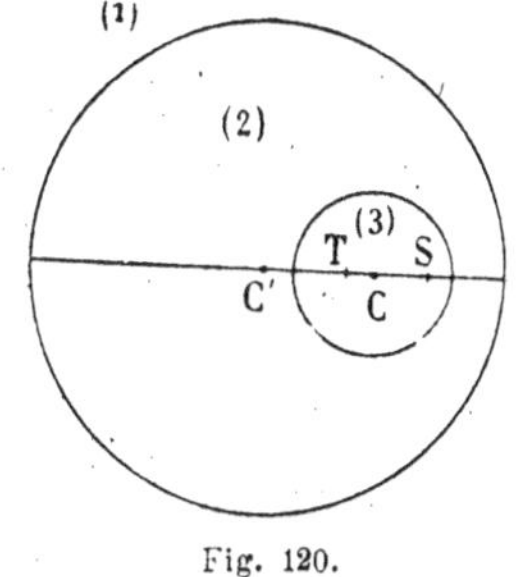

Fig. 120.

3e CAS. — *Le cercle* C *est intérieur au cercle* C′ (*fig.* 120).

Les points du plan se partagent en trois régions : 1° les points extérieurs au cercle C′; 2° les points intérieurs à C′ et extérieurs à C ; 3° les points intérieurs à C. Les points S et T sont intérieurs à C ; donc les inversions S et T transforment respectivement les points des régions

	(1)	(2)	(3)
en ceux des régions	(3)	(2)	(1).

Donc :

Si le point Q est dans la région (1) ou (3), le problème est impossible ;

Si le point Q est dans la région (2), il y a quatre solutions ; deux correspondent au centre S, deux au centre T.

§ III.

Méthode des dilatations.

305. **Définitions.** — Si sur chaque normale à un cercle de rayon R on porte à partir du pied de la normale et extérieurement au cercle une longueur l, le lieu des points obtenus est un cercle concentrique au premier et de rayon $R + l$. On dit que le cercle a été *dilaté extérieurement* d'une longueur l.

Si la longueur l est portée vers l'intérieur du cercle, le lieu des points obtenus est encore un cercle concentrique au premier, de rayon $R - l$ ou $l - R$, suivant que l est plus petit ou plus grand que R ; si $l = R$, le lieu se réduit à un point, qui est le centre du cercle donné. Dans tous les cas, on dit que le cercle a été *dilaté intérieurement* d'une longueur l.

Si sur les normales à une droite et d'un même côté A de cette droite on porte à partir du pied de la normale une longueur l, le lieu des points obtenus est une droite parallèle à la droite donnée et située à une distance l de cette droite. On dit que la droite donnée a été *dilatée du côté* A d'une longueur l.

306. Théorème. — On démontre très facilement les résultats suivants :

Si deux cercles sont tangents extérieurement et si on les dilate d'une même longueur, l'un intérieurement et l'autre extérieurement, les cercles obtenus après les dilatations sont tangents.

Si deux cercles sont tangents intérieurement et si on les dilate d'une même longueur, tous deux intérieurement ou tous deux extérieurement, les cercles obtenus après les dilatations sont tangents.

Si une droite et un cercle sont tangents et si on les dilate d'une même longueur, le cercle intérieurement et la droite du côté du cercle, ou bien le cercle extérieurement et la droite de l'autre côté du cercle, le cercle et la droite obtenus après les dilatations sont tangents.

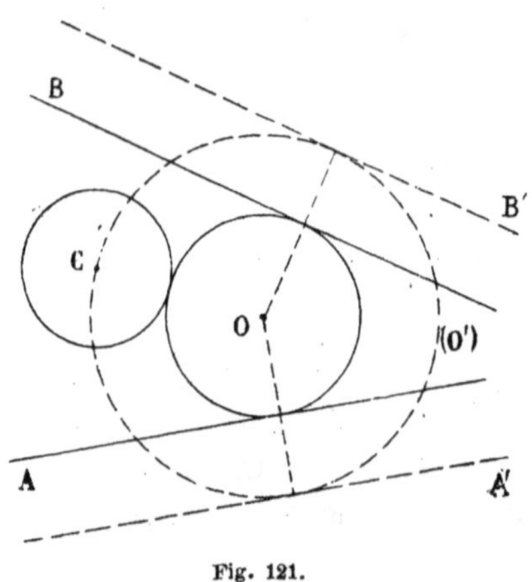

Fig. 121.

307. Problème. — *Mener un cercle tangent à un cercle* C *et à deux droites* A *et* B (*fig.* 121).

Cherchons à déterminer un cercle O tangent extérieurement au cercle C, tangent aux droites A et B et situé par rapport à chacune de ces droites du même côté que le centre C du cercle donné.

Dilatons le cercle O extérieurement d'une longueur égale au rayon du cercle C ; on obtiendra un cercle (O′) passant par C et tangent aux droites A′ et B′ obtenues en dilatant respectivement A et B d'une longueur égale au rayon de C et du côté opposé au centre de ce cercle. On est ramené à mener par le point C un cercle tangent aux droites A′ et B′ [377]. Le cercle (O′) étant obtenu, on en déduit facilement le cercle O.

On chercherait de même les autres cercles tangents qui occupent une situation différente par rapport aux données.

308. **Problème.** — *Mener un cercle tangent à deux cercles C et D et à une droite A* (*fig.* 122).

Cherchons à déterminer un cercle O tangent extérieurement au cercle C, intérieurement au cercle D, tangent à la droite A et situé par rapport à cette droite du côté du centre D du cercle D. Dilatons le cercle O intérieurement d'une longueur égale au rayon R du cercle D ; on obtient un cercle (O′) passant par le centre de D, tangent au cercle (C′) et à la droite A′ obtenus : le cercle (C′) en dilatant extérieurement le cercle C d'une longueur R, la droite A′ en dilatant du côté de D la droite A d'une longueur R. On est donc ramené à mener par un point D un cercle tangent à une droite A′ et à un cercle (C′) (298).

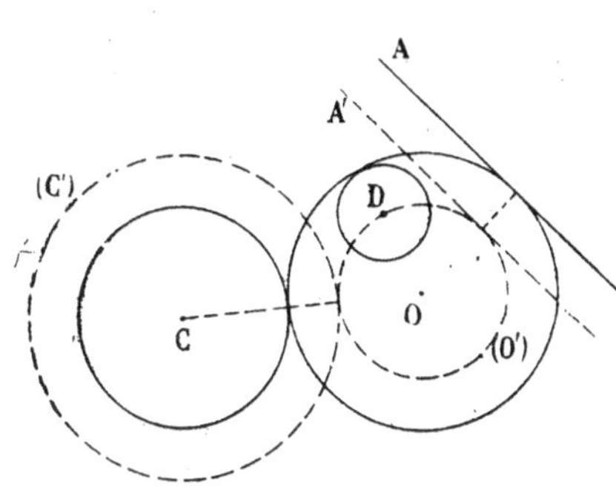

Fig. 122.

On obtiendrait de même les cercles tangents qui occupent d'autres positions relativement aux données.

309. **Problème.** — *Mener un cercle tangent à trois cercles* A, B, C (*fig.* 123).

Cherchons, par exemple, un cercle O, touchant extérieurement les cercles A et B et intérieurement le cercle C. Dilatons intérieurement le cercle O d'une longueur égale au rayon R du cercle C. On obtiendra un cercle (O′) passant par le centre du cercle C et tangent aux cercles (A′) et (B′) obtenus respectivement en dilatant exterieurement d'une longueur R les cercles A et B. On est donc ramené à mener par un point un cercle tangent à deux cercles donnés (303).

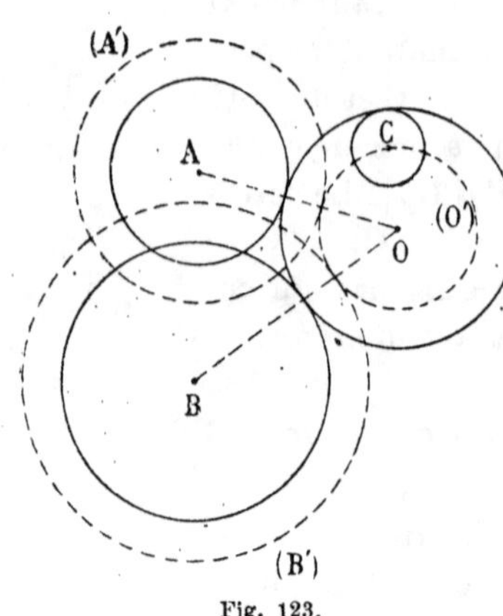

Fig. 123.

§ IV.

Cercles tangents à trois cercles donnés. Solution de Gergonne.

310. **Problème.** — *Mener un cercle tangent à trois cercles donnés* (A), (B), (C) (*fig.* 124).

Soit (O) un cercle tangent aux trois cercles donnés aux points a, b, c. La droite bc passe par un centre de similitude α des cercles B et C, la droite ca par un centre β des cercles (C) et (A), et enfin la droite ab par un centre γ des cercles (A) et (B). Je dis d'abord que les trois centres α, β, γ sont situés sur un axe de similitude des cercles (A), (B), (C). En effet, chacun des axes de similitude $bc\alpha$, $ca\beta$, $ab\gamma$ contient un nombre pair de centres inverses, il en est de même de leur ensemble : or, cet ensemble contient deux fois les centres a, b, c et une fois les centres α, β, γ ; par conséquent il y a un nombre pair de centres inverses parmi les trois centres α, β, γ. Ces trois

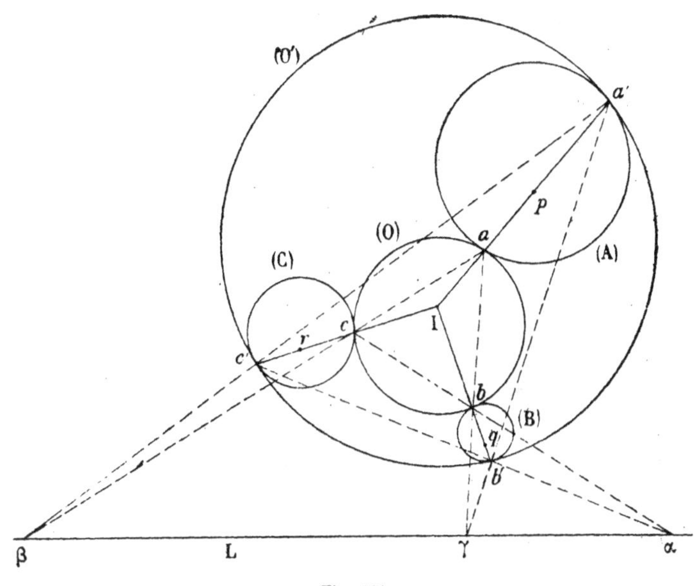

Fig. 124.

points sont donc situés sur un axe de similitude L des trois cercles (A), (B), (C) [309].

Soit maintenant I le centre radical [355] des trois cercles (A), (B), (C) ; faisons une inversion ayant pour origine I et pour puissance la puissance de ce point par rapport aux trois cercles ; les cercles (A), (B), (C) se transforment en eux-mêmes, le cercle (O) en un cercle (O′) tangent aux cercles (A), (B), (C) en des points a', b', c', qui sont les inverses des points a, b, c. Les droites $b'c'$, $c'a'$, $a'b'$ passent par les points α, β, γ. En effet, la corde du cercle (C) qui est antihomologue de la corde bb' du cercle (B) par rapport au centre α doit passer par le point c antihomologue de b, et couper bb' sur l'axe radical des cercles (B) et (C) (255), c'est-à-dire en I ; par conséquent cette corde antihomologue est cc', donc $b'c'$ passe par α.

Dans l'inversion de centre I qui transforme l'un dans l'autre les cercles (O) et (O′), les cordes bc, $b'c'$ sont antihomologues, leur point de concours α est sur l'axe radical de ces deux cercles (255); il en est de même des points β et γ; donc l'axe radical des cercles (O) et (O′) est l'axe de similitude L.

Dans cette même inversion, les points a et a' sont des points antihomologues des cercles (O) et (O′); les tangentes à ces cercles en a et a', ou, ce qui revient au même, les tangentes en a et a' au cercle (A), concourent sur l'axe radical L (255), et par conséquent la corde aa' passe par le pôle p de L par rapport au cercle (A) (164). Donc :

On obtient la corde aa' en joignant le centre radical I *des trois cercles au pôle p de l'axe de similitude* L *par rapport au cercle* (A).

Les points a et a' étant ainsi déterminés, les points b et b' seront leurs antihomologues par rapport au centre de similitude γ, c et c' par rapport au centre β.

311. Il reste à établir que le cercle (O) passant par les points a, b, c et le cercle (O′) passant par les points a', b', c' ainsi déterminés sont tangents aux trois cercles (A), (B), (C).

Tout d'abord, bb' étant antihomologue de aa' par rapport au centre (γ), les cordes aa' et bb' se coupent sur l'axe radical des cercles (A) et (B), donc bb' passe par I ; il en est de même de cc'. Il en résulte que les cercles (O) et (O′) ont pour centre d'inversion le point I, la puissance d'inversion correspondante étant la puissance du point I par rapport aux cercles (A), (B), (C). Dans cette inversion, les cordes ab, $a'b'$ sont antihomologues, par conséquent leur point de concours γ est sur l'axe radical des deux cercles ; il en est de même du point β ; donc l'axe radical des cercles (O) et (O′) est la droite L.

Cela posé, les points a et a' sont des points antihomologues des cercles (O) et (O′), les tangentes à ces cercles en ces points concourent sur l'axe radical L ; d'autre part, ces tangentes sont également inclinées sur la droite aa' (244), le point de concours de ces tangentes est l'intersection de la droite L et de la perpendiculaire menée à la droite aa' en son milieu.

Les tangentes en a et a' au cercle (A) concourent en un point situé sur la perpendiculaire menée à aa' en son milieu, et sur la droite L, parce que la corde aa' passe par le pôle de L (166).

Il en résulte que les cercles O *et* O' *sont tangents au cercle* (A).

La puissance du point γ par rapport aux cercles (O) et (O') est égale à la puissance d'inversion correspondante dans l'inversion qui transforme l'un dans l'autre les cercles (A) et (B) ; donc (304) les cercles (O) et (O') sont tangents au cercle (B) ; on voit de même qu'ils sont tangents au cercle (C). Donc :

Les cercles (O) *et* (O') *sont tangents aux trois cercles* (A), (B), (C).

312. Remarque I. — On voit qu'à chaque axe de similitude peuvent correspondre deux solutions. Pour que ces solutions existent, il faut et il suffit que la droite Ip coupe le cercle (A) ; c'est ce qui a toujours lieu si le point I est intérieur aux cercles (A), (B), (C). Dans ce cas, chaque axe de similitude donne deux solutions ; il y aura donc en tout *huit solutions.*

313. Remarque II. — Si les trois cercles donnés ont leurs centres en ligne droite, le centre radical est rejeté à l'infini ; la méthode de Gergonne n'est plus applicable. On pourra éviter cette disposition particulière en soumettant la figure à une inversion.

§ V.

Sphères tangentes.

314. **Théorème.** — *Si une sphère est tangente à un plan et à une sphère, la droite qui joint les points de contact passe par l'un des centres d'inversion du plan et de la sphère ; la puissance*

de la sphère par rapport à ce centre est égale à la puissance d'inversion.

Même démonstration qu'au nº 295.

Réciproque. — *Soient* S *un centre d'inversion d'une sphère et d'un plan, p la puissance d'inversion correspondante. Si la puissance du point* S *par rapport à une sphère* O *est égale à p, la sphère* O *ne peut être tangente au plan sans être tangente à la première sphère, et inversement.*

Même démonstration qu'au nº 297.

315. **Théorèmes.** — *Si une sphère* O *est tangente à deux sphères* C *et* C′, *la droite qui joint les points de contact passe par l'un des centres de similitude de* C *et* C′.

Ce sera le centre de similitude directe si O touche C et C′ de la même façon, le centre inverse dans le cas contraire.

La puissance de la sphère O *par rapport à ce centre de similitude est égale à la puissance d'inversion correspondante des deux sphères.*

Réciproque. — *Soient* S *un centre de similitude de deux sphères* C *et* C′, *p la puissance d'inversion correspondante. Si la puissance de* S *par rapport à une sphère* O *est égale à p, la sphère* O *ne peut être tangente à l'une des sphères* C *et* C′ *sans être tangente à l'autre.*

Même démonstration qu'aux nºˢ 297 et 299.

Il résulte de là que les sphères tangentes à deux sphères données se partagent en deux séries ; pour les sphères d'une série, la corde de contact passe par le centre de similitude directe, pour celles de l'autre série, par le centre de similitude inverse.

316. Remarque. — Soient M et M′ les points de contact de la sphère O avec les sphères C et C′ ; le plan radical de O et C est le plan tangent en M ; celui de O et C′, le plan

tangent en M' ; ces plans doivent se couper [709] sur le plan radical de C et C'. Donc :

Si une sphère O *est tangente à deux sphères* C *et* C', *les plans tangents aux points de contact se coupent sur le plan radical des sphères* C *et* C'.

317. Sphères tangentes à trois sphères données. — Soient A, B, C trois sphères données, O une sphère qui les touche aux points a, b, c. Les cordes de contact bc, ca, ab vont passer par les points $\beta\gamma$, $\gamma\alpha$, $\alpha\beta$ qui sont respectivement un centre de similitude des couples de sphères B, C, C, A, A, B. On démontre, comme au nº 310, que ces trois centres de similitude sont sur un axe de similitude. Il en résulte que les sphères tangentes aux trois sphères données se partagent en quatre séries correspondant aux quatre axes de similitude.

Considérons les sphères d'une série, et soit L l'axe de similitude correspondant. Le point $\beta\gamma$ a même puissance par rapport à toutes les sphères de la série ; cette puissance est la puissance d'inversion du centre $\beta\gamma$ relativement au couple de sphères B, C ; les points $\gamma\alpha$, $\alpha\beta$ possèdent la même propriété. Il en résulte que l'axe L est un axe radical commun à toutes les sphères de la série.

Soient maintenant R l'axe radical des trois sphères A, B, C, I un point quelconque de cet axe, p la puissance de I par rapport aux trois sphères A, B, C. Si l'on fait une inversion ayant I pour origine et p pour puissance d'inversion, la sphère O se transforme en une sphère O' touchant les sphères données en a', b', c' [1]. Les points a et a' sont des points antihomologues des sphères O et O' ; les plans tangents à ces sphères en a et a' se coupent suivant une droite Δ située dans leur plan radical ; la droite L étant aussi dans

[1] On montre comme au nº 310 que les droites $a'b'$, $b'c'$, $c'a'$ passent respectivement par les points $\alpha\beta$, $\beta\gamma$ et $\gamma\alpha$; la sphère O' appartient donc à la même série que la sphère O.

ce plan radical, les droites L et Δ se rencontrent en un point Ω que nous allons déterminer. La droite Δ étant la droite d'intersection des plans tangents en a et a' à la sphère A est située dans le plan polaire de I par rapport à la sphère A ; le point Ω est donc le point où la droite L perce le plan polaire de I ou, ce qui revient au même, le point où la droite L est coupée par la droite réciproque de l'axe radical R des trois sphères par rapport à la sphère A.

Ce point Ω est donc le même pour toutes les sphères de la série ; il en résulte que le lieu des points de contact a de ces sphères est un cercle (A), cercle de contact du cône de sommet Ω circonscrit à la sphère A (*Théorème de Dupuis*).

Le plan du cercle (A) étant le plan polaire de Ω, ce plan contiendra l'axe radical R et la droite λ, polaire réciproque de L par rapport à la sphère A.

Réciproquement, si a est un point du cercle (A), il existe une sphère tangente en a à la sphère A et tangente aux sphères B et C. En effet, soient b et c les points antihomologues de a par rapport aux centres $\alpha\beta$, $\alpha\gamma$; menons le plan abc. Il coupe les sphères A, B, C suivant des cercles A_1, B_1, C_1, l'axe radical R en J et la droite λ en l. Les points $\beta\gamma$, $\gamma\alpha$, $\alpha\beta$ sont des centres de similitude des couples de cercles B_1, C_1, C_1, A_1, A_1, B_1 ; J est le centre radical de ces trois cercles ; l est le pôle de l'axe L par rapport au cercle A_1 ; le point a étant sur la droite Jl, le cercle Σ, qui passe par les trois points a, b, c, sera (310) tangent aux cercles A_1, B_1, C_1.

Le cercle Σ étant tangent au cercle A_1, on pourra par ce cercle faire passer une sphère S tangente à la sphère A en a. Cette sphère S étant tangente à A, et sa puissance par rapport au point $\alpha\beta$ étant égale à la puissance d'inversion du couple A, B, sera aussi tangente à la sphère B ; on voit de même qu'elle est tangente à la sphère C.

318. Remarque. — Si le cercle (A) existe, c'est-à-dire si le plan qui contient λ et l'axe radical R est sécant à la sphère A, à chaque point a de ce cercle on pourra faire cor-

respondre une sphère tangente aux trois sphères données A, B, C et une seule. Dans ce cas, il existe une infinité de sphères de la série considérée tangentes aux trois sphères données.

Si, au contraire, le cercle (A) n'existe pas, il n'y a pas dans la série considérée de sphères tangentes aux sphères données.

319. **Théorème.** — *Deux sphères d'une même série ont un de leurs centres d'inversion sur l'axe radical* R.

Soient O et O′ deux sphères tangentes appartenant à une même série ; a et a' leurs points de contact avec la sphère A. Les points a et a' sont situés sur le cercle (A) dont le plan contient la droite R ; la droite aa' rencontre la droite R en un point I.

Soit O'_1 la sphère inverse de O quand on prend pour centre d'inversion le point I et pour puissance d'inversion la puissance du point I par rapport aux sphères A, B, C; la sphère O'_1 sera tangente aux sphères A, B, C ; elle appartient à la même série que la sphère O et elle passe par a', donc (318) elle coïncide avec la sphère O′, ce qui démontre le théorème.

320. Remarque. — Si la droite aa' était parallèle à l'axe radical R, le raisonnement précédent serait en défaut. On voit facilement que, dans ce cas, les sphères O et O′ sont symétriques par rapport au plan qui contient les centres des trois sphères A, B, C.

321. **Théorème.** — *L'axe radical* R *des trois sphères* A, B, C *est un axe de similitude de trois sphères tangentes appartenant à une même série.*

En effet, soient A′, B′, C′ trois sphères tangentes aux sphères A, B, C et appartenant à une même série ; un centre de similitude de chacun des couples (A′, B′), (B′, C′), (C′, A′) est situé sur la droite R (319), donc la droite R est un axe de similitude des trois sphères A′, B′, C′.

322. Théorème. — *Les centres des sphères tangentes, correspondant à l'axe de similitude* L, *sont situés dans le plan mené par l'axe radical* R *perpendiculairement à la droite* L.

En effet si A′, B′, C′ sont trois de ces sphères, le plan qui contient les centres de ces sphères passe par la droite R (321) ; de plus ce plan est perpendiculaire à la droite L, puisque L est l'axe radical de ces trois sphères (317).

323. Remarque. — Puisque R est un axe de similitude des trois sphères A′, B′, C′, il y a une série de sphères tangentes aux sphères A′, B′, C′ correspondant à l'axe R. Je dis que les sphères A, B, C font partie de cette série. En effet, la sphère A touche A,′ B′ et C′ respectivement en a', b' et c' ; la droite qui joint les points de contact a', b' rencontre l'axe R en un point qui est un centre de similitude des sphères A′ et B′ ; conclusion analogue pour les droites $b'c'$ et $c'a'$. La sphère A appartient bien à la série qui correspond à l'axe R.

Nous avons ainsi deux séries de sphères :

1° Une série de sphères tangentes aux sphères A, B, C, l'axe de similitude étant L ;

2° Une série de sphères tangentes aux sphères A′, B′, C′, l'axe de similitude étant R.

Ces deux séries sont telles que l'axe radical de l'une est l'axe de similitude de l'autre.

Relativement à ces deux séries je vais établir le théorème suivant.

324. Théorème. — *Chaque sphère d'une série est tangente à toutes les sphères de l'autre série.*

Soient D′ une sphère de la première série, D une sphère de la seconde. Les sphères A et D ont un centre d'inversion Ω situé sur L (319), la puissance d'inversion étant la puissance de Ω par rapport aux sphères A′, B′, C′, D′.... La sphère D′ est par hypothèse tangente à la sphère A. En faisant l'inversion de centre Ω, D′ se transforme en elle-même, A se transforme en D ; donc les sphères D et D′ sont tangentes.

325. Remarque. — Sur une sphère de l'une ou l'autre série il y a un cercle qui est le lieu des points de contact de cette sphère avec les sphères de l'autre série. Nous avons donc deux séries de cercles :

1° Les cercles tracés sur les sphères A, B, C, D, etc.

2° Les cercles tracés sur les sphères A′, B′, C′, D′.

Tous les cercles de la première série sont situés dans des plans passant par R; chaque point de R a même puissance par rapport à tous les cercles de la série.

Même propriété pour les cercles de la seconde série en remplaçant R par L.

326. **Théorème.** — *Deux cercles appartenant à des séries différentes ont un point commun.*

En effet, soient (A) et (A′) les cercles situés sur les sphères A et A′ ; ces cercles passent par le point de contact de ces deux sphères.

327. **Sphères tangentes à quatre sphères.** — Soient A, B, C, D quatre sphères, O une sphère qui les touche en a, b, c, d. Les cordes de contact ab, ac, ad, cd, db, bc vont passer par les points $\alpha\beta$, $\alpha\gamma$, $\alpha\delta$, $\gamma\delta$, $\delta\beta$, $\beta\gamma$, qui sont respectivement un des centres de similitude des couples de sphères, A,B, A,C, A,D, C,D, D,B, B,C. On voit facilement que ces six centres de similitude sont situés dans un même plan d'homothétie. Il en résulte que les sphères tangentes aux quatre sphères se partagent en huit séries correspondant aux huit plans d'homothétie [700] des quatre sphères.

Considérons les sphères d'une série et soient Π le plan de similitude correspondant, I le centre radical des quatre sphères, p la puissance du point I par rapport à ces sphères. Si l'on fait une inversion d'origine I et de puissance p, la sphère O se transforme en une sphère O′ tangente aux sphères A, B, C, D en a', b', c', d'.

La droite Iaa' rencontre (316) la polaire réciproque de l'axe de similitude des sphères A, B, C par rapport à la sphère A ;

elle rencontre aussi la polaire réciproque de l'axe de similitude des sphères A, C, D et la polaire réciproque de l'axe de similitude des sphères A, D, B. Ces axes de similitude étant situés dans le plan Π, leurs polaires réciproques forment un trièdre ayant pour sommet le pôle α du plan Π par rapport à la sphère A. La corde aa' passe donc par le point α.

D'où la construction suivante qui est analogue à la construction de Gergonne (310).

Soient Π un plan d'homothétie des quatre sphères, α le pôle du plan Π par rapport à la sphère A; on joint le point α au centre radical I des quatre sphères ; la droite $I\alpha$ coupe la sphère A en deux points a et a'. Soient b, c, d les points antihomologues de a par rapport aux centres $\alpha\beta$, $\alpha\gamma$, $\alpha\delta$ des couples de sphères AB, AC, AD (ces centres sont dans le plan Π), b', c', d' les antihomologues de a' par rapport aux mêmes centres ; les sphères circonscrites aux tétraèdres $abcd$ et $a'b'c'd'$ sont les sphères cherchées.

On démontre comme au numéro 310 que ces sphères sont effectivement tangentes aux sphères A, B, C, D.

On voit que chaque série donne deux solutions. Le problème admet donc seize solutions ; un certain nombre de solutions peuvent être imaginaires.

328. **Sphères tangentes à quatre plans.** — Nous examinerons seulement le cas où les quatre plans forment un véritable tétraèdre ; soient A_1, A_2, A_3, A_4 les sommets de ce tétraèdre. Nous désignerons par S_k l'aire de la face opposée au sommet A_k ; soient alors M un point quelconque, MP_k la perpendiculaire abaissée de M sur cette face. Nous désignerons par x_k un nombre algébrique ayant pour valeur absolue la longueur MP_k ; ce nombre sera positif si M et A_k sont d'un même côté par rapport à la face, négatif dans le cas contraire.

Ces conventions étant faites, nous allons établir le théorème suivant :

329. Théorème. — *Entre les quatre nombres* x_1, x_2, x_3, x_4 *existe la relation*

$$(1) \qquad S_1x_1 + S_2x_2 + S_3x_3 + S_4x_4 = 3V,$$

V *étant le volume du tétraèdre.*

Nous désignerons par A_kA_l la demi-droite qui a pour origine A_k et qui est dirigée vers A_l, par $A_kA_{l'}$ la demi-droite ayant pour origine A_k et dirigée en sens inverse.

Cela posé, si l'on considère un sommet du tétraèdre, le sommet A_1 par exemple (*fig.* 125), les arêtes qui passent par ce point forment huit trièdres. Tous les points situés à l'intérieur du trièdre d'arêtes $A_1A'_2$, $A_1A'_3$, $A_1A'_4$ sont du même côté que A_1 par rapport au plan de la face S_1; au contraire, les points situés à l'intérieur d'un des sept autres trièdres se partagent en deux groupes, savoir: ceux qui sont du même côté que A_1 par rapport au plan S_1 et ceux qui sont de l'autre côté ; on voit que nous avons ainsi partagé l'espace en quinze régions. Nous allons examiner ce qui se passe dans ces diverses régions :

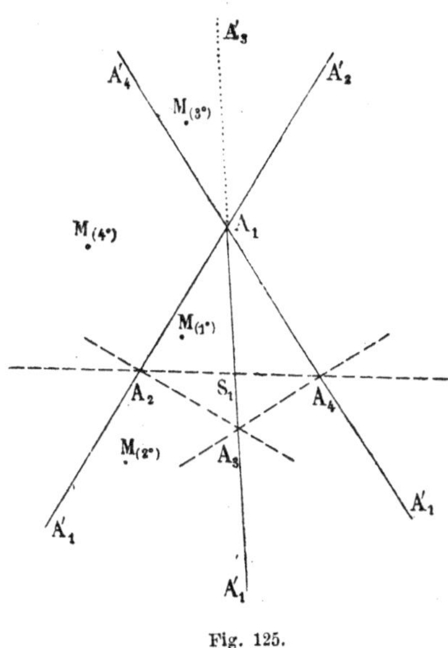

Fig. 125.

1° Le point M est à l'intérieur du trièdre A_1A_2, A_1A_3, A_1A_4 et du même côté que A_1 par rapport à la face S_1, c'est-à-dire à *l'intérieur du tétraèdre.*

On a alors

$$\text{Vol. } A_1A_2A_3A_4 = MA_2A_3A_4 + MA_3A_4A_1 + MA_4A_1A_2 + MA_1A_2A_3 ;$$

$$MP_1 = x_1, \qquad MP_2 = x_2, \qquad MP_3 = x_3, \qquad MP_4 = x_4 ;$$

donc

$$3V = S_1x_1 + S_2x_2 + S_3x_3 + S_4x_4.$$

2° Le point M est à l'intérieur du trièdre A_1A_2, A_1A_3, A_1A_4 et du côté opposé à A_1 par rapport à la face S_1. On dit alors que le point M est dans le trièdre tronqué $A_2A_3A_4$, $A_2A'_1$, $A_3A'_1$, $A_4A'_1$, qui correspond à la face S_1. Il est clair qu'il existe quatre régions analogues à celle-ci.

On a, dans ce cas,

$$\text{Vol. } A_1A_2A_3A_4 = - MA_2A_3A_4 + MA_3A_4A_1 + MA_4A_1A_2 + MA_1A_2A_3;$$

$$MP_1 = - x_1, \qquad MP_2 = x_2, \qquad MP_3 = x_3, \qquad MP_4 = x_4 ;$$

donc

$$3V = - S_1(- x_1) + S_2x_2 + S_3x_3 + S_4x_4,$$

ou

$$3V = S_1x_1 + S_2x_2 + S_3x_3 + S_4x_4.$$

3° Le point M est à l'intérieur du trièdre $A_1A'_2$, $A_1A'_3$, $A_1A'_4$, c'est-à-dire dans le *trièdre opposé au sommet* A_1. Il est clair qu'il y a quatre régions analogues à celle-ci.

On a, dans ce cas,

$$\text{Vol. } A_1A_2A_3A_4 = MA_2A_3A_4 - MA_3A_4A_1 - MA_4A_1A_2 - MA_1A_2A_3 ;$$

$$MP_1 = x_1, \qquad MP_2 = - x_2, \qquad MP_3 = - x_3, \qquad MP_4 = - x_4 ;$$

donc

$$3V = S_1x_1 - S_2(- x_2) - S_3(- x_3) - S_4(- x_4),$$

ou

$$3V = S_1x_1 + S_2x_2 + S_3x_3 + S_4x_4.$$

4° Le point M est à l'intérieur du trièdre A_1A_2, $A_1A'_3$, $A_1A'_4$ et du même côté que A_1 par rapport à la face S_1, c'est-à-dire dans le comble qui correspond à l'arête A_1A_2.

Il est clair qu'il existe six régions analogues à celle-ci ; on voit que nous avons bien trouvé les quinze régions annoncées.

On a, dans ce cas,

$$\text{Vol. } A_1A_2A_3A_4 = MA_2A_3A_4 + MA_3A_4A_1 - MA_4A_1A_2 - MA_1A_2A_3 ;$$

$$MP_1 = x_1, \quad MP_2 = x_2, \quad MP_3 = -x_3, \quad MP_4 = -x_4 ;$$

donc

$$3V = S_1x_1 + S_2x_2 - S_3(-x_3) - S_4(-x_4),$$

ou

$$3V = S_1x_1 + S_2x_2 + S_3x_3 + S_4x_4,$$

ce qui montre que la formule (1) est bien générale.

330. **Réciproque.** — *Si quatre nombres x_1, x_2, x_3, x_4 satisfont à la relation (1), il existe un point M et un seul dont les distances aux faces ont pour valeurs algébriques x_1, x_2, x_3, x_4.*

En effet, le lieu des points dont la distance à la face S_1 a pour valeur algébrique x_1 est un plan Q_1 parallèle à cette face ; de même, si x_2 est donné, le point M sera dans un plan Q_2 parallèle à S_2 ; et si x_3 est aussi donné, M devra se trouver dans un plan Q_3 parallèle à S_3. Les plans Q_1, Q_2, Q_3 étant parallèles aux faces d'un trièdre n'ont qu'un seul point commun M ; soit x'_4 la valeur algébrique de la distance de ce point à la face S_4. D'après le théorème direct, on aura

$$3V = S_1x_1 + S_2x_2 + S_3x_3 + S_4x'_4 ;$$

mais, par hypothèse,

$$3V = S_1x_1 + S_2x_2 + S_3x_3 + S_4x_4 ;$$

donc

$$x'_4 = x_4.$$

Les distances du point M aux faces du tétraèdre ont bien pour valeurs algébriques x_1, x_2, x_3, x_4.

331. Si une sphère est tangente aux quatre faces d'un tétraèdre, les distances de son centre aux faces sont égales

au rayon ; pour ce centre, les quantités x_1, x_2, x_3, x_4 ont pour valeur absolue le rayon de la sphère. Inversement, si un point est tel que les quantités x_1, x_2, x_3, x_4 qui lui correspondent ont la même valeur absolue, ce point est centre d'une sphère tangente aux faces. Nous allons chercher ces points :

1° A *l'intérieur* du tétraèdre.

Dans cette région, x_1, x_2, x_3, x_4 sont positifs. On aura donc

$$x_1 = x_2 = x_3 = x_4 = \mathrm{R}.$$

La relation (1) donne alors

$$\mathrm{R} = \frac{3\mathrm{V}}{\mathrm{S}_1 + \mathrm{S}_2 + \mathrm{S}_3 + \mathrm{S}_4}.$$

Nous obtenons une sphère ; cette sphère est dite *inscrite* au tétraèdre.

2° Dans un *trièdre tronqué.*

Prenons, par exemple, le trièdre tronqué qui correspond à la face S_1 ; x_1 est négatif, x_2, x_3, x_4 sont positifs. On aura donc

$$x_1 = -\mathrm{R}, \qquad x_2 = x_3 = x_4 = \mathrm{R}.$$

La formule (1) donne alors

$$\mathrm{R} = \frac{3\mathrm{V}}{\mathrm{S}_2 + \mathrm{S}_3 + \mathrm{S}_4 - \mathrm{S}_1}.$$

Cette valeur est toujours positive, car la face S_1 est plus petite que la somme des trois autres.

Il y aura donc une sphère dans ce trièdre tronqué ainsi que dans les autres trièdres tronqués analogues ; ces quatre sphères sont dites *exinscrites* au tétraèdre.

3° Dans un *trièdre opposé au sommet.*

Considérons, par exemple, le trièdre opposé au sommet A_1 ; x_1 est positif, x_2, x_3, x_4 sont négatifs. On aura donc

$$x_1 = \mathrm{R}, \qquad x_2 = x_3 = x_4 = -\mathrm{R},$$

et par suite

$$\mathrm{R} = \frac{3\mathrm{V}}{\mathrm{S}_1 - \mathrm{S}_2 - \mathrm{S}_3 - \mathrm{S}_4}.$$

Cette valeur étant négative, on conclut qu'il n'y a pas de sphères dans cette région, ce qui était évident *a priori*.

4° Dans un *comble*.

Prenons le comble qui a pour faîte A_1A_2 ; x_1 et x_2 sont positifs, x_3 et x_4 négatifs. On aura donc

$$x_1 = x_2 = R, \qquad x_3 = x_4 = -R,$$

et par suite

$$R = \frac{3V}{S_1 + S_2 - S_3 - S_4}.$$

Pour que cette valeur soit admissible, il faut que la somme $S_1 + S_2$ soit supérieure à la somme $S_3 + S_4$; donc :

Pour qu'il existe une sphère tangente dans un comble, il faut que la somme des deux faces qui contiennent l'arête du comble soit plus petite que la somme des deux autres faces.

Il en résulte que s'il y a une sphère tangente dans le comble qui correspond à une arête, il n'y en a pas dans le comble qui correspond à l'arête opposée.

Si les deux sommes $S_1 + S_2$ et $S_3 + S_4$ sont égales, il n'existe pas de sphères tangentes dans les combles A_1A_2 et A_3A_4.

Il résulte de là qu'il y aura dans les combles 0, 1, 2 ou 3 sphères tangentes. Examinons successivement les trois premiers cas.

a) Pour qu'il n'existe aucune sphère, il faut que l'on ait à la fois

$$S_1 + S_2 = S_3 + S_4,$$
$$S_1 + S_3 = S_2 + S_4,$$
$$S_1 + S_4 = S_2 + S_3,$$

d'où l'on déduit

$$S_1 = S_2 = S_3 = S_4.$$

Les quatre faces du tétraèdre sont alors équivalentes.

b) Pour qu'il n'existe qu'une seule sphère, il faut, par exemple, que l'on ait

$$S_1 + S_2 = S_3 + S_4, \qquad S_1 + S_4 \gtrless S_2 + S_3;$$
$$S_1 + S_3 = S_2 + S_4,$$

d'où, en retranchant les deux égalités,

$$S_2 - S_3 = S_3 - S_2,$$

ou

$$S_2 = S_3,$$

et, par suite,

$$S_1 = S_4.$$

c) Pour qu'il n'existe que deux sphères, il faudra avoir, par exemple,

$$S_1 + S_2 = S_3 + S_4, \quad S_1 + S_3 \gtrless S_2 + S_4, \quad S_1 + S_4 \gtrless S_2 + S_3;$$

d'où l'on déduit

$$S_2 \lesseqgtr S_3 \quad \text{et} \quad S_1 \lesseqgtr S_4, \quad S_1 \lesseqgtr S_3, \quad S_2 \lesseqgtr S_4.$$

Si S_1 est la plus grande face, S_2 devra être la plus petite, S_3 et S_4 seront les faces intermédiaires ; dans ce cas, les faces S_3 et S_4 seules peuvent être égales.

Dans le cas considéré, il y a donc au plus un seul couple de faces égales ; la somme de la plus grande face et de la plus petite est égale à la somme des deux autres.

Dans tous les autres cas, il y aura trois sphères dans les combles.

En résumé, il y a cinq, six, sept ou huit sphères tangentes à quatre plans.

§ VI.

Cercles qui coupent deux cercles donnés sous des angles constants.

332. Soient A et O deux cercles qui se coupent sous un angle α ; M un de leurs points d'intersection ; l'angle formé par les rayons MA et MO est égal à α ou à son supplément.

Si donc on désigne par R le rayon du cercle A, par ρ le rayon du cercle O, par d la distance des centres AO, on aura, dans le triangle MAO,

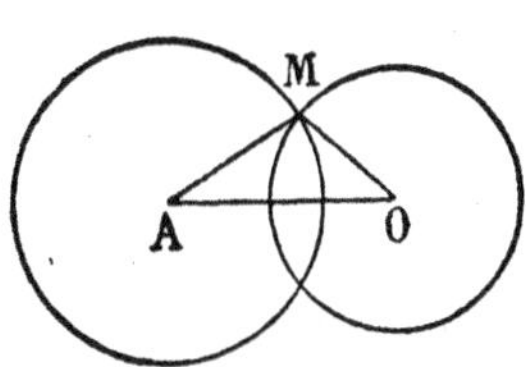

Fig. 126.

$$d^2 = R^2 + \rho^2 \pm 2 R\rho \cos \alpha.$$

333. Etant donnés deux cercles A et B, je vais étudier les propriétés de l'ensemble des cercles O qui coupent A sous un angle donné α et B sous un angle donné β. Je distinguerai trois cas :

a) *Les cercles* A *et* B *sont sécants.*

Soient I et I′ les points communs à ces deux cercles ; je fais une inversion de centre I ; les cercles A et B se transforment en deux droites Jα, Jβ qui passent par le point J inverse de I′ (*fig.* 127). Le cercle O se transforme en un cercle O′ qui coupe Jα sous l'angle α et Jβ sous l'angle β. Du centre O′ j'abaisse les perpendiculaires O′P et O′Q sur les droites Jα et Jβ ; soient R un point d'intersection du cercle O′ avec Jα, S un point d'intersection avec Jβ ; les angles RO′P et SO′Q sont égaux respectivement à α et à β. Si ρ désigne le rayon du cercle O′, on aura

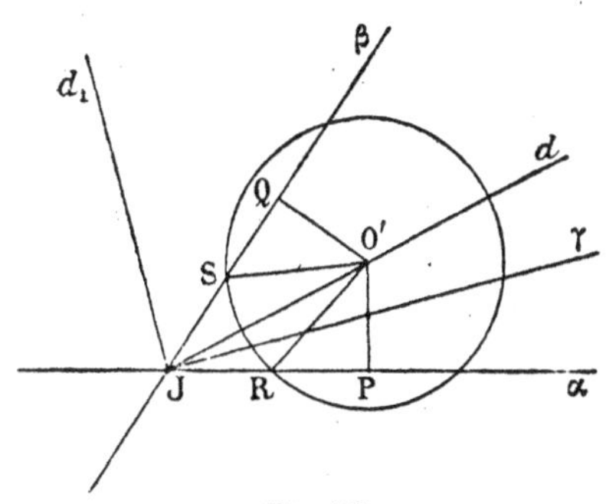

Fig. 127.

$$O'P = \rho \sin \alpha, \qquad O'Q = \rho \sin \beta,$$

d'où

$$\frac{O'P}{O'Q} = \frac{\sin \alpha}{\sin \beta}.$$

Mais on a

$$\frac{\sin O'J\alpha}{\sin O'J\beta} = \frac{O'P}{O'Q},$$

donc on a

$$\frac{\sin O'J\alpha}{\sin O'J\beta} = \frac{\sin \alpha}{\sin \beta},$$

ce qui donne comme lieu de O′ deux droites Jd, Jd_1 formant un faisceau harmonique avec $J\alpha$ et $J\beta$. On voit que les cercles O′ se partagent en deux séries, les cercles d'une série ayant leurs centres sur Jd, ceux de l'autre sur Jd_1.

Je prends, par exemple, les cercles de la première série ; soit $J\gamma$ une droite passant par J, γ l'angle sous lequel cette droite est coupée par un cercle O′ ; d'après ce qui précède, on a

$$\frac{\sin O'J\alpha}{\sin O'J\gamma} = \frac{\sin \alpha}{\sin \gamma},$$

donc l'angle γ est le même pour tous les cercles de la série.

Je fais maintenant l'inversion de centre I qui ramène à la figure primitive et je remarque que toute droite passant par J se transforme en un cercle du faisceau (A, B) et inversement. On obtient les résultats suivants :

1° *Les cercles qui coupent* A *sous un angle* α *et* B *sous un angle* β *se partagent en deux séries.*

2° *Les cercles d'une série sont orthogonaux à un cercle* D *du faisceau* (A, B). *Ces cercles appartiennent donc à un réseau qui a pour centre le centre de* D.

3° *Chaque cercle* C *du faisceau* (A,B) *coupe tous les cercles de la série sous le même angle.*

b) Les cercles A *et* B *sont tangents.*

En prenant comme centre d'inversion le point de contact, on arrive, par un raisonnement analogue à celui du cas précédent, aux mêmes conclusions.

c) Les cercles A *et* B *n'ont pas de points communs.*

On peut dans ce cas faire une inversion qui transforme A et B en deux cercles concentriques A′ et B′ ; le cercle O se transforme en un cercle O′ qui coupe A′ et B′ sous les angles α et β. Si donc on désigne par R et r les rayons des cercles A′ et B′, par ρ le rayon du cercle O′, par d la distance du centre de O′ au centre J des cercles A′ et B′, on aura

$$(1)\qquad \begin{cases} d^2 = R^2 + \rho^2 \pm 2\,R\rho\cos\alpha, \\ d^2 = r^2 + \rho^2 \pm 2\,r\rho\cos\beta. \end{cases}$$

En retranchant ces deux formules membre à membre, on aura

$$R^2 - r^2 + 2\rho\,[\pm R\cos\alpha \mp r\cos\beta] = 0.$$

Parmi les quatre combinaisons de signe que l'on peut prendre dans la parenthèse, deux, en général, fourniront pour ρ une valeur positive ; soient ρ_1 et ρ_2 ces deux valeurs. Les cercles O′ se partagent donc en deux séries, les cercles d'une série ont pour rayon ρ_1, ceux de l'autre ont pour rayon ρ_2. Je prends les cercles de la première série ; puisque ρ a une valeur constante ρ_1, d aura d'après les formules (1) une valeur constante d_1. La puissance du point J par rapport à tous ces cercles est $d_1^2 - \rho_1^2$. Ces cercles appartiennent donc à un réseau de centre J et de module $d_1^2 - \rho_1^2$.

Soit maintenant C′ un cercle de centre J, R′ son rayon, γ l'angle sous lequel il est coupé par un cercle de la série. On aura

$$(2)\qquad d_1^2 = R'^2 + \rho_1^2 \pm 2R'\rho_1\cos\gamma,$$

l'angle γ est donc le même pour tous les cercles de la série.

Je fais maintenant l'inversion qui permet de revenir à la figure primitive ; en remarquant que tout cercle de centre J se transforme en un cercle du faisceau (A,B) et inversement, on a les propriétés suivantes :

1° *Les cercles qui coupent* A *sous un angle* α *et* B *sous un angle* β *se partagent en deux séries.*

2° *Les cercles d'une série font partie d'un réseau.*

3° *Un cercle* C *du faisceau* (A,B) *coupe tous les cercles de la série sous le même angle.*

§ VII.

Cercles isogonaux à deux cercles.

334. Définition. — On dit qu'un cercle est *isogonal* à deux cercles A et B quand il coupe ces cercles sous le même angle.

335. Je me propose d'étudier les propriétés de l'ensemble des cercles (O) qui sont isogonaux à deux cercles donnés A et B. Je distinguerai trois cas :

a) *Les cercles* A *et* B *sont sécants.*

Soient I et I′ les points communs aux deux cercles ; je fais une inversion de centre I, elle transforme les cercles A et B en des droites Jα, Jβ qui passent par le point J inverse de I′ ; un cercle O, isogonal aux cercles A et B, se transforme en un cercle O′ qui coupe les droites Jα, Jβ sous le même angle. Le centre du cercle O′ se trouve donc sur l'une des bissectrices des droites Jα, Jβ. Réciproquement tout cercle dont le centre est placé sur l'une de ces bissectrices coupe les droites Jα, Jβ sous le même angle (dans le cas où ce cercle coupe les droites).

Les cercles O′ se partagent donc en deux séries, l'une dont les centres sont situés sur la première bissectrice, l'autre dont les centres sont situés sur la seconde bissectrice.

En faisant l'inversion qui ramène à la figure primitive, on obtient les résultats suivants :

1° *Les cercles qui sont isogonaux aux cercles* A *et* B *se partagent en deux séries;*

2° *Les cercles d'une série sont orthogonaux à un cercle* C *du faisceau* (A,B). *Tous les cercles orthogonaux au cercle* C *coupent* (dans le cas où ils coupent ces cercles) *ces cercles sous le même angle. Ces cercles forment un réseau qui a pour centre le centre du cercle* C.

b) *Les cercles* A *et* B *sont tangents en* I.

Je fais une inversion de centre I, les cercles A et B se transforment en deux droites parallèles α et β (*fig.* 128); le cercle isogonal O se transforme en un cercle O′ coupant α et β sous le même angle ou en une droite D coupant α et β sous le même angle; toutes les droites du plan coupent α et β sous le même angle; les cercles O′ qui coupent α et β sous le même angle sont les cercles dont le centre est placé sur la droite γ équidistante de α et β.

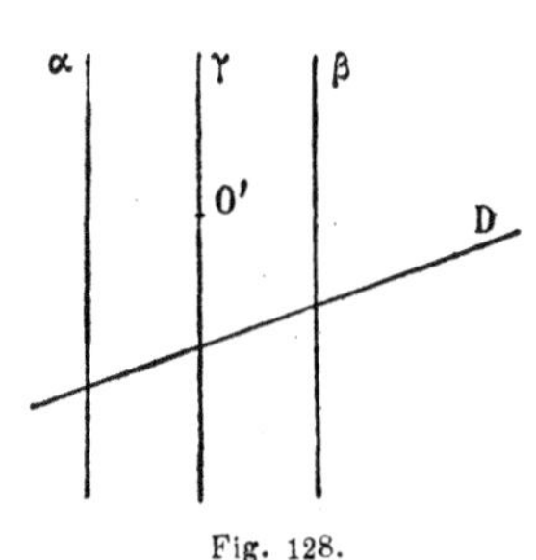

Fig. 128.

En faisant l'inversion qui ramène à la figure primitive, la droite D se transforme en un cercle passant par I, la droite γ en un cercle C du faisceau (A,B) .

On a donc les résultats suivants:

1° *Les cercles isogonaux aux cercles* A *et* B *se partagent en deux séries ;*

2° *Une première série est formée par l'ensemble des cercles qui passent par le point de contact* I. *Ces cercles forment un réseau de centre* I *et de module nul;*

3° *La deuxième série est formée par l'ensemble des cercles orthogonaux à un cercle* C *du faisceau* (A,B). *Ces cercles forment un réseau dont le centre est le centre du cercle* C.

c) *Les cercles* A *et* B *ne se coupent pas.*

On pourra, par une inversion convenable, transformer les deux cercles A et B en deux cercles concentriques A′ et B′. Le cercle isogonal O se transforme en un cercle O′ qui coupe les cercles A′ et B′ sous le même angle ; soit α cet angle. On aura, en conservant les notations du n° 333,

$$(1) \qquad \left\{ \begin{aligned} d^2 &= R^2 + \rho^2 \pm 2R\rho \cos\alpha, \\ d^2 &= r^2 + \rho^2 \pm 2r\rho \cos\alpha. \end{aligned} \right.$$

Cela posé je distinguerai deux cas :

1° Les signes sont les mêmes dans les deux formules (1). Je multiplie les deux membres de la première équation par $-r$, ceux de la seconde par R et j'ajoute les résultats obtenus. J'ai

$$d^2(R-r) = -Rr(R-r) + \rho^2(R-r)$$

et, en simplifiant,

$$d^2 = -Rr + \rho^2. \tag{2}$$

Il est clair que l'équation (2) et la première des équations (1) entraînent la seconde des équations (1) ; donc tous les cercles qui satisfont à la condition (2) coupent les cercles A′ et B′ sous le même angle (en supposant qu'un tel cercle coupe A′ et B′). Il est facile de caractériser les cercles qui satisfont à la condition (2). On a, en effet,

$$d^2 - \rho^2 = -Rr.$$

Ces cercles forment un réseau dont le centre est le centre J des cercles A′ et B′ et dont le module est $-Rr$.

2° Les signes ne sont pas les mêmes dans les deux formules (1). En multipliant les deux membres de la première équation par r, ceux de la seconde par R et en ajoutant, on aura après simplification,

$$d^2 = Rr + \rho^2. \tag{3}$$

Les cercles qui satisfont à la condition (3) forment un réseau de centre J et de module Rr.

En faisant l'inversion qui ramène à la figure primitive, on a les résultats suivants :

1° *Les cercles isogonaux à deux cercles* A *et* B *se partagent en deux séries.*

2° *Les cercles d'une série forment un réseau.*

336. **Théorème.** — *Tout cercle qui passe par deux points antihomologues de deux cercles* A *et* B *est isogonal à ces cercles.*

En effet, soit S un centre d'inversion des cercles A et B; p la puissance d'inversion correspondante ; M et M′ deux points des cercles A et B qui se correspondent dans cette

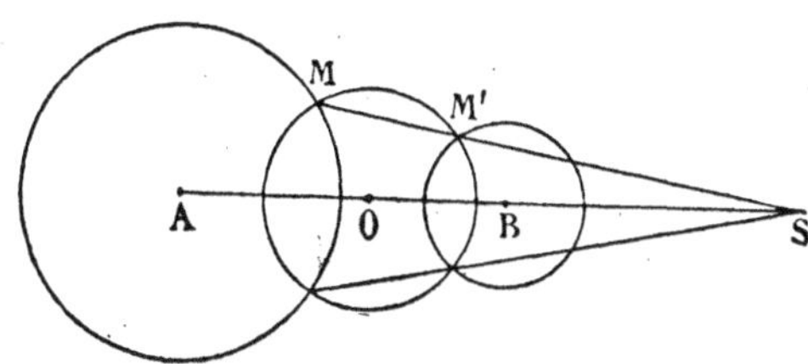

Fig. 129.

inversion (*fig.* 129) ; O un cercle quelconque passant par M et M'. On a

$$SM \times SM' = p.$$

Cela posé, je fais l'inversion de centre S et de module p ; le cercle A se transforme dans le cercle B ; le cercle O se transforme en lui-même ; donc l'angle de O avec A est le même que l'angle de O avec B.

337. *Réciproquement, tout cercle* O *dont la puissance par rapport au point* S *est égale à* p *est isogonal aux cercles* A *et* B.

En effet, soit M un point d'intersection de O avec A ; M' l'inverse de M dans l'inversion de centre S et de module p ; M' sera situé sur B, puisque B est l'inverse de A dans cette inversion ; M' sera situé sur O, puisque

$$SM \times SM' = p.$$

Le cercle O passe par deux points antihomologues M et M' des cercles A et B, donc (336) le cercle O est isogonal aux cercles A et B.

338. Remarque. — Soient S et T les centres d'inversion des deux cercles A et B ; p et q les puissances d'inversion correspondantes. Les cercles du réseau de centre S et de module p sont isogonaux aux cercles A et B ; il en est de même du réseau de centre T et de module q (337).

Or les cercles isogonaux aux cercles A et B forment deux réséaux (335) ; donc ces réseaux sont les réseaux S et T.

339. **Théorème.** — *Un cercle* O *isogonal aux cercles* A *et* B *coupe ces cercles en des points antihomologues.*

Je suppose que le cercle O appartienne au réseau S; soit M un des points d'intersection de O et de A' ; M' l'antihomologue de M par rapport au centre S ; le cercle O passera par M' (337), ce qui démontre le théorème.

EXERCICES SUR LE CHAPITRE VI

177. Mener un cercle de rayon donné tangent à une droite donnée et coupant orthogonalement un cercle donné.

178. Construire un cercle passant par un point donné, tangent à une droite donnée et coupant orthogonalement un cercle donné.

179. Le cercle circonscrit à un triangle étant donné, indiquer dans quelle région du plan doit se trouver le point de rencontre H des hauteurs ; le point H étant donné dans cette région, montrer qu'il existe une infinité de triangles inscrits dans le cercle et ayant leur point de rencontre des hauteurs en H. Lieu des pôles des côtés de ces triangles par rapport au cercle donné.

180. Lieu des centres des cercles qui coupent deux cercles donnés sous des angles donnés.

181. Construire un cercle coupant trois cercles donnés sous des angles donnés.

182. Lieu des centres des cercles d'un réseau tangents à un cercle donné.

183. Lieu des centres des cercles isogonaux à trois cercles donnés.

184. Construire un cercle isogonal à quatre cercles donnés.

185. Construire un cercle d'un réseau tangent à deux cercles donnés.

186. Soient A et B deux cercles d'une même série tangents à trois cercles donnés D, E, F. Tout cercle du réseau D, E, F est coupé sous le même angle par les cercles A et B.

187. Construire une sphère passant par un cercle donné C et tangente à un plan donné P.

188. Construire une sphère passant par un cercle donné et tangente à une sphère donnée.

189. Construire une sphère passant par deux points donnés et tangente à deux sphères données.

190. On considère toutes les sphères Σ qui passent par deux points donnés A et B et qui touchent une sphère S. Lieu des points de contact de S et Σ; lieu des centres des sphères Σ.

191. On considère les sphères qui passent par un point donné et qui sont tangentes à deux sphères données ; lieu des points de contact avec les sphères fixes; lieu des centres de ces sphères.

192. Lieu des centres d'une série de sphères tangentes à trois sphères données.

193. Lieu des centres des sphères d'un réseau tangentes à une sphère donnée ou à un plan donné.

194. On considère une série de sphères tangentes à trois sphères données A, B, C. Démontrer que toute sphère du réseau A, B, C coupe toutes les sphères de la série sous le même angle.

195. On considère tous les cercles C passant par deux points donnés A et B et tangents à une sphère S. Lieu des points de contact.

196. Construire un cercle passant par deux points donnés et tangent à deux sphères données.

197. Indiquer les propriétés des sphères qui coupent deux sphères données sous des angles donnés.

198. Indiquer les propriétés des sphères qui coupent trois sphères données sous des angles donnés.

199. Construire une sphère coupant quatre sphères données sous des angles donnés.

200. Les sphères isogonales à trois sphères données forment quatre réseaux.

201. Indiquer les propriétés des sphères isogonales à quatre sphères données.

202. Construire une sphère isogonale à cinq sphères données.

CHAPITRE VII

DROITE DE SIMSON. — CERCLE DES NEUF POINTS

§ I.

Droite de Simson.

340. Théorème. — *Si d'un point* M *pris sur le cercle circonscrit à un triangle* ABC (*fig.* 130), *on abaisse des perpendiculaires sur les côtés du triangle, les pieds* α, β, γ *de ces perpendiculaires sont en ligne droite* (*droite de Simson*).

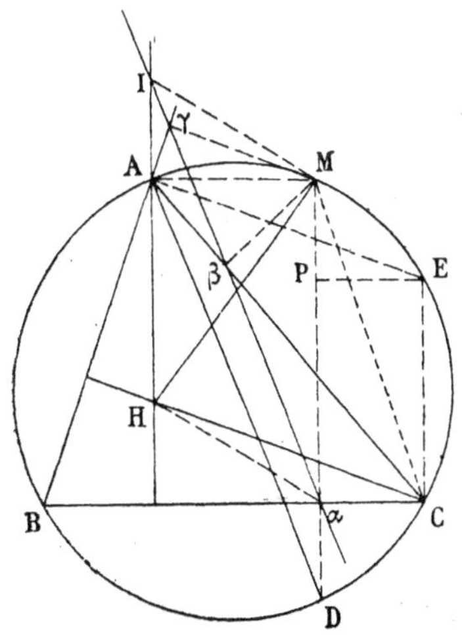

Fig. 130.

Il suffit, pour le démontrer, de prouver que les angles γβA et αβC sont égaux; or, les quatre points M, A, β, γ sont sur le cercle qui a pour diamètre MA; sur ce cercle les angles γβA et γMA ont même mesure, ces angles sont donc égaux ; on voit de même que les angles $\alpha\beta C$ et αMC sont égaux. Tout revient donc à prouver que les angles γMA et αMC sont égaux ; or les angles $\gamma M\alpha$ et AMC sont les suppléments de l'angle B ; si de ces angles égaux, on retranche l'angle $AM\alpha$, il reste les angles γMA et αMC, qui sont égaux.

341. **Réciproque.** — *Si les pieds* α, β, γ *des perpendiculaires menées d'un point* M *sur les côtés d'un triangle* ABC *sont en ligne droite* (*fig.* 130), *le point* M *est situé sur le cercle circonscrit à ce triangle.*

En effet, les trois points α, β, γ étant en ligne droite, les angles $\gamma\beta A$ et $\alpha\beta C$ sont égaux ; or ces angles sont égaux respectivement aux angles γMA et αMC, donc $\widehat{\gamma MA} = \widehat{\alpha MC}$. En ajoutant à chacun de ces angles l'angle $AM\alpha$, on obtient les angles égaux $\gamma M\alpha$ et AMC ; comme $\gamma M\alpha$ est le supplément de l'angle B, il en sera de même de l'angle AMC ; donc le quadrilatère BAMC est inscriptible.

342. **Théorème.** — *La droite de Simson est équidistante du point* M *et du point de rencontre* H *des hauteurs du triangle* ABC (*fig.* 130).

Prolongeons la perpendiculaire $M\alpha$ jusqu'à sa rencontre en D avec le cercle circonscrit et menons AD ; on aura

$$\widehat{DAC} = \widehat{DMC} = \widehat{\alpha\beta C},$$

et par conséquent AD est parallèle à la droite de Simson ; si donc I est le point de rencontre de la droite de Simson avec la hauteur AH, on aura

$$AI = \alpha D.$$

Menons en C une perpendiculaire à BC jusqu'à sa rencontre en E avec le cercle ; le point E est diamétralement opposé à B sur le cercle circonscrit, par suite AE est perpendiculaire à AB.

La figure CHAE est un parallélogramme ; donc

$$CE = AH.$$

Abaissons du point E la perpendiculaire EP sur MD. On aura

$$CE = \alpha P \qquad \text{et} \qquad PM = \alpha D\,;$$

donc

$$\alpha M = \alpha P + PM = CE + \alpha D = HA + AI = HI.$$

La figure HIMα est un parallélogramme et par conséquent le milieu de HM est sur la droite de Simson Iα.

343. Considérons une parabole tangente aux côtés du triangle ABC (*fig.* 131) ; soit M son foyer. Les projections α, β, γ du point M sur les côtés du triangle seront [783] sur la tangente au sommet à la parabole ; donc le foyer M est situé sur le cercle circonscrit au triangle. Réciproquement,

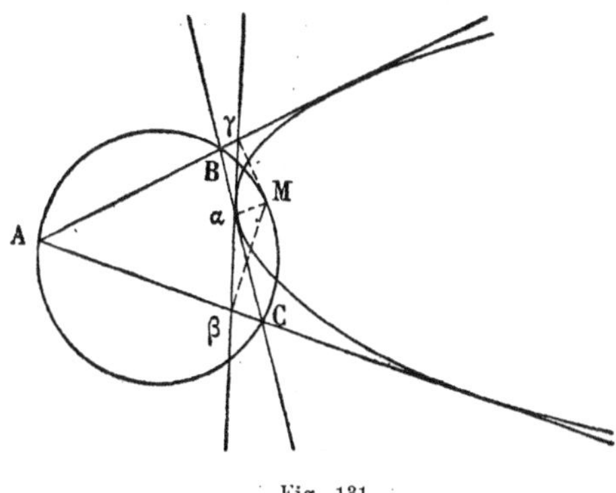

Fig. 131.

soit M un point du cercle circonscrit ; les projections α, β, γ du point M sur les côtés du triangle sont en ligne droite ; il en résulte [783] que la parabole qui a pour foyer le point M et pour tangente au sommet $\alpha\beta\gamma$ est tangente aux trois côtés du triangle ; donc :

Le lieu géométrique des foyers des paraboles tangentes aux côtés d'un triangle est le cercle circonscrit à ce triangle.

La tangente au sommet de la parabole étant la droite de Simson, il résultera du théorème du nº 342 que la directrice de la parabole passe par le point H ; donc :

Si une parabole est tangente aux côtés d'un triangle, le point de rencontre des hauteurs du triangle est situé sur la directrice de la parabole.

344. Théorème. — *Les cercles circonscrits aux quatre triangles d'un quadrilatère complet passent par un même point* (*fig.* 132).

En effet, soient A, B, C, D les quatre droites du quadrilatère complet. Les cercles circonscrits aux triangles formés par les droites A, B, C et par les droites B, C, D se coupent au point d'intersection de B et de C et en un autre point M. De ce point M abaissons des perpendiculaires sur les droites A, B, C, D; soient α, β, γ, δ les pieds de ces perpendiculaires. Le point M étant sur le cercle circonscrit au triangle A, B, C, la droite βγ passe par α (340) ; on démontre de même que βγ passe par δ ; donc les quatre points α, β, γ, δ sont en ligne droite. Les points α, β, δ étant en ligne droite, le cercle circonscrit au triangle ABD passe par M ; même démonstration pour le cercle circonscrit au triangle ACD.

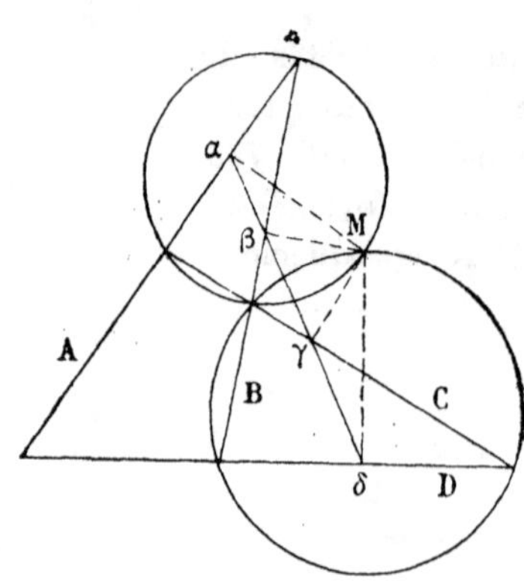

Fig. 132.

345. Remarque I. — Le point de rencontre des hauteurs du triangle ABC est sur l'homothétique de la droite αβγδ, le centre d'homothétie étant M et le rapport de similitude égal à 2 (342) ; il en est de même des points de rencontre des hauteurs des triangles BCD, CDA, DAB ; donc :

Les points de rencontre des hauteurs des quatre triangles d'un quadrilatère complet sont en ligne droite.

(Autre démonstration n° 347).

346. Remarque II. — La parabole qui a pour foyer le point M et pour tangente au sommet la droite $\alpha\beta\gamma\delta$ est tangente aux quatre droites A, B, C, D. Réciproquement, toute parabole tangente aux quatre droites aura pour foyer le point M et pour tangente au sommet la droite $\alpha\beta\gamma\delta$.

La directrice de cette parabole est la droite qui contient les points de rencontre des hauteurs des quatre triangles du quadrilatère complet formé par les quatre droites A, B, C, D.

347. **Théorème.** — *Dans un quadrilatère complet, les milieux des diagonales sont en ligne droite ; les points de rencontre des hauteurs des quatre triangles du quadrilatère sont en ligne droite ; ces deux droites sont perpendiculaires.*

La démonstration repose sur la remarque suivante. Soient AA′, BB′, CC′ les hauteurs d'un triangle ABC, qui se coupent en H (*fig.* 133) ; on aura

$$HA.HA' = HB.HB' = HC.HC'.$$

En effet, les quatre points B, C, B′, C′ sont sur un même cercle ; donc

$$HB.HB' = HC.HC'.$$

Cela posé, considérons le quadrilatère complet *abcdef* (*fig.* 134),

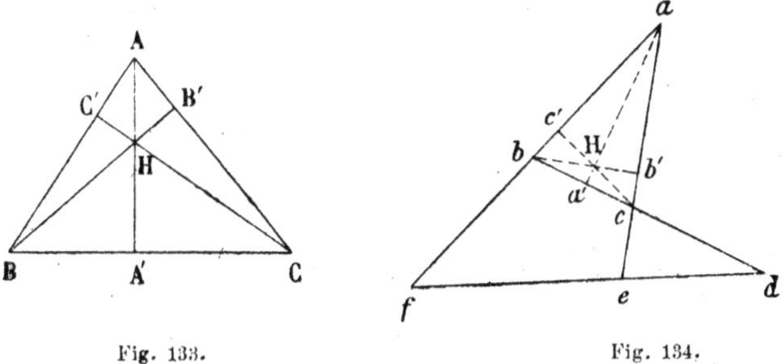

Fig. 133. Fig. 134.

et traçons les trois cercles qui ont pour diamètres les diagonales *ad*, *be*, *cf* du quadrilatère. Menons les hauteurs *aa'*, *bb'*, *cc'* du triangle *abc* ; soit H leur point de concours. Le cercle qui a pour diamètre *ad* passe par *a'*, le cercle de diamètre *be* par *b'*, le cercle de diamètre *cf* par *c'* ; les puissances de H par rapport à ces cercles sont respectivement H*a*.H*a'*, H*b*.H*b'*, H*c*.H*c'* ; le point H a donc même puissance par rapport aux trois cercles ; il en est de même des points de rencontre des hauteurs des trois autres triangles du quadrilatère complet.

Puisqu'il existe plusieurs points qui ont même puissance par rapport aux trois cercles, les trois cercles ont même axe radical [357]. Cet axe radical est la droite qui contient les points de rencontre des hauteurs ; les centres des trois cercles, qui sont les milieux des diagonales, sont en ligne droite [357].

Nous avons démontré en passant la proposition suivante : *Les cercles décrits sur les trois diagonales d'un quadrilatère complet comme diamètres ont même axe radical.*

§ II.

Cercle des neuf points.

348. Lemme. — *Le symétrique du point de rencontre des hauteurs d'un triangle par rapport à un côté est sur le cercle circonscrit au triangle.*

En effet, soient un triangle ABC, H le point de rencontre des hauteurs, H' le symétrique de H par rapport au côté BC.

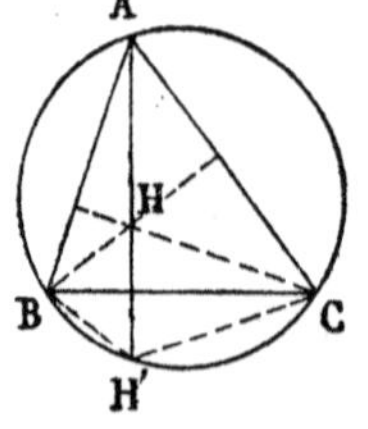

Fig. 135.

Si les deux angles B et C sont aigus (*fig.* 135), les points H et A sont d'un même côté de BC [236] et l'angle BHC est le supplément de A ; les points A et H' sont de part et d'autre de BC, et les angles BAC et BH'C = BHC sont supplémentaires ; donc le point H' est sur le cercle circonscrit au triangle ABC.

Si l'un des angles B ou C est obtus (*fig.* 136), les points H et A sont de part et d'autre de BC et l'angle BHC est égal à l'angle A [236]. Il en résulte que H′ est du même côté que A par rapport à BC et que l'angle BH′C est égal à l'angle BAC ; donc H′ est sur le cercle circonscrit au triangle.

349. **Théorème.** — *Dans un triangle* ABC, *les milieux* a, b, c *des côtés, les milieux* p, q, r *des droites qui joignent le point de rencontre* H *des hauteurs aux sommets, les pieds* α, β, γ *des hauteurs sont sur un même cercle* (*fig.* 137).

Ce cercle est appelé le *cercle des neuf points* relatif au triangle ABC.

En effet, soit (M) le cercle homothétique du cercle (O) circonscrit au triangle, le centre de similitude étant H et le rapport d'homothétie $\frac{1}{2}$. Le centre M de ce cercle est le milieu de la droite HO. Ce cercle (M) passera par les milieux p, q, r des segments HA, HB, HC ; le symétrique de H par

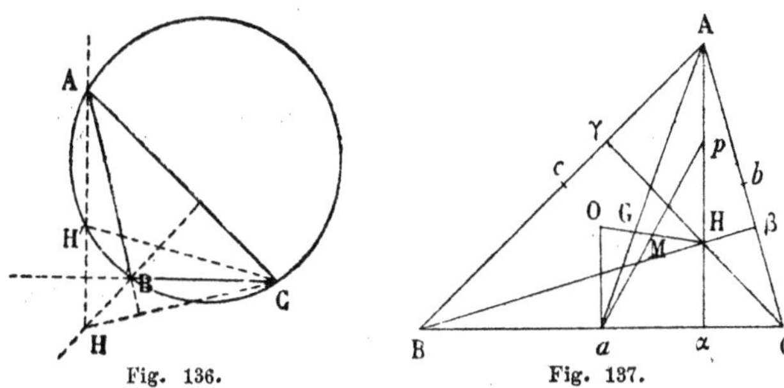

Fig. 136. Fig. 137.

rapport à BC étant sur le cercle (O), le cercle (M) passera par α ; on voit de même qu'il passe par β et γ ; enfin le point M étant le milieu de OH, les distances Ma et Mα sont égales ; donc le cercle (M) passe par a. On montre de même qu'il contient les points b et c.

350. Remarque I. — Pour les triangles ABC, BCH, CAH, ABH, le cercle des neuf points est le même.

351. Remarque II. — L'angle $p\alpha a$ étant droit, la droite pa est un diamètre du cercle des neuf points ; donc cette droite passe par le point M. Il en résulte que $Hp = Oa$, et par suite, $HA = 2Oa$. La droite Aa coupe HO en un point G tel que

$$\frac{Ga}{GA} = \frac{GO}{GH} = \frac{Oa}{HA} = \frac{1}{2}.$$

Le point G est donc le point de concours des médianes du triangle ABC. Ce point G est le second centre de similitude des cercles (O) et (M) ; quand on prend G comme centre de similitude, les homologues de A, B, C sont les points a, b, c ; il en résulte que la tangente en a au cercle des neuf points est parallèle à la tangente en A au cercle circonscrit au triangle ; donc la tangente au cercle des neuf points en a et la droite BC sont deux droites également inclinées sur la bissectrice de l'angle A du triangle.

352. Remarque III. — H est un centre d'inversion des cercles (O) et (M) ; par rapport à ce centre, les points A, B,

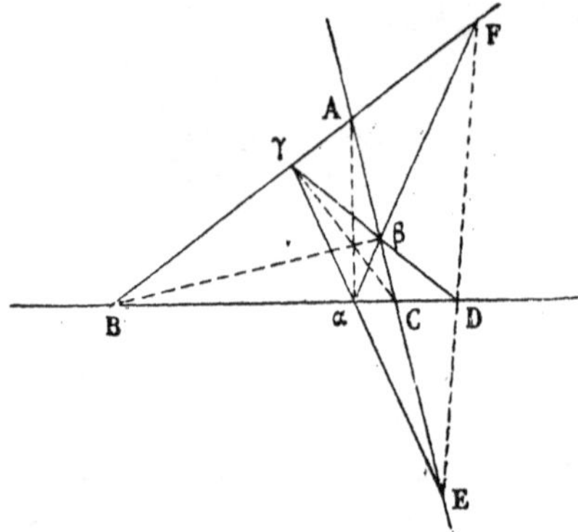

Fig. 138.

C ont respectivement comme antihomologues les points α, β, γ. Soient alors D, E, F (*fig.* 138) les points de rencontre respectifs des droites $\beta\gamma$, $\gamma\alpha$, $\alpha\beta$ avec les droites BC, CA, AB;

ces points D, E, F seront situés (255) sur l'axe radical des cercles (O) et (M).

353. Théorème de Feuerbach. — *Le cercle des neuf points est tangent au cercle inscrit et à chacun des cercles exinscrits au triangle* ABC (*fig.* 139).

En effet, soient (I) le cercle inscrit au triangle, (I′) le cercle exinscrit situé dans l'angle BAC, D et D′ les points de contact de ces cercles avec le côté BC. On a [233] :

$$BD = CD' = p - b\,;$$

donc le point a, milieu de BC, est aussi le milieu du segment DD′.

Menons la seconde tangente commune intérieure ST aux cercles (I) et (I′) ; elle coupe BC en R ; les deux droites BC

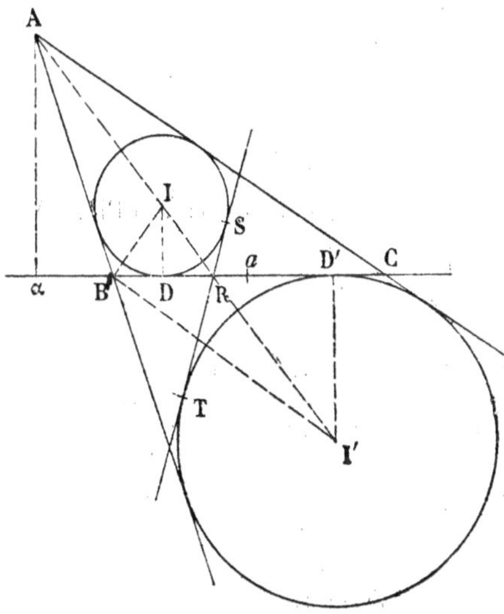

Fig. 139.

et ST sont symétriques par rapport à la bissectrice de l'angle A ; donc ST est parallèle à la tangente en a au cercle des neuf points (351).

Les points I et I′ divisent harmoniquement le segment AR, car BI et BI′ sont les bissectrices de l'angle B ; les projections, α, R, D, D′ des points A, R, I, I′ sur BC formeront aussi une division harmonique ; donc

$$\overline{aD}^2 = aR \times a\alpha.$$

Cela posé, faisons une inversion ayant pour origine a et pour puissance $\overline{aD}^2$; les cercles I et I′ se transforment en eux-mêmes, car $\overline{aD}^2$ est la puissance de a par rapport aux cercles I et I′. Le cercle des neuf points se transforme en une droite, passant par le point R, inverse du point α et parallèle à la tangente en a au cercle des neuf points ; par conséquent l'inverse du cercle des neuf points est la droite ST ; cette droite ST étant tangente aux cercles I et I′, il en est de même du cercle des neuf points, qui est la figure inverse de ST.

EXERCICES SUR LE CHAPITRE VII

---

203. Les droites de Simson qui correspondent à deux points diamétralement opposés du cercle circonscrit sont rectangulaires et se coupent sur le cercle des neuf points.

204. Par chaque point du cercle des neuf points passent trois droites de Simson. Construire ces trois droites.

205. Soient ABC un triangle, H le point de concours des hauteurs. Toute droite de Simson relative au triangle ABC est aussi droite de Simson pour les triangles BCH, CAH, ABH.

206. Etant donnés un cercle, une droite D et un point M du cercle, existe-t-il des triangles inscrits au cercle et tels que leur droite de Simson relative au point M soit la droite D ? Si le problème est possible, il admet une infinité de solutions ; lieu des centres de gravité de tous ces triangles.

207. Etant donné un triangle ABC, on prend son symétrique A'B'C' par rapport à un diamètre du cercle circonscrit. Les perpendiculaires menées de A',B',C' respectivement sur BC, CA, AB concourent en un point M du cercle circonscrit.

208. Soient S et T les centres de deux faisceaux homographiques; si les deux rayons du faisceau S qui sont parallèles à leurs correspondants sont rectangulaires, la correspondance homographique possède la propriété suivante: SA et TA' étant deux rayons correspondants quelconques, au rayon du faisceau S perpendiculaire à TA' correspond le rayon du faisceau T perpendiculaire à SA. Réciproque. Deux faisceaux homographiques possédant cette propriété sont définis par deux couples de rayons correspondants.

209. Etant donnés deux points B et C et une droite D, on considère tous les points A tels que la droite D soit une droite de Simson relative au triangle ABC. Démontrer que les rayons BA et CA décrivent des faisceaux homographiques possédant la propriété indiquée à l'exercice précédent. Démontrer en outre que les cercles des neuf points relatifs à tous les triangles ABC forment un faisceau.

210. Etant donnés un triangle ABC et une droite D, on désigne par α, β, γ les points de rencontre de la droite D avec les côtés BC, CA, AB et par a, b, c les projections de A, B, C sur D. Pour que la droite D soit droite de Simson relativement au triangle ABC, il faut et il suffit que les segments $a\alpha$, $b\beta$, $c\gamma$ aient le même milieu.

211. A, B, C, D étant quatre points quelconques du plan, les cercles des neuf points relatifs aux triangles BCD, CDA, DAB, ABC ont un point commun I; il existe deux droites Δ et Δ', qui sont droites de Simson relativement aux quatre triangles; ces deux droites sont rectangulaires et passent par I.

CHAPITRE VIII

GÉOMÉTRIE CINÉMATIQUE

§ I.

Déplacement, dans son plan, d'une figure plane de forme invariable.

354. Je renvoie, pour le début de cette théorie, à la première partie de ce cours (Livre II, § VII, pages 116-128). Je rappelle le théorème fondamental de cette théorie.

Tout déplacement d'une figure plane de forme invariable, dans son plan, se ramène à une rotation ou à une translation.

Je me bornerai, dans ce qui va suivre, au cas où l'on passe d'une position à une autre par une rotation. Le centre de rotation est le point de la première figure qui coïncide avec son homologue dans la seconde ; ou encore le *point double* commun aux deux positions. *L'angle de rotation* est l'angle dont il faut faire tourner la première figure autour du centre de rotation pour la faire coïncider avec la seconde figure.

355. **Propriétés de deux points homologues.** — Soit I le centre de rotation, α la valeur algébrique de l'angle de rotation ; je considère deux couples de points homologues A,A'; M,M'; les triangles AIA', MIM' sont isocèles ; les angles en I,

dans ces deux triangles, ont pour valeur algébrique α. Ces deux triangles sont semblables, on a

$$(1) \qquad \frac{AA'}{IA} = \frac{MM'}{IM} = 2 \sin\frac{\alpha}{2}.$$

Le triangle MIM' étant isocèle, la perpendiculaire à MM' en son milieu H passe par I; l'angle MIH a pour valeur algébrique $\frac{\alpha}{2}$; donc

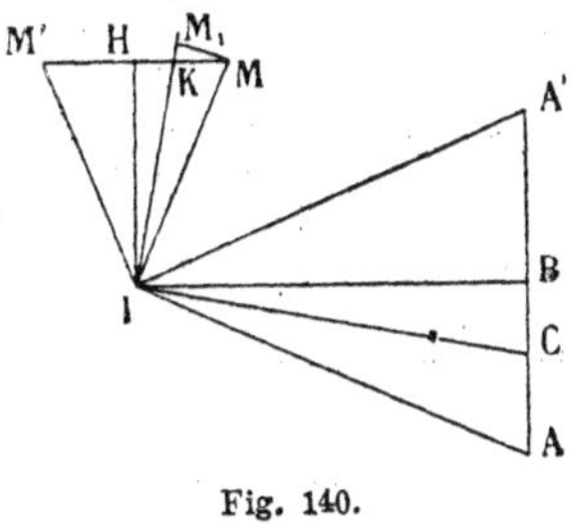

Fig. 140.

Si M *et* M' *sont deux points homologues quelconques, la perpendiculaire menée à* MM' *en son milieu* H *passe par le centre de rotation* I *et l'angle* MIH *a pour valeur algébrique* $\frac{\alpha}{2}$.

Soit maintenant K un point qui partage le segment MM' dans un rapport donné λ; C le point qui partage AA' dans le même rapport; on aura évidemment

$$\frac{MK}{MM'} = \frac{AC}{AA'},$$

ou, en tenant compte de l'égalité (1),

$$\frac{MK}{IM} = \frac{AC}{IA}.$$

Les angles IAC et IMK étant égaux et de même sens, on en conclut que les triangles IAC et IMK sont semblables. Il en résulte que les angles MIK et AIC sont égaux et de même sens et que l'on a

$$(2) \qquad \frac{IK}{IM} = \frac{IC}{IA}.$$

Par conséquent on passera de M à K par les deux opérations suivantes :

1° *On fait tourner le point* M *autour de* I *d'un angle égal à* AIC, *ce qui amène* M *en un point* M_1 *situé sur la droite* IK (*fig.* 140).

Après cette opération, on aura, en tenant compte de l'équation (2),

$$\frac{IK}{IM_1} = \frac{IC}{IA}.$$

2° *On fait une homothétie de centre* I *et de module* $\frac{IC}{IA}$; *cette homothétie transforme* M_1 *en* K.

356. Propriétés de deux droites homologues. — Soient D et D′ (*fig.* 141) deux droites homologues ; je fixe sur D un sens positif, par exemple le sens de A vers B ; les homologues A′ et B′ des points A et B sont sur D′; je prendrai comme sens positif sur D′ le sens de A′ vers B′.

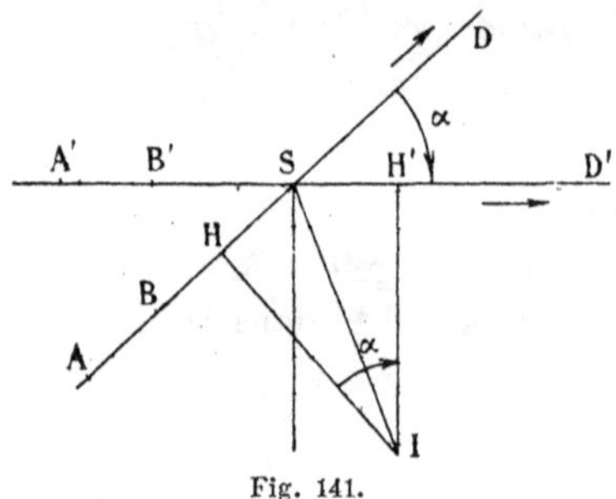

Fig. 141.

J'abaisse du centre de rotation I les perpendiculaires IH et IH′; par une rotation α autour de I on doit amener D en D′. Cette rotation doit amener H en H′, donc IH=IH′; l'angle HIH′ a pour valeur algébrique α. Il en résulte que l'angle des directions positives D et D′ est égal à α ; la droite SI, qui joint le point I au point de rencontre S des droites D et D′ est bissectrice de l'angle H′SH, c'est-à-dire de l'angle extérieur à l'angle formé par les directions positives D et D′; donc:

1° *L'angle formé par les directions positives* D *et* D′ *de deux droites homologues est égal à l'angle de rotation.*

2° *La bissectrice de l'angle extérieur à cet angle passe par le centre de rotation.*

357. Droites qui joignent les points homologues de deux droites homologues. — Soient M et M′ deux points homologues

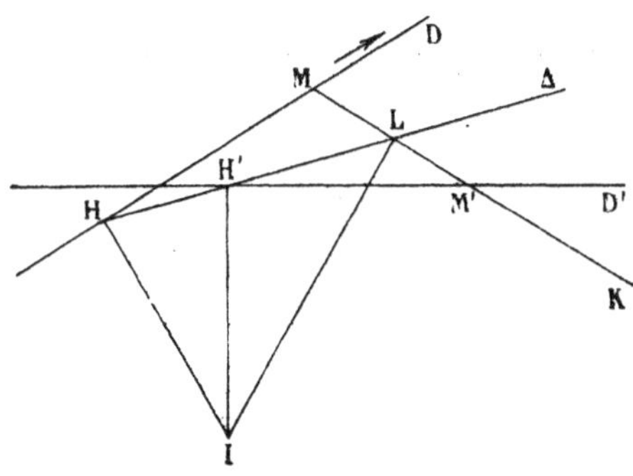

Fig. 142.

situés sur les droites homologues D et D′; K un point qui divise MM′ dans un rapport donné. On passe de M à K par les opérations indiquées au n° 355 ; chacune de ces opérations transforme une droite en une droite ; donc quand le point M parcourt la droite D, le point K décrit une droite D_1.

En particulier, le milieu L de MM′ décrit une droite Δ. Les droites MM′ sont donc telles que le lieu des projections du point I (*fig.* 142) sur ces droites est une droite Δ ; donc les droites MM′ enveloppent une parabole qui a pour foyer le point I et pour tangente au sommet Δ.

358. Droites qui joignent les points homologues de deux cercles homologues. — Soient O et O′ deux cercles homologues ; A,A′; M,M′ deux couples de points homologues sur ces cercles, de sorte que les arcs AM, A′M′ sont égaux et de même sens ; soit K le point qui partage MM′ dans un rapport donné, on passe de M à K par les opérations indiquées

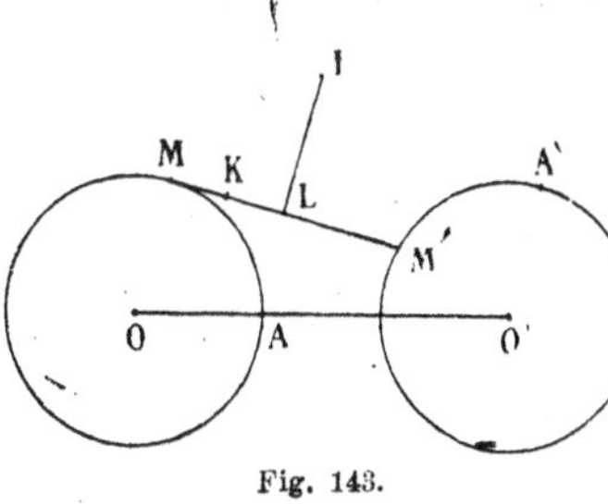

Fig. 143.

au n° 355 ; chacune de ces opérations transforme un cercle en un cercle ; donc quand M décrit le cercle O, le point K décrit un cercle.

En particulier, le milieu L de MM′ décrit un cercle Σ. Les droites MM′ sont donc telles que le lieu des projections du point I sur ces droites est le cercle Σ. Si donc, le cercle Σ *ne passe pas par* I, ces droites enveloppent une conique qui a pour foyer I et pour cercle principal le cercle Σ.

359. Remarque. — Les opérations indiquées au n° 355 transforment un cercle passant par I en un cercle passant par I; donc, pour que le cercle Σ passe par I, il faut et il suffit que le point I soit sur le cercle O ; le cercle O′ passe aussi par I et coupe le cercle O (*fig.* 144) en un second point S ; si M et M′ sont deux points homologues, les arcs IM, IM′ sont égaux et de même sens ; les angles MSI, M′SI sont égaux ; la droite MM′ passe par S. Le cercle Σ du numéro précédent est le cercle qui a pour diamètre IS, donc :

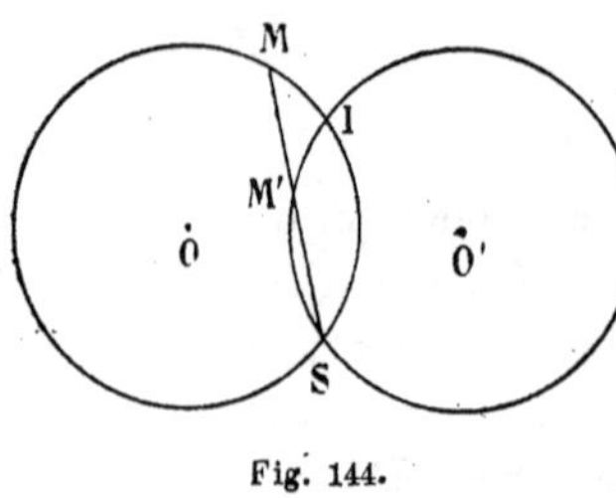

Fig. 144.

Dans ce cas, les droites qui joignent les points homologues sur les deux cercles passent par un point fixe.

360. **Triangles homologues homologiques.** — Soient ABC, A′B′C′ deux triangles homologues ; O et O′ les cercles circonscrits à ces triangles ; si le cercle O ne passe pas par le point I, les droites AA′, BB′, CC′ sont tangentes à une véritable conique (358); ces droites ne peuvent pas être concourantes, les triangles ABC, A′B′C′ ne sont pas homologiques.

Si au contraire le cercle O passe par I, les droites AA′, BB′, CC′ sont concourantes ; les triangles ABC, A′B′C′ sont homologiques. Le centre d'homologie S est le second point commun aux cercles O et O′, donc:

Pour qu'un triangle soit homologique à son homologue, il faut et il suffit que le cercle circonscrit à ce triangle passe par le centre de rotation.

361. Cas où l'on considère trois positions d'une figure plane de forme invariable. — Soient P_1, P_2, P_3 trois positions d'une figure plane invariable. On pourra amener P_2 en coïncidence avec P_3 par une rotation α autour d'un point A, P_3 avec P_1 par une rotation β autour d'un point B; P_1 avec P_2 par une rotation γ autour d'un point C.

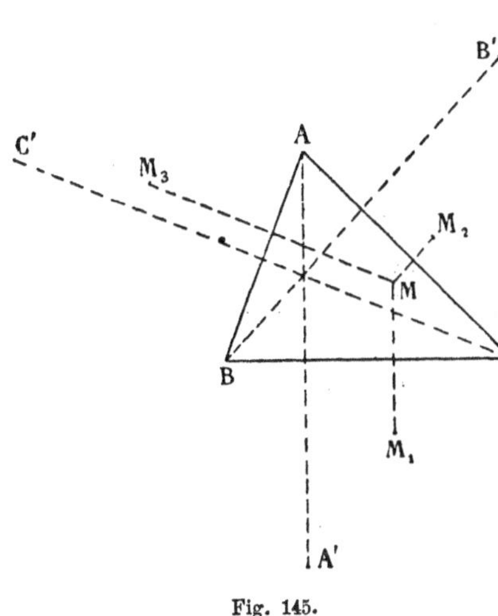

Fig. 145.

Le point A de la figure P_2 coïncide avec son homologue dans la figure P_3; je désigne par A′ l'homologue de ce point dans la figure P_1; je désigne de même par B′ le point de P_2 qui est l'homologue du point B des figures P_3 et P_1; enfin par C′ le point de P_3 qui est l'homologue de C des figures P_1 et P_2; de sorte qu'on a le tableau suivant :

P_1	A′	B	C,
P_2	A	B′	C,
P_3	A	B	C′.

Dans ce tableau, les points qui sont dans une même colonne verticale sont, dans l'ordre où ils sont placés, des points homologues des figures P_1, P_2, P_3.

Cela posé les droites BA et BA′ sont égales, comme droites homologues des figures P_1 et P_3; de même, CA et CA′ sont égales, comme droites homologues des figures P_1 et P_2; il en résulte que A′ est le symétrique de A par rapport au côté BC ; de même B′ est le symétrique de B par rapport à CA; enfin C′ le symétrique de C par rapport à AB. Maintenant l'angle α est l'angle dont il faut faire tourner la figure P_2 autour de A pour la faire coïncider avec P_3; il suffit pour réaliser cette coïncidence d'amener B′ en B; l'angle de rotation α est donc égal à l'angle B′AB, c'est-à-dire au double de CAB ; on voit de même que β est le double de ABC et γ le double de BCA.

Soit maintenant M un point du plan, M_1, M_2, M_3 les symétriques de M par rapport aux côtés BC, CA, AB. On pourra amener M_1 en M_2 par une rotation égale à $2\,\widehat{BCA}$ autour de C [268], donc M_1 et M_2 sont des points homologues des figures P_1 et P_2 ; on voit de même que M_2 et M_3 sont des points homologues des figures P_2 et P_3, donc:

Trois points homologues M_1, M_2, M_3 *des figures* P_1, P_2, P_3 *sont les symétriques d'un même point* M *par rapport aux côtés* BC, CA, AB.

§ II.

Combinaison d'un déplacement et d'une homothétie.

362. **Définitions.** — Soient I un point fixe appelé *centre de rotation*, α un angle donné appelé *angle de rotation ;* S un autre point fixe appelé *centre de similitude*, k un nombre, positif ou négatif, appelé *module de similitude ;* à chaque point M du plan je fais correspondre un point M′ par les deux opérations suivantes :

1° Je fais tourner le point M d'un angle α autour du centre I, ce qui amène le point M en M_1 (*fig.* 146) ;

2° Je prends l'homothétique M′ du point M_1, le centre de similitude étant S et le rapport de similitude k.

La transformation qui fait correspondre à chaque point M du plan le point M′ est dite la *résultante* d'une rotation α autour de I et d'une similitude de centre S et de module k. Le point M′ est l'*homologue* du point M dans cette transformation. Si le point M décrit une figure F, son homologue M′ décrit une figure F′. La figure F′ est dite l'*homologue* de la figure F dans cette transformation.

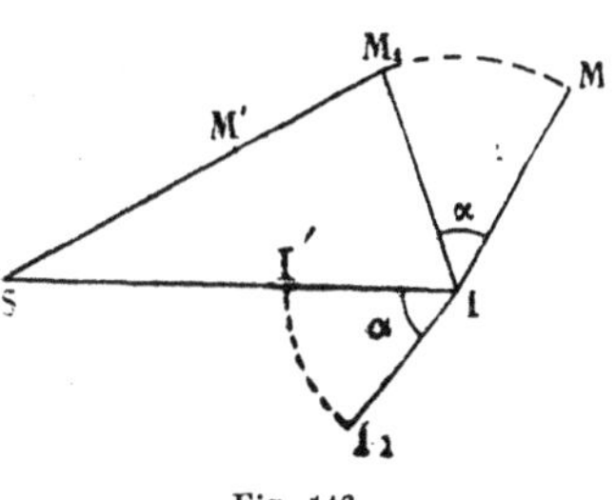

Fig. 146.

363. Remarque. — Si l'on change l'ordre dans lequel on fait les deux opérations la transformation change. Il suffit pour s'en convaincre de placer le point M dans une position particulière ; je place le point M en I, la rotation le laisse en I ; la similitude l'amène en un point I′ situé sur SI et tel que

$$\frac{SI'}{SI} = k.$$

Si je fais la similitude d'abord, le point M supposé placé en I vient en I′ ; si ensuite je fais la rotation le point I′ vient en I_1 (*fig.* 146).

Ainsi, quand on fait la rotation d'abord et la similitude ensuite, le point I a pour homologue le point I′; si, au contraire, on fait la similitude d'abord et la rotation ensuite, le point I a pour homologue le point I_1.

La transformation obtenue en faisant la rotation d'abord et la similitude ensuite sera désignée par RS; la transformation obtenue en faisant la similitude d'abord et la rotation ensuite sera désignée par SR. Bien que ces transformations soient distinctes, les propriétés de ces transformations sont les mêmes. Je démontrerai les théorèmes pour la première ; on verra facilement qu'ils s'appliquent à la seconde.

364. Théorème. — *La figure homologue d'une droite est une droite.*

En effet soit D une droite, la rotation amène D suivant une droite D_1 ; la similitude transforme D_1 en une droite D′ ; ce qui démontre le théorème.

365. Théorème. — *La figure homologue d'un cercle est un cercle.*

Même démonstration qu'au numéro précédent.

366. Théorème. — *Si* A′B′ *est l'homologue d'un segment* AB, *le rapport des longueurs* A′B′ *et* AB *est égal à la valeur absolue du module de similitude k ; l'angle des directions* AB, A′B′ *est égal à* α *ou à* $\alpha + \pi$ *suivant que k est positif ou négatif.*

En effet la rotation amène AB en A_1B_1 et l'on a

$$A_1B_1 = AB.$$

La similitude transforme A_1B_1 en A′B′ ; par conséquent le rapport $\frac{A'B'}{A_1B_1}$ ou, ce qui revient au même, le rapport $\frac{A'B'}{AB}$ est égal à la valeur absolue de k.

D'autre part, on a la relation angulaire

$$(AB,\ A'B') = (AB,\ A_1B_1) + (A_1B_1,\ A'B').$$

Or

$$(AB,\ A_1B_1) = \alpha,$$

$(A_1B_1,\ A'B')$ est égal à zéro ou à π suivant que k est positif ou négatif, ce qui démontre le théorème.

367. Théorème. — *La figure homologue d'un angle est un angle ; deux angles homologues sont égaux et de même sens.*

En effet, la rotation et la similitude sont des opérations qui transforment un angle en un autre ayant même valeur algébrique. Il en est donc de même des deux opérations combinées.

368. **Théorème.** — *La figure homologue d'un polygone est un polygone directement semblable.*

En effet, soient A,B,C,D,... les sommets d'un polygone ; A',B',C',D'... les homologues de ces sommets ; le polygone ABCD... a pour homologue le polygone A'B'C'D'... et l'on a [325]

$$\frac{A'B'}{AB} = \frac{B'C'}{BC} = \frac{C'D'}{CD} = \ldots\ldots$$

D'autre part les angles homologues de ces polygones sont égaux et de *même sens* [325] ; donc ces polygones sont directement semblables.

369. **Réciproque.** — *Deux polygones directement semblables peuvent se déduire l'un de l'autre par une rotation suivie d'une similitude.*

En effet, soient ABCD..., A'B'C'D'... deux polygones directement semblables. On a

$$\frac{A'B'}{AB} = \frac{B'C'}{BC} = \frac{C'D'}{CD} = \ldots\ldots = k.$$

Je prends un centre de similitude arbitraire S ; je fais une homothétie de module $\frac{1}{k}$, le polygone A'B'C'D'... se transforme en un polygone $A_1B_1C_1D_1$.... Les deux polygones ABCD... et $A_1B_1C_1D_1$... ont leurs côtés homologues égaux et leurs angles homologues égaux et de même sens. On pourra donc, par une rotation, amener ABCD ... en $A_1B_1C_1D_1$.... Cette rotation suivie d'une similitude de centre S et de module k transforme ABCD... en A'B'C'D'....

370. Remarque. — On voit qu'on peut d'une infinité de manières transformer ABCD... en A'B'C'D'... par une rotation suivie d'une similitude, puisqu'on peut prendre arbitrairement le centre de similitude.

Je dis qu'on peut, si l'on veut, choisir arbitrairement le centre de rotation. En effet, les polygones ABCD ...,

A′B′C′D′... ayant leurs angles homologues égaux et de même sens, on a les relations angulaires

$$(AB, A'B') = (BC, B'C') = (CD, C'D') = \ldots$$

Soit α la valeur commune de ces angles ; I un point arbitrairement choisi. Une rotation α autour de I amène ABCD... en $A_2B_2C_2D_2$.... Les polygones $A_2B_2C_2D_2$..., A′B′C′D′... ont leurs côtés proportionnels, et les côtés homologues sont parallèles et de même sens ; donc ces polygones sont homothétiques.

371. **Théorème.** — *Quand on connaît les homologues de deux points, on peut construire les homologues de tous les points du plan.*

En effet, soient A et B deux points donnés ; A′ et B′ leurs homologues ; M un point quelconque du plan, M′ son homologue ; le point M′ doit se trouver sur une demi-droite L′, telle que les angles B′A′L′ (*fig.* 147) et BAM soient égaux et de même sens ; ce qui permet de construire cette demi-droite. On a ensuite

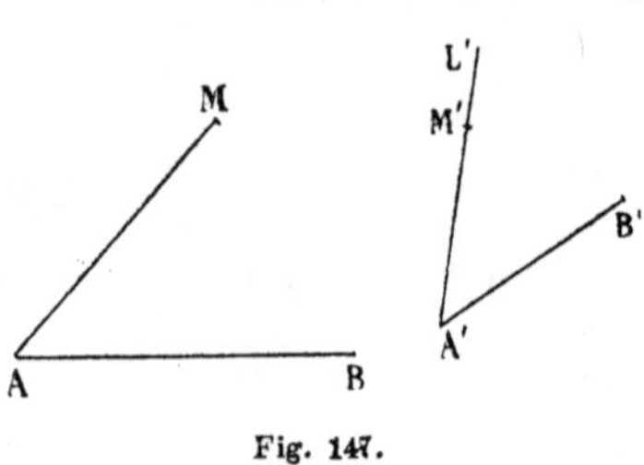

Fig. 147.

$$\frac{A'M'}{AM} = \frac{A'B'}{AB},$$

ce qui détermine le point M′.

On exprime ce fait en disant que *la transformation est définie par deux couples de points correspondants.*

372. **Point double.** — Je vais montrer qu'il existe un point et un seul qui coïncide avec son homologue. Pour qu'un

point M possède cette propriété, il faut et il suffit (*fig.* 148) que la droite MM_1 passe par S et que l'on ait

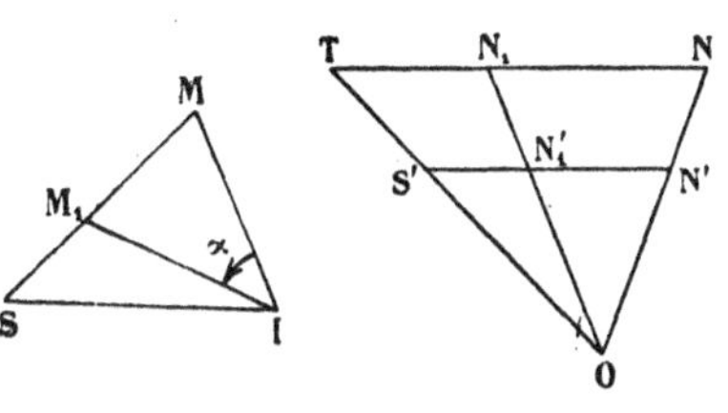

Fig. 148.

$$\frac{SM}{SM_1} = k.$$

Je construis un triangle isocèle NON_1, dans lequel l'angle NON_1 a pour valeur algébrique α, sur la droite NN_1 je prends un point T tel que

$$\frac{TN}{TN_1} = k.$$

Je prends sur OT une longueur OS' égale à IS ; par le point S' je mène la parallèle $S'N'_1N'$; l'angle $N'ON'_1$ est bien égal à α et l'on a

$$\frac{S'N'}{S'N'_1} = k.$$

Je transporte la figure $OS'N'_1N'$ de façon que OS' coïncide avec IS ; les points N', N'_1 viennent occuper des positions M et M_1 ; ces points M et M_1 possèdent bien la propriété demandée ; le point M ainsi obtenu coïncide avec son homologue.

C'est d'ailleurs le seul point qui possède cette propriété ; car si deux points coïncident avec leurs homologues, tous les points coïncident avec leurs homologues (371).

Ce point s'appelle le *point double* ou le *pôle* de la transformation. Je le désignerai par la lettre J.

373. *Propriétés de la transformation.* — Soient M et M' deux points homologues quelconques, les droites JM, JM' sont des droites homologues ; l'angle des deux directions JM, JM' est α ou $\pi + \alpha$ (367) suivant que k est positif ou négatif ; le rapport des deux longueurs JM' et JM est égal

à la valeur absolue de k. On voit que dans tous les cas on passe de M à M′ par rotation α autour de J, suivie d'une homothétie de centre J et de module k. On retrouve la définition du nº 362 avec cette particularité que les points I et S sont ici confondus.

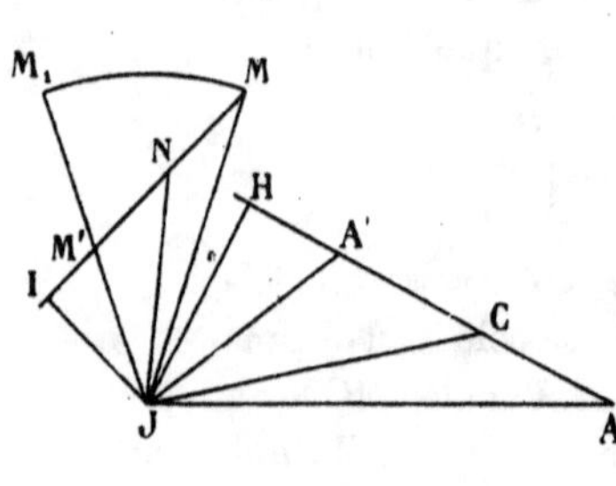

Fig. 149.

Il y a lieu de remarquer que si le point J reste fixe et que l'on remplace respectivement α et k par $\alpha + \pi$ et $-k$, on retombe sur la même transformation.

374. Théorème. — *Si* M *et* M′ *sont deux points homologues quelconques, tous les triangles* JMM′ *sont directement semblables.*

Soient A et A′ deux points homologues fixes ; dans les triangles AJA′, MJM′ les angles AJA′ et MJM′ sont égaux et de même sens ; les rapports des longueurs $\frac{JA'}{JA}$, $\frac{JM'}{JM}$ sont égaux à la valeur absolue de k ; donc quels que soient les points homologues M et M′, le triangle JMM′ est directement semblable au triangle JAA′.

375. Corollaire. — Soit N le point qui divise le segment MM′ dans un rapport donné λ ; C le point qui divise AA′ dans le même rapport. Les points C et N sont des points homologues [328] des triangles semblables JAA′, JMM′; donc les angles AJC et MJN sont égaux et de même sens et l'on a

$$\frac{JN}{JM} = \frac{JC}{JA}.$$

Il en résulte qu'on passe de M à N par une transformation de pôle J, dont l'angle de rotation est l'an le AJC et dont le module de similitude est le rapport $\frac{JC}{JA}$.

En particulier, si l'on désigne par H la projection de J sur AA', par I la projection de J sur MM', les points H et I sont des points homologues des figures semblables JAA' et JMM'. On a donc

$$\frac{\text{IM}}{\text{IM}'} = \frac{\text{HA}}{\text{HA}'}$$

On peut passer des points M aux points I par la transformation étudiée dans ce paragraphe.

376. **Problème.** — *Construire le point double de la transformation connaissant deux couples de points homologues.*

Soient A,A' ; B,B' deux couples de points homologues.

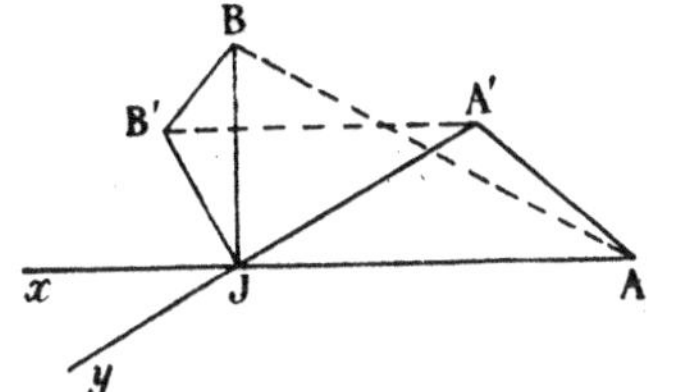

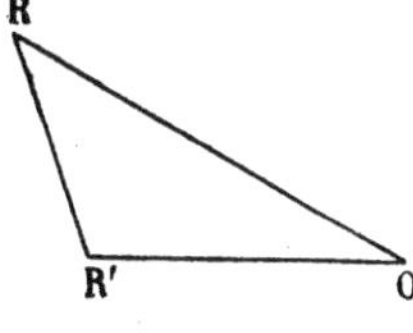

Fig. 150.

Par un point arbitraire O (*fig.* 150), je mène un vecteur OR équipollent à AB et un vecteur OR' équipollent à A'B'. Le triangle ORR' est directement semblable au triangle JAA'. Au point A je mène une demi-droite Ax telle que l'angle A'Ax ait même valeur algébrique que l'angle R'OR; au point A' une droite A'y telle que l'angle AA'y ait même valeur algébrique que l'angle RR'O. Le point J est à l'intersection des deux demi-droites Ax, A'y.

377. **Propriétés des droites qui joignent les points homologues de deux droites homologues.** — Soient D et D' deux droites homologues ; M et M' deux points homologues sur

ces droites ; N un point qui partage le segment MM′ dans un rapport donné λ. On passe des points M aux points N (373) par une transformation de pôle J ; donc quand M décrit la droite D, le point N décrit une droite Δ_1.

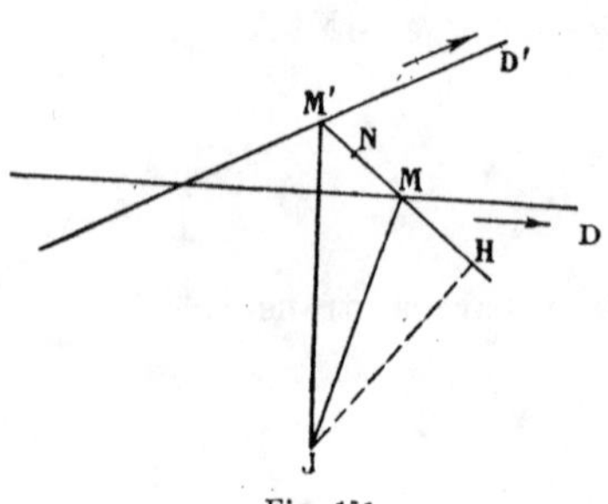

Fig. 151.

En particulier, la projection H du point J sur MM′ décrit une droite Δ. Il en résulte que les droites MM′ enveloppent une parabole qui a pour foyer J et pour tangente au sommet Δ.

378. **Propriétés des droites qui joignent les points homologues de deux cercles donnés.** — Soient O et O′ (*fig.* 152) deux cercles homologues ; M et M′ deux points homologues sur ces cercles ; N un point qui partage le segment MM′ dans un rapport donné λ. On passe des points M aux points N par une transformation de pôle J (373) ; donc le point N décrit un cercle Σ_1.

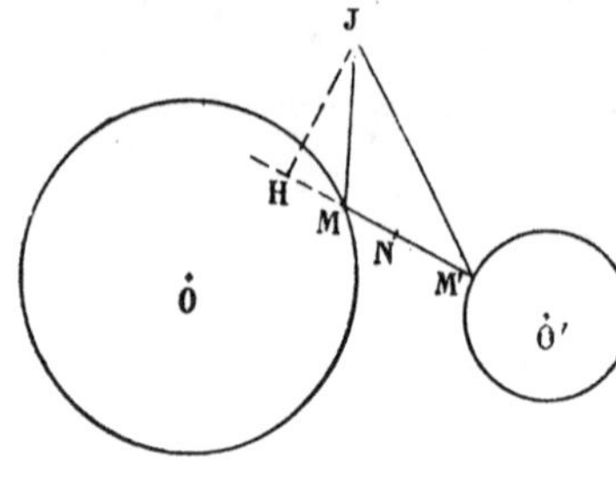

Fig. 152.

En particulier, la projection H du point J sur MM′ décrit un cercle Σ ; si donc, ce cercle Σ ne passe pas par J, les droites MM′ enveloppent une conique qui a pour foyer J et pour cercle principal le cercle Σ.

379. Remarque. — Pour que le cercle Σ passe par J, il faut et il suffit que le point J soit sur le cercle O ; dans ce cas, le cercle O′ passe aussi par J. Ces deux cercles O et O′ se coupent en un second point S. On voit facilement que, dans ce cas, toutes les droites MM′ passent par S.

§ III.

Déplacements dans l'espace.

380. Je renvoie à la première partie de ce cours (Livre VI, § V) pour l'exposé élémentaire de cette théorie. Je rappelle le théorème fondamental :

Si un point O d'une figure invariable coïncide avec son homologue, le déplacement de la figure est un déplacement de rotation autour d'un axe passant par O.

381. **Théorème.** — *On peut faire coïncider une figure de forme invariable avec son homologue par une rotation suivie d'une translation.*

En effet, soient S et S′ deux figures homologues ; A et A′ des points homologues quelconques de ces figures. Je donne à S′ une translation égale à A′A, ce qui amène S′ en S_1. Les figures homologues S et S_1 ont un point homologue commun A ; on pourra donc amener S en S_1 par une rotation R autour d'un axe passant par A ; après cette rotation, la translation AA′ amènera S_1 en S′.

382. Remarque. — On voit que le passage de S à S′ par une rotation suivie d'une translation peut se faire d'une infinité de manières, puisqu'on peut choisir arbitrairement le couple de points homologues A,A′. Je dis que quelle que soit la façon de faire l'opération, l'axe de rotation conserve une direction fixe et que la grandeur de la rotation reste fixe.

En effet, soit P un plan de S perpendiculaire à l'axe R, P′ son homologue dans S′. — La rotation R amène le plan P en P_1 ; les plans P_1 et P coïncident ; la translation amène

P_1 en P', le plan P' étant parallèle au plan P_1. Les plans P et P' sont donc parallèles. Il est clair que les plans P sont les seuls qui sont parallèles à leurs homologues ; donc

Si l'on considère deux positions d'une figure invariable, il y a dans la première figure, une série de plans parallèles et une seule qui sont parallèles à leurs homologues.

L'axe de rotation devant être perpendiculaire à cette série de plans conserve une direction fixe.

Soit maintenant D une droite du plan P, D' son homologue dans le plan P'. La rotation amène D en D_1, la translation amène D_1 en D'; les droites D_1 et D' sont parallèles. L'angle de rotation est égal à l'angle de D avec D_1 ou à l'angle de D avec D'; il est donc indépendant du choix du couple de points homologues A,A'.

383. **Déplacement d'un point.** — Soit AR l'axe de rotation, φ l'angle de rotation ; AA' la translation, qu'on peut décomposer en deux autres : l'une AB dirigée suivant l'axe, l'autre AC perpendiculaire à l'axe (*fig.* 153).

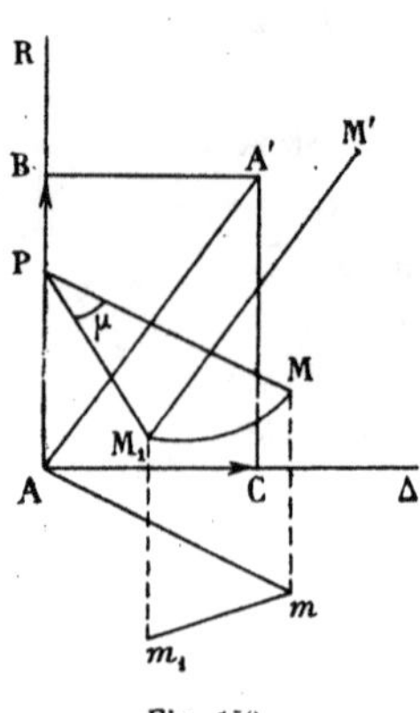

Fig. 153.

Soit maintenant M un point quelconque de la première figure, M' son homologue ; la rotation amène M en M_1 ; la translation M_1 en M' et l'on a

$$(MM') = (MM_1) + (M_1M') = (MM_1) + (AA')$$

ou encore

$$(1)\ (MM') = (MM_1) + (AC) + (AB).$$

384. Remarque. — Si l'on mène par le point M la droite Δ parallèle à l'axe, en tout point de cette droite le déplacement de rotation a la même grandeur géométrique ; donc pour tous les points M de la droite Δ le déplacement MM' a la même grandeur.

385. **Axe hélicoïdal.** — Je cherche les points M pour lesquels le déplacement MM′ est parallèle à l'axe de rotation. D'après la formule (1) MM′ est la somme géométrique des trois vecteurs MM_1, AC et AB. Les deux premiers sont perpendiculaires à l'axe ; le troisième est parallèle à l'axe ; pour que MM′ soit parallèle à l'axe, il faut et il suffit que la somme géométrique des deux premiers vecteurs soit nulle. D'après la remarque du numéro précédent, il suffit de chercher un point M dans le plan mené par A perpendiculairement à l'axe. Dans ce plan je mène une demi-droite A*y* (*fig.* 154) telle qu'une rotation de + 90° autour de l'axe amène AC en A*y*. Pour que MM_1 soit dirigé en sens inverse de AC, il faut et il suffit que l'angle MA*y* soit égal à $\frac{\varphi}{2}$, ce qui définit une demi-droite AL sur laquelle doit se trouver le point M. On a ensuite

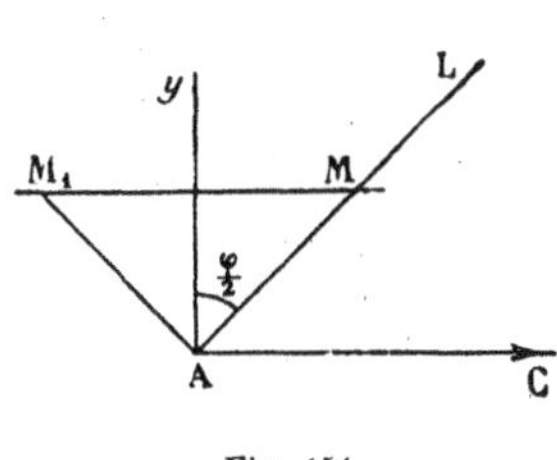

Fig. 154.

$$MM_1 = 2 \text{ AM} \sin \frac{\varphi}{2}.$$

On devra donc avoir entre les longueurs AM et AC la relation

$$2 \text{ AM} \sin \frac{\varphi}{2} = \text{AC},$$

ce qui détermine la longueur AM. On voit que dans le plan considéré il existe un point M et un seul possédant la propriété indiquée. Si par le point M on mène une droite Δ parallèle à l'axe de rotation, tous les points de cette droite possèdent la propriété demandée ; et ce sont les seuls.

Si M est un point quelconque de Δ, son homologue M′ est encore sur Δ et le vecteur MM′ est égal à AB ; l'homologue Δ′ de la droite Δ coïncide géométriquement avec Δ ; la distance de deux points homologues sur ces droites est égale à AB. On dit qu'on passe de Δ à Δ' en faisant glisser la droite Δ sur elle-même d'une longueur AB.

Cette droite Δ est l'*axe hélicoïdal* du déplacement.

386. **Déplacement hélicoïdal.** — Si dans le théorème général du n° 381 on suppose que le point A est sur l'axe hélicoïdal Δ (*fig.* 155), le point A' se trouvera aussi sur Δ. On pourra donc passer de la position S à la position S' par une rotation φ autour de Δ, suivie d'une translation AA' parallèle à Δ. On voit facilement que, dans ce cas, on ne change rien au résultat obtenu en faisant la translation d'abord, puis la rotation ensuite. Un tel déplacement est appelé un *déplacement hélicoïdal;* Δ est l'axe du déplacement; le segment AA' est le *glissement* du déplacement; φ l'angle de rotation du déplacement.

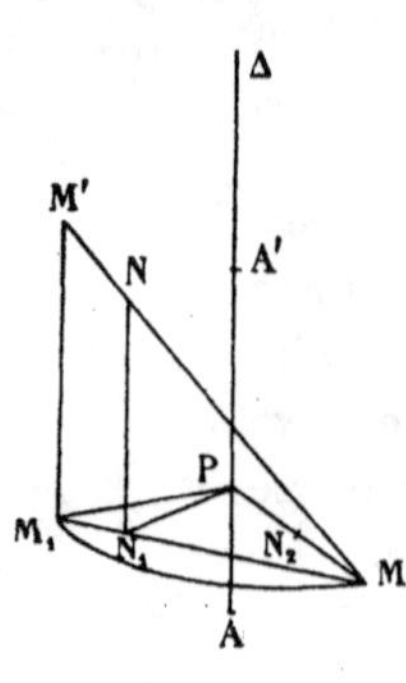

Fig. 155.

Soit alors M un point quelconque de la figure, j'abaisse du point M la perpendiculaire MP sur l'axe. Cela posé, la rotation amène M en M_1; la translation amène M_1 en M' tel que $M_1M' = AA'$.

Dans le triangle rectangle MM_1M', on a

$$\overline{MM'}^2 = \overline{MM_1}^2 + \overline{M_1M'}^2.$$

Mais

$$MM_1 = 2\,PM \sin\frac{\varphi}{2},$$

$$M_1M' = AA',$$

donc

$$\overline{MM'}^2 = \overline{AA'}^2 + \overline{4\,PM}^2 \sin^2\frac{\varphi}{2}.$$

Cette formule met en évidence les résultats suivants :

1° *L'axe hélicoïdal est le lieu des points pour lesquels le déplacement a une longueur minimum.*

2° *Le lieu des points pour lesquels le déplacement a une longueur donnée est un cylindre de révolution qui a pour axe l'axe hélicoïdal.*

Il résulte de tout ce qui précède la propriété suivante :

Tout déplacement d'une figure invariable se ramène à une translation, ou à une rotation, ou à un déplacement hélicoïdal.

387. **Similitude axiale.** — Pour faciliter les applications de cette théorie, je vais définir la *similitude axiale.*

Soient Δ un axe fixe, k un nombre positif ou négatif, à chaque point M de l'espace, je fais correspondre un point M' (*fig.* 156) de la façon suivante : Par le point M je mène la

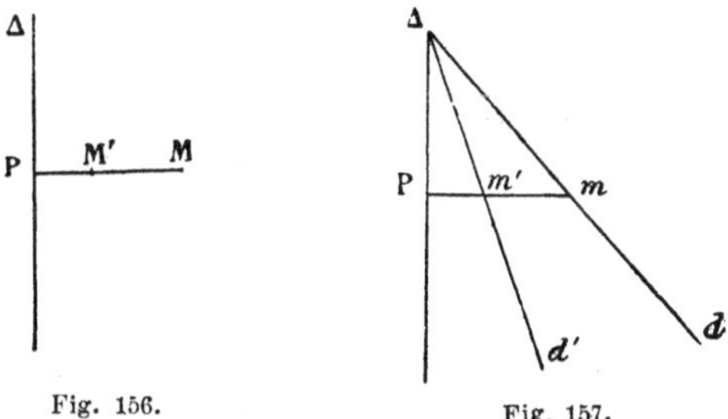

Fig. 156. Fig. 157.

perpendiculaire MP sur Δ ; sur la droite PM je prends un point M' tel que le rapport $\frac{\text{PM}'}{\text{PM}}$ soit égal à k. Le point M' est dit l'*homologue* de M dans la similitude axiale, Δ est l'*axe de similitude ; k le module de la similitude.* Si le point M décrit une figure F, son homologue M' décrit une figure F' ; la figure F' est dite l'*homologue* de la figure F dans la transformation par similitude axiale.

388. **Théorème.** — *La figure homologue d'une droite, dans la similitude axiale, est une droite.*

Je suppose que le point M décrive une droite quelconque D ; je projette sur un plan quelconque passant par l'axe ; la droite D se projette suivant une droite d, le point M en un point m situé sur d (*fig.* 157) ; le point M′ se projette en m' ; le point P est confondu avec sa projection. La droite Pmm' est perpendiculaire à Δ et l'on a

$$\frac{Pm'}{Pm} = k.$$

Comme le point m décrit la droite d, le point m' décrira une droite d'.

La projection du lieu de M′ sur un plan quelconque passant par l'axe est une droite ; donc le lieu de M′ est une droite.

389. **Propriétés de deux points homologues dans un déplacement hélicoïdal.** — Soient M et M′ (*fig.* 155) deux points homologues dans un déplacement hélicoïdal. N un point de MM′ tel que le rapport $\frac{MN}{MM'}$ ait une valeur donnée λ. La parallèle à l'axe menée par le point N rencontre MM_1 en un point N_1. On a

$$\frac{MN_1}{MM_1} = \frac{N_1N}{M_1M'} = \lambda.$$

On en conclut que, quel que soit le point M, le segment N_1N est constant et égal à $\lambda . AA'$.

D'autre part, quel que soit le point M, tous les triangles tels que PMM′ sont des triangles semblables ; comme $\frac{MN_1}{MM_1}$ est égal à λ, on en conclut que l'angle MPN_1 a une valeur constante α et que le rapport $\frac{PN_1}{PM}$ a une valeur constante k_1.

Cela posé, je prends sur PM une longueur PN_2 égale à PN_1. On passe de M à N_2 par une similitude axiale d'axe Δ et de module k_1 ; on passe ensuite de N_2 à N par un déplacement hélicoïdal d'axe Δ, de rotation α et de glissement $\lambda AA'$.

390. **Propriétés des droites qui joignent les points homologues de deux droites homologues, dans un déplacement hélicoïdal.** — Soient D et D' deux droites homologues ; M et M' deux points homologues sur ces droites. Les points M et M' décrivent sur ces droites des divisions égales, par conséquent (96 et 120), les droites telles que MM' forment un système de génératrices d'un paraboloïde hyperbolique.

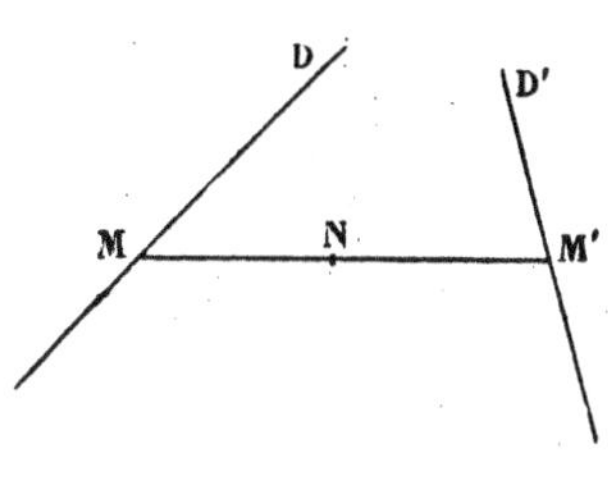

Fig. 158.

Cela posé, soit N un point qui divise le segment MM' dans un rapport constant. On pourra passer des points M aux points N par une similitude axiale, suivie d'un déplacement hélicoïdal. Chacune de ces opérations transforme une droite en une droite ; donc le lieu du point N est une droite.

(Autres démonstrations, nos 96 et 121.)

§ IV.

Mouvement continu d'un plan sur un plan.

391. **Définitions.** — Soit P un plan fixe, Q un plan qui se meut en restant constamment sur le plan P; le mouvement du plan Q est le mouvement d'un plan sur un plan.

Soit μ un point du plan Q, ce point μ va occuper, pendant la durée du mouvement, une série de positions sur le plan P, l'ensemble de ces positions forme une courbe, tracée sur le plan P, et qu'on appelle la *trajectoire* du point μ.

Soit δ une droite du plan Q; pendant le mouvement, cette droite va occuper sur le plan P une série de positions ; l'ensemble de ces droites du plan P forment les tangentes d'une courbe, qu'on appelle l'*enveloppée* de la droite δ du plan Q.

Pour définir le mouvement du plan Q, il faut pouvoir placer le plan Q à chaque instant ; on pourra, par exemple, se donner à chaque instant les positions A et B de deux points α et β du plan Q ($AB = \alpha\beta$). On pourrait aussi se donner à chaque instant la position A d'un point α du plan Q et la position Ax d'une demi-droite $\alpha\xi$ du plan Q; enfin on pourrait se donner à chaque instant les positions de deux droites du plan Q.

392. **Centre instantané.** — Soient P_1 et P_2 les positions du plan Q aux instants t et $t+h$. On peut faire coïncider P_1 avec P_2 par une rotation autour d'un certain point J ; lorsque h tend vers zéro, le point J tend vers une position limite I, qui est le *centre instantané* à l'instant t.

393. **Propriété des trajectoires.** — Soient M_1 et M_2 les positions d'un point μ du plan Q aux instants t et $t+h$; la perpendiculaire menée au milieu O de M_1M_2 passe par le point J

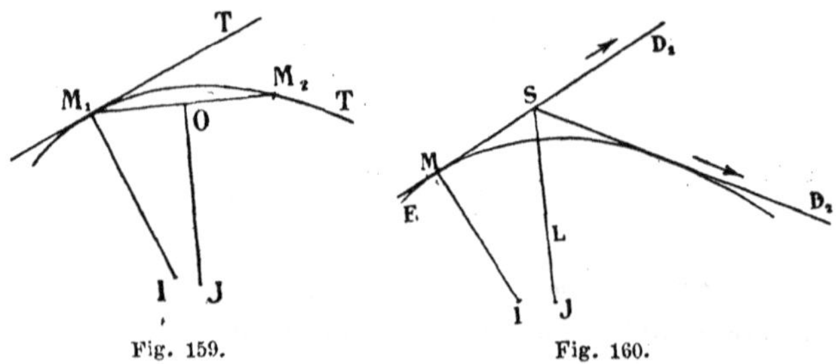

Fig. 159. Fig. 160.

(*fig.* 159) ; si l'on fait tendre h vers zéro, M_2 se rapproche indéfiniment de M_1, le milieu O de M_1M_2 vient en M_1, la droite M_1M_2 a pour position limite la tangente M_1T à la trajectoire du point μ. La perpendiculaire menée à M_1M_2 en son milieu a pour position limite la normale en M_1 à la trajectoire ; cette normale passe par le point I, position limite de J ; donc,

A un instant quelconque, les normales aux trajectoires de tous les points du plan mobile passent par le centre instantané à cet instant.

394. **Propriété des enveloppées.** — Soient D_1 et D_2 les positions d'une droite δ du plan mobile aux instants t et $t+h$; ces deux droites se rencontrent en S, la bissectrice extérieure SL à ces deux droites passe par J. Si l'on fait tendre h vers 0, le point S a pour position limite le point M où D_1 touche l'enveloppée de δ ; la bissectrice SL a pour position limite la normale en M à l'enveloppée ; cette normale passe par le point I, limite du point J (*fig.* 160), donc,

A un instant quelconque, le point où une droite du plan mobile touche son enveloppée est le pied de la perpendiculaire abaissée du centre instantané sur la droite.

395. **Application I.** — *Conchoïde.* — Soit S un point fixe, C une courbe quelconque ; sur chaque rayon vecteur SA mené de S à la courbe, on prend une longueur constante AM $= l$; quand le point A décrit la courbe C, le point M décrit une courbe qu'on appelle une *conchoïde* de la courbe C ; S est le *pôle* de la conchoïde, la longueur l est le *module*.

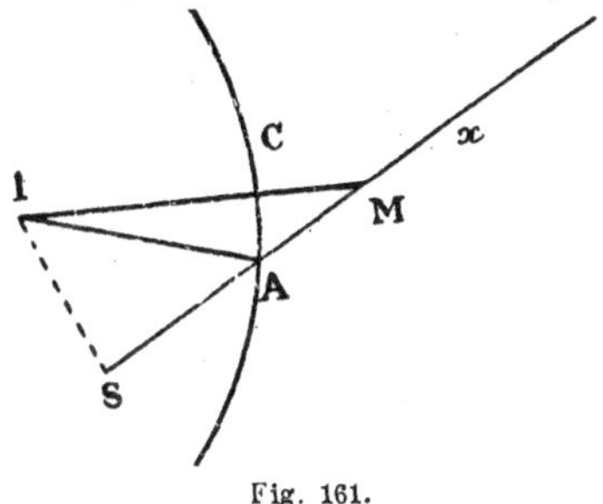

Fig. 161.

Je suppose que le point A décrive la courbe C suivant une loi quelconque. On pourra définir le mouvement d'un plan sur un plan de la façon suivante : A chaque instant, A est la position d'un point α du plan Q ; la demi-droite Ax, prolongement de SA est la position d'une droite $\alpha\xi$ du plan Q.

Il est facile de construire le centre instantané. La courbe C est la trajectoire du point α, donc le centre instantané est sur la normale en A à la courbe C ; d'autre part, l'enveloppée de $\alpha\xi$ est le point S, le centre instantané est sur la normale en S à la droite SA.

Sur la droite $\alpha\xi$ je prends un point μ tel que $\alpha\mu = l$; quand α vient en A, μ vient en M. La conchoïde est donc la trajectoire d'un point μ du plan mobile ; il en résulte que la normale à la conchoïde est la droite MI, ce qui permet de construire la normale et par suite la tangente en chaque point d'une conchoïde.

396. Exemple I. — *Conchoïde de droite.* — La courbe qu'on appelle conchoïde de droite se compose en réalité de deux

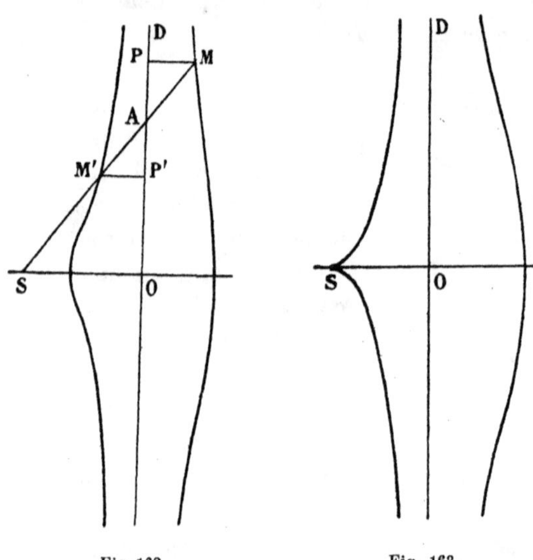

Fig. 162. Fig. 163.

conchoïdes ; sur chaque rayon vecteur SA, mené de S à la droite D (*fig.* 162) on porte de part et d'autre du point A des longueurs AM et AM' égales à l; il y a donc deux branches de courbes ; l'une située par rapport à D du côté du point S, l'autre du côté opposé.

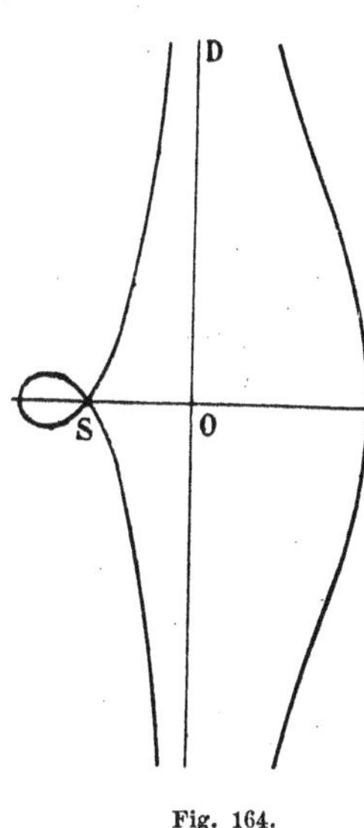

Fig. 164.

J'abaisse des points M et M′ les perpendiculaires MP, M′P′ à la droite D. On a

$$\text{MP} = \text{M'P'} = l \sin \text{SAO}.$$

Quand le point A s'éloigne indéfiniment sur la droite D, les points M et M′ s'éloignent indéfiniment ; l'angle SAO tend vers zéro ; donc les deux branches de courbes sont *asymptotes* à la droite D.

On construit facilement la conchoïde de droite ; on a les trois formes suivantes :

1° $l <$ la distance SO du point S à la droite D (*fig.* 162) ;
2° $l =$ SO (*fig.* 163) ;
3° $l >$ SO (*fig.* 164).

397. Exemple II. — *Limaçon de Pascal.* — Le limaçon de

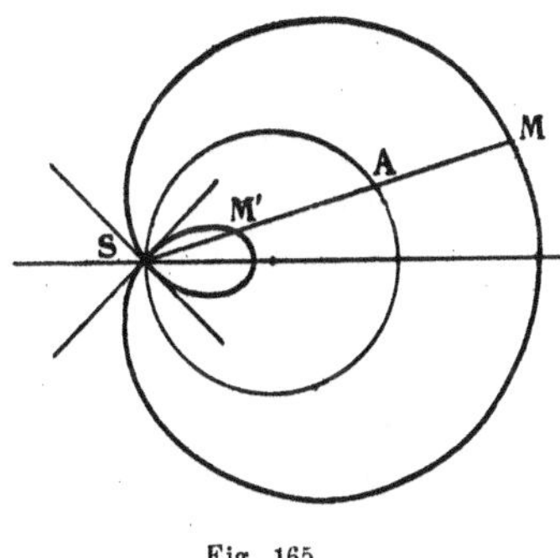

Fig. 165.

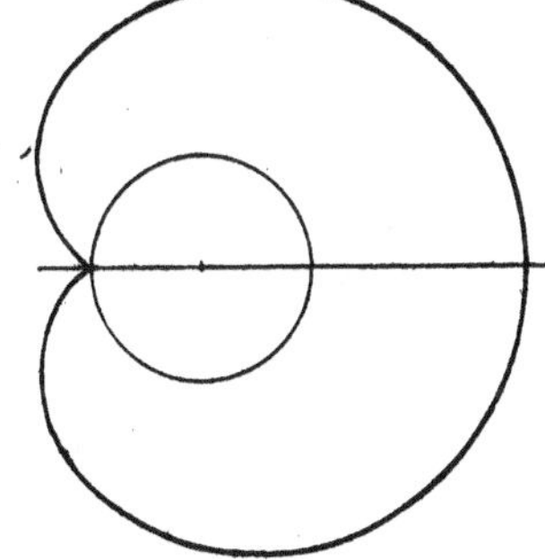
Fig. 166.

Pascal est une conchoïde de cercle, le pôle S étant placé sur le cercle ; sur chaque rayon vecteur SA, qui joint le point S à un point A du cercle, on porte de part et d'autre du point A des longueurs AM et AM′ égales à l ; soit R le rayon du cercle, suivant les valeurs de l on a les formes suivantes de la courbe :

1° $l < 2\,R$ (*fig.* 165) ;

2° $l = 2\,R$ (*fig.* 166), dans ce cas particulier le limaçon est une *cardioïde ;*

3° $l > 2\,R$ (*fig.* 167).

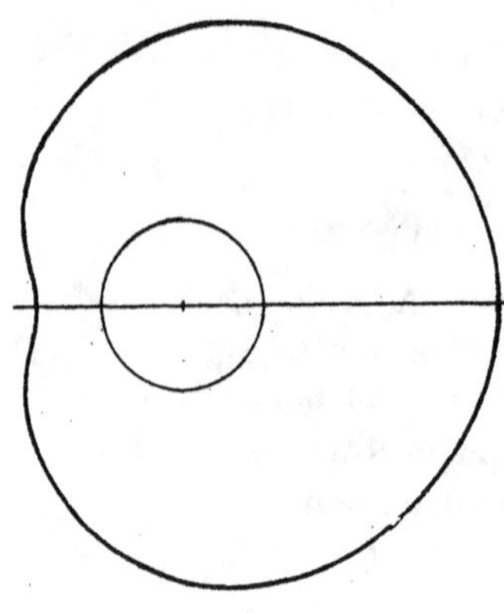
Fig. 167.

398. **Application II.** — *Podaire.* — Soient S un point fixe, C une courbe quelconque ; on appelle *podaire* de la courbe C par rapport au point S le lieu des projections de S sur les tangentes à la courbe C ; soit M un point de la courbe C, MT la tangente en ce point, A la projection de S sur cette tangente ; quand le point M décrit la courbe C, le point A décrit la podaire de la courbe C par rapport au point S (*fig.* 168).

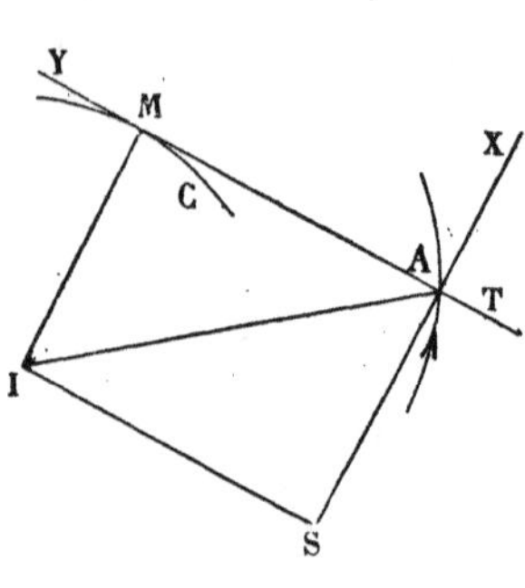

Fig. 168.

Je suppose que le point M se déplace sur la courbe C suivant une loi quelconque ; on peut définir le mouvement d'un plan sur un plan de la façon suivante : je désigne par AX le prolongement de SA, par AY une demi-droite directement perpendiculaire à AX ; si $\xi\alpha\eta$ est un angle droit tracé dans le plan Q, j'amènerai, à l'instant t, $\alpha\xi$ et $\alpha\eta$ sur les positions qu'occupent à cet instant AX et AY.

Il est facile de construire le centre instantané ; la droite $\alpha\xi$ a pour enveloppée le point S, la droite $\alpha\eta$ a pour enveloppée la courbe C ; le centre instantané I se trouve donc sur la normale en M à la courbe C et sur la perpendiculaire en S à la droite SA, ce qui détermine le point I.

La podaire, lieu de A, est la trajectoire du point α ; donc la normale en A à cette podaire est la droite IA, ce qui permet de construire la tangente en chaque point d'une podaire.

399. **Cas où deux points du plan mobile se déplacent sur des droites.** — Je suppose que les points α et β du plan

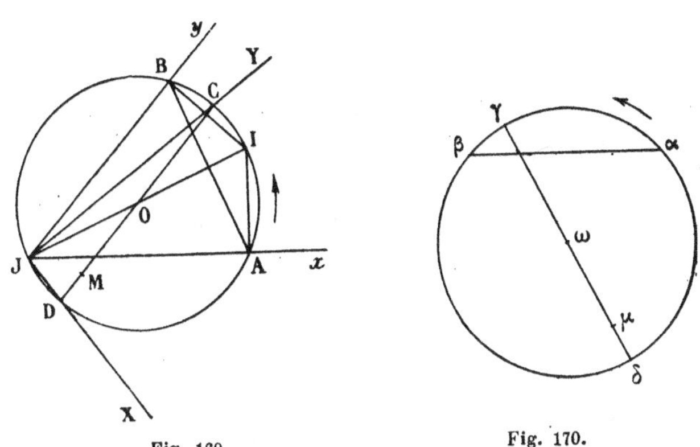

Fig. 169

Fig. 170.

Q se déplacent respectivement sur les droites Jx et Jy du plan P (*fig.* 169). Soient A et B les positions de ces points à l'instant t ; le centre instantané I, à cet instant, se trouve sur les perpendiculaires menées en A et B aux droites Jx et Jy. Il en résulte que le quadrilatère JABI est inscriptible à un cercle O ; je dis que le rayon de ce cercle O reste fixe; en effet, si R est ce rayon on a

$$2\ \mathrm{R} = \frac{\mathrm{AB}}{\sin\ x\mathrm{J}y} = \frac{\alpha\beta}{\sin\ x\mathrm{J}y}.$$

On voit de plus que si l'on va, sur ce cercle, de A en B en prenant l'arc AB qui est plus petit qu'une demi-circonférence, le sens de déplacement de A vers B reste toujours le même.

Cela posé, dans le plan Q, je construis un cercle ω de rayon R, passant par α et β (*fig.* 170) et tel que si l'on va de α à β en prenant l'arc $\alpha\beta$ plus petit qu'une demi-circonférence, le sens de déplacement soit le même que celui de A vers B. Il en résulte, qu'à l'instant t, quand α et β viennent respectivement en A et B, le cercle ω vient coïncider avec le cercle O.

Un point γ du cercle ω vient se placer en un point C tel que les arcs AC et $\alpha\gamma$ soient égaux et de même sens ; il en résulte que l'angle AJC reste fixe ; par conséquent le point C se déplace sur une droite JY ; donc,

Tous les points du plan mobile situés sur le cercle ω se déplacent sur des droites passant par J.

Soit maintenant μ un point du plan Q, je mène le diamètre du cercle ω qui passe par μ ; ce diamètre coupe le cercle en γ et δ. A l'instant t, les points γ et δ viennent sur le cercle O en des points C et D qui sont diamétralement opposés sur ce cercle ; les droites JY, JX sur lesquelles se déplacent C et D sont rectangulaires; le point μ vient en un point M de la droite CD et l'on a MC $= \mu\gamma$, MD $= \mu\delta$.

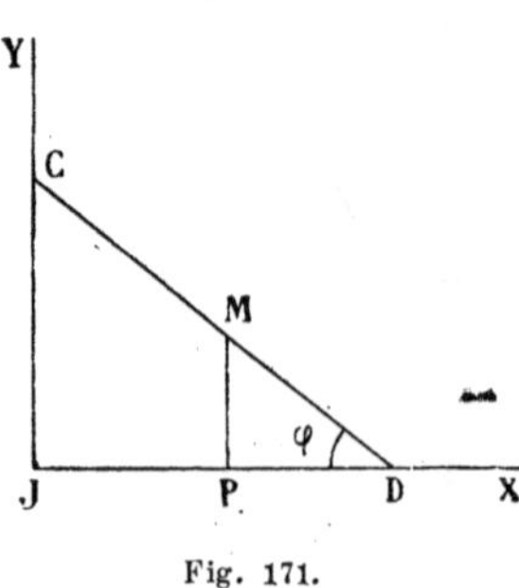

Fig. 171.

Je vais montrer que le point M décrit une ellipse. On désigne par a la longueur MC, par b la longueur MD ; par φ l'angle JDC ; en prenant comme axes JX et JY, on a, pour les coordonnées du point M,

$$X = JP = a \cos\varphi, \quad Y = PM = b \sin\varphi,$$

d'où

$$\frac{X^2}{a^2} + \frac{Y^2}{b^2} = 1,$$

ce qui montre que le point M décrit une ellipse.

400. Cas où deux droites du plan mobile passent par des points fixes. — Je suppose que les deux droites $\omega\xi$, $\omega\eta$ du plan Q passent constamment par deux points fixes

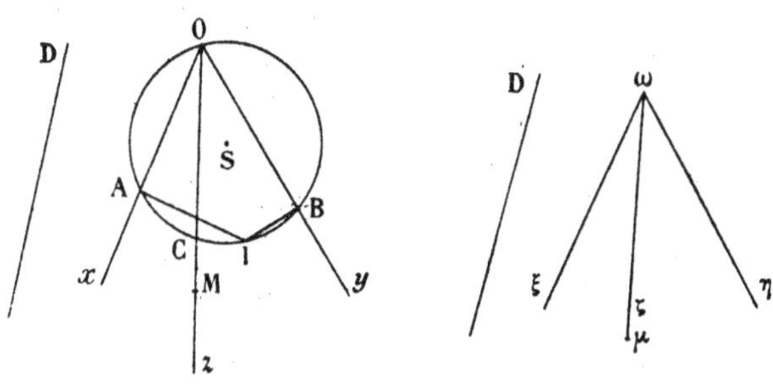

Fig. 172 *a*. Fig. 172 *b*.

A et B ; à l'instant *t*, ces droites occupent les positions Ox, Oy. Le centre instantané I se trouve sur les perpendiculaires menées en A et B aux droites Ox, Oy (*fig.* 172*a*). Le point O se trouve sur le cercle S, lieu des points où l'on voit AB sous l'angle $\xi\omega\eta$; donc déjà :

La trajectoire du point ω *est un cercle.*

Soit maintenant $\omega\zeta$ une droite du plan mobile (*fig.* 172*b*) ; à l'instant *t* cette droite occupe la position Oz ; l'angle xOz étant constant, la droite Oz passe par un point fixe C du cercle S (*fig.* 172 *a*), donc :

Toute droite du plan mobile passant par ω *pivote autour d'un point fixe du cercle* S.

Je considère maintenant une droite quelconque δ du plan mobile ; à l'instant *t* cette droite vient occuper la position D ; soit $\omega\zeta$ la parallèle à δ menée par le point ω ; à l'instant *t* cette droite occupe la position Oz, qui rencontre le cercle S en un point fixe C. La distance du point C à la droite D est égale à la distance des deux droites parallèles $\omega\zeta$ et δ ; D enveloppe un cercle de centre C, donc :

Une droite du plan mobile, qui ne passe pas par ω, *enveloppe un cercle.*

Soit maintenant μ un point du plan mobile, $\omega\zeta$ la droite $\omega\mu$; à l'instant t $\omega\zeta$ vient en Oz qui coupe le cercle S en un point fixe C ; le point μ vient en un point M sur Oz et la longueur OM est égale à $\omega\mu$; donc le point M décrit une conchoïde du cercle S, le pôle de la conchoïde étant le point C et le module la longueur $\omega\mu$; donc,

Tout point du plan mobile, autre que ω, *décrit un limaçon de Pascal.*

401. Cas où un point α du plan mobile décrit une droite fixe Δ et où une droite $\alpha\xi$ de ce plan passe par un point fixe F (*fig.* 173*a* et *b*).

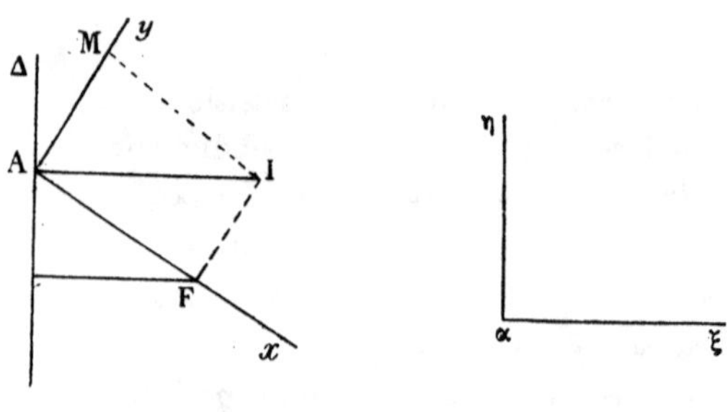

Fig. 173*a*. Fig. 173*b*.

A l'instant t, le point α vient en A sur la droite Δ ; la droite $\alpha\xi$ prend la position Ax, droite qui passe par F ; la perpendiculaire $\alpha\eta$ à $\alpha\xi$, vient suivant Ay, perpendiculaire à Ax.

Le centre instantané I se trouve sur la normale en A à la droite Δ et sur la normale en F à Ax ; la droite Ay touche son enveloppée en un point M, qui est le pied de la perpendiculaire abaissée de I sur Ay ; cette enveloppée est une parabole qui a pour foyer F et pour tangente au sommet Δ, car le lieu des projections de F sur toutes les droites Ay est la droite Δ.

EXERCICES SUR LE CHAPITRE VIII

212. Par chaque point M du plan on peut mener une droite Λ, dont l'homologue est une droite Λ' passant par M.

213. Enveloppe des droites Λ et Λ' (exercice précédent) quand M décrit une droite ou un cercle.

214. Sur chaque droite L, il existe un point M dont l'homologue M' se trouve sur L. Lieu de M et de M' quand L pivote autour d'un point fixe.

215. Lieu de M et M' (exercice précédent) quand la droite L reste tangente à un cercle.

216. Reprendre les questions précédentes en remplaçant le déplacement par la transformation composée d'une rotation suivie d'une similitude.

217. Les droites D_1 (n° 357) sont tangentes à la parabole enveloppée par les droites MM'.

218. Lieu des centres des cercles décrits par K (n° 358) quand on fait varier le rapport λ.

219. Soient P_1, P_2, P_3 trois positions d'une figure plane de forme invariable; M_1, M_2, M_3 des points homologues de ces figures; D_1, D_2, D_3 des droites homologues, trouver : 1° le lieu des points M_1 tels que M_1, M_2, M_3 soient en ligne droite ; 2° l'enveloppe des droites D_1, telles que D_1, D_2, D_3 passent par un même point.

220. Lieu des points M_1 tels que le triangle $M_1M_2M_3$ soit isocèle.

221. Lieu des points M_1 tels que le triangle $M_1M_2M_3$ soit rectangle.

222. Déterminer le point M_1 de telle sorte que le triangle $M_1M_2M_3$ soit semblable à un triangle donné. En particulier, comment faut-il prendre M_1 pour que le triangle $M_1M_2M_3$ soit équilatéral.

223. Etant donnée une figure plane F, on la transforme par une rotation R suivie d'une similitude S, on amène F en F′; on la transforme ensuite en faisant la similitude S suivie de la rotation R, on amène F en F″. Démontrer qu'on passe de F′ à F″ par une translation.

224. Composition d'un nombre quelconque de rotations et de similitudes.

225. La droite décrite par le point N (n° 377) est tangente à la parabole enveloppée par les droites MM′.

226. Lieu des centres des cercles Σ_1 (n° 378) quand on fait varier λ.

227. Soient D et D′ deux droites homologues dans un déplacement hélicoïdal ; si D′ rencontre D : 1° il y a un point M de D dont l'homologue M′ est situé sur D′; 2° il y a un plan P passant par D, tel que son homologue P′ passe par D′. — Réciproques.

228. Par un point S on mène toutes les droites D qui rencontrent leurs homologues. Lieu de ces droites.

229. Dans un plan P, on considère toutes les droites D qui rencontrent leurs homologues. Enveloppée de ces droites.

230. Sur une droite D, il y a un point M et un seul, dont le déplacement est normal à D.

231. Etant données deux positions d'une figure invariable, on peut amener la première en coïncidence avec la seconde par une rotation autour d'une droite D arbitrairement choisie, suivie d'une autre rotation.

232. Tout déplacement hélicoïdal peut se ramener à deux rotations, la première perpendiculaire à un plan arbitrairement choisi P; la deuxième autour d'un axe situé dans P.

233. Dans un plan quelconque P il y a un point dont le déplacement est normal au plan P.

234. La transformée d'un plan par une similitude axiale est un plan.

235. La transformée d'un cercle par une similitude axiale est une conique.

236. On joint les homologues M et M′ de deux cercles homologues; lieu du point N qui partage MM′ dans un rapport donné. — Cas où le cercle de la première figure est dans un plan perpendiculaire à l'axe hélicoïdal.

237. La podaire d'un cercle est un limaçon.

238. La figure inverse d'un limaçon, quand le centre d'inversion est au pôle du limaçon, est une conique, dont l'origine est un foyer.

239. Dans le mouvement d'un plan sur un plan, les tangentes, à un instant donné, aux trajectoires de tous les points d'une droite enveloppent une parabole.

240. Les tangentes aux trajectoires de tous les points d'un cercle enveloppent une conique. Cas où le cercle passe par le centre instantané.

CHAPITRE IX

VECTEURS

§ I.

Résultante de vecteurs concourants.

402. **Définitions.** — Un vecteur est une portion de droite dans laquelle on distingue les deux extrémités. Pour faire cette distinction, on donne à l'une des extrémités le nom d'*origine* et à l'autre celui d'*extrémité*. On représente ordinairement un vecteur par deux lettres : la première est la lettre qui représente le point origine, la seconde celle qui représente le point extrémité. Un vecteur est bien défini quand on donne son origine et son extrémité. Les vecteurs AB et BA diffèrent en ce sens, que l'origine de l'un est l'extrémité de l'autre.

Il y a trois éléments à considérer dans un vecteur : 1° la droite qui lui sert de support ; 2° sa longueur; 3° son sens ; ce sens est celui dans lequel se déplace un mobile qui va de l'origine à l'extrémité.

Ainsi les vecteurs AB et BA ont la même droite de support, ils ont même longueur, mais ils sont de *sens contraires.*

Deux vecteurs sont dits *équivalents* lorsqu'ils sont portés par la même droite, qu'ils ont même longueur et même sens. Soient alors AB un vecteur, C un point quelconque de la droite AB ; prenons sur cette droite, dans le sens AB, une longueur CD égale à AB; le vecteur CD ainsi construit sera équivalent au vecteur AB. Il est clair qu'on obtient ainsi tous les vecteurs équivalents à AB.

On dit que deux vecteurs ont même *grandeur géométrique* ou encore sont *équipollents* lorsqu'ils sont portés sur des droites parallèles, qu'ils ont même longueur et même sens. Si deux vecteurs ont même grandeur géométrique, leurs projections sur un même axe sont égales.

Soient AB un vecteur, O un point quelconque ; menons par le point O une demi-droite, ayant la même direction que AB, et prenons sur cette demi-droite une longueur OR = AB; les deux vecteurs OR et AB ont même grandeur géométrique. Il est clair qu'on obtient ainsi tous les vecteurs qui ont même grandeur géométrique que le vecteur AB.

403. Soient OA et OB (*fig.* 174) deux vecteurs qui ont la même origine O ; construisons le parallélogramme OACB qui a pour côtés OA et OB. Le vecteur OC représenté par la diagonale OC de ce parallélogramme est la *somme géométrique* ou *résultante* des vecteurs OA et OB. On représente cette égalité géométrique par l'équation

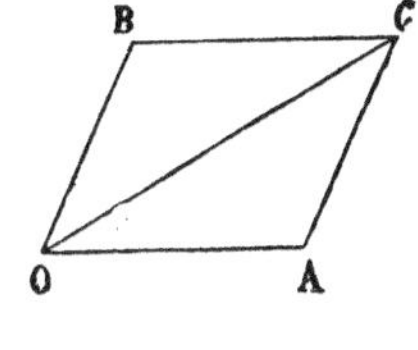

Fig. 174.

$$(OC) = (OA) + (OB).$$

On met chaque vecteur entre parenthèses, afin de distinguer les sommes géométriques des sommes algébriques.

Les vecteurs OA et OB sont aussi appelés les *composantes* du vecteur OC.

En projetant sur un axe quelconque, on aura

$$\text{pr. } OC = \text{pr. } OA + \text{pr. } AC,$$

ou, en remarquant que les projections de AC et de OB sur un même axe sont égales,

$$\text{pr. } OC = \text{pr. } OA + \text{pr. } OB.$$

Donc :

La projection de la résultante de deux vecteurs sur un axe quelconque est égale à la somme des projections des deux vecteurs sur le même axe.

404. Considérons un nombre quelconque de vecteurs concourants OA, OB, OC,..., OL. Pour obtenir la *somme géométrique* ou la *résultante* de tous ces vecteurs, on fait la somme des deux premiers ; puis au vecteur ainsi obtenu on ajoute le troisième ; à la somme obtenue on ajoute le quatrième, et ainsi de suite jusqu'au dernier vecteur OL.

Il résulte de cette construction et de la propriété établie au numéro précédent que :

La projection de la résultante de plusieurs vecteurs sur un axe est égale à la somme des projections de tous ces vecteurs sur le même axe.

Cette propriété montre que les sommes géométriques possèdent les propriétés suivantes :

La somme géométrique de plusieurs vecteurs est indépendante de l'ordre dans lequel on place ces vecteurs.

On ne change pas la somme géométrique de plusieurs vecteurs en remplaçant un certain nombre d'entre eux par leur somme géométrique.

Si OR est la somme géométrique de plusieurs vecteurs OA, OB,..., OL, on dit aussi que ces vecteurs OA, OB,..., OL sont les *composantes* de OR.

Si l'on considère en particulier trois vecteurs OA, OB, OC, non situés dans un même plan, leur résultante OR est la diagonale du parallélépipède qui a pour arêtes OA, OB, OC [714].

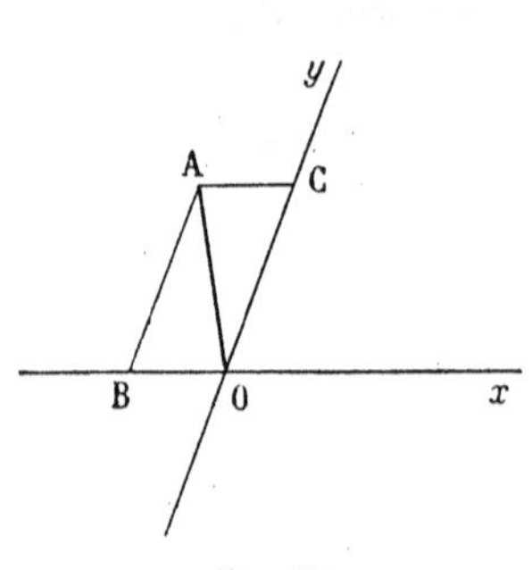

Fig. 175.

405. Soient Ox, Oy (*fig.* 175) deux droites quelconques, OA un vecteur quelconque, situé dans leur plan ; je dis qu'on peut toujours, et d'une seule manière, trouver deux vecteurs OB, OC, placés respectivement sur Ox et Oy et ayant pour résultante OA.

Par le point A je mène une parallèle à Oy, cette parallèle coupe Ox en B ; de même, la parallèle à Ox menée par A coupe Oy en C ; la droite OA est la diagonale du parallélogramme qui a pour côtés OB et OC ; donc

$$(OA) = (OB) + (OC).$$

Il est clair qu'il n'existe pas d'autre parallélogramme ayant ses côtés sur Ox et Oy et ayant pour diagonale OA.

On dit qu'on a *décomposé* le vecteur OA en deux autres portés sur Ox et Oy.

406. Soient Ox, Oy, Oz trois droites non situées dans un même plan (*fig.* 176), OA un vecteur quelconque ; on peut toujours, et d'une seule manière, trouver trois vecteurs OB, OC, OD portés respectivement sur Ox, Oy, Oz et ayant pour résultante OA.

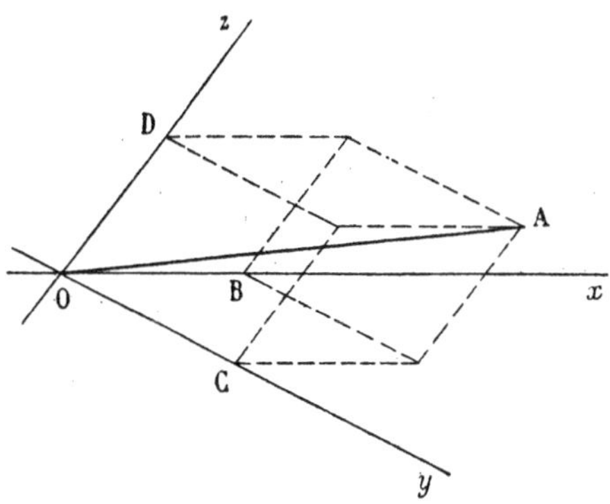

Fig. 176.

En effet, les plans menés par A parallèlement aux plans yz, zx, xy coupent respectivement Ox, Oy, Oz aux points B, C, D ; le parallélépipède qui a pour arêtes OB, OC, OD a pour diagonale OA; donc

$$(OA) = (OB) + (OC) + (OD).$$

Il est clair qu'il n'existe pas d'autre parallélépipède ayant pour diagonale OA et ayant ses arêtes sur Ox, Oy, Oz.

On dit qu'on a *décomposé le vecteur* OA *en trois autres portés sur* Ox, Oy, Oz.

407. Supposons en particulier que le trièdre $Oxyz$ soit *trirectangle ;* les points B, C, D sont les projections du point A sur Ox, Oy, Oz. En désignant par X, Y, Z les valeurs algébriques des composantes OB, OC, OD, par R la longueur OA, on aura

$$(1)\qquad \begin{cases} X = R\cos(Ox, OA), \\ Y = R\cos(Oy, OA), \\ Z = R\cos(Oz, OA). \end{cases}$$

Si l'on projette sur un axe quelconque Δ, on aura (401)

$$\text{pr. } OA = \text{pr. } OB + \text{pr. } OC + \text{pr. } OD,$$

et par conséquent,

$$(2)\qquad \text{pr. } OA = X\cos(Ox, \Delta) + Y\cos(Oy, \Delta) + Z\cos(Oz, \Delta).$$

Projetons, en particulier, sur la direction OA ; la projection de OA est R. On aura donc

$$(3)\qquad R = X\cos(Ox, OA) + Y\cos(Oy, OA) + Z\cos(Oz, OA).$$

En tenant compte des formules (1), on trouve

$$1 = \cos^2(Ox, OA) + \cos^2(Oy, OA) + \cos^2(Oz, OA)$$

et $$R^2 = X^2 + Y^2 + Z^2.$$

408. **Produit géométrique de deux vecteurs.** — Soient OA et OB deux vecteurs qui ont la même origine ; on appelle *produit géométrique* des deux vecteurs l'expression

$$OA \times OB \times \cos(OA, OB).$$

Nous représenterons ce produit par la notation $(OA) \times (OB)$.

Le produit $OB \times \cos(OA, OB)$ est la projection du vecteur OB sur la direction OA ; donc :

Le produit géométrique de deux vecteurs est égal au produit de la longueur de l'un des vecteurs par la projection de l'autre vecteur sur la direction du premier.

Menons par le point O un trièdre trirectangle ; soient R la longueur OA, X, Y, Z ses composantes ; soient de même R_1

la longueur OB, X_1, Y_1, Z_1 ses composantes ; la projection de OB sur OA sera

$$X_1 \cos(Ox, OA) + Y_1 \cos(Oy, OA) + Z_1 \cos(Oz, OA),$$

ou, en tenant compte des formules (1),

$$\frac{XX_1 + YY_1 + ZZ_1}{R}.$$

Le produit géométrique des deux vecteurs est

$$R \times \text{proj. de OB sur OA},$$

c'est-à-dire

$$XX_1 + YY_1 + ZZ_1.$$

On peut remarquer que le produit géométrique de deux vecteurs est nul dans les deux cas suivants, et dans ces cas seulement : 1° l'un des vecteurs est nul ; 2° les deux vecteurs sont rectangulaires.

409. **Théorème.** — *Si* OL *est un vecteur quelconque,* OR *la résultante des vecteurs* OA, OB, ..., OH, *on a*

$$(OL)\times(OR)=(OL)\times(OA)+(OL)\times(OB)+\ldots\ldots+(OL)\times(OH).$$

En effet, si l'on projette sur la direction OL, on aura

$$\text{pr. OR} = \text{pr. OA} + \text{pr. OB} + \ldots + \text{pr. OH},$$

d'où

$$OL\times\text{pr. OR} = OL \times \text{pr. OA} + OL\times\text{pr.OB} + \ldots + OL\times\text{pr. OH},$$

ce qui démontre le théorème.

410. **Produit de deux sommes géométriques.** — Soient OR et OR′ deux vecteurs ; le premier OR est la somme géométrique de trois vecteurs OA, OB, OC ; le deuxième OR′ est la somme de deux vecteurs OA′ et OB′. D'après le numéro précédent, on a

$$(OR)\times(OR') = (OR)\times(OA')+(OR)\times(OB').$$

Mais

$$(OR) \times (OA') = (OA) \times (OA') + (OB) \times (OA') + (OC) \times (OA'),$$
$$(OR) \times (OB') = (OA) \times (OB') + (OB) \times (OB') + (OC) \times (OB').$$

On a donc

$$(OR) \times (OR') = (OA) \times (OA') + (OB) \times (OA') + (OC) \times (OA') + (OA) \times (OB') + (OB) \times (OB') + (OC) \times (OB').$$

On voit que le produit géométrique de OR et dè OR′ est la somme de tous les produits obtenus en prenant une composante de OR et une composante de OR′. Ce résultat subsiste, évidemment, quel que soit le nombre des vecteurs composants OR ou OR′.

§ II.

Théorie des moments.

411. **Sens relatif de deux vecteurs.** — Soient AB et CD (*fig.* 177) deux vecteurs, MN une droite rencontrant AB en M et CD en N ; par un point quelconque O, menons les demi-droites Ox, Oy, Oz, ayant respectivement même direction que MN, CD et AB. Cela posé, si le trièdre $Oxyz$ est de sens positif [597], nous dirons que le vecteur CD est de *sens positif* relativement au vecteur AB ; inversement, si le trièdre $Oxyz$ est de sens négatif, le vecteur CD est de *sens négatif* relativement au vecteur AB.

Pour justifier cette définition, il faut montrer que le sens ainsi défini ne dépend pas de la position qu'occupe la sécante

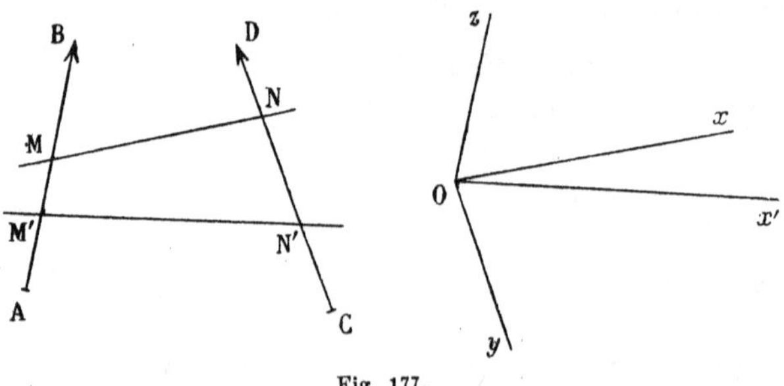

Fig. 177.

MN par rapport aux deux vecteurs, c'est-à-dire que si M′N′ est une autre sécante, Ox' la demi-droite qui a même direction que M′N′, les deux trièdres $Oxyz$ et $Ox'yz$ ont même sens. En effet, soit Π le plan mené par AB parallèlement à la droite CD; ce plan est parallèle au plan yOz ; les points N et N′ sont d'un même côté du plan Π, par conséquent les demi-droites Ox et Ox' sont d'un même côté du plan yOz ; donc les deux trièdres $Oxyz$ et $Ox'yz$ ont même sens.

412. Remarque I. — Si l'on permute les deux vecteurs AB et CD, cela revient à remplacer respectivement AB, CD, MN par CD, AB, NM, c'est-à-dire à faire sur le trièdre $Oxyz$ les deux opérations suivantes : 1° permuter Oy et Oz ; 2° changer le sens de Ox. Chacune de ces opérations change le signe du trièdre ; par conséquent, après les deux opérations, le sens n'a pas changé ; donc :

Le sens relatif du vecteur CD *par rapport au vecteur* AB *est le même que le sens relatif de* AB *par rapport à* CD.

Ce sens commun est le sens *relatif* des deux vecteurs.

413. Remarque II. — Soient un vecteur AB et deux vecteurs OM, OM′. Si l'on forme les trièdres qui définissent les sens de OM et OM′ par rapport à AB, les droites Oz sont les mêmes pour ces deux trièdres, puisqu'elles ont la direction de AB ; on peut aussi supposer que les droites Ox sont les mêmes, puisqu'on peut prendre (411) pour droite Ox la droite qui joint le point O à un point quelconque de AB ; les droites Oy de ces trièdres sont les droites OM et OM′ ; donc,

Si M *et* M′ *sont d'un même côté du plan* OAB, *les vecteurs* OM *et* OM′ *ont même sens par rapport au vecteur* AB ; *si* M *et* M′ *sont de part et d'autre du plan* OAB, *les vecteurs* OM *et* OM′ *sont de sens contraires par rapport au vecteur* AB.

414. **Signe du volume d'un tétraèdre.** — Dans la géométrie vectorielle, il s'introduit souvent les volumes de tétraèdres. Pour donner aux énoncés une forme générale, on est amené à affecter ce volume d'un signe. Pour fixer ce signe, il faut fixer l'ordre des sommets. Nous représenterons un tétraèdre par quatre lettres, qui sont les lettres des sommets, en plaçant

ces lettres dans l'ordre où sont placés les sommets. Cela posé, le volume du tétraèdre (ABCD) aura même signe que le sens relatif des vecteurs AB et CD.

On voit facilement que, si l'on permute deux sommets, on change le signe du volume.

415. Moment d'un vecteur par rapport à un point. — Le *moment* d'un vecteur AB par rapport à un point O (*fig.* 178) est un vecteur OG perpendiculaire au plan OAB, dirigé dans un sens tel que le sens relatif des vecteurs AB et OG soit le sens positif, et égal en grandeur au produit de AB par la distance OH du point O à la droite AB.

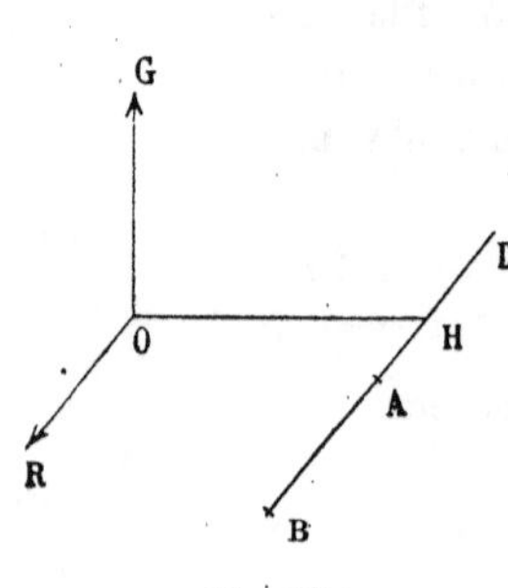

Fig. 178.

Si l'on mène le vecteur OR, qui a même grandeur géométrique que AB, le trièdre OHRG est un trièdre trirectangle de sens positif, et l'on a

$$\text{OG} = \text{OR} \times \text{OH}. \qquad (1)$$

Il est clair que si l'on remplace le vecteur AB par un vecteur équivalent, OR et OG ne changent pas.

416. Réciproque. — *Si l'on se donne deux droites rectangulaires,* OR *et* OG, *représentant la première la grandeur géométrique d'un vecteur, la seconde son moment par rapport au point* O, *le vecteur est déterminé.*

En effet, la droite OH est perpendiculaire au plan ORG et le trièdre OHRG est de sens positif, ce qui détermine la direction OH ; l'équation (1) donne la longueur OH. Le point H étant connu, on mènera par ce point une droite D parallèle à OR ; sur cette droite on prendra une origine arbitraire A et à partir du point A, dans le même sens que OR, on portera une longueur AB égale à OR. Le vecteur AB ainsi obtenu a bien pour grandeur géométrique OR et pour moment, par rapport au point O, OG.

Tous les vecteurs ainsi construits sont équivalents.

417. **Théorème.** — *Le moment d'un vecteur* AB (*fig.* 179) *par rapport à un point* I *est la somme géométrique de deux vecteurs :* 1° *le moment du vecteur* AB *par rapport à un point* O ; 2° *le moment de* OR *par rapport au point* I, OR *étant le vecteur de même grandeur géométrique que* AB.

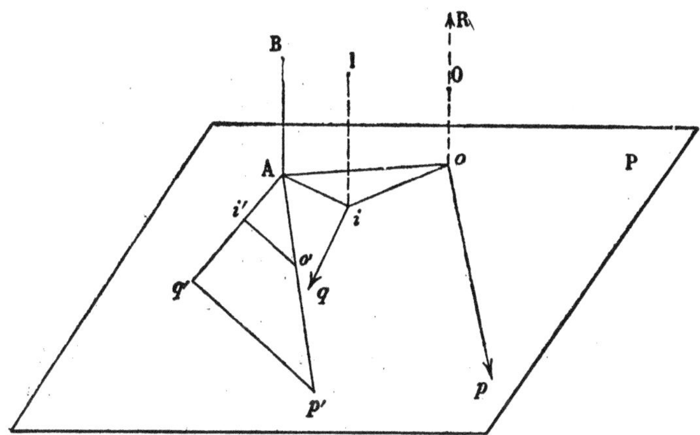

Fig. 179.

Remarquons d'abord que si l'on se déplace sur une parallèle au vecteur AB, le moment ne change pas.

Par le point A menons un plan P perpendiculaire à AB ; soient o et i les projections de O et de I sur ce plan ; les moments de AB en O et I sont respectivement les mêmes qu'en o et i ; le moment de OR est le même en I et en i ; il suffit donc de démontrer le théorème pour les points o et i.

Les moments op, iq du vecteur AB par rapport aux points o et i sont situés dans le plan P, les angles Aop, Aiq sont égaux à $+ 90°$, et l'on a

$$op = AB \times Ao, \qquad iq = AB \times Ai.$$

Menons par le point A les droites Ap', Aq' qui ont respectivement même grandeur géométrique que op et iq ; si l'on fait tourner le triangle Aoi d'un angle égal à + 90° autour du point A, les points o et i viennent respectivement en o' et i', et l'on a

$$\frac{Ap'}{Ao'} = \frac{Aq'}{Ai'} = AB.$$

Les deux triangles A$p'q'$ et A$o'i'$ sont semblables ; donc $p'q'$ est parallèle à $o'i'$, et par conséquent fait un angle égal à + 90° avec oi ; donc

$$p'q' = AB \times o'i' = AB \times oi.$$

$p'q'$ a donc même grandeur géométrique que le moment de OR par rapport au point i.

Cela posé, on a l'égalité géométrique

$$(Aq') = (Ap') + (p'q'),$$

c'est-à-dire

$$(iq) = (op) + (\text{m}^{\text{t}}\ \text{OR par rapport à } i).$$

C. q. f. d.

418. **Moment d'un vecteur par rapport à un axe.** — Soient un axe D et un vecteur AB (*fig.* 180) ; prenons sur l'axe D un

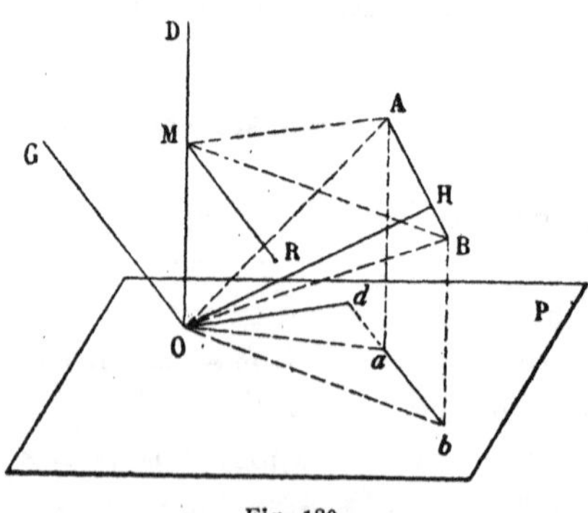

Fig. 180.

point quelconque O et soit OG le moment de AB par rapport

au point O ; *le moment du vecteur* AB *par rapport à l'axe* D *est égal, par définition, à la projection de* OG *sur l'axe* D.

Pour justifier cette définition, il faut montrer que cette projection ne change pas si le point O se déplace sur D.

Tout d'abord le signe ne change pas ; prenons, en effet, sur l'axe D un segment OM $= +1$. Si le sens relatif de OM et AB est le sens positif, OM et OG sont d'un même côté du plan OAB (413) et par conséquent la projection de OG sur l'axe est positive ; on voit de même que si le sens relatif de OM et AB est le sens négatif, la projection de OG sur l'axe est négative ; donc *le signe du moment est le même que le sens relatif du vecteur* AB *et d'un vecteur égal à* $+1$ *pris sur l'axe.*

Nous allons montrer maintenant que la valeur absolue de cette projection ne change pas. Par le point O menons un plan P perpendiculaire à l'axe D ; soient a, b les projections de A et B sur le plan P. On a

$$\text{OG} = \text{AB} \times \text{OH} = 2 \text{ surf. OAB} ;$$

donc

$$\text{pr. OG} = \text{OG} \times \cos \text{GOD} = 2 \text{ surf. OAB} \times \cos (\text{P}, \text{OAB}) = 2 \text{ surf. O}ab.$$

Menons du point O la perpendiculaire Od sur ab ; Od est égal [579] à la longueur d de la perpendiculaire commune à AB et à l'axe D ; si maintenant φ est l'angle de AB avec l'axe D, on a

$$ab = \text{AB} \times \sin \varphi,$$

et par conséquent

$$\text{pr. OG} = 2 \text{ surf. O}ab = ab \times d = \text{AB} \times d \times \sin \varphi.$$

Cette expression montre bien que la valeur absolue de la projection est indépendante de la position du point O sur D.

419. On peut donner une autre expression géométrique du moment d'un vecteur par rapport à un axe ; abaissons en effet du point M la perpendiculaire MR sur le plan OAB. On aura

$$\text{pr. OG} = 2 \text{ surf. OAB} \times \cos \text{GOD} = 2 \text{ surf. OAB} \times \text{MR} ;$$

donc

$$\text{pr. OG} = 6 \text{ vol. OMAB}.$$

Si l'on remarque maintenant que le moment a le même signe que le volume du tétraèdre OMAB, on peut énoncer le résultat suivant :

Le moment d'un vecteur AB *par rapport à un axe* D *est égal à* 6 *fois le volume du tétraèdre* OMAB, OM *étant un segment égal à* + 1 *pris sur l'axe* D.

420. Coordonnées d'un vecteur. — Soient $Oxyz$ un trièdre trirectangle (*fig.* 181), OR la grandeur géométrique, OG le moment par rapport au point O d'un vecteur AB.

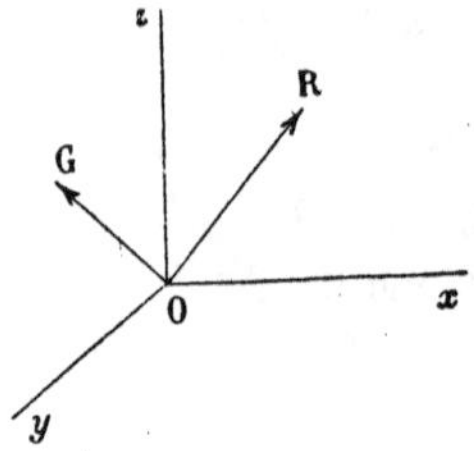

Fig. 181.

Désignons par X, Y, Z les projections du vecteur sur Ox, Oy, Oz, par L, M, N les moments du vecteur par rapport aux mêmes axes ; X, Y, Z sont les projections de OR sur les axes, L, M, N celles de OG. Les deux droites OR et OG étant rectangulaires, leur produit géométrique est nul ; donc (408)

$$(2) \qquad LX + MY + NZ = 0.$$

Réciproquement, si les nombres X, Y, Z, L, M, N satisfont à la relation (2), on peut leur faire correspondre un vecteur. En effet, soient OR et OG les vecteurs qui ont respectivement pour composantes X, Y, Z et L, M, N. En vertu de la relation (2), ces droites sont rectangulaires ; donc (416) elles définissent un vecteur.

Ces six nombres X, Y, Z, L, M, N sont les *coordonnées* du vecteur.

421. Moment relatif de deux vecteurs. — Soient AB et CD deux vecteurs (*fig.* 182) ; le moment relatif du vecteur CD par rapport au vecteur AB est égal au produit de la longueur AB par le moment de CD par rapport à l'axe AB.

Prenons sur AB un segment

$$AM = +1;$$

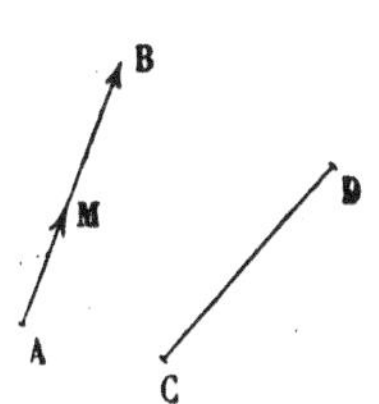

Fig. 182.

le moment de CD par rapport à la direction AB est égal à 6 fois le volume du tétraèdre (AMCD) (419). Or

$$\text{vol. (ABCD)} = AB \times \text{vol. (AMCD)};$$

donc le moment relatif de CD par rapport au vecteur AB est égal à 6 fois le volume ABCD, ce qui montre que le moment relatif de CD par rapport au vecteur AB est le même que le moment relatif de AB par rapport au vecteur CD.

Ce moment commun est le *moment relatif* des deux vecteurs.

422. **Théorème de Varignon.** — *Le moment de la résultante de deux vecteurs par rapport à un point est la somme géométrique des moments de ces vecteurs par rapport au même point.*

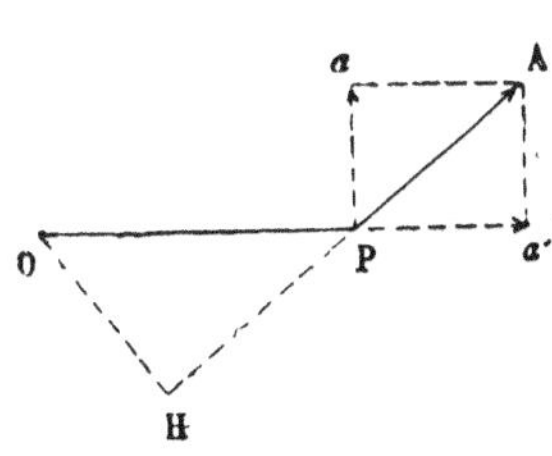

Fig. 183.

Pour faciliter la démonstration de ce théorème, nous établirons d'abord les deux lemmes suivants :

LEMME I. — *Si l'on décompose un vecteur* PA (*fig.* 183) *en deux autres, l'un* Pa' *dirigé suivant la droite* OP, *l'autre* Pa *perpendiculaire à la droite* OP, *les deux vecteurs* PA *et* Pa *ont même moment par rapport au point* O.

Ces deux moments sont perpendiculaires au plan OPA et situés d'un même côté de ce plan ; donc ils ont même sens. Il reste à montrer qu'ils ont même valeur absolue. Or

$$m^t\, PA = PA \times OH,$$
$$m^t\, Pa = Pa \times OP.$$

Les triangles semblables OPH et PAa donnent

$$\frac{\text{OH}}{\text{OP}} = \frac{\text{P}a}{\text{PA}}, \quad \text{ou} \quad \text{PA} \times \text{OH} = \text{P}a \times \text{OP},$$

ce qui démontre le lemme.

Lemme II. — *Soit* PC *la résultante de deux vecteurs* PA *et* PB (*fig.* 184). *Si l'on décompose chacun de ces trois vecteurs en deux autres, l'un dirigé suivant* OP, *l'autre normal à* OP, *les*

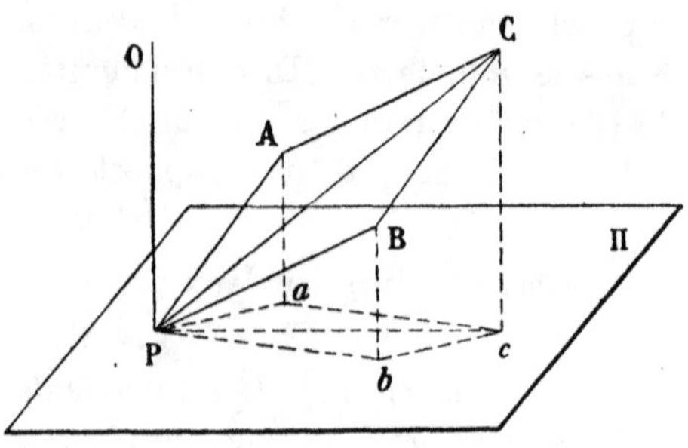

Fig. 184.

composantes Pa, Pb, Pc *normales à* OP *satisfont à l'égalité géométrique*

$$(3) \qquad (\text{P}c) = (\text{P}a) + (\text{P}b).$$

Menons par le point P le plan II perpendiculaire à PO; les points a, b, c sont respectivement les projections de A, B, C sur le plan II. La figure PABC étant un parallélogramme, il en est de même de sa projection Pabc, ce qui démontre l'égalité (3).

Il résulte de ces deux lemmes que, pour établir l'égalité géométrique

$$(\text{m}^{\text{t}}\ \text{PC}) = (\text{m}^{\text{t}}\ \text{PA}) + (\text{m}^{\text{t}}\ \text{PB}),$$

il suffit d'établir que

$$(\text{m}^{\text{t}}\ \text{P}c) = (\text{m}^{\text{t}}\ \text{P}a) + (\text{m}^{\text{t}}\ \text{P}b).$$

C'est cette dernière égalité que nous allons démontrer.

Soient, en effet, Oα, Oβ, Oγ (*fig.* 185) les moments de Pa, Pb, Pc par rapport au point O. Si l'on fait tourner la figure

Pabc de $+ 90^o$ autour de l'axe OP, et si ensuite on lui imprime une translation égale à PO, les points a, b, c viennent en des points a_1, b_1, c_1 situés respectivement sur $O\alpha$, $O\beta$, $O\gamma$, et l'on a

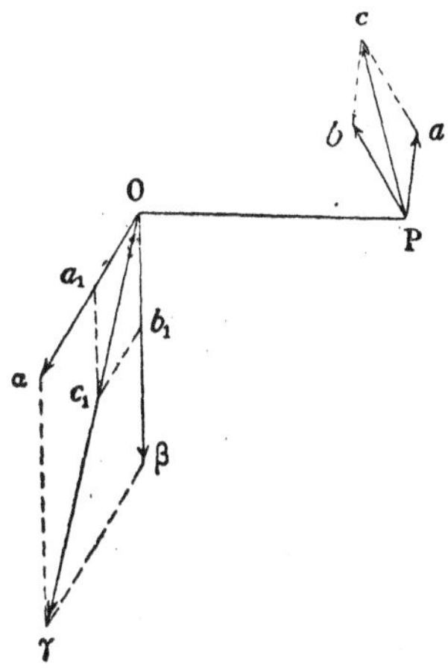

$$\frac{O\alpha}{Oa_1} = \frac{O\beta}{Ob_1} = \frac{O\gamma}{Oc_1} = OP.$$

Les deux figures $Oa_1b_1c_1$ et $O\alpha\beta\gamma$ sont homothétiques ; la première est un parallélogramme ; donc il en est de même de la seconde, et par suite

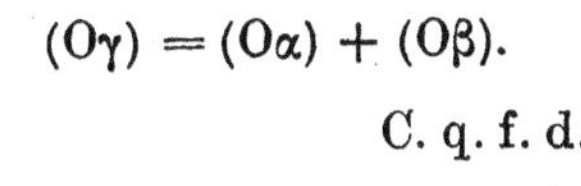

$$(O\gamma) = (O\alpha) + (O\beta).$$

C. q. f. d.

Fig. 185.

423. Remarque I. — Le théorème (422), démontré pour deux vecteurs, s'étend de proche en proche à un nombre quelconque de vecteurs ; donc :

Le moment de la résultante de plusieurs vecteurs concourants par rapport à un point est la somme géométrique des moments de ses composantes par rapport au même point.

424. Remarque II. — En se reportant à la définition du moment d'un vecteur par rapport à un axe (418) et à la propriété des sommes géométriques (404), on peut énoncer le résultat suivant :

Le moment de la résultante de plusieurs vecteurs concourants par rapport à un axe quelconque est la somme algébrique des moments de ses composantes par rapport au même axe.

425. Calcul des moments d'un vecteur par rapport aux axes de coordonnées. — Soit MR (*fig.* 186) un vecteur quelconque ; x, y, z les coordonnées de son point d'application M ; X, Y, Z les projections de MR sur les axes. Je me propose de calculer les moments L, M, N de ce vecteur, par rapport aux axes x, y, z.

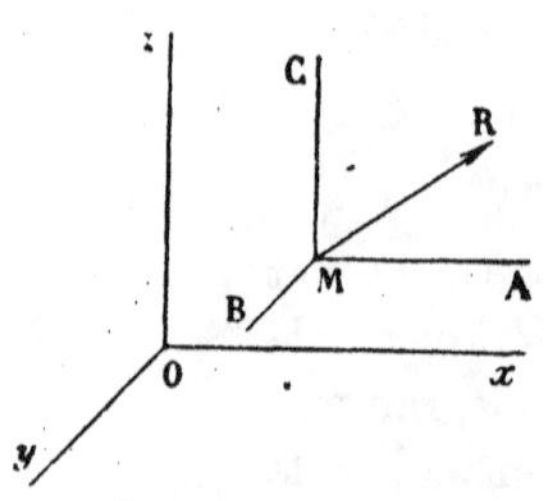

Fig. 186.

Le vecteur MR peut être décomposé en trois vecteurs MA, MB, MC portés par des droites parallèles aux axes de coordonnées. Par rapport à un axe quelconque, on a

$$\text{m}^{\text{t}}\,\text{MR} = \text{m}^{\text{t}}\,\text{MA} + \text{m}^{\text{t}}\,\text{MB} + \text{m}^{\text{t}}\,\text{MC}.$$

Je prends les moments par rapport à Ox ; le moment de MA est nul ; le moment de MB a même valeur absolue que le produit zY, car la longueur MB est égale à la valeur absolue de Y, la longueur de la perpendiculaire commune à MB et à Ox est égale à la valeur absolue de z. D'autre part si z et Y sont tous deux positifs ou tous deux négatifs, le moment de MB est négatif ; si z et Y sont de signes contraires, le moment est positif ; dans tous les cas le moment de MB est $-z\text{Y}$; on voit de même que le moment de MC est $y\text{Z}$. On a donc

$$\text{L} = y\text{Z} - z\text{Y}.$$

On trouve de même

$$\text{M} = z\text{X} - x\text{Z},$$
$$\text{N} = x\text{Y} - y\text{X}.$$

426. **Théorème.** — *Si* OR, OG, OR_1, OG_1 (*fig.* 187) *sont respectivement les grandeurs géométriques et les moments par rapport à un point quelconque* O *de deux vecteurs* AB, A_1B_1, *l'expression*

$$(4) \qquad (\text{OR}) \times (\text{OG}_1) + (\text{OR}_1) \times (\text{OG})$$

est égale au moment relatif des deux vecteurs AB, A_1B_1.

Nous allons d'abord montrer que l'expression (4) ne change pas quand le point O se déplace. En effet, soient I un point quelconque, IC et ID les moments de OR et OR_1 par rapport au point I, IG′ et IG′$_1$ les moments des vecteurs par rapport au point I. On sait (417) que

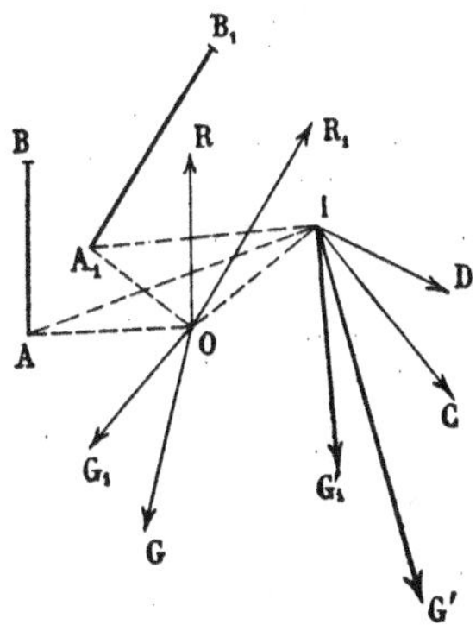

Fig. 187.

$$(IG') = (OG) + (IC);$$
$$(IG'_1) = (OG_1) + (ID).$$

On aura donc (409)

$$(OR) \times (IG'_1) = (OR) \times (OG_1) + (OR) \times (ID),$$
$$(OR_1) \times (IG') = (OR_1) \times (OG) + (OR_1) \times (IC).$$

Quand on va de O en I, l'expression (4) augmente de

$$(5) \quad (OR) \times (ID) + (OR_1) \times (IC);$$

mais, OR et IC d'une part, OR_1 et ID d'autre part, sont rectangulaires ; donc

$$(OR) \times (IC) = 0, \qquad (OR_1) \times (ID) = 0.$$

L'expression (5) peut donc s'écrire, en tenant compte de ces deux résultats,

$$(6) \qquad [(OR) + (OR_1)][(IC) + (ID)].$$

Soient (OS) la somme géométrique $(OR) + (OR_1)$, (IE) la somme géométrique $(IC) + (ID)$. D'après le théorème de Varignon (422), (IE) est le moment de (OS) par rapport au point I ; (IE) et (OS) sont donc rectangulaires, et l'expression (6) est nulle (408). Il en est de même de l'expression équivalente (5); donc l'expression (4) est indépendante de la position du point O.

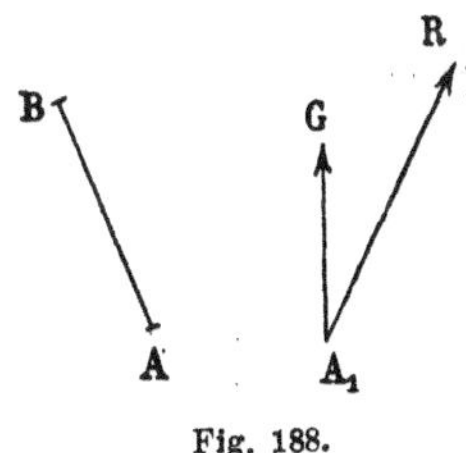

Fig. 188.

Plaçons maintenant le point O en A_1 (*fig.* 188) ; OG_1 est nul, OR_1 est égal à A_1B_1 ; l'expression (4) se réduit donc à

$$(A_1B_1) \times (A_1G) = A_1B_1 \times \text{pr. de } A_1G \text{ sur } A_1B_1.$$

Or la projection de A_1G sur A_1B_1 est le moment du vecteur AB par rapport à la direction A_1B_1 ; il en résulte que le produit précédent est égal au moment relatif des deux vecteurs, ce qui démontre le théorème.

427. Désignons par X, Y, Z, L, M, N les coordonnées du vecteur AB (420), par X_1, Y_1, Z_1, L_1, M_1, N_1 celles du vecteur A_1B_1. On aura (408)

$$(OR) \times (OG_1) = XL_1 + YM_1 + ZN_1,$$
$$(OR_1) \times (OG) = X_1L + Y_1M + Z_1N;$$

donc le moment relatif des deux vecteurs a pour expression (426)

$$(7) \qquad XL_1 + YM_1 + ZN_1 + X_1L + Y_1M + Z_1N.$$

En égalant cette expression (7) à zéro, on a la relation qui existe entre les coordonnées de deux vecteurs qui sont situés dans un même plan.

§ III.

Systèmes de vecteurs.

428. **Définitions.** — Soient P_1, $P_2 \ldots$, P_n n vecteurs quelconques, O un point quelconque ; par le point O, menons les vecteurs OR_1, OR_2, ..., OR_n qui ont respectivement même grandeur géométrique que P_1, P_2, ..., P_n ; la résultante OR de OR_1, OR_2, ... est la *résultante générale* du système de vecteurs.

En projetant sur un axe quelconque, on a

$$\text{pr. } OR = \text{pr. } OR_1 + \text{pr. } OR_2 + \ldots + \text{pr. } OR_n$$
$$= \text{pr. } P_1 + \text{pr. } P_2 + \ldots + \text{pr. } P_n ;$$

donc :

La projection de la résultante générale d'un système de vecteurs sur un axe est égale à la somme des projections de tous les vecteurs du système sur le même axe.

Il est clair que si l'on change le point O, on ne change pas la grandeur géométrique de la résultante générale.

Par le point O menons les vecteurs OG_1, $OG_2, \ldots, OG_n$, qui représentent respectivement les moments de $P_1, P_2, \ldots, P_n$ par rapport au point O; la résultante OG de $OG_1, OG_2, \ldots, OG_n$ est le *moment résultant* du système de vecteurs par rapport au point O.

En projetant sur un axe *passant par* O, on a

$$\begin{aligned} \text{pr. } OG &= \text{pr. } OG_1 + \text{pr. } OG_2 + \ldots + \text{pr. } OG_n \\ &= m^t P_1 + m^t P_2 + \ldots + m^t P_n. \end{aligned}$$

Donc :

La projection du moment résultant d'un système de vecteurs par rapport au point O *sur un axe passant par* O *est égale à la somme des moments de tous les vecteurs du système par rapport à cet axe.*

429. Théorème. — *Soient* OR *la résultante générale,* OG *le moment résultant par rapport au point* O *d'un système de vecteurs* (*fig.* 189) ; *le moment résultant* AH *de ce système par rapport à un point quelconque* A *est la somme géométrique de deux vecteurs : l'un a même grandeur géométrique que* OG ; *l'autre est égal au moment de* OR *par rapport au point* A.

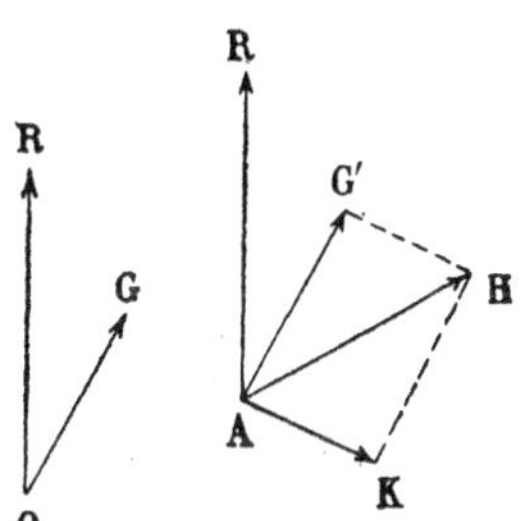

Fig. 189.

Il en résulte qu'on aura l'égalité géométrique

$$(AH) = (OG) + (m^t\ OR \text{ par rapport à } A).$$

En effet, soient AH_1, $AH_2, \ldots, AH_n$ les moments de P_1, $P_2, \ldots, P_n$ par rapport au point A. On aura (417)

$$\begin{aligned} (AH_1) &= (OG_1) + (m^t\ OR_1), \\ (AH_2) &= (OG_2) + (m^t\ OR_2), \\ &\ldots\ldots\ldots\ldots\ldots\ldots \\ (AH_n) &= (OG_n) + (m^t\ OR_n), \end{aligned}$$

tous les moments qui figurent dans ces formules étant pris par rapport au point A. En ajoutant, on aura

$$(AH) = (AH_1) + (AH_2) + \dots + (AH_n)$$
$$= [(OG_1) + (OG_2) + \dots + (OG_n)] + [(m^t\, OR_1) + (m^t\, OR_2) + \dots + (m^t\, OR_n)].$$

La première somme est égale à OG, la seconde est égale (423) au moment de OR ; ce qui démontre le théorème.

430. Remarque I. — Si la résultante générale OR est nulle, (AH) et (OG) ont même grandeur géométrique ; donc :

Si la résultante générale d'un système est nulle, le moment résultant est le même pour tous les points de l'espace.

431. Remarque II. — Soient AK le moment de OR par rapport au point A, AR la résultante générale au point A (*fig.* 189). On a (429)

$$(AH) = (AG') + (AK),$$

et par conséquent (409),

$$(AR) \times (AH) = (AR) \times (AG') + (AR) \times (AK).$$

Mais AK est perpendiculaire à OR ou à AR, le produit (AK) × (AR) est nul ; donc

$$(AR) \times (AH) = (AR) \times (AG') = (OR) \times (OG).$$

Ainsi :

Le produit géométrique de la résultante générale et du moment résultant par rapport à un point d'un système de vecteurs est indépendant de la position de ce point.

Il est facile de trouver une expression de ce produit géométrique.

On a

$$(OR) = (OR_1) + (OR_2) + \dots + (OR_n),$$

et par conséquent (409),

$$(OR) \times (OG) = (OR_1) \times (OG) + (OR_2) \times (OG) + \dots + (OR_n) \times (OG).$$

Mais

$$(OG) = (OG_1) + (OG_2) + \dots + (OG_n) ;$$

donc

$$(OR_1)(OG) = (OR_1)(OG_1) + (OR_1)(OG_2) + \ldots + (OR_1)(OG_n).$$

En décomposant de même les produits

$$(OR_2) \times (OG), \ldots, (OR_n) \times (OG),$$

on trouve

$$OR) \times (OG) = \sum_{h=1}^{h=n} (OR_h) \times (OG_h) + \Sigma\Sigma [(OR_i) \times (OG_j) + (OR_j) \times (OG_i)].$$

Les produits $(OR_h) \times (OG_h)$ sont nuls ; l'expression

$$(OR_i) \times (OG_j) + (OR_j) \times (OG_i)$$

est (425) le moment relatif des vecteurs P_i et P_j ; si l'on désigne par (P_i, P_j) ce moment relatif, on aura

$$(OR) \times (OG) = \Sigma\Sigma (P_i, P_j) ;$$

donc :

Le produit géométrique de la résultante générale et du moment résultant d'un système de vecteurs est égal à la somme des moments relatifs des vecteurs du système, pris deux à deux, de toutes les manières possibles.

Ou encore (421), *ce produit est égal à six fois la somme algébrique des volumes des tétraèdres que l'on peut construire en prenant comme arêtes opposées, de toutes les manières possibles, deux vecteurs du système.*

432. Axe central d'un système de vecteurs. — Plaçons-nous dans le cas où la résultante générale OR n'est pas nulle ; cherchons s'il existe des points A pour lesquels le moment résultant AH est parallèle à OR (*fig.* 190).

Comme le moment résultant reste le même quand on se déplace sur une parallèle à OR (429), on peut se borner à étudier les points A qui sont situés dans le plan Π mené par O perpendiculairement à OR. Décomposons OG en deux vecteurs : l'un U dirigé suivant OR et l'autre V perpendiculaire à OR. Soit AK le moment de OR par rapport à A.

On aura

$$(AH) = (OG) + (AK) = (OU) + (OV) + (AK).$$

OU est parallèle à OR ; OV et AK sont perpendiculaires à OR; pour que la résultante AH soit parallèle à OR, il faut et il suffit que les deux composantes perpendiculaires OV et AK se détruisent; ceci exige que le trièdre OVAR soit un trièdre trirectangle de signe positif, ce qui détermine, sans ambiguïté, la direction OA. On devra avoir, en outre,

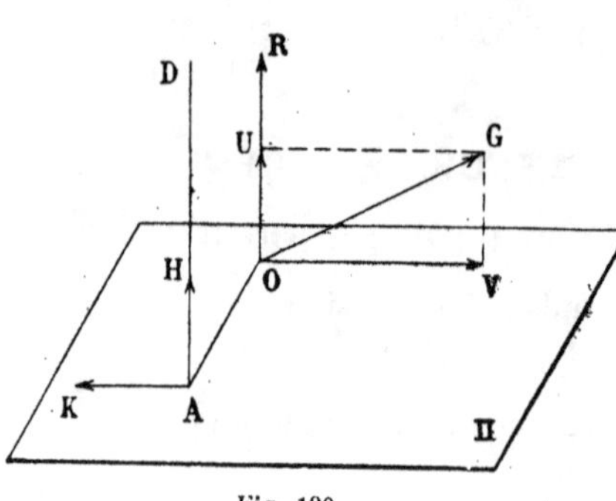

Fig. 190.

$$OV = AK = OR \times OA,$$

ce qui détermine la longueur OA; il y a donc, dans le plan Π, un point A et un seul pour lequel AH est parallèle à OR. Tous les points qui possèdent la même propriété sont situés sur la droite D, menée par A parallèlement à OR. Cette droite D est l'*axe central* du système de vecteurs.

433. Propriétés de l'axe central. — Soient OC (*fig.* 191) l'axe central d'un système de vecteurs, OR la résultante générale, OG le moment résultant par rapport à un point O de l'axe; considérons un point quelconque A et menons de ce point la perpendiculaire AP à l'axe.

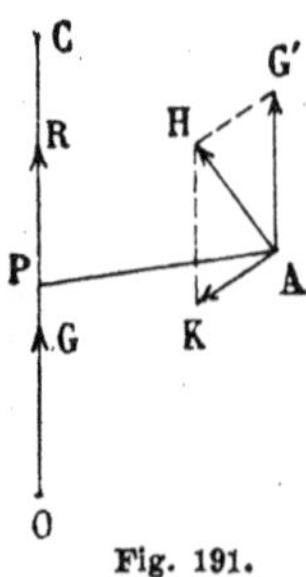

Fig. 191.

Le moment résultant AH du système par rapport au point A est (429) la somme géométrique de deux vecteurs : 1° un vecteur AG′ ayant même grandeur géométrique que OG ; 2° un vecteur AK égal au moment de OR par rapport au point A ; ce vecteur AK est perpendiculaire à AG′ et sa grandeur est égale au produit

$$OR \times AP.$$

Les composantes AG′ et AK étant rectangulaires, on aura

$$\overline{AH}^2 = \overline{AG'}^2 + \overline{AK}^2,$$

ou

$$\overline{AH}^2 = \overline{OG}^2 + \overline{OR}^2 \times \overline{AP}^2.$$

Cette dernière formule met en évidence les résultats suivants:

1° *L'axe central est le lieu des points pour lesquels le moment résultant est minimum ;*

2° *Le lieu des points pour lesquels le moment résultant a une longueur donnée est un cylindre de révolution qui a pour axe l'axe central.*

§ IV.

Systèmes équivalents.

434. **Définition.** — Deux systèmes de vecteurs sont *équivalents* lorsqu'ils ont même résultante générale et même moment résultant par rapport à un point O. Ils auront alors (429) même moment résultant par rapport à un point quelconque.

Relativement aux projections sur un axe et aux moments par rapport à un axe, on aura (428) les propriétés suivantes :

Si deux systèmes de vecteurs sont équivalents, la somme des projections des vecteurs du premier système sur un axe quelconque est égale à la somme des projections de ceux du second système sur le même axe ;

Si deux systèmes de vecteurs sont équivalents, la somme des moments des vecteurs du premier système par rapport à un axe quelconque est égale à la somme des moments de ceux du second par rapport au même axe.

Inversement : *Soient trois axes formant un trièdre Oxyz ; si la somme des projections des vecteurs du premier système sur chacun de ces axes est la même que celle des projections des vecteurs du second système, et si la somme des moments des vecteurs du premier système par rapport à chacun de ces axes est la même que celle des moments des vecteurs du second système, les deux systèmes de vecteurs sont équivalents.*

En effet, soient OR la résultante générale et OG le moment résultant par rapport au point O du premier système ; OR′, OG′ les grandeurs analogues pour le second système. Les projections de OR et OR′ sur chacun des axes x, y, z seront les mêmes ; donc OR et OR′ sont identiques ; il en est de même pour OG et OG′ ; donc les deux systèmes sont équivalents.

Deux systèmes équivalents ont même axe central (432) *et même moment résultant minimum.*

Si deux systèmes sont équivalents, la somme algébrique des volumes des tétraèdres obtenus en prenant comme arêtes opposées, de toutes les manières possibles, deux vecteurs du premier système, est la même que celle des volumes des tétraèdres construits de la même façon avec les arêtes du second (431).

435. **Systèmes nuls.** — Un système est *équivalent à zéro* ou encore forme un *système nul* lorsque sa résultante générale est nulle et que son moment résultant par rapport à un point O est nul ; le moment résultant sera nul pour chaque point de l'espace (430).

Un système nul possède les propriétés suivantes :

La somme des projections de tous les vecteurs d'un système nul sur un axe quelconque est égale à zéro ;

La somme des moments de tous les vecteurs d'un système nul par rapport à un axe quelconque est nulle.

436. **Définitions.** — Deux vecteurs sont dits *opposés* lorsqu'ils sont portés sur la même droite, qu'ils ont même longueur et qu'ils sont dirigés en sens inverses. Il est clair que deux vecteurs opposés forment un système nul.

Si (A) et (B) sont deux systèmes de vecteurs, on appellera somme de ces deux systèmes le système formé avec tous les vecteurs de (A) et tous les vecteurs de (B) ; cette somme sera désignée par la notation (A) + (B).

La résultante générale de (A) + (B) *est la somme géométrique des résultantes générales de* (A) *et* (B).

Le moment résultant par rapport à un point quelconque O *de* (A) + (B) *est la somme géométrique des moments résultants de* (A) *et* (B) *par rapport au même point* O.

Donc :

Si (B) *est un système nul, les systèmes* (A) *et* (A) + (B) *sont équivalents ;*

Si (A) *et* (B) *sont respectivement équivalents à* (A′) *et* (B′), *les systèmes* (A) + (B) *et* (A′) + (B′) *sont équivalents.*

Deux systèmes sont dits *opposés* ou de *signes contraires* lorsque chaque vecteur de l'un est opposé à un vecteur de l'autre. Si (A) est l'un de ces systèmes, l'autre sera désigné par (—A) ; il en résulte que

$$-(-A) = (A).$$

La somme de deux systèmes opposés forme évidemment un système équivalent à zéro.

Si (A) *et* (B) *sont deux systèmes équivalents, la somme* (A) + (— B) *forme un système nul.*

En effet, les sommes (A) + (— B) et (B) + (—B) sont équivalentes ; la dernière forme un système nul ; donc il en est de même de la première.

437. Opérations élémentaires. — Les deux opérations élémentaires suivantes transforment un système de vecteurs en un système équivalent :

1° *Adjonction ou suppression de deux vecteurs opposés.*

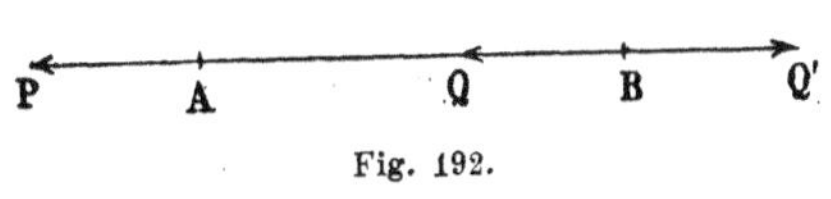

Fig. 192.

Cette opération, répétée deux fois, permet de remplacer un vecteur par un vecteur équivalent. Soient AP et BQ (*fig.* 192) deux vecteurs équivalents, BQ' le vecteur opposé à BQ. Au système primitif qui contient AP, adjoignons les deux vecteurs opposés BQ et BQ', puis supprimons les vecteurs opposés AP et BQ' ; on aura ainsi remplacé dans le système primitif le vecteur AP par son équivalent BQ.

L'opération qui consiste à remplacer un vecteur par un vecteur équivalent s'appelle par abréviation : *transport d'un vecteur en un point de sa direction.*

2° *Remplacement de plusieurs vecteurs de même origine par leur résultante*, ou inversement, *remplacement de la résultante par ses composantes.*

En effet, cette opération ne change pas la résultante générale, elle ne change pas non plus le moment résultant (423).

Nous allons montrer qu'inversement si deux systèmes sont équivalents, on peut passer de l'un à l'autre par les opérations élémentaires.

La démonstration repose sur les trois propriétés suivantes :

438. — 1° *On peut, par les opérations élémentaires, réduire un système quelconque de vecteurs à trois vecteurs appliqués à trois points* A, B, C *non situés en ligne droite* (*fig.* 193).

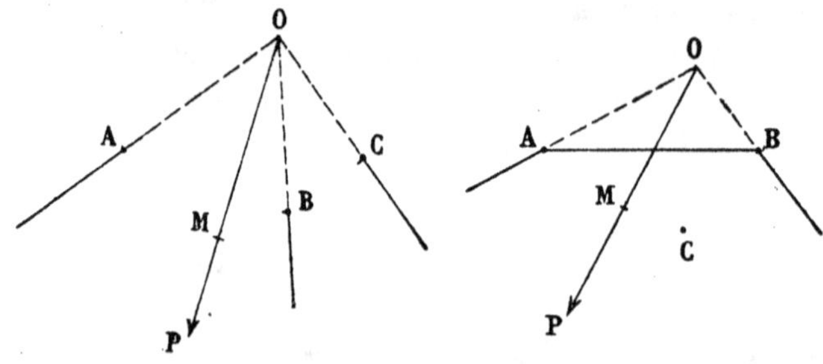

Fig. 193.

Considérons d'abord un vecteur P, non situé dans le plan ABC. On pourra prendre sur la droite qui porte le vecteur un point O situé hors du plan ABC, transporter ce vecteur en O, puis le décomposer en trois autres portés sur les droites OA,

OB, OC qui forment un véritable trièdre (406) ; on transportera ensuite ces composantes en A, B, C.

Supposons que le vecteur P soit situé dans le plan ABC. On prendra sur la droite P un point quelconque O ; ce point O ne peut pas appartenir aux trois côtés du triangle ; supposons que le point O ne soit pas sur la droite AB : on transportera le vecteur P en O, on le décomposera (405) en deux autres dirigés suivant OA et OB, puis on transportera ces composantes en A et B.

Dans l'un et l'autre cas, on a remplacé le vecteur P par trois autres appliqués en A, B, C, à cette différence près, que dans le second cas le vecteur appliqué en C est nul.

Cela posé, faisons la même opération pour chaque vecteur du système ; nous obtiendrons un nouveau système composé de vecteurs appliqués soit en A, soit en B, soit en C.

Composons en un seul les vecteurs de chacun de ces groupes ; on aura un système composé de trois vecteurs ayant respectivement pour origines les points A, B, C.

439. — 2° *On peut, par les opérations élémentaires, réduire un système quelconque de vecteurs à deux vecteurs.*

Réduisons d'abord (438) le système à trois vecteurs AP, BQ, CR (*fig.* 194) ; les deux plans ABQ, ACR ayant un point com-

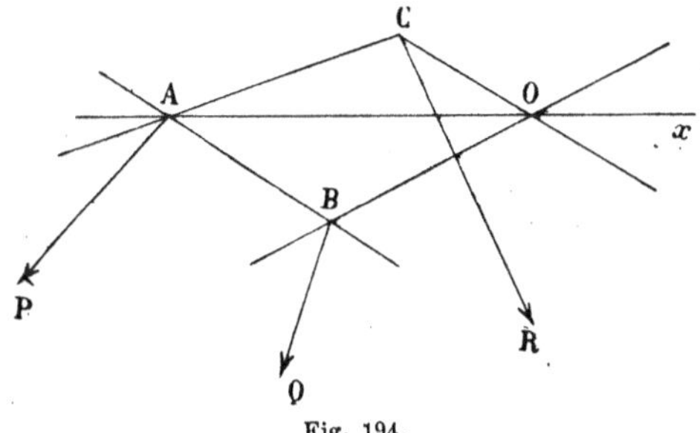

Fig. 194.

mun A, ont au moins une droite commune Ax passant par A ; sur cette droite prenons un point quelconque O. Le vecteur BQ et la droite AO sont dans un même plan ; on peut toujours, en transportant au besoin le vecteur Q en un point de sa direction, supposer que l'origine B de ce vecteur n'est pas sur la droite AO ; traçons BA et BO ; les trois droites BA, BO, BQ étant dans un même plan, on pourra (405) décomposer le vecteur Q en deux autres portés sur les droites BA et BO ; on transportera ensuite les points d'application de ces composantes en A et O. On a ainsi remplacé le vecteur Q par deux autres appliqués en A et O ; on pourra faire la même opération sur le vecteur analogue R. On obtiendra donc un système composé de vecteurs ayant pour origine A ou O ; en composant ensuite les vecteurs appliqués en A, puis les vecteurs appliqués en O, on obtiendra un système formé de deux vecteurs.

440. — 3° *Si un système composé de deux vecteurs est nul, ces deux vecteurs sont opposés.*

En effet, soient AP et BQ les deux vecteurs ; le système formé par ces vecteurs étant nul, on a, quel que soit le point O,

$$(\mathrm{m}_0^t\,\mathrm{AP}) + (\mathrm{m}_0^t\,\mathrm{BQ}) = 0.$$

Plaçons le point O sur la droite AP ; m_0^t AP est nul, donc m_0^t BQ sera nul ; par suite la droite BQ passe par O.

Cela devant avoir lieu quel que soit le point O de AP, les deux droites AP et BQ coïncident ; soit D cette droite.

Le système formé par les deux vecteurs étant nul, on a, en projetant sur un axe quelconque,

$$\text{pr. AP} + \text{pr. BQ} = 0.$$

Projetons, en particulier, sur la droite D. On voit que AP et BQ ont même longueur et sont de sens contraires ; donc ces vecteurs sont opposés.

441. **Théorème.** — *Si deux systèmes sont équivalents, on peut les transformer l'un dans l'autre par les opérations élémentaires.*

En effet, soient (S) et (T) deux systèmes équivalents. Partons de (S) et ajoutons-y tous les vecteurs des deux systèmes

(T) et (— T), ce qui revient à effectuer un certain nombre de fois la première opération élémentaire. On obtient ainsi un système qui comprend tous les vecteurs de (S), (T) et (— T) ; partageons ce système en deux parties : la première formée des vecteurs (T), la deuxième formée des vecteurs de (S) et (— T). Cette deuxième partie est équivalente à zéro (436). On pourra, par les opérations élémentaires, réduire cette deuxième partie (439) à un système équivalent formé de deux vecteurs ; ces deux vecteurs formant un système nul sont opposés (440), on peut donc les supprimer ; en fait, on aura donc supprimé toute la deuxième partie, il restera seulement le système (T) ; on a donc passé du système (S) au système (T) par les opérations élémentaires.

§ V.

Couples.

442. **Définitions.** — On appelle *couple* un système de deux vecteurs égaux, parallèles et dirigés en sens inverses, mais non portés par la même droite. Le plan de ces deux vecteurs est le *plan du couple ;* la distance des deux vecteurs parallèles est son *bras de levier*.

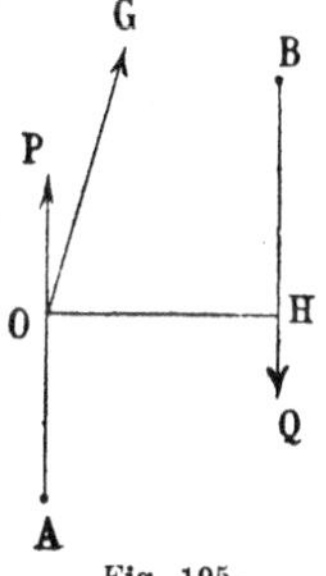

Fig. 195.

443. **Axe d'un couple.** — Un couple est un système dont la résultante générale est nulle ; il en résulte que le moment résultant du système est le même (430) pour tous les points de l'espace. Pour trouver ce moment résultant, il suffit de le trouver pour un point particulier. Prenons un point O situé sur le vecteur AP du couple AP, BQ (*fig.* 195). Le moment du vecteur AP est nul, le moment résultant OG du système est donc égal au moment du vecteur Q par rapport au point O. Ce moment sera (415) perpendiculaire au plan OBQ, qui est le plan du couple ; sa grandeur est

égale au produit du vecteur BQ par le bras de levier du couple OH ; enfin il est dirigé dans un sens tel que les trois directions OH, BQ, OG soient celles d'un trièdre positif.

Ce moment résultant OG est l'*axe du couple.*

444. Corollaire. — *Deux couples dont les axes ont même grandeur géométrique sont équivalents.*

En effet, ces couples forment deux systèmes de vecteurs dont la résultante générale est nulle et qui ont même moment résultant ; donc ils sont équivalents (434).

Il en résulte (441) qu'on peut transformer ces deux couples l'un dans l'autre par les opérations élémentaires.

445. Théorème. — *Tout système de vecteurs dont la résultante générale est nulle est équivalent à un couple.*

Soit en effet (S) un système dont la résultante générale est nulle et dont le moment résultant est OG (*fig.* 196) ; dans le plan II mené par O perpendiculairement à OG prenons deux directions rectangulaires Ox, Oy telles que le trièdre $OxyG$ soit de sens positif ; sur le prolongement de Oy prenons une longueur arbitraire OA, puis sur Ox un point H tel que

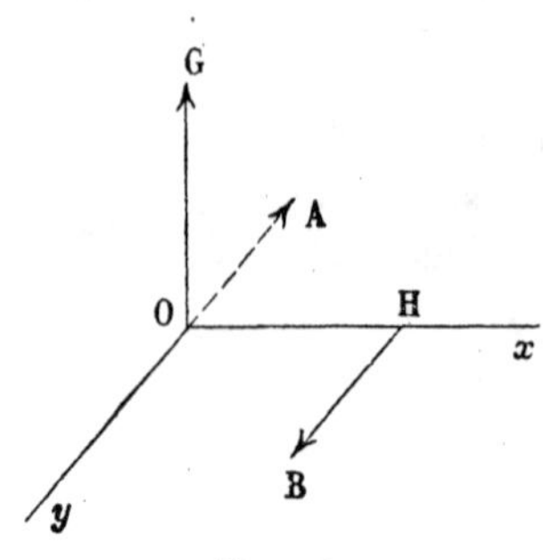

Fig. 196.

$$OA \times OH = OG.$$

A partir du point H, prenons dans la direction de Oy une longueur HB égale à OA.

Le système formé par le couple OA, HB est un système dont la résultante générale est nulle et qui a pour moment résultant OG. Ce couple est donc équivalent au système (S).

446. Composition des couples. — Considérons un nombre quelconque de couples (C_1), (C_2), . . ., (C_n) ; l'ensemble des vecteurs de ces couples forme un système dont la résultante générale est nulle ; ce système est donc équivalent à un couple unique (445). Pour avoir l'axe de ce couple, il faut faire la somme géométrique des moments de tous les vecteurs par rapport à un point quelconque O. Pour effectuer cette somme on peut procéder ainsi : faire d'abord la somme des moments des deux vecteurs du couple (C_1), ce qui donne l'axe OG_1 de ce couple ; puis celle des moments des deux vecteurs du couple (C_2), ce qui donne l'axe OG_2 de ce couple, etc., et ensuite faire la somme (OG) de (OG_1), (OG_2), ..., (OG_n). Donc :

Un nombre quelconque de couples forme un système équivalent à un couple unique appelé couple résultant. L'axe du couple résultant est la somme géométrique des axes des couples donnés.

Les couples donnés sont les *couples composants* du couple résultant.

La loi de composition et de décomposition des couples, quand on introduit leurs axes, est donc la même que celle des vecteurs concourants.

447. Théorème. — *Un système quelconque de vecteurs est équivalent à un vecteur unique passant par un point arbitrairement donné* O *et à un couple.*

En effet, soient OR la résultante générale et OG le moment résultant par rapport au point O d'un système (S) ; soit P un couple ayant pour axe OG (445). Le système formé de OR et du couple (P) admet comme résultante générale OR, et comme moment résultant par rapport au point O le vecteur OG ; donc il est équivalent (434) au système (S).

448. *Si le point* O *est donné, la réduction du système à un vecteur passant par* O *et à un couple ne peut se faire que d'une seule manière.* (*Dans cet énoncé on ne considère pas comme distincts deux couples équivalents.*)

En effet, soient OR′ un vecteur et (P′) un couple dont l'ensemble est équivalent au système (S), OG′ l'axe du couple (P′) ; le système formé de (OR′) et du couple (P′) a pour résultante générale (OR′) et pour moment résultant par rapport à O, (OG′); pour qu'il soit équivalent au système (S), il faut que (OR′) coïncide avec (OR) et (OG′) avec (OG) ; donc la réduction indiquée n'est possible que d'une seule manière.

449. Propriété de l'axe central. — Soit OC l'axe central d'un système de vecteurs (*fig.* 197) ; la résultante générale OR et le moment résultant OG par rapport au point O sont portés (432) sur la droite OC ; le plan du couple relatif au point O est donc perpendiculaire au vecteur OR. Donc :

C
R
G
O
Fig. 197.

Le lieu des points O *pour lesquels on peut réduire un système de vecteurs à un vecteur unique* (OR) *et à un couple* (P) *dont le plan est perpendiculaire à* (OR) *est l'axe central du système.*

450. Problème. — *Placer sur quatre droites données, des vecteurs formant un système équivalent à zéro.*

Soient α, β, γ, δ quatre droites données, A, B, C, D des vecteurs placés sur ces droites et formant un système nul (*fig.* 198). Je me placerai dans le cas général où deux quelconques des quatre droites données ne sont pas situées dans un même plan.

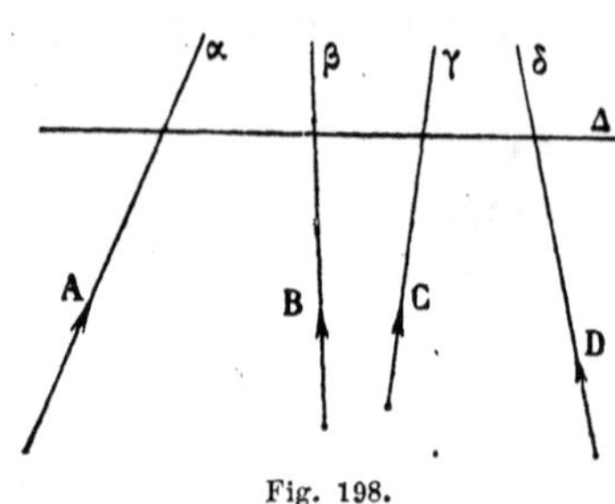

Fig. 198.

Si l'on prend les moments par rapport à une droite quelconque, on aura (436)

$$\text{m}^{\text{t}}\,A + \text{m}^{\text{t}}\,B + \text{m}^{\text{t}}\,C + \text{m}^{\text{t}}\,D = 0.$$

En particulier, je prends les moments par rapport à une droite Δ qui rencontre α, β, γ ; les moments des vecteurs A, B, C sont nuls ; donc le moment de D est nul, et par suite Δ rencontre δ; par conséquent, toute droite qui rencontre α, β, γ rencontre δ. Les quatre droites α, β, γ, δ forment un quadruple hyperboloïde (99). Ainsi :

Pour que le problème soit possible, il faut que les quatre droites données forment un quadruple hyperboloïde.

Je vais montrer que cette condition nécessaire est suffisante. Pour cela je distinguerai deux cas.

451. **Premier cas.** — *Les droites données sont quatre génératrices d'un hyperboloïde.*

Par un point fixe O je mène des droites α', β', γ', δ' respectivement parallèles aux droites α, β, γ, δ ; et sur ces droites je prends des vecteurs OA′, OB′, OC′, OD′ respectivement équipollents aux vecteurs A, B, C, D. Les deux systèmes A, B, C, D et A′, B′, C′, D′ ont même résultante générale ; donc les vecteurs A′, B′, C′, D′ ont une résultante nulle. Le moyen le plus général de construire A′, B′, C′, D′ est évidemment le suivant. Je prends arbitrairement OD′, puis je décompose son opposé OD'_1 en trois vecteurs OA′, OB′, OC′ portés sur les droites α', β', γ' (*fig.* 199), ce qui est possible, puisque ces trois droites forment un véritable trièdre.

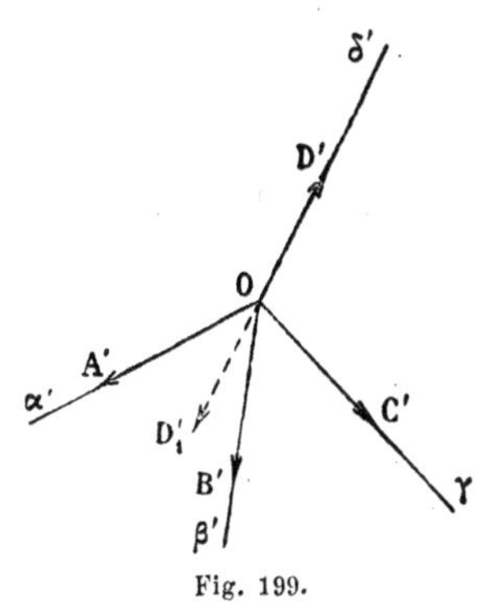

Fig. 199.

Je suppose les vecteurs A′, B′, C′, D′ construits comme il vient d'être dit ; sur les droites α, β, γ, δ je prends des vecteurs A, B, C, D respectivement équipollents aux vecteurs A′, B′, C′, D′. Je dis que ce système A, B, C, D forme un système nul.

Tout d'abord, la résultante générale du système A, B, C, D est nulle ; donc (445) ce système se réduit à un couple d'axe G.

Si maintenant Δ est une droite quelconque, la projection de G sur Δ est égale à la somme des moments des quatre vecteurs A, B, C, D par rapport à Δ.

Je prends, en particulier, trois droites Δ_1, Δ_2, Δ_3 qui s'appuient sur α, β, γ, δ. La projection de G sur chacune de ces droites est nulle ; comme ces trois droites ne sont pas parallèles à un même plan, c'est que G est nul ; donc, les vecteurs A, B, C, D forment un système équivalent à zéro.

452. Remarque. — On peut prendre arbitrairement le vecteur OD′, il y a donc une infinité de solutions ; mais, si l'on change OD′ cela revient à multiplier A′, B′, C′, D′ et par suite A, B, C, D par un même nombre algébrique λ. Ce résultat est évident à priori, car si l'on multiplie tous les vecteurs d'un système par un nombre algébrique λ, cela revient à multiplier OR et OG par λ.

453. **Deuxième cas.** — *Les droites données sont quatre génératrices d'un paraboloïde.*

Les droites α', β', γ', δ' menées par un point O, parallèlement aux droites α, β, γ, δ sont dans un même plan (*fig.* 200).

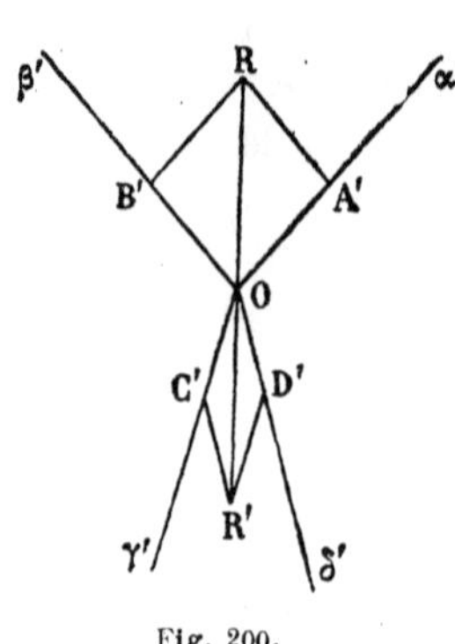

Fig. 200.

Les vecteurs OA′, OB′, OC′, OD′, équipollents respectivement à A, B, C, D ont encore une résultante nulle. La manière la plus générale de construire des vecteurs A′, B′, C′, D′ possédant cette propriété est évidemment la suivante : on prend un vecteur arbitraire OR dans le plan des quatre droites et son opposé OR′ ; on décompose OR en deux vecteurs OA′ et OB′ portés sur les droites α' et β'; puis OR′ en deux vecteurs OC′ et OD′ portés sur les droites γ' et δ'.

Les vecteurs A′, B′, C′, D′ étant supposés construits de cette façon, je porte sur les droites α, β, γ, δ des vecteurs A, B, C, D respectivement équipollents aux vecteurs A′, B′, C′, D′. Le système A, B, C, D a une résultante générale nulle ; ce système est donc équivalent à un couple d'axe G ; je vais chercher la direction de l'axe de ce couple.

Pour cela je considère des droites Δ_1, Δ_2, etc... qui rencontrent α, β, γ, δ. Toutes ces droites sont parallèles à un plan fixe Π qui est le second plan directeur du paraboloïde. G est perpendiculaire à ces droites (451), par conséquent G est perpendiculaire au plan Π.

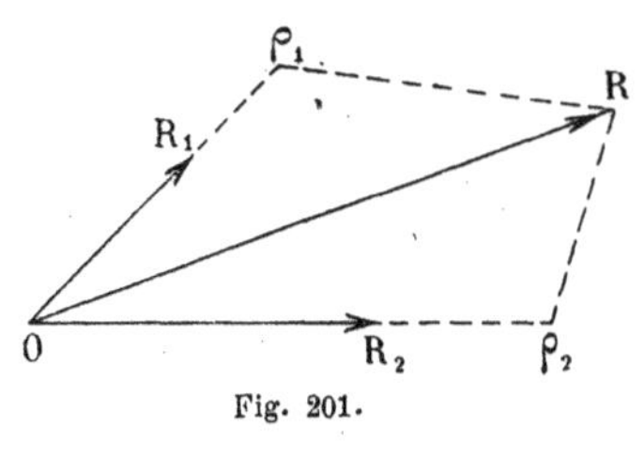

Fig. 201.

Si maintenant je remplace OR par OR_1, j'aurai un couple G_1 dont l'axe est perpendiculaire à Π ; si je remplace OR par OR_2 (*fig.* 201), j'aurai un couple d'axe G_2 perpendiculaire à Π. Si on prend maintenant pour OR un vecteur quelconque du plan, on pourra le décomposer en deux vecteurs $O\rho_1$ et $O\rho_2$ portés sur les droites OR_1 et OR_2 ; on aura les égalités algébriques

$$O\rho_1 = \lambda OR_1, \qquad O\rho_2 = \mu OR_2.$$

A $O\rho_1$ correspond un couple d'axe λOG_1, à $O\rho_2$ un couple d'axe $\mu\, OG_2$. On a donc, en désignant par G l'axe du couple qui correspond à OR,

$$G = \lambda G_1 + \mu G_2.$$

Si donc on détermine le rapport des nombres algébriques λ et μ par l'équation

$$\lambda G_1 + \mu G_2 = 0,$$

le couple G sera nul ; le système A, B, C, D forme un système équivalent à zéro.

454. Remarque. — Il résulte de ce qui précède que les vecteurs A, B, C, D sont déterminés à un même facteur algébrique près.

§ VI.

Vecteurs parallèles.

455. **Composition de deux vecteurs parallèles et de même sens.** — Soient AP et BQ deux vecteurs parallèles et de même sens (*fig.* 202) ; adjoignons au système les deux vecteurs opposés AF et BE ; AF et AP ont une résultante AH ; BQ et BE, une résultante BG. Les deux droites AH et BG se rencontrent en O ; on pourra composer en un seul ces deux vecteurs concourants. On ramène ainsi le système à un vecteur OR que nous allons déterminer.

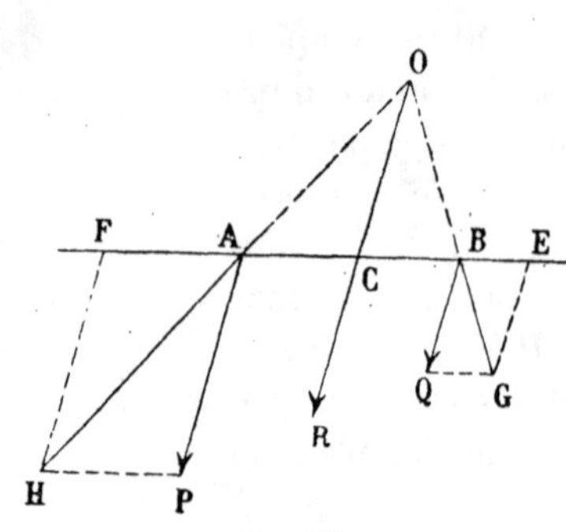

Fig. 202.

OR forme un système équivalent aux deux vecteurs P et Q, et par suite, en projetant sur un axe quelconque, on aura

$$\text{pr. OR} = \text{pr. AP} + \text{pr. BQ}.$$

Si l'on projette sur une direction perpendiculaire à AP et BQ, les projections de AP et de BQ sont nulles, donc la projection de OR est nulle ; par conséquent, OR est parallèle aux vecteurs AP, BQ. En projetant sur une direction parallèle à AP, on trouve

$$\text{OR} = \text{AP} + \text{BQ}.$$

Il suffit donc maintenant de trouver un point de la droite OR ; déterminons le point C où OR rencontre AB. Pour un point quelconque de l'espace, on a

$$\text{m}^t\,\text{OR} = (\text{m}^t\,\text{AP}) + (\text{m}^t\,\text{BQ}) ;$$

en l'appliquant au point C, on trouve

$$\text{P} \times \text{CA} + \text{Q} \times \text{CB} = 0.$$

Donc :

Deux vecteurs parallèles et de même sens sont équivalents à un vecteur unique qu'on appelle leur résultante. La résultante est parallèle aux vecteurs, égale à leur somme et rencontre la droite qui joint les points d'application A *et* B *des vecteurs* P *et* Q *en un point* C, *tel que*

$$P \times CA + Q \times CB = 0.$$

456. Remarque. — Quand les vecteurs P et Q tournent autour de A et B, en conservant leur grandeur et en restant parallèles, le point C ne change pas. La résultante OR conserve donc sa grandeur et tourne autour du point C. C'est à ce point C que nous donnerons le nom de *point d'application* de la résultante. Dorénavant, quand nous composerons deux vecteurs parallèles, nous placerons toujours l'origine de la résultante à son point d'application.

457. **Décomposition d'un vecteur en deux autres parallèles.** — Entre les vecteurs parallèles P, Q, leur résultante R et les points d'application A, B, C de ces vecteurs existent les deux relations

$$R = P + Q,$$
$$P \times CA + Q \times CB = 0 .$$

Ces deux relations permettent de déterminer deux éléments. On peut se donner par exemple R, A, B, C et chercher P et Q ; on peut aussi se donner R, P, A, C et déterminer B et Q, etc.

458. **Composition de deux vecteurs parallèles et de sens contraires.** — Nous supposerons que les deux vecteurs n'aient pas la même longueur, c'est-à-dire ne forment pas un couple. Soient AP et BQ (*fig.* 203) les deux vecteurs, AP le plus grand. Je décompose AP en deux vecteurs parallèles dont l'un BQ′ est le vecteur opposé à BQ (436) ; pour déterminer l'autre vecteur CR, on aura les deux équations

$$R + Q' = P,$$
$$AB \times Q' + AC \times R = 0,$$

ou bien, en remarquant que Q' a même grandeur absolue que Q,

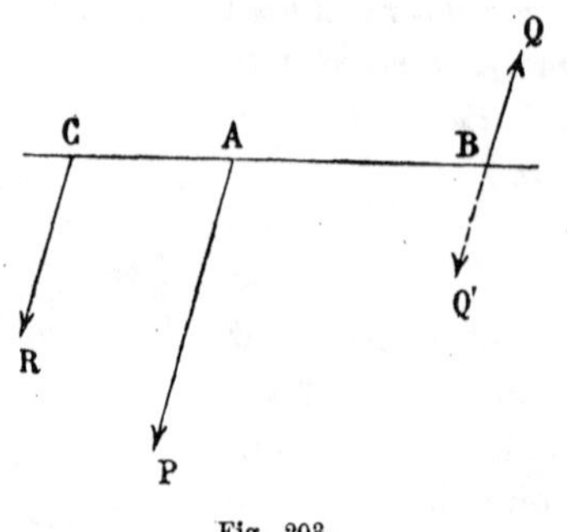

Fig. 203.

$$R = P - Q,$$

$$AB \times Q + AC \times R = 0.$$

Dans cette dernière relation, remplaçons R par sa valeur, on aura

$$Q(AB - AC) + P \times AC = 0,$$

ou, en changeant les signes,

$$P \times CA - Q \times CB = 0.$$

Cela posé, le système P, Q est équivalent au système R, Q', Q, et par suite à R. Donc :

Deux vecteurs parallèles, inégaux et de sens contraires sont équivalents à un vecteur unique qu'on appelle leur résultante. La résultante est parallèle aux vecteurs, dirigée dans le sens du plus grand, égale à leur différence et rencontre la droite qui joint les points d'application A *et* B *des vecteurs* P *et* Q *en un point* C *tel que*

$$P \times CA = Q \times CB.$$

459. Remarque. — On peut répéter ici, mot à mot, la remarque du n° 456. Le point C sera encore le *point d'application* de la résultante, et quand nous appliquerons la règle de composition de deux vecteurs parallèles, nous placerons toujours l'origine de leur résultante au point d'application.

460. **Composition de vecteurs parallèles et de même sens.** — Considérons un nombre quelconque de vecteurs parallèles et de même sens ; plaçons ces vecteurs dans un ordre quelconque. Composons le premier vecteur avec le second, puis la résultante obtenue avec le troisième, puis cette nouvelle résultante avec le quatrième, etc., en prenant les vecteurs dans l'ordre où ils sont

placés et en appliquant toujours la règle du nº 456. On arrivera à une résultante R parallèle à la direction des vecteurs, égale à leur somme et appliquée à un certain point G.

461. Remarque. — En appliquant de proche en proche la remarque du nº 456, on voit que si tous les vecteurs donnés tournent autour de leurs points d'application en conservant leur grandeur et en restant parallèles, la résultante R tournera autour du point G.

Cela posé, si l'on compose les vecteurs donnés en les plaçant dans un autre ordre, on arrivera à une résultante R′ appliquée à un point G′ ; je dis que G′ coïncide avec G.

En effet, les vecteurs R et R′ étant tous deux équivalents au système donné sont équivalents ; ces vecteurs sont par conséquent portés sur une même droite, donc la droite GG′ est parallèle aux vecteurs donnés. Mais les points G et G′ ne changent pas si l'on change la direction de tous les vecteurs, la droite GG′ devrait être parallèle à une droite quelconque ; donc les points G et G′ sont confondus.

Ce point G est le *point d'application* du système des vecteurs. Dorénavant, quand nous composerons un nombre quelconque de vecteurs parallèles et de même sens, nous mettrons toujours l'origine de la résultante à son point d'application.

Partageons le système donné en plusieurs groupes ; composons les vecteurs de chacun des groupes en appliquant la remarque précédente, puis composons les résultantes partielles ainsi obtenues ; on trouvera comme point d'application de ces résultantes partielles le point d'application G du système. Le raisonnement est identique à celui qui vient d'être fait plus haut.

462. **Composition d'un nombre quelconque de vecteurs parallèles.** — Considérons des vecteurs parallèles à une droite D, dirigés les uns dans un sens, les autres dans l'autre ; fixons sur la droite D une direction positive, nous donnerons le signe + aux vecteurs dirigés dans le sens positif, le signe — aux autres.

Cela posé, composons en un seul tous les vecteurs positifs ; nous obtiendrons une résultante R_1, égale à leur somme et appliquée en un point G_1. Composons de même tous les vecteurs négatifs ; on obtient une résultante R'_1, égale à leur somme et appliquée en un point G'_1. Les droites R_1 et R'_1 sont parallèles et de sens contraires. Cela posé, nous considérerons les cas suivants :

1° *La somme algébrique des vecteurs donnés n'est pas nulle.* — Les vecteurs R_1 et R'_1 n'ont pas la même grandeur ; ils admettent (458) une résultante R, appliquée en un point G. Cette résultante R est parallèle à la droite D, égale à la somme des valeurs algébriques des vecteurs donnés.

Si tous les vecteurs donnés tournent autour de leurs points d'application en conservant leur grandeur algébrique et en restant parallèles, la résultante R tourne autour du point G. Ce point G est le *point d'application* du système de vecteurs.

2° *La somme algébrique des vecteurs est nulle.* — Les vecteurs R_1 et R'_1 sont égaux et de sens contraires ; deux cas peuvent se présenter :

I. — G_1 *et* G'_1 *sont distincts.*

Si la droite D est parallèle à $G_1G'_1$, les vecteurs R_1 et R'_1 sont opposés, le système est équivalent à zéro. Si la droite D n'est pas parallèle à $G_1G'_1$, le système est équivalent à un couple.

II. — G_1 *et* G'_1 *sont confondus.*

R_1 et R'_1 sont opposés, le système est équivalent à zéro. Il reste équivalent à zéro si tous les vecteurs tournent autour de leurs points d'application en conservant leurs grandeurs algébriques et en restant parallèles. Un tel système est un système *nul astatique.*

463. Remarque. — Considérons le cas où la somme des vecteurs n'est pas nulle. Si l'on place les vecteurs du système dans un ordre quelconque et qu'on les compose de proche en proche, c'est-à-dire le premier avec le second, puis la résultante obtenue avec le troisième, etc., on arrivera toujours au même point

d'application G. Il faut toutefois introduire cette restriction : l'ordre doit être tel que les opérations indiquées soient possibles, c'est-à-dire qu'on ne soit *jamais amené à composer deux vecteurs dont la somme algébrique est nulle.*

Avec cette même restriction, on peut former des groupes dans le système donné d'une manière quelconque, composer en un seul les vecteurs de chaque groupe, puis composer les résultantes partielles ; on arrive toujours au même point d'application G.

Ce point d'application s'appelle aussi le *centre* du système de vecteurs.

464. **Centre des distances proportionnelles.** — Soit A, B, C, ... un système quelconque de points ; affectons chacun de ces points d'un coefficient positif ou négatif, ce coefficient est ce qu'on appelle la *masse* du point ; soient α, β, γ, ... ces coefficients. Nous nous placerons dans le cas où la somme des masses $\alpha + \beta + \gamma + \ldots$ est différente de zéro.

Cela posé, soit D une droite quelconque ; appliquons à chacun des points du système un vecteur parallèle à D, ayant une valeur algébrique égale à la masse de ce point. Le système de vecteurs ainsi obtenu admet une résultante R parallèle à D, égale à la somme des masses des points du système et appliquée au centre G du système de vecteurs.

Ce centre G, qui ne dépend pas de la droite D, est le *centre des masses* du système ou encore le *centre des distances proportionnelles* des points A, B, C, ..., affectés des coefficients α, β, γ, ...

Lorsque tous les coefficients sont égaux, ce centre s'appelle le *centre des moyennes distances* des points du système.

Dans la recherche du centre d'un système de masses, on peut remplacer un groupe quelconque de points par le centre de ce groupe en donnant à ce centre une masse égale à la somme des masses des points du groupe (463).

Le centre de deux masses se construit en appliquant la règle de composition de deux vecteurs (455) et (458).

L'ensemble de ces deux règles permet de construire, de proche en proche, le centre d'un système de masses.

Quel que soit l'ordre dans lequel on effectue les opérations, quelle que soit la façon de grouper les points du système, on arrive toujours au même résultat, pourvu, bien entendu, que les opérations restent possibles, c'est-à-dire qu'on ne *soit jamais amené à trouver le centre de deux masses égales et de signes contraires.*

465. Applications. — 1° Considérons trois masses égales à l'unité, placées aux sommets d'un triangle ABC (*fig.* 204). Le

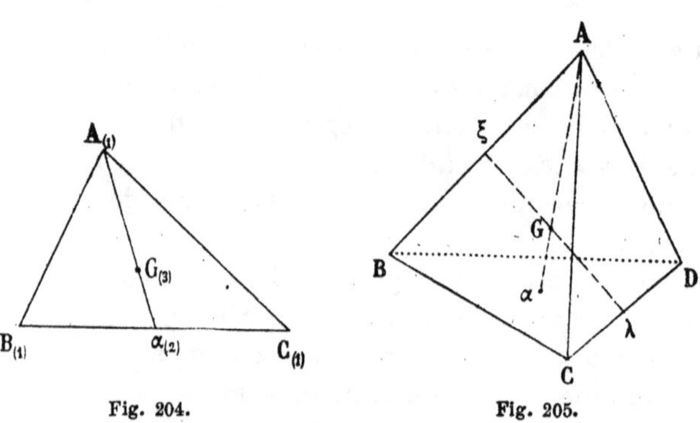

Fig. 204. Fig. 205.

centre des masses B et C est placé au milieu α de BC. Le centre du système est le même que celui d'une masse 1, placée en A, et d'une masse 2, placée en α ; ce centre G est donc sur la médiane Aα, au tiers de cette médiane à partir du point α. Ce centre étant indépendant de l'ordre dans lequel on place les points, on a le résultat suivant :

Les médianes d'un triangle se rencontrent en un point qui est situé au tiers de chacune d'elles à partir de la base.

Ce point de rencontre des médianes s'appelle le *centre de gravité* du triangle.

2° Considérons quatre masses égales à l'unité, placées aux sommets d'un tétraèdre ABCD (*fig.* 205). Nous pouvons d'abord former les deux groupes de points (A, B) et (C, D) ; le premier groupe se remplace par une masse 2 placée au milieu ξ de AB, le second par une masse 2 placée au milieu λ de CD ; donc le centre G du système est le milieu de la droite $\xi\lambda$, qui joint les milieux des arêtes opposées AB et CD.

Formons les deux groupes de points A et (B, C, D) ; le second groupe peut être remplacé par une masse égale à 3, placée au centre de gravité α de la face BCD. Le centre G se trouve donc sur la droite $A\alpha$, au quart de cette droite à partir de la face BCD.

Donc :

Les droites qui joignent les milieux des arêtes opposées d'un tétraèdre se rencontrent en leurs milieux.

Les droites qui joignent les sommets d'un tétraèdre aux centres de gravité des faces opposées se rencontrent en un point situé au quart de chacune d'elles à partir de cette face.

Ces deux points de rencontre coïncident.

466. **Théorème de Leibnitz.** — *Soient* $A_1, A_2, \ldots, A_n$ *un système de points ayant pour masses respectives* $\alpha_1, \alpha_2, \ldots, \alpha_n$, α *la masse totale du système supposée différente de zéro,* G *le centre de ce système de masses,* M *un point quelconque. On a*

$$\Sigma_1^n \alpha_i.\overline{MA}_i^2 = \alpha.\overline{MG}^2 + \Sigma_1^n \alpha_i.\overline{GA}_i^2.$$

Pour établir ce théorème, nous nous appuyerons sur le lemme suivant :

LEMME. — *Soient* ABC *un triangle,* H *la projection de* A *sur* BC ; *on a, en tenant compte des signes des segments,*

$$\overline{AB}^2 = \overline{AC}^2 + \overline{BC}^2 - 2CB \times CH.$$

Il suffit pour l'établir de se reporter à la première partie [339] et [340] et de remarquer que si l'angle C est aigu, le produit $CB \times CH$ est positif, et que si l'angle C est obtus, ce produit est négatif.

Cela posé, nous démontrerons le théorème d'abord dans le cas de deux points. (Dans ce cas particulier, le théorème est identique à celui qui est connu sous le nom de théorème de Stewart.)

Soient A et B deux points ayant respectivement pour masses α et β (*fig.* 206), C leur centre, M un point quelconque, H la projection de M sur la droite AB. On a (lemme)

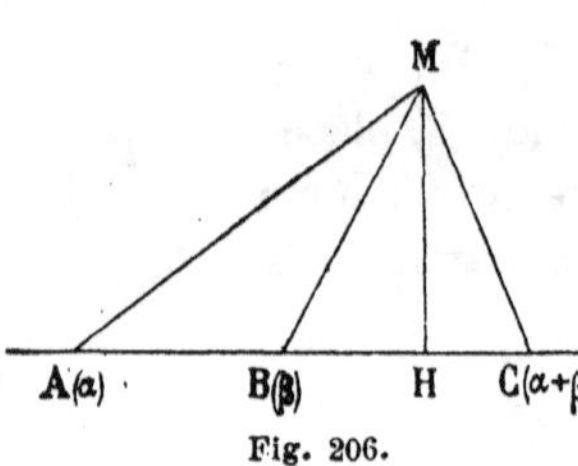

Fig. 206.

$$\overline{MA}^2 = \overline{MC}^2 + \overline{CA}^2 - 2CA.CH,$$
$$\overline{MB}^2 = \overline{MC}^2 + \overline{CB}^2 - 2CB.CH.$$

Multiplions la première de ces équations par α, la seconde par β, et ajoutons membre à membre; on aura

$$\alpha.\overline{MA}^2 + \beta.\overline{MB}^2 = (\alpha + \beta)\overline{MC}^2 + \alpha.\overline{CA}^2 + \beta.\overline{CB}^2 - 2CH[\alpha.CA + \beta.CB].$$

Mais C étant le centre des masses A et B, on a

$$\alpha.CA + \beta.CB = 0;$$

donc

$$\alpha.\overline{MA}^2 + \beta.\overline{MB}^2 = (\alpha + \beta)\overline{MC}^2 + \alpha.\overline{CA}^2 + \beta.\overline{CB}^2,$$

ce qui démontre le théorème dans le cas particulier de deux masses.

Pour démontrer que le théorème est général, il suffit de montrer que, s'il est vrai pour $(n - 1)$ points, il est vrai pour n points. Supposons donc que le théorème soit vrai pour les $(n - 1)$ points $A_1, A_2, \ldots, A_{n-1}$ (*on peut toujours prendre dans le système $n - 1$ points dont la masse totale n'est pas nulle*); soient α' leur masse totale, G' leur centre; on aura, par hypothèse,

$$(1) \qquad \Sigma_1^{n-1}\alpha_i.\overline{MA}_i^2 = \alpha'.\overline{G'M}^2 + \Sigma_1^{n-1}\alpha_i.\overline{G'A}_i^2.$$

D'autre part, G est le centre d'un système formé d'une masse α' en G' et d'une masse α_n en A_n; donc

$$(2) \qquad \alpha'.\overline{MG'}^2 + \alpha_n.\overline{MA}_n^2 = \alpha.\overline{MG}^2 + \alpha'.\overline{GG'}^2 + \alpha_n.\overline{GA}_n^2.$$

En appliquant la formule (1) au cas où M est placé en G et en intervertissant les deux membres, on aura

(3) $$\alpha'.\overline{GG'}^2 + \Sigma_1^{n-1}\alpha_i.\overline{G'A}_i^2 = \Sigma_1^{n-1}\alpha_i.\overline{GA}_i^2.$$

Ajoutons membre à membre les égalités (1), (2), (3) et simplifions ; on aura

(4) $$\Sigma_1^n\alpha_i.\overline{MA}_i^2 = \alpha.\overline{MG}^2 + \Sigma_1^n\alpha_i.\overline{GA}_i^2,$$

ce qui démontre le théorème.

467. **Problème.** — *Etant donnés n points quelconques* A_1, A_2, ..., A_n, *et les coefficients* α_1, α_2, ..., α_n *attachés à chacun de ces points, trouver le lieu des points* M *tels que la somme*

$$\Sigma_1^n\alpha_i.\overline{MA}_i^2$$

soit égale à une constante donnée k.

Nous distinguerons deux cas :

1° *La somme des coefficients* $\alpha_1 + \alpha_2 + \ldots + \alpha_n$ *n'est pas nulle.*

Soient α cette somme, G le centre du système de masses ; l'équation (4) donne

$$\alpha.\overline{MG}^2 = k - \Sigma_1^n\alpha_i.\overline{GA}_i^2.$$

Cette équation montre que MG est constant ; le lieu est donc une sphère ayant pour centre le centre G du système et dont le rayon R est donné par la formule

$$\alpha R^2 = k - \Sigma_1^n\alpha_i.\overline{GA}_i^2.$$

Pour que le lieu existe, il faut que l'on ait

$$k > \Sigma_1^n\alpha_i.\overline{GA}_i^2.$$

2° *La somme des coefficients* $\alpha_1 + \alpha_2 + \ldots + \alpha_n$ *est nulle.*

Formons dans le système de points A_1, A_2, ..., A_n deux groupes B_1, B_2, ..., B_p et C_1, C_2, .. C_q, tels que la somme des masses des points de chaque groupe ne soit pas nulle. (On pourra, par exemple, mettre dans le premier groupe tous les points qui ont une masse positive, dans le second ceux qui ont une masse négative.) Désignons par $\beta_1, \beta_2, \ldots, \beta_p$ les masses des points $B_1, B_2, \ldots, B_p$; par $\gamma_1, \gamma_2, \ldots, \gamma_q$ celles des points $C_1, C_2, \ldots, C_q$; si h est la masse totale des points du premier groupe, celle des points du second groupe sera $-h$.

Cela posé, les points $B_1, B_2, \ldots, B_p$; $C_1, C_2, \ldots, C_q$ sont, à l'ordre près, les mêmes que les points $A_1, A_2, \ldots, A_n$; de même les coefficients $\beta_1, \beta_2, \ldots, \beta_p$; $\gamma_1, \gamma_2, \ldots, \gamma_q$ sont, à l'ordre près, les mêmes que les coefficients $\alpha_1, \alpha_2, \ldots, \alpha_n$; donc on aura

$$(5) \qquad \Sigma_1^n \alpha_i . \overline{MA}_i^2 = \Sigma_1^p \beta_i . \overline{MB}_i^2 + \Sigma_1^q \gamma_i . \overline{MC}_i^2.$$

D'autre part, si G_1 et G_2 sont les centres respectifs des groupes $(B_1, \ldots, B_p)$, $(C_1, \ldots, C_q)$, on aura (466)

$$(6) \qquad \Sigma_1^p \beta_i . \overline{MB}_i^2 = h . \overline{MG}_1^2 + \Sigma_1^p \beta_i . \overline{G_1B}_i^2.$$

$$(7) \qquad \Sigma_1^q \gamma_i . \overline{MC}_i^2 = -h . \overline{MG}_2^2 + \Sigma_1^q \gamma_i . \overline{G_2C}_i^2.$$

Des équations (5), (6), (7), on déduit

$$(8) \quad \Sigma_1^n \alpha_i . \overline{MA}_i^2 = h(\overline{MG}_1^2 - \overline{MG}_2^2) + \Sigma_1^p \beta_i . \overline{G_1B}_i^2 + \Sigma_1^q \gamma_i . \overline{G_2C}_i^2.$$

En écrivant que le premier membre est égal à k, on aura

$$h(\overline{MG}_1^2 - \overline{MG}_2^2) = k - \Sigma_1^p \beta_i . \overline{G_1B}_i^2 - \Sigma_1^q \gamma_i . \overline{G_2C}_i^2.$$

On voit que la différence $\overline{MG}_1^2 - \overline{MG}_2^2$ doit être constante. Il en résulte que le lieu du point M est un plan perpendiculaire à la droite G_1G_2 [349] et [707].

468. **Moment par rapport à un plan.** — Tous les vecteurs que l'on considère dans cette théorie sont parallèles à une même droite D ; fixons un sens sur D. A chaque vecteur, nous ferons correspondre un nombre algébrique ayant pour valeur absolue la longueur du vecteur ; ce nombre sera positif ou négatif selon que le vecteur sera de sens positif ou de sens négatif.

Soit maintenant π un plan quelconque ; ce plan partage l'espace en deux régions : l'une sera appelée la région positive, l'autre la région négative. La distance d'un point au plan π est un nombre algébrique ayant pour valeur absolue la longueur de la perpendiculaire menée du point au plan ; ce nombre sera positif ou négatif selon que le point sera dans la région positive ou dans la région négative.

Cela posé :

Le moment d'un vecteur par rapport à un plan est égal au produit de la valeur algébrique du vecteur par la valeur algébrique de la distance de son point d'application au plan.

469. Remarque. — Supposons la direction D parallèle au plan π (*fig.* 207) ; soient Oz la normale au plan π dirigée vers la région positive, $O\delta$ une droite telle que le trièdre $OzD\delta$ soit de sens positif.

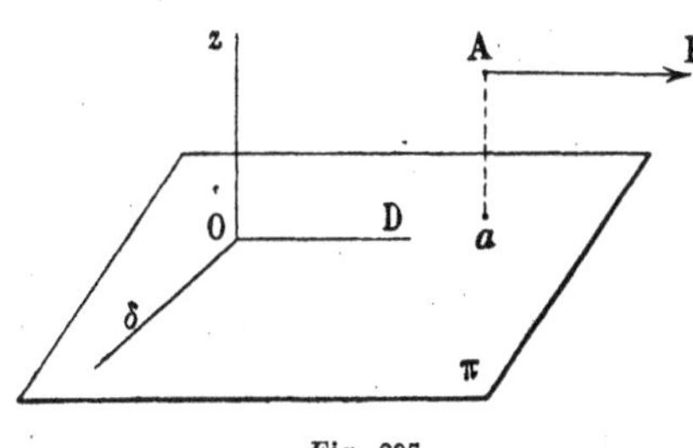

Fig. 207.

Le moment d'un vecteur P *par rapport au plan* π *est égal à son moment par rapport à la droite* δ.

On voit d'abord que ces deux moments ont toujours le même signe. Enfin, la valeur absolue de chacun d'eux est égale au produit de la longueur du vecteur par la distance de son point d'application au plan.

470. **Théorème.** — *Le moment de la résultante d'un système de vecteurs parallèles par rapport à un plan est égal à la somme des moments des composantes.*

En effet, on ne change pas les moments par rapport au plan si l'on fait tourner tous les vecteurs et leur résultante autour de leurs points d'application en les laissant parallèles et en conservant leurs valeurs algébriques ; la nouvelle position de la résultante est aussi (462) la résultante des nouveaux vecteurs.

Il suffit donc de démontrer le théorème dans le cas où tous les vecteurs sont parallèles à une droite D du plan π. Dans ce cas, les moments par rapport au plan sont les mêmes (469) que les moments par rapport à une droite δ.

Or la résultante forme un système équivalent à l'ensemble des vecteurs ; donc si l'on prend les moments par rapport à δ, le moment de la résultante est égal à la somme des moments des composantes.

Il en sera de même pour les moments par rapport au plan.

471. **Corollaire.** — *La somme des produits des masses d'un système de points par les distances de ces points à un plan est égale au produit de la masse totale du système par la distance de son centre au plan.*

EXERCICES SUR LE CHAPITRE IX

241. Soient Ox, Oy deux demi-droites formant entre elles l'angle θ, X et Y les composantes d'un vecteur OR suivant ces deux droites.

Démontrer que

$$\overline{OR}^2 = X^2 + Y^2 + 2XY \cos \theta.$$

242. Soient X, Y les composantes d'un vecteur OR suivant Ox, Oy ; X_1, Y_1 celles d'un vecteur OR_1. Démontrer que pour que les deux vecteurs OR, OR_1 soient rectangulaires, il faut et il suffit que

$$XX_1 + YY_1 + (XY_1 + YX_1) \cos \theta = 0.$$

243. Déterminer un vecteur situé dans le plan ABC connaissant ses moments par rapport aux points A, B, C.

244. Soient OR la résultante de deux vecteurs OA et OB, O_1R_1 celle des vecteurs O_1A_1 et O_1B_1. Démontrer que

$$(OR, O_1R_1) = (OA, O_1A_1) + (OA, O_1B_1) + (OB, O_1A_1) + (OB, O_1B_1).$$

La notation (OA, O_1A_1) représente le moment relatif des vecteurs OA, O_1A_1.

245. Tout vecteur situé dans le plan ABC peut être décomposé en trois autres dirigés suivant les côtés du triangle ABC. Démontrer que cette décomposition n'est possible que d'une seule manière.

246. Tout vecteur peut être décomposé en six autres dirigés suivant les six arêtes d'un tétraèdre. Cette décomposition ne peut se faire que d'une seule manière. Relation entre les six composantes.

247. Relation entre les moments d'un même vecteur par rapport aux six arêtes d'un tétraèdre.

248. Etant donnés un système de vecteurs et un plan P, démontrer qu'en général il existe dans le plan P un point O et un seul tel que le moment résultant du système par rapport au point O soit normal au plan P. Lieu du point O quand le plan P se déplace parallèlement à lui-même.

249. Si l'on réduit un système à deux vecteurs, la perpendiculaire commune à ces deux vecteurs rencontre à angle droit l'axe central.

250. Enveloppe des droites d'un plan P pour lesquelles le moment d'un système de vecteurs a une valeur donnée.

251. Sur les milieux des côtés d'un triangle on élève des perpendiculaires aux côtés; sur ces perpendiculaires on prend des vecteurs tous dirigés vers l'intérieur du triangle, proportionnels aux côtés correspondants. Montrer que le système ainsi obtenu est équivalent à zéro.

Même conclusion en remplaçant le triangle par un polygone plan.

252. Sur les hauteurs d'un triangle on porte des vecteurs dirigés vers l'intérieur du triangle et proportionnels aux côtés opposés. Démontrer que ces vecteurs forment un système nul.

253. Conditions nécessaires et suffisantes pour que trois vecteurs forment un système équivalent à zéro.

254. Lorsque des vecteurs sont situés dans un même plan, ils forment un système équivalent à un vecteur unique, à un couple, ou à zéro.

255. Les trois vecteurs AB, BC, CA forment un système équivalent à un couple. Quel est l'axe du couple ?

256. Si sur les côtés d'un polygone gauche on porte, dans un même sens de circulation, des vecteurs égaux aux côtés, on forme un système équivalent à un couple. La projection de l'axe du couple sur une droite D est le double de l'aire de la projection du polygone sur un plan Π perpendiculaire à D.

257. Etant donné un tétraèdre ABCD, les deux systèmes de vecteurs AB, DC et AC, DB ont même résultante générale.

Quelle est la direction de cette résultante générale ?

258. On considère des vecteurs $V_1, V_2, \ldots, V_n$, situés dans un plan P, appliqués en des points $A_1, A_2, \ldots, A_n$ de ce plan, admettant une résultante R. Démontrer que si l'on fait tourner tous les vecteurs d'un même angle autour de leur point d'application, leur résultante R tourne autour d'un point fixe. On démontrera d'abord le théorème dans le cas de deux vecteurs.

259. Soient $A_1, A_2, \ldots, A_n$ des points ayant pour masses m_1, $m_2, \ldots, m_n$, G le centre de ce système de points, M la masse totale du système, O un point quelconque. Sur les directions OA_1, OA_2, $\ldots$, OA_n on porte des vecteurs OA'_1, OA'_2. $\ldots$, OA'_n, égaux en valeur algébrique à $m_1 OA_1$, $m_2 OA_2$, $\ldots$, $m_n OA_n$. Démontrer que la résultante de ces vecteurs est dirigée suivant OG et égale à $M \times OG$.

260. Étant donnés cinq points quelconques, on mène la droite qui joint le milieu du segment déterminé par deux de ces points au centre de gravité du triangle formé par les trois autres. Démontrer que toutes les droites que l'on peut construire ainsi sont concourantes.

261. Démontrer que si l'on projette un système de masses sur un plan, le centre des projections est la projection du centre des masses.

262. On considère un système dont la masse totale est nulle. On le partage en deux parties, la première ayant pour masse totale α, la seconde $-\alpha$; soient G le centre de la première partie, G' le centre de la seconde. Démontrer que, quelle que soit la manière de faire le partage, la droite GG' conserve la même direction et le produit $\alpha \times GG'$ la même valeur.

263. Étant donnés un triangle ABC et un point G de son plan, on peut toujours placer en A, B, C des masses ayant leur centre en G.

264. Étant donnés un tétraèdre ABCD et un point quelconque G, on peut toujours placer en A, B, C, D des masses ayant leur centre en G.

265. Soit $Oxyz$ un trièdre; posons

$$\widehat{yOz} = \lambda, \quad \widehat{zOx} = \mu, \quad \widehat{xOy} = \nu.$$

Si X, Y, Z sont les composantes d'un vecteur OR suivant les directions Ox, Oy, Oz, démontrer la formule

$$\overline{OR}^2 = X^2 + Y^2 + Z^2 + 2YZ\cos\lambda + 2ZX\cos\mu + 2XY\cos\nu.$$

266. Les notations étant les mêmes que dans l'exercice précédent et X_1, Y_1, Z_1 étant les composantes d'un vecteur OR_1, démontrer, comme application de la formule du n° 410, que la condition pour que les vecteurs OR et OR_1 soient rectangulaires est

$$XX_1 + YY_1 + ZZ_1 + (YZ_1 + ZY_1)\cos\lambda + (ZX_1 + XZ_1)\cos\mu + (XY_1 + YX_1)\cos\nu = 0.$$

267. Étant donnés deux vecteurs AA' et BB', on considère tous les vecteurs LL' tels que

$$\text{vol.}\,(AA', LL') = k\ \text{vol.}\,(BB', LL'),$$

k étant une constante donnée. Démontrer que :

1° Les vecteurs LL' qui passent par un point fixe P sont situés dans un plan Π. — Ce plan Π est appelé le *plan polaire* du point P;

2° Les vecteurs LL' qui sont situés dans un plan fixe Π passent par un point P de ce plan. — Ce point P est appelé le *pôle* du plan Π;

3° Si un point B est situé dans le plan polaire α du point A, inversement le point A est situé dans le plan polaire β du point B;

4° Si A décrit une droite D, son plan polaire α tourne autour d'une droite Δ. Le pôle de tout plan passant par D est situé sur la droite Δ. Ces droites D et Δ sont dites *conjuguées*;

5° Deux couples de deux droites conjuguées forment un quadruple hyperboloïde.

268. Étant donnés deux vecteurs OA et OB, on considère tous les vecteurs V pour lesquels la grandeur géométrique OR et le moment résultant OG par rapport au point O satisfont à la condition

$$(OA) \times (OR) + (OB) \times (OG) = 0.$$

Démontrer que ces vecteurs possèdent les mêmes propriétés que ceux de l'exercice précédent.

Démontrer, en outre, qu'il existe une droite D telle que la projection de chaque vecteur V sur D soit dans un rapport constant avec le moment de ce vecteur par rapport à la droite D.

269. Étant donnés deux points A et B, on prend les points I et I' qui partagent le segment AB dans le rapport $\frac{\alpha}{\beta}$, et on considère tous les vecteurs V tels que le rapport des grandeurs de leurs moments par rapport aux points A et B soit égal à $\frac{\alpha}{\beta}$.

Démontrer que les plans (I, V) et (I', V) sont rectangulaires En conclure:

1° Que les vecteurs V qui passent par un point S engendrent un cône ayant ses sections circulaires perpendiculaires aux droites SI et SI';

2° Que les vecteurs V qui sont situés dans un plan Π enveloppent une conique ayant pour foyers les projections des points I et I' sur le plan Π.

Indiquer ce qui arrive lorsque le point S est situé sur la sphère qui a pour diamètre II' ou lorsque le plan Π est tangent à cette sphère.

270. Étant donné un trièdre $Sxyz$, on le coupe par un plan qui rencontre les arêtes Sx, Sy, Sz en A, B, C; sur les arêtes du trièdre supplémentaire SXYZ, on porte des segments Sa, Sb, Sc proportionnels aux aires BSC, CSA, ASB. Démontrer, par la théorie des produits géométriques, que la résultante des vecteurs Sa, Sb, Sc est normale au plan ABC.

Démontrer aussi ce théorème par la théorie des couples. Etendre ce théorème au cas d'un angle polyèdre quelconque.

271. Démontrer que la condition nécessaire et suffisante pour qu'un système de vecteurs soit équivalent à zéro est que la somme des moments de tous les vecteurs du système par rapport à chacune des arêtes d'un tétraèdre soit nulle.

272. Par les centres de gravité des faces d'un tétraèdre on mène des perpendiculaires à ces faces; sur ces perpendiculaires on prend des longueurs proportionnelles aux aires de ces faces. Démontrer que les quatre vecteurs ainsi construits forment un système équivalent à zéro.

273. Sur les hauteurs d'un tétraèdre on porte des vecteurs proportionnels aux aires des faces opposées. Démontrer que ces quatre vecteurs forment un système nul.

274. Soient OR la grandeur géométrique et OG le moment résultant par rapport à O d'un vecteur V; il existe un vecteur V_1 qui a pour grandeur géométrique OG, et pour moment par rapport à O, OR. Comment sont placés ces deux vecteurs V et V_1 l'un par rapport à l'autre?

Démontrer que si A et B sont deux vecteurs quelconques, A_1 et B_1 les vecteurs qui leur correspondent par la méthode précédente, le moment relatif de A et B est le même que celui de A_1 et B_1.

275. Étant donnés un système de vecteurs et une droite D, on peut, en général, réduire le système à deux vecteurs dont l'un est porté sur la droite D. — Cas d'exceptions.

276. On considère des vecteurs $V_1, V_2, \ldots, V_n$, situés dans un plan P et appliqués en des points $A_1, A_2, \ldots, A_n$; soit xOy un angle droit tracé dans le plan P; on décompose chaque vecteur V_i en deux vecteurs R_i et S_i appliqués en A_i, parallèles respectivement à Ox et Oy; soient r le centre des vecteurs parallèles R_i et s le centre des vecteurs parallèles S_i.

Démontrer que si l'on fait tourner l'angle droit xOy, les points r et s décrivent une droite et sont en correspondance involutive. On se place dans le cas où la résultante générale de $V_1, \ldots, V_n$ n'est pas nulle.

277. Étant donnés un système de vecteurs $V_1, V_2, \ldots, V_n$ appliqués en des points $A_1, A_2, \ldots, A_n$ et un trièdre trirectangle $Oxyz$, on décompose chaque vecteur V_i en trois autres P_i, Q_i, R_i appliqués en A_i et parallèles aux arêtes Ox, Oy, Oz. Soient

p, q, r les centres respectifs des systèmes de vecteurs parallèles P_i, Q_i, R_i ; démontrer que si le trièdre $Oxyz$ tourne autour du point O, les points p, q, r se déplacent, *en général*, dans un plan.

278. Étant donnés un système de vecteurs et un plan P, on peut, *en général*, réduire le système à deux vecteurs, l'un situé dans le plan P et l'autre normal à ce plan. Examiner les cas où le plan P est normal ou parallèle à la résultante générale.

279. Démontrer que si cinq droites rencontrent deux droites, on peut placer sur ces cinq droites des vecteurs formant un système nul.

CHAPITRE X

PERSPECTIVE — HOMOLOGIE

§ I.

Projections centrales.

472. Définitions. — Étant donnés un point fixe S (*fig.* 208) appelé *centre de projection* ou *point de vue* et un plan fixe P appelé *plan de projection* ou *plan du tableau*, la *projection centrale* ou la *perspective* d'un point quelconque M est la trace m de la droite SM sur le plan P. La droite SM s'appelle la *projetante* du point M.

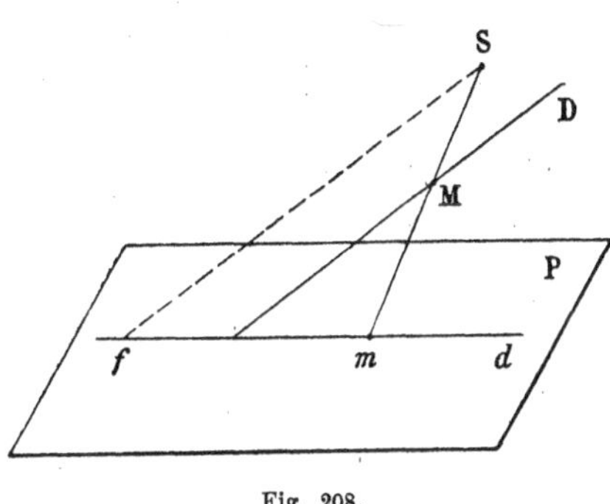

Fig. 208.

Si le point M décrit une figure F, sa projection m décrit une figure f ; cette figure f est la *projection centrale* ou la *perspective* de la figure F.

Si le point M est situé dans le plan mené par S parallèlement au plan P, la droite SM est parallèle à ce plan, il n'y a plus de projection. Nous dirons que la projection du point M est *rejetée à l'infini.*

473. Théorème. — *La perspective d'une droite qui ne passe pas par le point de vue est une droite.*

En effet, soient D une droite qui ne passe pas par le point de vue S (*fig.* 208), Π le plan déterminé par la droite D et le point S ; la projetante SM de tout point M de la droite D est située dans le plan Π, et par conséquent la trace *m* de cette droite est sur la droite *d*, intersection des plans P et Π.

Ce plan Π est le *plan projetant* la droite D.

474. Remarque I. — Si la droite D passe par le centre S, sa projection se réduit à un point, qui est la trace de la droite sur le plan de projection.

475. Remarque II. — Si la droite D est située dans le plan mené par S parallèlement au plan P, le plan projetant la droite est parallèle au plan de projection ; il n'y a plus, à vraiment parler, de projection de la droite ; on dit alors que cette projection *est rejetée à l'infini.*

476. Projection d'une courbe. — Soit C une courbe quelconque (*fig.* 209) ; si le point M décrit la courbe C, la projetante SM décrit un cône qui est le *cône projetant la courbe* C ; la projection *m* de M décrit la courbe d'intersection de ce cône et du plan de projection.

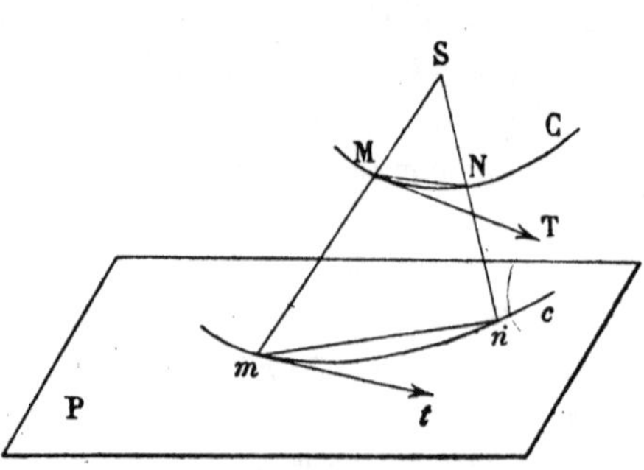

Fig. 209.

Soient M et N deux points de la courbe C, *m* et *n* leurs projections ; la droite MN est projetée suivant la droite *mn* ; si N se rapproche indéfiniment de M, MN a pour position limite la tangente MT à la courbe C ; le point *n* se rapprochera aussi indéfiniment du point *m*, la droite *mn* aura pour position limite la tangente *mt* à la projection *c* ; *mn* étant toujours la projection de MN, *mt* sera la projection de MT. Donc :

Si une droite et une courbe sont tangentes en un point M, *leurs projections sont tangentes au point m, projection de* M.

Si deux courbes sont tangentes en un point M, *leurs projections sont tangentes au point m, projection de* M.

477. Supposons que le point M s'éloigne indéfiniment sur la droite D dans un sens ou dans l'autre ; la projetante SM a pour position limite la parallèle menée par S à la droite D ; la projection *m* de M a pour position limite la trace *f* (*fig.* 208) de cette parallèle. Ce point *f* s'appelle le *point de fuite* de la droite D. Tout se passe donc, *au point de vue des projections*, comme s'il existait un *point à l'infini* sur la droite D ; *f* est la projection de ce point à l'infini.

Deux droites parallèles ont même point de fuite. Un faisceau de droites parallèles entre elles se projettera suivant des droites qui concourent en leur point de fuite. Au point de vue projectif, ces droites se comportent comme des droites qui concourent en un même point ; on peut dire que ces droites ont un *point commun à l'infini*.

478. Remarque. — Si la droite D est parallèle au plan P, la droite Δ menée par S parallèlement à D est aussi parallèle au plan P ; le point de fuite *f* n'existe plus ; on dit qu'il est rejeté à l'infini. La projection *d* de D est parallèle à D, car le plan projetant Π contenant la droite D parallèle au plan P, coupe ce plan P suivant une parallèle à D [518].

Si l'on considère une série de droites parallèles à D, les projections de ces droites seront parallèles entre elles ; on peut encore dire que *ces projections concourent en un point à l'infini*.

479. Soient Q un plan non parallèle au plan de projection P (*fig.* 210), Q′ le plan mené par le centre S parallèlement au plan Q, L l'intersection de Q′ avec P ; cette droite L est *la ligne de fuite* du plan Q.

Soit D une droite du plan Q ; la droite δ menée par S parallèlement à D est située dans le plan Q′ ; par conséquent, la trace *f* de δ est située sur L. Donc :

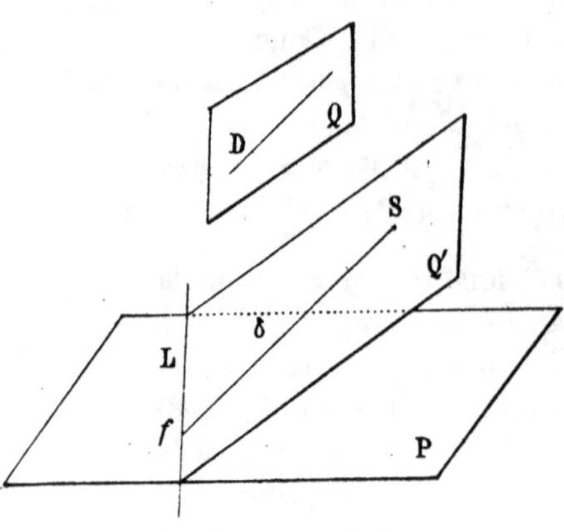

Fig. 210.

Les points de fuite de toutes les droites d'un plan sont situés sur la ligne de fuite du plan ;

ou encore :

Les points à l'infini sur toutes les droites d'un plan se projettent suivant la ligne de fuite du plan.

Au point de vue projectif, ces points possèdent la même propriété que des points situés en ligne droite. A ce point de vue, on peut dire que les points à l'infini d'un plan sont situés sur une droite qu'on appelle la *droite à l'infini* du plan.

Deux plans parallèles ont même ligne de fuite ; leurs droites à l'infini ont toujours la même projection ; on peut considérer ces droites comme confondues et dire :

Deux plans parallèles se coupent suivant une droite rejetée à l'infini.

480. Du théorème du n° 44, on déduit immédiatement :
Le rapport anharmonique de quatre points en ligne droite est égal au rapport anharmonique de leurs projections.

On exprime ce fait, d'une manière abrégée, en disant que *ce rapport anharmonique est une propriété projective.*

481. **Théorème.** — *Si deux points* M *et* M′ *décrivent sur des droites* D *et* D′ *des divisions homographiques, leurs projections m et m′ décrivent aussi des divisions homographiques.*

En effet, si M_1, M_2, M_3, M_4 sont quatre points quelconques de la division D, M'_1, M'_2, M'_3, M'_4 leurs homologues sur D', on aura (18)

$$(M_1M_2M_3M_4) = (M'_1M'_2M'_3M'_4) ;$$

en désignant par m_1, m_2, m_3, m_4, m'_1, m'_2, m'_3, m'_4 les projections de ces points, on déduit

$$(m_1m_2m_3m_4) = (m'_1m'_2m'_3m'_4),$$

et par conséquent (19), les points m et m' décrivent des divisions homographiques.

482. **Théorème.** — *Si deux points* M *et* M' *décrivent sur une droite* D *des divisions en involution, il en est de même de leurs projections* m *et* m'.

En effet, les divisions décrites par m et m' sont homographiques d'après ce qui précède; d'autre part, la correspondance entre M et M' étant réciproque, il en sera de même de celle qui existe entre m et m' ; donc m et m' décrivent des divisions en involution.

483. Le théorème établi nº 77 conduit immédiatement au résultat suivant :

Un faisceau plan de quatre droites se projette suivant un faisceau de quatre droites ; le rapport anharmonique des deux faisceaux est le même.

On en déduit comme au numéro précédent :

Deux faisceaux homographiques se projettent suivant deux faisceaux homographiques.

Un faisceau involutif se projette suivant un faisceau involutif.

484. **Application. — Théorème de Pappus.** — (Voir l'énoncé nº 57 ; autres démonstrations nºs 57 et 109.)

Pour démontrer que la diagonale BD est divisée harmoniquement par les points H et K où elle rencontre les deux autres diagonales (*fig.* 211), je prends un centre de projection quelconque S et un plan de projection P parallèle au plan SEF.

Les droites AB, CD se projettent suivant des droites paral lèles à SF ; de même BC et AD se projettent suivant des droites parallèles à SE. La figure ABCD se projette donc suivant un parallélogramme *abcd*. Le point H se projette au point de rencontre *h* des diagonales, le point K en un point *k* rejeté à

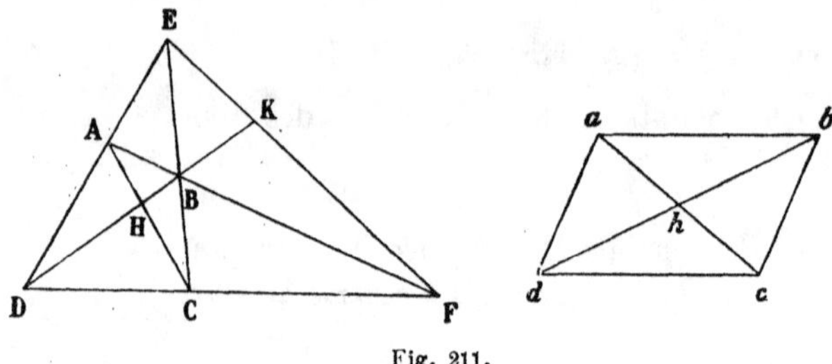

Fig. 211.

l'infini sur *bd*. Les quatre points *b*, *d*, *h*, *k* forment donc une division harmonique ; donc (480), il en est de même des quatre points B, D, H, K.

§ II

Représentation de l'espace sur le plan.

485. Représenter l'espace sur un plan, c'est établir entre les figures de l'espace et celles du plan une correspondance telle qu'à toute figure donnée de l'espace corresponde une figure déterminée du plan, appelée son *image*, et qu'inversement, l'image étant donnée, la figure de l'espace soit bien déterminée. Il en résulte qu'à toute construction effectuée dans l'espace sur la figure donnée on pourra faire correspondre des constructions effectuées seulement dans le plan. C'est là le but de la géométrie descriptive ; nous allons voir qu'on peut réaliser ce but par d'autres méthodes.

Il est clair que le problème sera résolu quand on aura défini l'image d'un point de l'espace.

Nous désignerons par P le plan sur lequel s'effectuent les constructions, plan que nous nommerons le *plan du tableau ;* soient A et B deux points quelconques de l'espace, nous désignerons par ab la trace de la droite AB sur le plan du tableau.

486. **Représentation d'un point.** — Donnons-nous arbitrairement deux points S et T (*fig.* 212), que nous appellerons *centres de projection ;* soit M un point quelconque. Les projections s_m, t_m du point M, projections ayant respectivement pour centres S et T, sont des points situés sur une droite passant par le point s_t ; car les trois points s_t, s_m, t_m sont sur la trace du plan STM.

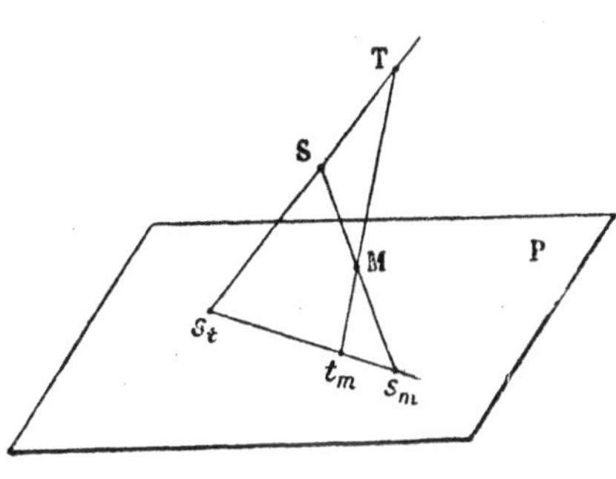

Fig. 212.

Inversement, si l'on se donne les points s_m, t_m situés sur une droite passant par s_t, on peut y faire correspondre un point M de l'espace. En effet, les droites Ss_m et Tt_m sont situées dans le plan T, S, s_t, s_m, t_m ; le point de rencontre M de ces deux droites a pour projections s_m et t_m.

Ainsi, *à tout point* M *de l'espace on fait correspondre deux points du plan* s_m, t_m, *qui sont les deux projections du point ; la droite qui joint ces deux projections passe par un point fixe* s_t.

Inversement, *si l'on se donne deux points* s_m, t_m, *situés sur une droite passant par le point fixe* s_t, *on pourra leur faire correspondre un point* M.

487. Remarque. — Les deux projections d'un point M sont confondues dans les deux cas suivants :

1° Le point M est situé sur la droite ST, les deux projections sont confondues avec s_t; ces deux projections ne déterminent plus le point M ;

2° Le point M est situé dans le plan P ; les deux projections sont confondues avec le point M.

488. **Représentation d'une droite.** — D'après ce qui précède, une droite sera représentée par ses deux projections. Le point de rencontre de ces deux projections est la trace de la droite sur le plan P.

Les deux projections d'une droite sont confondues dans les deux cas suivants :

1° La droite rencontre la droite ST. Les deux projections ne suffisent plus alors pour définir la droite. On peut la définir en se donnant les projections de deux de ses points ;

2° La droite est située dans le plan P ; les deux projections de la droite coïncident avec la droite elle-même.

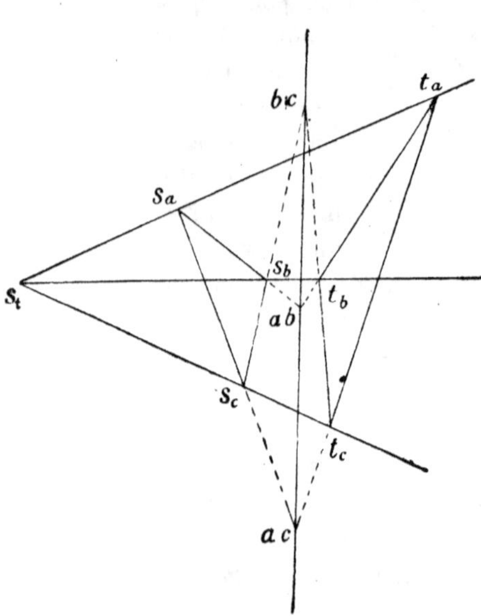

Fig. 213.

489. **Triangles homologiques.** — Marquons les deux projections d'un triangle ABC (*fig.* 213) ; on obtiendra ainsi deux triangles $s_a s_b s_c$, $t_a t_b t_c$, tels que les droites qui joignent les sommets homologues concourent au point s_t; les côtés homologues $s_b s_c$ et $t_b t_c$ se coupent au point *bc*, trace de la droite BC ;

de même $s_c s_a$ et $t_c t_a$ se coupent en ca, trace de CA; enfin $s_a s_b$ et $t_a t_b$ se coupent au point ab, trace de AB; ces trois traces bc, ca, ab sont situées à l'intersection du plan ABC et du plan P; donc ces trois points sont en ligne droite.

Inversement, si deux triangles sont tels que les droites qui joignent les sommets homologues concourent en un même point, on pourra considérer (486) ces deux triangles comme les deux projections d'un même triangle de l'espace. Donc :

Si les droites qui joignent les sommets homologues de deux triangles concourent en un même point, les trois points de rencontre des côtés homologues sont en ligne droite.

(Autres démonstrations, nos 69 et 111.)

§ III

Figures homologiques.

490. **Projections d'une figure plane.** — Soit Π un plan qui

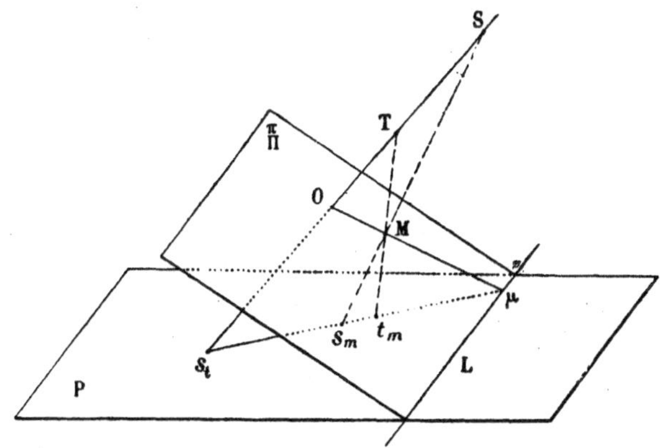

Fig. 214.

coupe le plan de projection P suivant une droite L (*fig.* 214); nous allons chercher les relations qui existent entre les deux projections des points de ce plan. Comme toujours les deux projections s_m, t_m d'un point M sont sur une droite passant par le point fixe s_t. Si nous prenons deux points M et N du plan, les deux projections de la droite MN se coupent sur la trace de cette droite, c'est-à-dire sur la droite L (*fig.* 215).

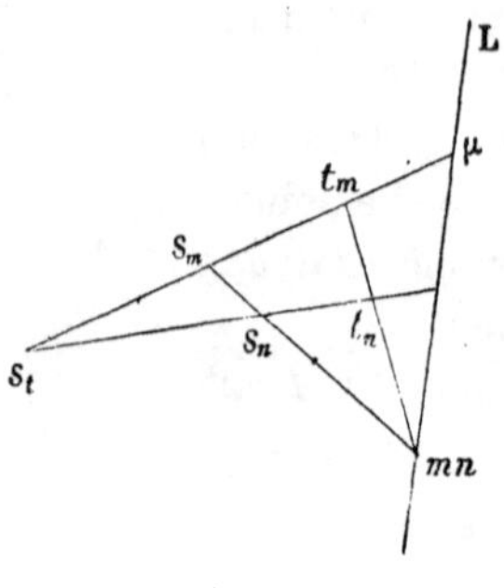

Fig. 215.

Lorsque le point s_m est donné, le point M est déterminé, car il est à l'intersection du plan Π et de la droite Ss_m; il en résulte que le point t_m est déterminé. A chaque point s_m du plan P on fait correspondre un autre point t_m de ce plan ; cette correspondance possède les deux propriétés suivantes :

1° *La droite qui joint deux points correspondants passe par un point fixe* s_t;

2° *La droite qui joint deux points quelconques et celle qui joint leurs correspondants se coupent sur une droite fixe* L.

491. **Définitions.** — Si à chaque point d'un plan on fait correspondre un autre point de ce plan, et si cette correspondance possède les deux propriétés précédentes, on dit que la correspondance est *homologique*. Le point fixe s_t est le *centre d'homologie*; la droite fixe L est l'*axe d'homologie*.

Si un point décrit une figure F, son correspondant décrit une figure F′ ; les figures F et F′ sont dites *homologiques*.

492. Remarque. — Une correspondance homologique est définie quand on se donne le centre d'homologie s_t, l'axe d'homologie L et le correspondant t_m d'un point s_m.

Il suffit de montrer qu'on peut construire le correspondant d'un point quelconque s_n; pour cela je mène la droite s_ms_n qui rencontre l'axe en mn. Le correspondant cherché t_n est à l'intersection des droites s_ts_n et t_mmn (*fig.* 215).

493. Les deux projections d'un même point d'un plan Π sont en correspondance homologique (490) ; nous allons montrer que réciproquement :

Deux points correspondants quelconques d'une correspondance homologique peuvent être considérés comme les deux projections d'un point d'un plan fixe Π.

En effet, soit t_m (*fig.* 214) le correspondant d'un point s_m dans une homologie ; par le centre d'homologie s_t je mène une droite quelconque, non située dans le plan P ; sur cette droite je prends arbitrairement deux centres de projection S et T. Les points s_m et t_m sont (486) les deux projections d'un point M. Soit alors Π le plan mené par l'axe d'homologie et le point M. Les deux projections des points du plan Π définissent une correspondance homologique; cette correspondance sera identique (492) à la correspondance donnée.

494. Soient O le point où la droite ST perce le plan Π (*fig.* 214), μ le point où la droite $s_m t_m$ rencontre l'axe d'homologie. Le point μ se trouve à l'intersection de OM et de la droite L. On aura alors

$$(s_t \mu s_m t_m) = (s_t \mathrm{OST}).$$

Par conséquent, le rapport anharmonique $(s_t \mu s_m t_m)$ est constant. Cette valeur constante est la *constante de l'homologie.*

On peut choisir les centres S et T de façon que la constante d'homologie prenne une valeur arbitrairement donnée. Il en résulte une nouvelle définition de la correspondance homologique :

Etant donnés le centre d'homologie s_t, *l'axe d'homologie* L *et la constante d'homologie* λ, *pour construire le correspondant d'un point* s_m *on mène la droite* $s_t s_m$ *qui coupe l'axe* L *en* μ *et on prend sur cette droite un point* t_m *tel que*

$$(s_t \mu s_m t_m) = \lambda.$$

Si $\lambda = -1$, au point t_m correspondra le point s_m. Dans ce cas particulier, la correspondance homologique est réciproque ; on dit que l'homologie est *harmonique.*

495. Supposons que le point s_m soit rejeté à l'infini, c'est-à-dire que ce point décrive la droite à l'infini du plan P. Son correspondant t_j est tel que l'on a (*fig.* 216)

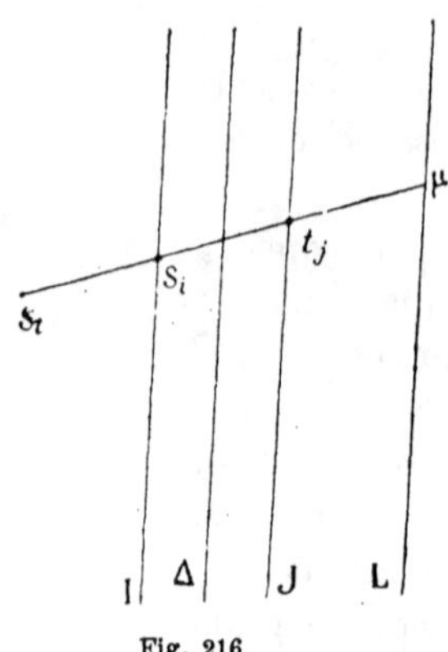

Fig. 216.

$$\frac{s_t t_j}{\mu t_j} = \frac{1}{\lambda}.$$

Il décrit une droite J, parallèle à l'axe L ; cette droite J est la droite de la seconde figure qui correspond à la droite à l'infini de la première.

De même, si t_m est rejeté à l'infini, le point s_t dont il est le correspondant est tel que l'on a

$$\frac{s_t s_i}{\mu s_i} = \lambda.$$

Il décrit par conséquent une droite I parallèle à l'axe L. Cette droite I a pour correspondante la droite à l'infini.

Ces droites I et J sont les *droites limites* de l'homologie; on peut remarquer qu'elles sont équidistantes de la droite Δ homothétique de L, le centre d'homothétie étant s_t et le rapport d'homothétie $\frac{1}{2}$.

Si l'homologie est harmonique, les droites limites sont confondues avec Δ.

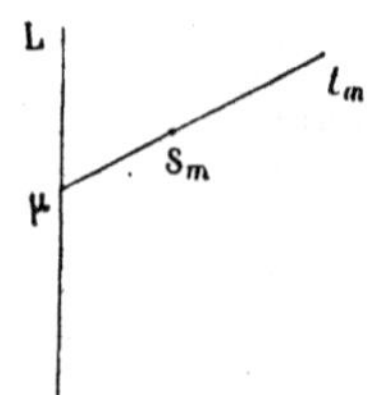

Fig. 217.

496. Si l'axe L est rejeté à l'infini, μ est à l'infini et l'on a

$$\frac{s_t s_m}{s_t t_m} = \lambda.$$

On a une homothétie de centre s_t et de rapport λ.

Si le centre d'homologie s_t est rejeté à l'infini, la droite qui joint deux points correspondants est parallèle à une droite fixe et l'on a (*fig.* 217)

$$\frac{\mu t_m}{\mu s_m} = \lambda.$$

Cette homologie particulière est une *dilatation.*

§ IV

Applications.

497. **Définitions.** — Je considère une homologie, de centre S et d'axe L ; soit M′ le point qui correspond à un point M (*fig.* 218) ; si le point M décrit une figure F, le point M′ décrit une figure F′. La figure F′ est dite la figure homologique de la figure F.

498. **Théorème.** — *Les tangentes en deux points correspondants de deux courbes homologiques se coupent sur l'axe d'homologie.*

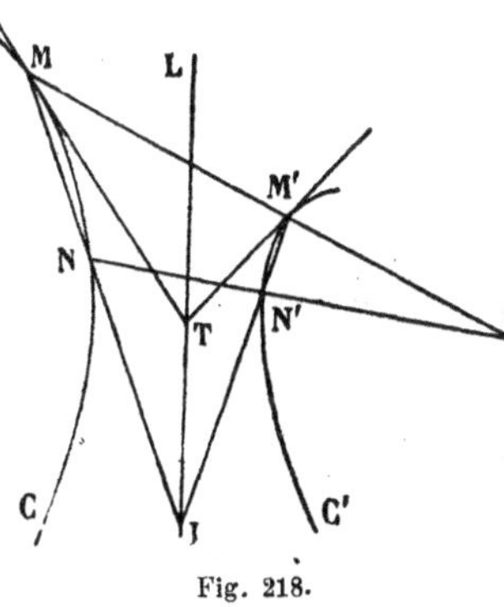

Fig. 218.

Soient C′ la courbe homologique d'une courbe C (*fig.* 218), M un point de C, M′ le point correspondant de C′; je prends sur la courbe C un autre point N, il y correspond sur la courbe C′ un point N′; les cordes MN, M′N′ se coupent sur l'axe L. Si le point N se rapproche indéfiniment du point M, le point N′ se rapprochera indéfiniment du point M′ ; les cordes MN, M′N′ ont pour positions limites les tangentes en M et M′ aux courbes C et C′ ; donc ces tangentes se coupent sur l'axe L.

499. **Théorème.** — *Deux cercles quelconques peuvent toujours être considérés comme deux courbes homologiques.*

En effet soit S un centre d'inversion; L l'axe radical des deux cercles ; M et M′ deux points qui se correspondent dans l'inversion ; je considère l'homologie qui a pour centre S, pour axe L et telle que M′ est le point qui correspond à M (492) ; soient alors N et N′ deux points inverses quelconques pris sur les deux cercles ; je dis que l'homologie qui vient d'être définie fait correspondre N′ à N. En effet, N′ est sur la droite SN et les cordes MN, M′N′ se coupent sur la droite L.

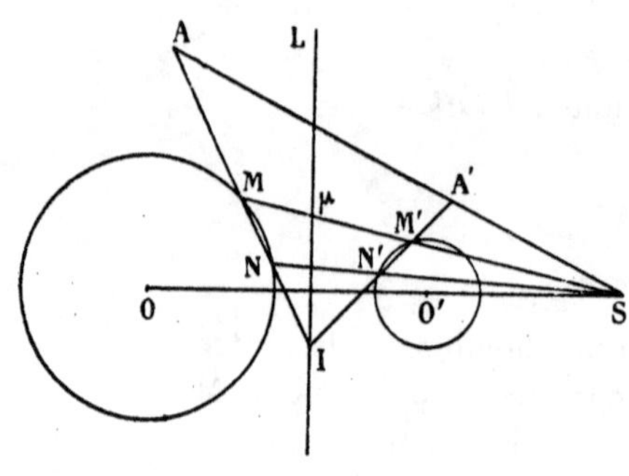

Fig. 219.

500. Remarque. — Quand on prend un point sur le premier cercle O, l'homologie et l'inversion le transforment en un même point du cercle O′ ; mais, pour tout point pris en dehors de ce cercle, le transformé par homologie et le transformé par inversion sont distincts.

501. **Théorème.** — *Si une corde d'un cercle pivote autour d'un point fixe, la corde antihomologue pivote aussi autour d'un point fixe.*

En effet, soient MN, M′N′ des cordes antihomologues des cercles O et O′. Dans la transformation homologique (499) la droite MN se transforme en M′N′ (*fig.* 219) ; si donc la droite MN passe par le point A, la droite M′N′ passera par le point A′ antihomologue de A dans la transformation homologique.

502. **Définitions.** — Soit S un point fixe appelé *centre d'homologie*, P un plan fixe appelé *plan directeur* de l'homologie, k un nombre donné appelé *module* de l'homologie ; à chaque

point M de l'espace je fais correspondre un point M′ de la façon suivante : je mène la droite SM qui rencontre le plan P en μ ; je prends sur cette droite un point M′ tel que le rapport anharmonique (SμMM′) soit égal à k. Le point M′ est dit le transformé du point M par l'homologie ; si le point M décrit une figure F, le point M′ décrit une figure F′, qui est dite l'*homologique* de la figure F.

503. Remarque. — On établit facilement les résultats suivants :

La figure homologique d'un plan est un plan. Un plan coupe le plan homologique suivant une droite située dans le plan directeur.

La figure homologique d'une droite Δ est une droite Δ'. Les droites Δ et Δ' se coupent en un point situé sur le plan directeur.

EXERCICES SUR LE CHAPITRE X

280. Étant donné un quadrilatère quelconque ABCD, comment faut-il choisir le point de vue S et le plan de projection P pour que la projection soit : un parallélogramme, un losange, un rectangle, un carré ?

281. Une droite D rencontre les côtés BC, CA, AB d'un triangle aux points a, b, c ; soient a', b', c' les conjugués harmoniques de a, b, c par rapport à BC, CA, AB. Démontrer, en appliquant la méthode des projections, que les droites Aa', Bb', Cc' sont concourantes.

282. Démontrer que deux triangles homologiques peuvent se projeter suivant deux triangles homothétiques. En déduire une nouvelle démonstration de la propriété des triangles homologiques.

283. Un plan étant défini par sa trace et les deux projections d'un point de ce plan, comment construit-on l'intersection de deux plans ainsi définis ?

284. Construire l'intersection d'un plan et d'une droite.

285. Étant données les deux projections d'un point, trouver ses nouvelles projections quand on change de point de vue.

286. Étant donnés cinq points quelconques et un plan P, construire la figure formée par les traces sur le plan P des droites qui joignent les cinq points pris deux à deux, de toutes les manières possibles. Montrer que chaque point de cette figure est le centre d'homologie de deux triangles de la figure.

287. Faire la même construction dans le cas où l'on donne six points au lieu de cinq. — Propriétés de la figure ainsi construite.

288. Étant donné un triangle ABC, on prend sur les côtés BC, CA, AB des points α, β, γ tels que les droites Aα, Bβ, Cγ soient concourantes; soient α', β', γ' les conjugués harmoniques de α, β, γ par rapport à BC, CA, AB. On considère des segments aa', bb', cc', respectivement conjugués par rapport aux segments $\alpha\alpha'$, $\beta\beta'$, $\gamma\gamma'$. Démontrer que: 1° si les trois points a, b, c sont en ligne droite, il en est de même des points a', b', c'; 2° si les droites Aa, Bb, Cc sont concourantes, il en est de même de Aa', Bb', Cc'. (On projette de façon à faire passer la droite $\alpha'\beta'\gamma'$ à l'infini.)

289. Déduire de l'exercice précédent les deux théorèmes suivants:

1° Étant donnés quatre points A, B, C, D, les polaires d'un point quelconque M par rapport aux couples de droites: AB, CD; AC, BD; AD, BC sont trois droites concourantes.

2° Étant données quatre droites quelconques A, B, C, D, on considère les trois couples de points AB, CD; AC, BD; AD, BC. Sur la droite qui joint chaque couple de points on prend le conjugué harmonique par rapport au couple de son point de rencontre avec une droite L; les trois points ainsi obtenus sont en ligne droite.

290. Étant donnés deux angles AOA', BOB', situés dans un même plan, projeter ces deux angles suivant deux angles droits. Condition de possibilité. — Lieu du point de vue quand on connaît en outre le plan de projection.

291. Étant donnés un triangle ABC et un point D de son plan faire une projection telle que la projection de D soit le point de rencontre des hauteurs de la projection du triangle ABC.

292. Étant donnés quatre points A, B, C, D situés dans un même plan, et une droite quelconque L de ce plan, on prend sur les droites AB, CD, AC, BD, AD, BC, les points a, a', b, b', c, c' qui sont par rapport à ces segments les conjugués harmoniques de leur point de rencontre avec L. Démontrer que les trois droites aa', bb', cc' concourent en un même point O.

293. Énoncer le théorème polaire réciproque du précédent.

294. Étant donnés quatre points A, B, C, D situés dans un même plan, et une droite quelconque L de ce plan, on prend les pôles a, b, c, d de la droite L par rapport aux triangles BCD, CDA, DAB, ABC. Démontrer que les droites Aa, Bb, Cc, Dd sont concourantes.

295. Énoncer le théorème polaire réciproque du précédent.

296. Étant donnés trois angles AOA′, BOB′, COC′ situés dans un même plan, peut-on les projeter suivant des angles égaux?

297. Si deux figures planes sont en perspective, leurs projections sont deux figures homologiques.

298. Deux figures homologiques peuvent être projetées suivant deux figures homothétiques.

299. Deux figures homologiques d'une troisième par rapport à un même axe d'homologie sont homologiques, les trois centres d'homologie sont en ligne droite.

300. Deux figures homologiques d'une troisième par rapport à un même centre d'homologie sont homologiques, les trois axes d'homologie sont concourants.

301. Étant donné un triangle ABC, on considère les trois correspondances homologiques qui ont respectivement pour centres les sommets A, B, C, pour axes les côtés BC, CA, AB et pour lesquelles la constante d'homologie a la même valeur. Soient M un point quelconque du plan, M_1 le point qui lui correspond dans la première homologie, M_2 le correspondant de M_1 dans la seconde, M_3 le correspondant de M_2 dans la troisième. Démontrer que M_3 coïncide avec M.

302. Étant données deux correspondances homologiques quelconques, à un point M du plan la première fait correspondre un point M_1, au point M_1 la seconde fait correspondre un point M_2. On établit ainsi une correspondance entre M et M_2; indiquer les principales propriétés de cette correspondance. Montrer qu'il existe, en général, trois points du plan qui coïncident avec leurs homologues; construire ces trois points.

303. Soient, dans l'exercice précédent, M' le point qui correspond à M dans la seconde homologie, M'' le correspondant de M' dans la première. Conditions nécessaires et suffisantes pour que M'' coïncide avec M_2, quel que soit M.

304. On donne deux cercles O et O' de rayons R et R'; soit d la distance des centres, calculer les constantes des homologies définies au numéro 499.

305. Soit, dans l'homologie du nº 499, I le point de la seconde figure qui correspond au point à l'infini sur la ligne des centres des deux cercles, démontrer que la puissance du point I par rapport au cercle O' est égale à $\overline{IS}^2$. — Réciproque.

306. Deux sphères quelconques peuvent être considérées comme des figures homologiques dans l'espace.

CHAPITRE XI

GÉOMÉTRIE SUR LA SPHÈRE

---

§ I.

Plus court chemin entre deux points d'une sphère.

504. **Longueur d'un arc de courbe.** — Soit AB un arc de courbe quelconque ; une ligne brisée $AM_1M_2\ldots M_nB$ est dite *inscrite* dans l'arc si tous ses sommets $A, M_1, M_2 \ldots, M_n$, B sont situés sur la courbe. Cela posé, formons, suivant une loi quelconque, une suite illimitée de lignes brisées inscrites, assujetties à l'unique condition que tous les côtés de la ligne de rang n tendent vers zéro quand n croît indéfiniment. Si les périmètres de ces lignes forment une suite de nombres ayant une limite, et si de plus cette limite est indépendante de la loi suivant laquelle on a formé les lignes brisées inscrites, on dit que l'arc AB *a une longueur* ; cette longueur est la limite trouvée.

505. LEMME.— *Etant donnés un cercle de rayon* R (*fig.* 220) *et un nombre positif* ε, *il existera un nombre* δ *tel que la condition*

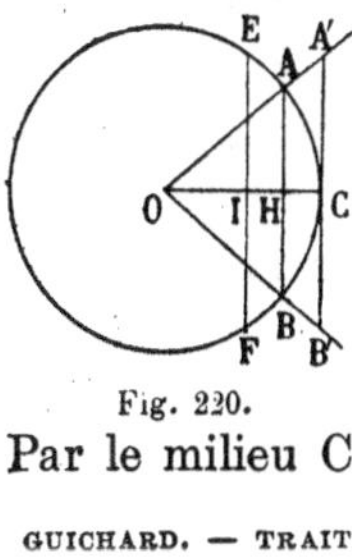

$$\text{corde AB} < \delta$$

entraîne

$$\frac{\text{arc AB}}{\text{corde AB}} < 1 + \varepsilon.$$

Fig. 220.

Par le milieu C de l'arc AB menons la tangente au cercle ;

cette tangente rencontre les rayons OA et OB en A′, B′. On a évidemment

$$\text{aire sect. OAB} < \text{aire triangle OA'B'},$$

ou

$$\frac{1}{2}\,\text{arc AB} \times \text{R} < \frac{1}{2}\,\text{A'B'} \times \text{R};$$

donc

$$\text{arc AB} < \text{A'B'},$$

et par suite,

$$\frac{\text{arc AB}}{\text{AB}} < \frac{\text{A'B'}}{\text{AB}},$$

ou, à cause de la similitude des triangles OA′B′, OAB,

$$\frac{\text{arc AB}}{\text{AB}} < \frac{\text{OC}}{\text{OH}}.$$

Prenons sur le rayon OC un point I tel que

$$\frac{\text{OC}}{\text{OI}} = 1 + \varepsilon.$$

Si le point H est placé entre I et C, c'est-à-dire si la corde AB est plus petite que la corde EF $= \delta$, qui a son milieu en I, on aura bien

$$\frac{\text{arc AB}}{\text{corde AB}} < 1 + \varepsilon.$$

506. Considérons maintenant un arc de courbe tracé sur une sphère. A chaque ligne brisée inscrite $AM_1M_2\ldots M_nB$, faisons correspondre la figure formée par les arcs de grand cercle AM_1, M_1M_2, M_2M_3, ..., M_nB ; cette figure forme une *ligne polygonale sphérique inscrite* dans l'arc de courbe. Soient L_n le périmètre de la ligne brisée de rang n, λ_n le périmètre de la ligne polygonale sphérique correspondante, L la longueur de l'arc de courbe. Je dis que λ_n a pour limite L.

En effet, donnons-nous arbitrairement un nombre positif ε; nous y ferons correspondre (505) un nombre δ. A partir d'un certain rang, tous les côtés des lignes brisées sont plus petits que δ, et par conséquent le rapport entre un côté de la ligne polygonale sphérique et le côté correspondant de la ligne brisée est plus petit que $1 + \varepsilon$. On aura donc à partir de ce rang

$$\frac{\lambda_n}{L_n} < 1 + \varepsilon,$$

ou

$$\lambda_n - L_n < L_n\varepsilon,$$

ou, *a fortiori*,

$$\lambda_n - L_n < A\varepsilon,$$

A étant un nombre fixe supérieur à toutes les quantités L_n. On voit donc qu'à partir d'un certain rang la différence $\lambda_n - L_n$ reste moindre que tout nombre donné ; de même, à partir d'un certain rang, la différence entre L et L_n devient moindre que tout nombre donné ; il en résulte que si n est un nombre arbitrairement choisi, la valeur absolue de la différence $L - \lambda_n$ sera, à partir d'un certain rang, moindre que tout nombre donné n, ce qui montre que λ_n pour limite L. Donc :

La longueur d'un arc de courbe sphérique est la limite vers laquelle tendent les périmètres d'une suite illimitée de lignes polygonales sphériques inscrites dans la courbe, quand on assujettit les côtés de ces lignes à tendre vers zéro, lorsque le rang de la ligne croît indéfiniment.

507. *Toute ligne polygonale sphérique est plus grande que l'arc de grand cercle, moindre qu'une demi-circonférence, qui passe par ses extrémités.*

Démontrons-le d'abord pour une ligne polygonale AMB de deux côtés (*fig.* 221). Le théorème est évident si l'un au moins des arcs AM ou BM est plus grand qu'une demi-circonférence ; si les arcs AM et BM sont tous deux moindres qu'une demi-circonférence, la figure AMB est un triangle sphérique, et l'on a [837]

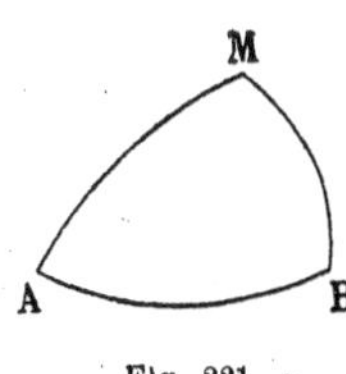

Fig. 221.

$$AB < AM + MB.$$

Il suffit de démontrer maintenant que si le théorème est vrai pour une ligne polygonale de n côtés, il est encore vrai pour une ligne de $n+1$ côtés. Soit $AM_1M_2 \ldots M_nB$ une telle ligne ; menons l'arc de cercle moindre qu'une demi-circonférence qui passe par les sommets A et M_n. Le théorème étant supposé vrai pour une ligne de n côtés, on aura

$$AM_n < AM_1 + M_1M_2 + \ldots + M_{n-1}M_n.$$

D'autre part, la figure AM_nB donne

$$AB < AM_n + M_nB.$$

De ces deux inégalités, on déduit par addition

$$AB < AM_1 + M_1M_2 + \ldots + M_{n-1}M_n + M_nB.$$

508. **Théorème.** — *Tout arc de courbe sphérique* AB *est plus grand que l'arc de grand cercle, moindre qu'une demi-circonférence, qui passe par ses extrémités.*

Ce théorème résulte immédiatement, par un passage à la limite, des résultats établis dans les deux paragraphes précédents.

L'arc de cercle moindre qu'une demi-circonférence qui passe par A et B est donc la ligne sphérique la plus courte qu'on puisse tracer entre les points A et B ; c'est, par définition, la *distance sphérique* des deux points.

§ II.

Polygones sphériques.

509. **Sens d'un angle.** — Considérons une sphère O et deux courbes de cette sphère qui se coupent en A (*fig.* 222), menons les demi-droites AS, AT, tangentes aux portions de courbe considérées ; l'angle des deux courbes est l'angle SAT; il a même mesure que le dièdre SOAT. Le sens du dièdre SOAT [597] est, par définition, le sens de l'angle que fait la courbe tangente à AS avec la courbe tangente à AT.

Le sens d'un angle dépend de l'ordre dans lequel on place les deux courbes.

Nous remarquerons que nous prenons toujours, comme direction positive de l'arête du dièdre, la direction qui va du centre O au sommet A de l'angle.

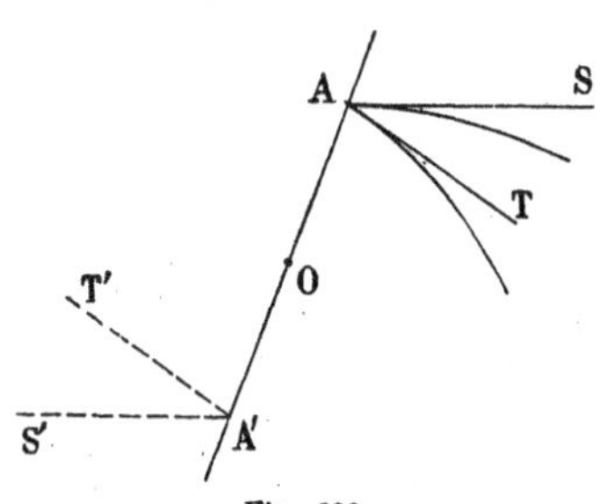

Fig. 222.

Si l'on remplace les deux portions de courbe par leurs symétriques par rapport au centre O, on change le sens de l'angle. En effet, on remplace le dièdre SOAT par le dièdre S'OA'T' (*fig.* 222) ; ces deux dièdres sont opposés par l'arête et les directions positives de leurs arêtes sont inverses : donc [597] ces dièdres sont de sens contraires.

Il est clair que si deux figures sphériques sont superposables, les angles homologues ont même sens.

Si l'on considère un polygone sphérique et son symétrique par rapport au centre O, on obtient deux polygones qui ont leurs côtés homologues égaux, leurs angles homologues égaux et de sens contraires ; donc ces deux polygones ne sont jamais superposables.

Si l'on considère un triangle sphérique ABC, on voit facilement que les angles ABC, BCA, CAB ont le même sens ; donc :

Dans deux triangles sphériques quelconques, les angles homologues sont ou toujours de même sens, ou toujours de sens contraires.

510. **Théorème.** — *Par un point* A *d'une sphère on peut mener un grand cercle perpendiculaire à un grand cercle donné et on n'en peut mener qu'un seul.*

En effet, le cercle cherché est celui qui passe par le point A et par le pôle P du cercle donné [797].

Il y a exception si le point A est pôle du cercle donné ; alors tout grand cercle mené par A est perpendiculaire au cercle donné.

On appelle *hauteur* d'un triangle le grand cercle mené par un sommet perpendiculairement au côté opposé.

511. **Définitions.** — Un triangle sphérique est *isocèle* s'il a deux côtés égaux ; le point de rencontre des côtés égaux est le *sommet* du triangle ; le côté opposé au sommet est la *base* du triangle.

512. Remarque. — Soient S et S′ deux sphères égales, AB, A′B′ des arcs de grand cercle égaux tracés sur ces sphères ; on pourra, d'une seule manière, porter la sphère S′ sur la sphère S de telle sorte que A′ et B′ viennent respectivement en A et B et que les arcs A′B′, AB coïncident.

On peut encore dire : si une figure est tracée sur la sphère, on peut, sans déformer cette figure, amener deux points A et B de cette figure en A′ et B′, sous la seule condition que les arcs de grand cercle AB, A′B′ soient égaux.

513. **Théorème.** — *Dans un triangle isocèle les angles à la base sont égaux.*

Soient ABC un triangle isocèle qui a pour base BC, A′B′C′ son symétrique par rapport au centre O (*fig.* 223). Les angles BAC et C′A′B′ étant égaux et de même sens, on pourra faire coïncider l'angle C′A′B′ avec l'angle BAC ; le côté C′A′ est égal à son symétrique CA qui, par hypothèse, est égal à AB ; donc le point C′ vient en B ; on voit de même que B′ vient en C. L'angle B est donc égal à l'angle C′, symétrique de C, et, par suite, les angles B et C sont égaux.

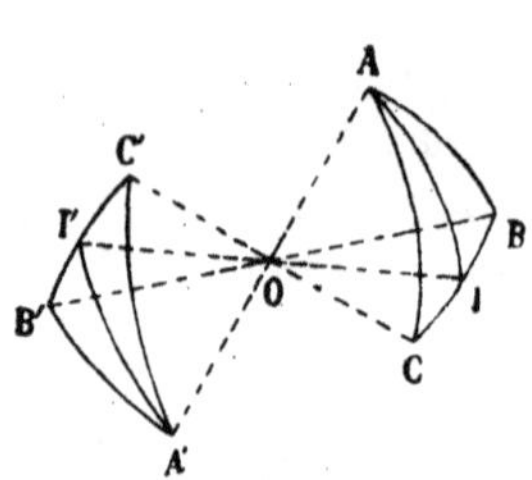

Fig. 223.

Réciproque. — *Si deux angles d'un triangle sont égaux, les côtés opposés à ces angles sont égaux.*

Démonstration analogue à celle du numéro précédent.

514. REMARQUE. — Dans la démonstration précédente, on fait coïncider le triangle isocèle ABC avec le triangle A'C'B' et non avec le triangle symétrique A'B'C'.

Soient alors I le milieu de BC, I' le symétrique de I. Le triangle BAI est superposable au triangle C'A'I' ; il en résulte que l'angle BIA est égal à l'angle C'I'A', symétrique de l'angle CIA ; donc les angles BIA et CIA sont égaux, et par suite le grand cercle IA est perpendiculaire au grand cercle BC.

On verrait de même que les angles BAI et CAI sont égaux.

515. **Réciproque.** — *Si par le milieu* I *de l'arc de grand cercle* BC *on mène un grand cercle perpendiculaire à* BC, *tout point* A *de ce cercle est équidistant des points* B *et* C.

Pour le démontrer, il suffit de remarquer que l'on peut faire coïncider les triangles BIA et C'I'A'. Donc :

Le lieu des points d'une sphère équidistants de deux points de cette sphère est le grand cercle perpendiculaire au milieu de l'arc de grand cercle qui passe par ces deux points.

516. **Théorème.** — *Si deux angles d'un triangle sont inégaux, le côté opposé au plus grand angle est plus grand que le côté opposé à l'autre angle.*

Supposons que dans le triangle ABC (*fig.* 224) l'angle B soit plus grand que l'angle C. Menons un grand cercle BD faisant avec BC un angle égal à l'angle C ; ce grand cercle rencontre le côté AC en un point D situé entre A et C, et l'on a

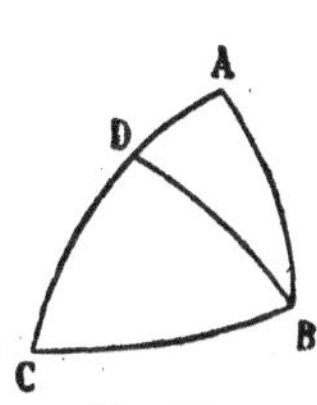

Fig. 224.

$$BD = CD,$$

$$AB < BD + DA,$$

d'où l'on déduit

$$AB < AC.$$

517. Par un raisonnement analogue à celui du nº [53], on en déduit la réciproque suivante :

Si deux côtés d'un triangle sont inégaux, l'angle opposé au plus grand côté est plus grand que l'angle opposé à l'autre côté.

518. **Théorèmes. I.** — *Deux triangles qui ont un angle égal compris entre deux côtés égaux chacun à chacun, sont égaux ou symétriques.*

II. — *Deux triangles qui ont un côté égal adjacent à deux angles égaux chacun à chacun, sont égaux ou symétriques.*

Ces théorèmes se démontrent par superposition ; pour pouvoir effectuer cette superposition, on remplace, si cela est nécessaire, un des triangles par son symétrique, de façon à ne comparer que des triangles dont les angles homologues ont le même sens.

519. **Théorème.** — *Si deux triangles ont deux côtés égaux chacun à chacun et si les angles compris sont inégaux, les troisièmes côtés sont inégaux et le côté opposé au plus grand angle est le plus grand.*

Démonstration analogue à celle du n° [56].

On en déduit comme au n° [57] :

Si deux triangles ont deux côtés égaux chacun à chacun, et si les troisièmes côtés sont inégaux, les angles opposés à ces côtés sont inégaux, et l'angle opposé au plus grand côté est le plus grand.

520. **Théorème.** — *Deux triangles qui ont leurs trois côtés égaux chacun à chacun sont égaux ou symétriques.*

Soient les deux triangles ABC, A′B′C′ qui ont leurs trois côtés égaux chacun à chacun ; je dis que l'angle A est égal à l'angle A′. En effet, si A était plus grand que A′, le côté BC serait (519) plus grand que le côté B′C′ ; de même, si A était plus petit que A′, BC serait plus petit que B′C′, ce qui est contraire à l'hypothèse ; donc $\widehat{A} = \widehat{A'}$. Les deux triangles sont donc égaux ou symétriques comme ayant un angle égal compris entre des côtés égaux chacun à chacun (518).

521. **Distance d'un point à un grand cercle.** — Soient C un grand cercle, M un point quelconque de la sphère (*fig.* 225) ; menons par le point M un grand cercle perpendiculaire à C,

il coupera le grand cercle C en deux points A et A'. Considérons la portion du grand cercle perpendiculaire qui est dans le même hémisphère que M par rapport au cercle C ; cette portion est divisée par le point M en deux arcs, l'un MA plus petit qu'un quadrant, l'autre MA' plus grand qu'un quadrant.

Cela posé, nous allons établir le théorème suivant.

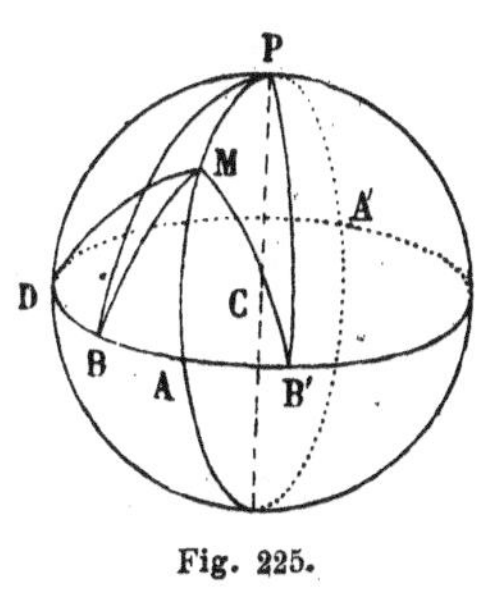

Fig. 225.

522. **Théorème.** — 1° *L'arc* MA *est plus petit que tout arc oblique* MB ;

2° *Deux arcs obliques* MB, MB' *dont les pieds* B *et* B' *sont équidistants du pied* A *de l'arc* MA *sont égaux ;*

3° *Quand le point* B *va de* A *en* A', MB *va en croissant.*

1° En effet, soit P le pôle du cercle C qui est situé dans l'hémisphère M; dans le triangle sphérique PMB on a

$$PB < PM + MB,$$

ou, en remarquant que PB est égal à PA, c'est-à-dire à PM + MA,

$$PM + MA < PM + MB,$$

ou

$$MA < MB.$$

2° Les arcs MB, MB' sont égaux ; en effet, les deux triangles sphériques PBM, PB'M ont leurs éléments homologues égaux, car ils ont un angle égal compris entre deux côtés égaux chacun à chacun ; donc l'arc MB est égal à l'arc MB'.

3° Soit D un point de l'arc BA' ; il faut démontrer que MD est plus grand que MB. En effet, dans les deux triangles PMB et PMD, on a

$$PM = PM, \qquad PB = PD, \qquad \widehat{MPD} > \widehat{MPB} ;$$

donc (519)

$$MD > MB.$$

L'arc de grand cercle MA est la plus courte distance du point M à un point quelconque du cercle C ; c'est la *distance sphérique* du point M au cercle C.

523. **Corollaires.** I. — *Deux triangles sphériques rectangles sont égaux ou symétriques s'ils ont l'hypoténuse égale et un côté égal.*

II. — *Deux triangles sphériques rectangles sont égaux ou symétriques s'ils ont l'hypoténuse égale et un angle adjacent à l'hypoténuse égal.*

Même démonstration qu'aux n[os] [81 et 82].

Pour que la démonstration s'applique, il faut supposer que l'hypoténuse n'est pas égale à un quadrant. Dans ce dernier cas le triangle possède deux angles droits.

524. III. — Considérons le triangle rectangle MAB. Si AB est moindre qu'un quadrant, il en est de même de MB ; le triangle a tous ses côtés *aigus*. Si AB est plus grand qu'un quadrant, il en est de même de MB ; le triangle a deux *côtés obtus*.

Considérons de même le triangle MBA′. Si A′B est obtus, MB est aigu ; le triangle a deux côtés obtus. Si A′B est aigu, MB est obtus ; le triangle a encore deux côtés *obtus*. Donc :

Dans un triangle sphérique rectangle, il y a 0 ou 2 côtés obtus.

525. **Triangles polaires.** — On appelle triangle polaire d'un triangle sphérique ABC, un triangle A′B′C′ tel que chaque sommet du second triangle est pôle d'un côté du premier et situé par rapport à ce côté dans l'hémisphère qui contient le sommet opposé à ce côté ; ainsi, le sommet A′, par exemple, est celui des deux pôles de BC qui est, par rapport au grand cercle BC, dans l'hémisphère qui contient le sommet A.

526. **Théorème.** — *Si le triangle* A′B′C′ (*fig.* 226) *est le triangle polaire du triangle* ABC, *inversement le triangle* ABC *est le triangle polaire du triangle* A′B′C′.

Nous nous appuierons sur le lemme suivant :

LEMME. — *Soient* C *un grand cercle de la sphère,* P *un de ses pôles. Si un point* M *est situé par rapport au cercle* C *dans l'hémisphère* P, *la distance sphérique* PM *est moindre qu'un quadrant; si le point* P *est situé dans l'autre hémisphère, la distance* PM *est supérieure à un quadrant.*

Ce qui peut encore s'énoncer ainsi :

Pour qu'un point M *soit par rapport à un grand cercle* C *dans le même hémisphère qu'un pôle* P *de ce cercle, il faut et il suffit que la distance sphérique* PM *soit moindre qu'un quadrant.*

Cela posé, pour démontrer le théorème, il faut montrer que le sommet A, par exemple, est le pôle du côté B′C′ et dans le même hémisphère que A′ par rapport à ce côté. Le point B′ étant pôle de AC, la distance B′A est égale à un quadrant ; on voit qu'il en est de même de C′A ; donc A est un pôle de B′C′. D'autre part, le point A′, pôle de BC, a été choisi dans le même

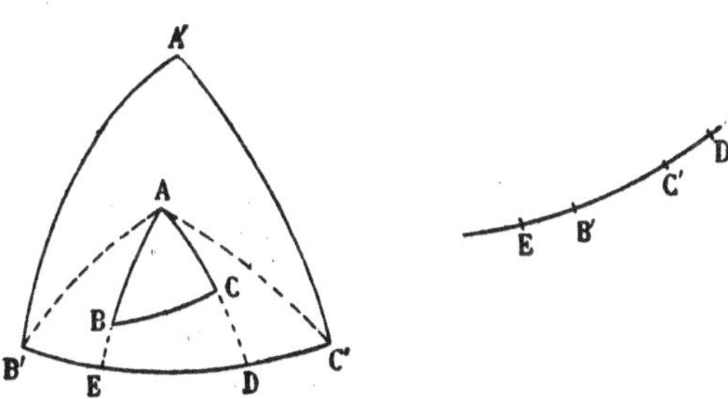

Fig. 226.

hémisphère que A par rapport au cercle BC ; donc la distance AA′ est moindre qu'un quadrant ; cette distance étant moindre qu'un quadrant et A étant pôle de B′C′, les points A et A′ sont dans un même hémisphère par rapport au cercle B′C′.

C. q. f. d.

527. **Théorème.** — *Dans deux triangles polaires* ABC, A′B′C′ (*fig.* 226), *chaque angle de l'un est le supplément du côté correspondant de l'autre.*

Démontrons par exemple que l'angle A est le supplément du côté B'C' ; les côtés de l'angle A, prolongés au besoin, rencontrent le grand cercle B'C' en D et E. Le cercle B'C' ayant A pour pôle, la mesure de l'angle A est [829] l'arc DE.

L'arc B'D est égal à un quadrant et a même sens que B'C' ; l'arc C'E est aussi égal à un quadrant et a même sens que C'B' ; il en résulte que dans tous les cas on a

$$B'E = C'D,$$

et par suite

$$B'C' + ED = B'D + C'E = \frac{1}{2} \text{ circ.}$$

528. Il en résulte que si l'on désigne par a, b, c, A, B, C les côtés et les angles du triangle ABC; par a', b', c', A', B', C', les éléments homologues du triangle A'B'C', on aura

$$a' = 2^{dr} - A, \quad b' = 2^{dr} - B, \quad c' = 2^{dr} - C,$$
$$A' = 2^{dr} - a, \quad B' = 2^{dr} - b, \quad C' = 2^{dr} - c.$$

§ III.

Cercles sur la sphère.

529. **Définitions.** — Tout cercle de la sphère admet deux pôles P et P' ; tous les points du cercle sont équidistants [798] de l'un de ces pôles. Pour l'un de ces pôles, cette distance commune est moindre qu'un quadrant, soit P ce pôle ; pour l'autre pôle P', la distance commune est plus grande qu'un quadrant. Le pôle P est appelé le *centre sphérique* du cercle ; la distance sphérique d'un point du cercle à son centre P est le *rayon sphérique* du cercle.

Le cercle partage la sphère en deux calottes : l'une contenant le centre P, l'autre le pôle P'. Les points de la première calotte sont dits *intérieurs* au cercle ; ceux de la seconde sont dits *extérieurs* au cercle.

Il résulte de ces définitions que :

Si un point est intérieur à un cercle, sa distance à son centre sphérique est moindre que son rayon sphérique ;

Si un point est extérieur à un cercle, sa distance à son centre sphérique est plus grande que son rayon sphérique.

530. **Théorème.** — *Pour qu'un grand cercle soit perpendiculaire à un petit cercle* C, *il faut et il suffit qu'il passe par les pôles* P *et* P′ *de ce cercle* (*fig.* 227).

En effet, soit M un point quelconque du cercle C. La tangente MS à ce cercle est perpendiculaire au rayon IM ; d'autre part, elle est perpendiculaire aussi à la droite PP′, car le plan du cercle C est perpendiculaire à PP′ ; il en résulte que la tangente MS est perpendiculaire au plan PMP′.

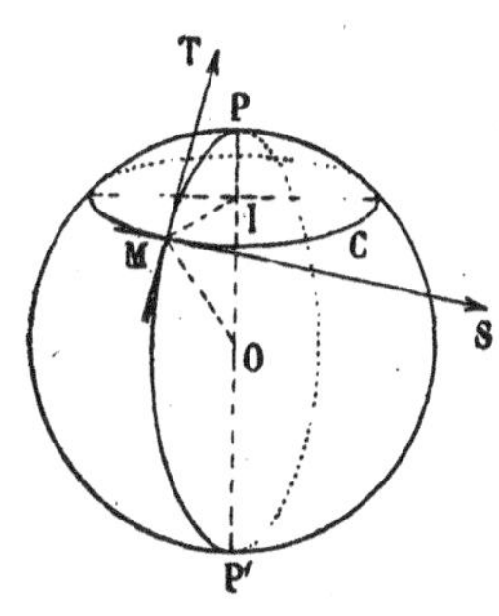

Fig. 227.

Cela posé, si l'on mène le grand cercle PMP′, la tangente MT à ce cercle étant située dans le plan PMP′, sera perpendiculaire à MS ; donc les deux cercles sont rectangulaires.

Réciproquement, si un grand cercle coupe en M le cercle donné, à angle droit, la tangente MT à ce grand cercle, étant perpendiculaire à MS, est située dans le plan PMP′. Or le plan mené par le centre de la sphère et la tangente à un grand cercle est le plan de ce grand cercle ; donc le plan du grand cercle cherché est le plan PMP′.

531. **Corollaire.** — *Par un point* B *d'une sphère on peut mener un grand cercle perpendiculaire à un cercle donné* C *et on n'en peut mener qu'un.*

En effet, si P et P′ sont les pôles du cercle C, le cercle cherché est le grand cercle PBP′.

Il y a exception si B coïncide avec l'un des pôles P ou P′ ; dans ce cas il y a une infinité de grands cercles passant par B et perpendiculaires au cercle C.

Si nous laissons de côté ce cas d'exception, le grand cercle mené par B perpendiculairement au cercle C rencontre ce cercle en deux points A et A' ; soit A celui de ces deux points qui est le plus rapproché de B. On démontrera comme au n° 521, en remplaçant un arc de petit cercle par l'arc de grand cercle qui passe par ses extrémités, que si un point M se déplace de A en A' sur le cercle C, la distance sphérique BM va constamment en croissant.

La distance sphérique BA, qui est la plus courte distance d'un point du cercle C au point B est appelée la *distance sphérique* du point B au cercle C.

532. Positions relatives d'un grand cercle et d'un petit cercle. — Soient P le centre sphérique d'un petit cercle C, r son rayon sphérique (*fig.* 228) : du point P menons un grand cercle PAA' perpendiculaire au grand cercle donné Γ. Soient $PA = \delta$ la distance du point P au grand cercle et $PA' = 2q - \delta$ la distance au point diamétralement opposé au point A, q représentant un quadrant de grand cercle ; si un point M se déplace sur le grand cercle donné Γ de A en A', la distance sphérique PM va en croissant de la valeur δ à la valeur $2q - \delta$ qui est toujours supérieure à q et par conséquent à r. Donc par un raisonnement analogue à celui du n° [144] on arrive aux résultats suivants :

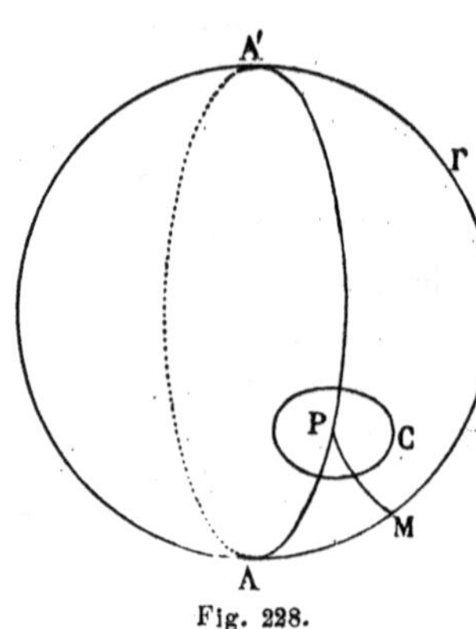

Fig. 228.

1° Si $\delta > r$, tous les points M du grand cercle sont extérieurs au petit cercle donné ; on dit que le grand cercle est *extérieur* au petit cercle.

2° Si $\delta = r$, le point A est sur le petit cercle, tous les autres points M du grand cercle sont extérieurs au petit cercle. Nous dirons que le grand cercle est *tangent* au petit cercle ; le point commun A est le point de contact.

3° Si $\delta < r$, le grand cercle coupe le petit cercle en deux points B et B′ symétriques par rapport au cercle PAA′ ; les points de l'arc BAB′ sont intérieurs au petit cercle ; ceux de l'arc BA′B′ sont extérieurs : on dit que le grand cercle est *sécant* au petit cercle.

533. Remarque. — Si un grand cercle et un petit cercle sont tangents en A, ils ont même tangente en ce point. En effet, ces deux tangentes sont situées dans le plan tangent en A à la sphère, elles sont toutes deux perpendiculaires à la tangente en A au cercle AP ; donc elles coïncident.

On peut encore dire :

Tout grand cercle tangent à un petit cercle est perpendiculaire au rayon qui passe par le point de contact.

534. **Cercle circonscrit à un triangle sphérique.** — Soit ABC un triangle sphérique. Par les milieux des côtés AB et BC menons des grands cercles respectivement perpendiculaires à ces côtés ; ces deux grands cercles se coupent en des points diamétralement opposés P et P′ ; chacun de ces points est équidistant (515) des points A, B, C. Soit P celui de ces points qui est le plus rapproché de A ; le cercle qui a pour centre P et pour rayon PA passe par les points A, B, C ; c'est le *cercle circonscrit* au triangle ABC.

535. **Positions relatives de deux cercles.** — Soient P et Q les centres sphériques de deux cercles, r et r' leurs rayons, d la distance sphérique PQ. En raisonnant comme au n° [178], on voit que :

1° Si $d > r + r'$, les points de chaque cercle sont extérieurs à l'autre ; les cercles sont dits *extérieurs* ;

2° Si $d = r + r'$, les deux cercles ont un seul point commun A ; tout autre point de l'un des cercles est extérieur à l'autre. En A les deux cercles ont le même grand cercle tangent, c'est le grand cercle mené par le point A perpendiculairement au cercle PAQ. On dit que les deux cercles sont *tangents extérieurement ;*

3° Si $r - r' < d < r + r'$, les deux cercles ont deux points communs symétriques par rapport au grand cercle PQ. On dit que les deux cercles sont *sécants ;*

4° Si $d = r - r'$ les deux cercles ont un seul point commun A ; tous les autres points du cercle Q sont intérieurs au cercle P ; en A les deux cercles ont le même grand cercle tangent. On dit qu'ils sont *tangents intérieurement ;*

5° Si $d < r - r'$, tous les points du cercle Q sont intérieurs au cercle P. Le cercle Q est dit *intérieur* au cercle P.

Nous avons obtenu par cette discussion toutes les positions relatives que peuvent prendre deux cercles d'une sphère [178].

Les réciproques de ces théorèmes sont exactes, c'est-à-dire que :

1° Si les deux cercles sont extérieurs,

$$d > r + r' ;$$

2° S'ils sont tangents extérieurement,

$$d = r + r' ;$$

3° S'ils sont sécants,

$$r - r' < d < r + r';$$

4° S'ils sont tangents intérieurement,

$$d = r - r';$$

5° Si le cercle P est intérieur au cercle Q,

$$d < r - r'.$$

Même démonstration qu'au n° [178].

§ IV.

Aire des polygones sphériques.

536. **Unité d'aire.** — Dans ce chapitre, nous prendrons comme unité d'angle l'angle droit ; comme unité d'aire, l'aire d'un triangle sphérique trirectangle tracé sur la sphère sur la

quelle est située la figure considérée. Tous les théorèmes énoncés supposent ce choix d'unité.

Soient alors s le nombre qui mesure ainsi l'aire d'une figure sphérique, S le nombre qui mesure l'aire de la même figure quand on prend comme unité l'aire du carré ayant pour côté l'unité de longueur ; il est facile de calculer S.

En effet, la sphère totale contient huit triangles trirectangles ; le nombre qui mesure son aire dans le premier système d'unités est 8 ; dans le deuxième c'est $4\pi R^2$, R étant le rayon de la sphère.

On aura donc [15]

$$\frac{8}{s} = \frac{4\pi R^2}{S},$$

d'où

$$S = \frac{\pi R^2}{2} s.$$

537. **Théorème.** — *L'aire d'un fuseau sphérique est égale au double de son angle.*

Deux fuseaux qui ont même angle sont équivalents, car ils sont superposables.

Si l'angle d'un fuseau A est égal à la somme des angles des fuseaux B et C, l'aire du fuseau A est la somme des aires des fuseaux B et C. En effet, le fuseau A peut être décomposé en deux fuseaux superposables respectivement aux fuseaux B et C.

Cela posé, un raisonnement analogue à celui du n° [186] conduit au résultat suivant :

Le rapport des aires de deux fuseaux est égal au rapport de leurs angles.

Soient alors A un fuseau dont l'angle a pour mesure A, B un fuseau dont l'angle est un angle droit ; ce dernier fuseau pouvant se décomposer en deux triangles sphériques rectangles, le nombre qui mesure l'aire du fuseau est 2.

L'égalité

$$\frac{\text{aire fuseau A}}{\text{aire fuseau B}} = \frac{\text{angle A}}{\text{angle B}}$$

devient ici

$$\frac{\text{aire fuseau A}}{2} = \text{A},$$

A étant le nombre qui mesure l'angle A. Donc

$$\text{aire fuseau A} = 2\text{A}.$$

538. **Théorème.** — *Deux triangles sphériques symétriques* ABC, A′B′C′ (*fig.* 229) *sont équivalents.*

En effet, soit P le centre sphérique du cercle circonscrit au triangle ABC ; son symétrique P′ est le centre du cercle circonscrit au triangle A′B′C′, et l'on a

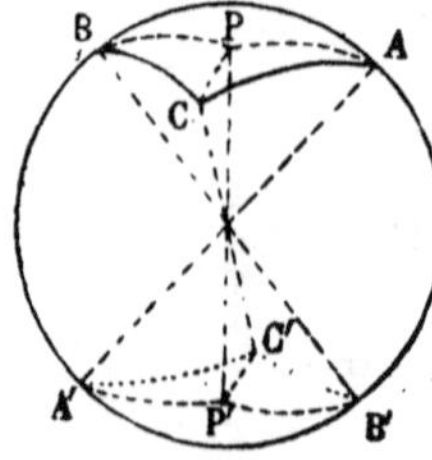

Fig. 229.

$$PA = PB = PC = P'A' = P'B' = P'C'.$$

Le triangle isocèle PAB est superposable au triangle P′B′A′; donc les deux triangles PAB et P′A′B′ sont équivalents ; il en est de même des triangles PBC et P′B′C′, ainsi que des triangles PCA et P′C′A′.

Cela posé, si le point P est à l'intérieur du triangle ABC, l'aire du triangle ABC est la somme des aires des triangles PBC, PCA, PAB ; le point P′ sera aussi à l'intérieur du triangle A′B′C′, et celui-ci sera la somme des triangles P′B′C′, P′C′A′, P′A′B′, respectivement égaux aux précédents. Donc ABC et A′B′C′ sont équivalents.

Si le point P n'est pas à l'intérieur du triangle ABC, on fait la démonstration de la même façon, en remplaçant la somme arithmétique des trois triangles par une somme algébrique.

539. **Théorème.** — *L'aire d'un triangle sphérique est égale à la somme de ses angles moins le nombre deux.*

Traçons complètement les grands cercles auxquels appartiennent les côtés du triangle ABC (*fig.* 230) et soient A′, B′, C′ les symétriques des sommets A, B, C. Le fuseau A se compose des triangles ABC et A′BC ; le fuseau B des triangles BAC et B′AC ; le fuseau C des triangles CAB et C′AB ; ce dernier triangle est équivalent à son symétrique CA′B′ ; on peut donc écrire

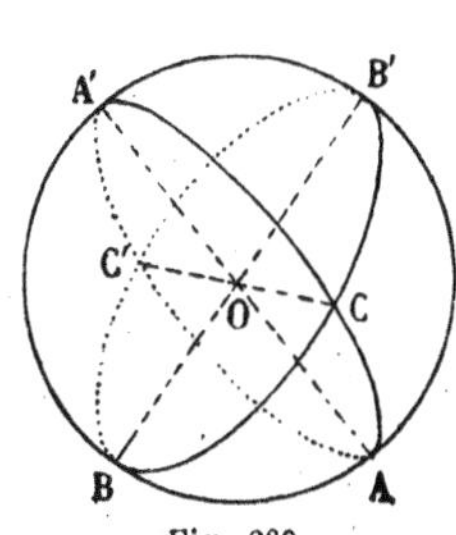

Fig. 230.

$$\text{fus. A} = \text{ABC} + \text{A}'\text{BC},$$
$$\text{fus. B} = \text{ABC} + \text{AB}'\text{C},$$
$$\text{fus. C} = \text{ABC} + \text{A}'\text{B}'\text{C}.$$

En ajoutant, on aura au second membre deux fois le triangle ABC, plus la somme des quatre triangles ABC, BCA′, A′B′C, B′CA ; ces quatre triangles forment l'hémisphère découpé par le grand cercle ABA′B′. Par suite

$$\text{fus. A} + \text{fus. B} + \text{fus. C} = 2\text{ABC} + \frac{1}{2}\,\text{sphère}.$$

Désignons par S la surface du triangle ABC, remplaçons les fuseaux et la demi-sphère par les nombres qui les mesurent, on aura

$$2\text{A} + 2\text{B} + 2\text{C} = 2\text{S} + 4,$$

d'où

$$\text{S} = \text{A} + \text{B} + \text{C} - 2.$$

C. q. f. d.

540. Remarque. — Le nombre $A + B + C - 2$ est ce qu'on appelle l'*excès sphérique* du triangle ; on peut donc dire : *L'aire d'un triangle est égale à son excès sphérique.*

541. **Théorème.** — *L'aire d'un polygone sphérique convexe de n côtés est égale à la somme de ses angles moins* $2(n-2)$.

Décomposons le polygone en $(n-2)$ triangles en menant les grands cercles qui joignent un sommet A à tous les sommets qui ne sont pas sur les côtés de l'angle A. L'aire du polygone est la somme des aires des triangles, c'est-à-dire la somme des angles des triangles moins $2(n-2)$; or, la somme des angles des triangles est égale à la somme des angles du polygone, ce qui démontre le théorème.

542. Théorème. — *Le lieu des sommets* C *des triangles sphériques* ABC *dont la base* AB *est fixe et tels que la somme algébrique des angles*

$$A + B - C$$

ait une valeur absolue donnée, se compose de deux petits cercles passant par A *et* B *et symétriques par rapport au grand cercle* AB.

Soit P le centre sphérique du cercle circonscrit au triangle ABC ; désignons par α la valeur de l'angle à la base dans le triangle isocèle PBC, par β celle du triangle PCA, par γ celle du triangle PAB. Trois cas peuvent se présenter :

1° *Le point* P *est à l'intérieur du triangle* ABC (*fig.* 231).

On a dans ce cas

$$A + B - C = \beta + \gamma + \gamma + \alpha - (\alpha + \beta) = 2\gamma.$$

2° *Le point* P *est extérieur au triangle* ABC, *mais du même côté que le sommet* C *par rapport au grand cercle* AB.

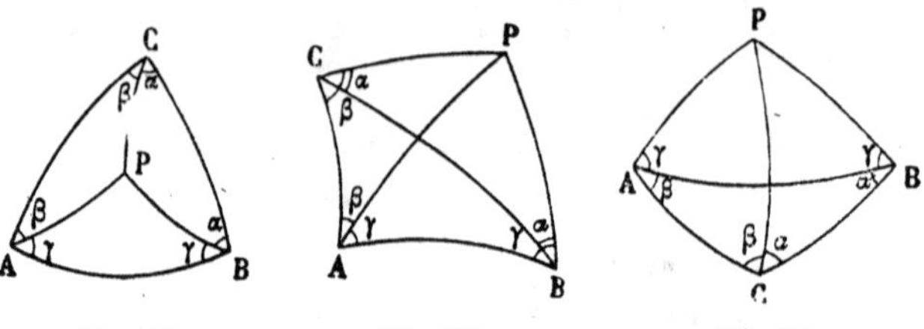

Fig. 231. Fig. 232. Fig. 233.

L'un des arcs PA ou PB doit traverser le triangle ; supposons que ce soit l'arc PA (*fig.* 232). On a

$$A + B - C = (\beta + \gamma) + (\gamma - \alpha) - (\beta - \alpha) = 2\gamma.$$

3° *Le point* P *est extérieur au triangle, mais du côté opposé au sommet* C *par rapport au grand cercle* AB (*fig.* 233).

On a alors

$$A + B - C = (\beta - \gamma) + (\alpha - \gamma) - (\alpha + \beta) = -2\gamma.$$

Si donc la valeur absolue de $A + B - C$ est égale à k, γ sera dans tous les cas égal à $\frac{k}{2}$. Il en résulte que le point P ne peut occuper que deux positions P et P′ symétriques par rapport à AB ; et par conséquent le sommet C doit se trouver, soit sur le cercle qui a pour centre P et pour rayon PA, soit sur le cercle qui a pour centre P′ et pour rayon P′A.

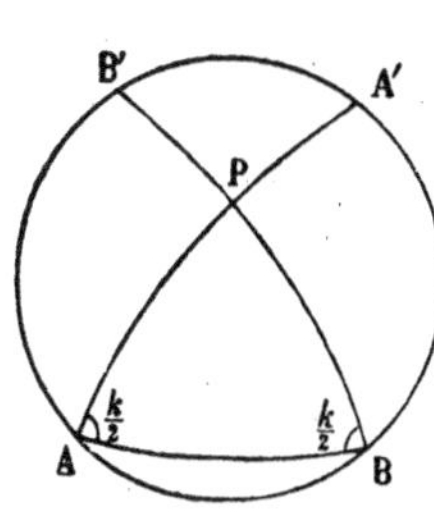

Fig. 234.

Considérons l'un de ces cercles, celui qui a pour centre P, par exemple (*fig.* 234) ; les grands cercles PA et PB coupent encore ce cercle en A′ et B′. Le sommet C peut occuper sur ce cercle trois positions :

1° *Le sommet* C *est sur l'arc* A′B′.

Le point P est intérieur au triangle ABC, on a

$$A + B - C = k.$$

2° *Le sommet* C *est sur l'arc* AB′ *ou sur l'arc* BA′.

Le point P est extérieur au triangle ABC, mais du même côté que le sommet C par rapport au grand cercle AB ; on a

$$A + B - C = k.$$

3° *Le sommet* C *est sur l'arc* AB.

Le point P est extérieur au triangle ABC, mais du côté opposé au sommet C par rapport au grand cercle AB ; on a dans ce cas

$$A + B - C = -k.$$

Il résulte de là que si l'on veut que la différence $A+B-C$ soit positive, il faut prendre, sur chaque petit cercle, la partie qui est dans le même hémisphère que son centre par rapport au grand cercle AB ; c'est le contraire si l'on veut que la différence $A + B - C$ soit négative.

543. Remarque I. — Le théorème précédent est pour la géométrie de la sphère l'analogue au théorème du n° [196] pour la géométrie du plan.

Car si dans le plan $A + B - C = \pm k$, on a $C = 1^{dr.} \mp \frac{k}{2}$.

544. Remarque II. — Si k est nul, les deux points P et P' sont confondus avec le milieu de AB. Le lieu est alors le cercle qui a pour centre le milieu I de AB et pour rayon IA.

545. **Théorème de Lexell.** — *Le lieu des sommets* C *des triangles sphériques* ABC (*fig.* 235) *dont la base* AB *est fixe et dont l'aire a une valeur donnée* S, *se compose de deux arcs de cercle symétriques par rapport au grand cercle* AB *et passant par les points* A' *et* B', *diamétralement opposés à* A *et* B.

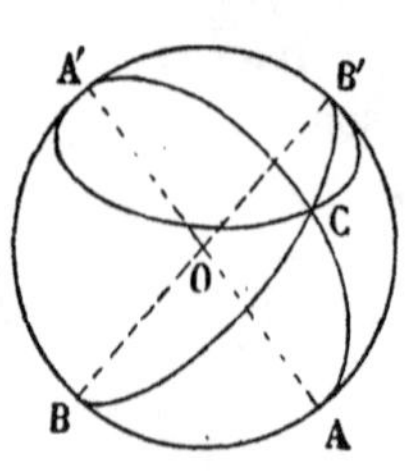

Fig. 235.

On doit avoir

$$A + B + C - 2 = S.$$

Considérons le triangle A'B'C ; dans ce triangle on a

$$A' = 2 - A, \qquad B' = 2 - B.$$

La relation précédente devient

$$A' + B' - C = 2 - S.$$

Les points A' et B' étant fixes, le théorème précédent montre que le lieu se compose de deux arcs de cercle passant par ces points. Le même théorème indique d'ailleurs quel est l'arc de chacun des petits cercles qu'il faut choisir ; cet arc dépend du signe de $2 - S$.

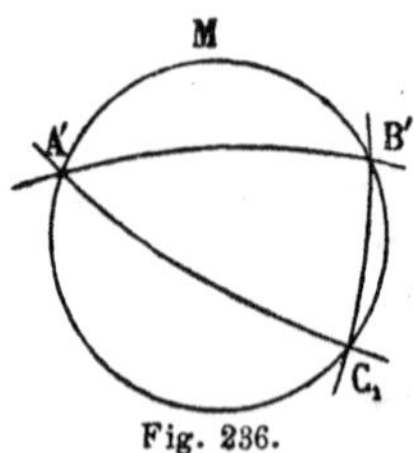

Fig. 236.

Considérons l'un de ces petits cercles et soit A'MB' (*fig.* 236) l'arc qui fait partie du lieu. Prenons sur l'autre arc un point C_1. Dans le triangle $A'B'C_1$, on aura

$$A' + B' - C_1 = S - 2,$$

et par suite dans le triangle ABC_1,

$$2 - A + 2 - B - C_1 = S - 2,$$

ou

$$A + B + C_1 - 2 = 4 - S.$$

L'aire du triangle ABC_1 est donc $4 - S$, ce qui revient à dire que S est l'aire de la figure formée par l'arc de grand cercle plus grand qu'une demi-circonférence qui va de A en B et par les deux arcs de grand cercle CA et CB, qui sont moindres qu'une demi-circonférence.

§ V.

Constructions sur la sphère.

546. Remarque. — Les constructions sur la sphère se font à l'aide d'un compas à branches recourbées dit *compas d'épaisseur ;* nous supposerons qu'on ait déterminé [801] le rayon de la sphère , on pourra alors tracer sur une feuille de papier un cercle égal à un grand cercle de la sphère.

Pour tracer un grand cercle de la sphère ayant pour pôle un point donné P, on prend une ouverture de compas égale à la corde d'un quadrant et on place la pointe sèche du compas au pôle P.

547. **Mener un grand cercle par deux points A et B de la sphère.** — Les pôles de ce grand cercle se trouvent à l'intersection des grands cercles qui ont pour pôles A et B.

Cette construction permet aussi de trouver les pôles d'un grand cercle donné.

548. **Mener par un point A un grand cercle perpendiculaire à un cercle donné.** — Le grand cercle cherché est celui qui passe par A et les pôles du cercle donné.

549. **Partager un arc de grand cercle en deux parties égales.** — Soit AB l'arc de grand cercle. Avec une ouverture

de compas arbitraire, mais plus grande que la corde de la moitié de l'arc AB et plus petite que la corde d'un quadrant, on décrit des points A et B comme centres des petits cercles ; ces petits cercles se coupent (535) en deux points M et M′. Le grand cercle mené par M et M′ sera perpendiculaire à l'arc AB et passera par le milieu de cet arc (515).

Cette méthode permet de mener un grand cercle perpendiculaire à un arc de grand cercle en son milieu.

550. **Partager l'angle de deux grands cercles en deux parties égales.** — Décrivons le grand cercle qui a pour pôle le sommet A de l'angle, il coupe les côtés de cet angle en B et C ; déterminons (549) le milieu I de l'arc BC. Le grand cercle qui passe par les points A et I partage l'angle donné en deux parties égales.

551. **Construire le cercle circonscrit à un triangle ABC.** — Menons les grands cercles perpendiculaires aux arcs AB et BC en leurs milieux ; ces grands cercles se coupent en deux points P et P′ ; chacun de ces points est équidistant des trois points A, B, C. Le cercle cherché s'obtient en plaçant la pointe sèche du compas en l'un de ces points, en P par exemple, et en prenant une ouverture de compas égale à la corde PA.

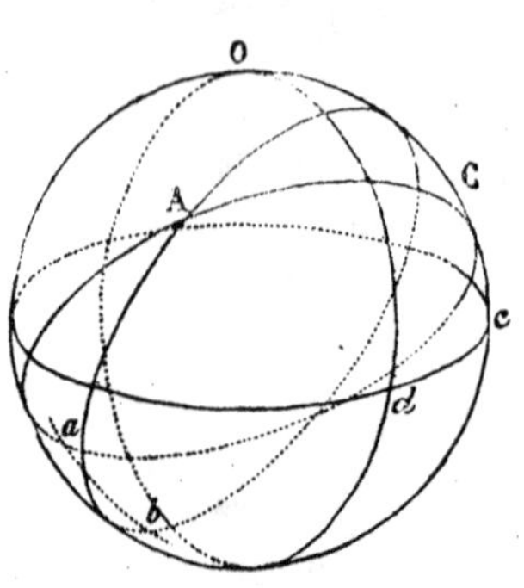

Fig. 237.

552. *Etant donnés un grand cercle* C *et un point* O *de ce cercle* (*fig.* 237), *mener par le point* O *un grand cercle* D, *faisant avec le grand cercle* C *un angle égal à un angle donné* A, *tracé sur la sphère.*

Décrivons le grand cercle qui a pour pôle A, il coupe les côtés de l'angle en a et b. Décrivons de même le grand cercle qui a pour pôle le point O ; il coupe le cercle C en c ; portons sur ce grand cercle, à partir du point c, un arc cd égal à ab. Le cercle cherché est celui qui passe par O et d.

553. **Construire le triangle polaire d'un triangle donné ABC.** — Il suffit de se reporter à la définition du triangle polaire (525) et de remarquer que les pôles des côtés se déterminent par la méthode indiquée au nº 547.

554. **Constructions de triangles.** — Nous désignerons par A, B, C les angles d'un triangle sphérique ABC, par a, b, c les côtés opposés à ces angles ; on peut se proposer de construire un triangle connaissant trois de ces six éléments ; de là trois groupes de problèmes :

Construire un triangle connaissant :

1º les trois côtés ou bien les trois angles ;

2º deux côtés et l'angle compris, ou bien un côté et les deux angles adjacents ;

3º deux côtés et l'angle opposé à l'un d'eux, ou bien deux angles et le côté opposé à l'un d'eux.

Chacun de ces groupes comprend deux problèmes qui se ramènent l'un à l'autre en remplaçant le triangle cherché par son triangle polaire. Il suffit donc de traiter un problème de chaque groupe.

555. **Construire un triangle connaissant les trois côtés a, b, c.** — Soit a le plus grand côté. Nous avons vu [543] que les conditions nécessaires et suffisantes pour que le triangle existe sont

$$(1) \qquad a < b + c,$$

$$(2) \qquad a + b + c < 4^{dr}.$$

Supposons ces conditions réalisées ; sur un grand cercle de la sphère prenons un arc BC (*fig.* 238) égal à a ; sur la portion de l'arc BC qui est supérieure à une demi-circonférence, portons des arcs BD et CE égaux respectivement à c et b ; la condition (2) étant satisfaite, le point E sera en dehors du plus petit arc BD. Du point B comme pôle, avec une ouverture de compas égale à la corde de BD, décrivons un cercle (B) ; ce cercle coupe le grand cercle de la figure en un second point, D′, placé sur le plus petit arc BC. De même, le cercle (C) qui a pour pôle C et qui est décrit avec une ouverture de compas égale à la corde CE, rencontre le grand cercle de la figure en un point E′ placé sur le plus petit arc BC. La relation (1) étant satisfaite, le point E′ est sur le plus petit arc BD′.

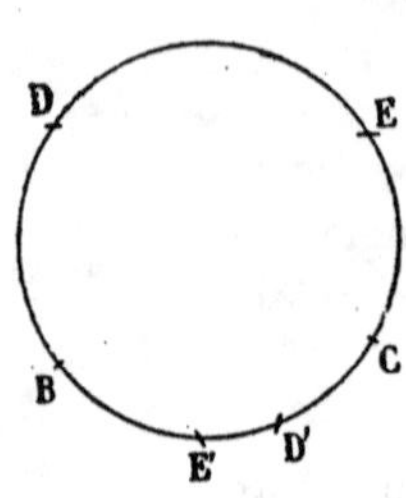

Fig. 238.

Par rapport au cercle (B) le point E′ est sur la même calotte que le point B, le point E sur l'autre calotte ; il en résulte que les cercles (B) et (C) sont sécants et se coupent en deux points A et A′ ; les triangles ABC et A′BC, qui sont symétriques par rapport au grand cercle BC, ont pour côtés *a*, *b*, *c*.

556. **Construire un triangle connaissant deux côtés *b* et *c* et l'angle compris A.** — Même construction que dans le plan [213].

557. **Construire un triangle connaissant deux côtés *a* et *b* et l'angle A opposé à l'un d'eux.** — Traçons deux demi-cercles AβA′, AγA′ (*fig.* 239 et 240), faisant entre eux un angle égal à l'angle donné A; portons sur le premier un arc AC égal à *b* ; du point C comme pôle, avec une ouverture de compas égale à la corde de l'arc *a*, décrivons un petit cercle ; si ce petit cercle rencontre le demi-cercle AγA′ en un point B, le triangle ABC sera une solution.

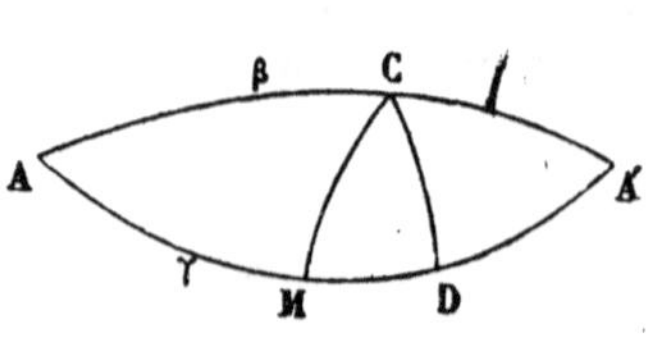

Fig. 239.

Pour faire la discussion, nous distinguerons deux cas :

1° *L'angle* A *est aigu* (*fig.* 239).

Abaissons du point C le grand cercle CD perpendiculaire au cercle γ. Si un point M se déplace de D en A sur le cercle γ, la distance CM croît de CD à CA ou b ; si le point M va de D en A′, cette distance croît de CD à CA′ ou $2^{dr} - b$. Donc :

$a <$ CD,		0 sol.
$a >$ CD	a inférieur à b et à $2^{dr} - b$,	2 sol.
	a compris entre b et $2^{dr} - b$,	1 sol.
	a supérieur à b et à $2^{dr} - b$,	0 sol.

2° *L'angle* A *est obtus* (*fig.* 240). Abaissons encore le grand cercle CD perpendiculaire au cercle γ. Si un point M se déplace de D en A sur le cercle γ, la distance CM décroît depuis CD jusqu'à CA ou b ; si le point M va de D en A′, CM décroît depuis CD jusqu'à CA′ ou $2^{dr} - b$. Donc :

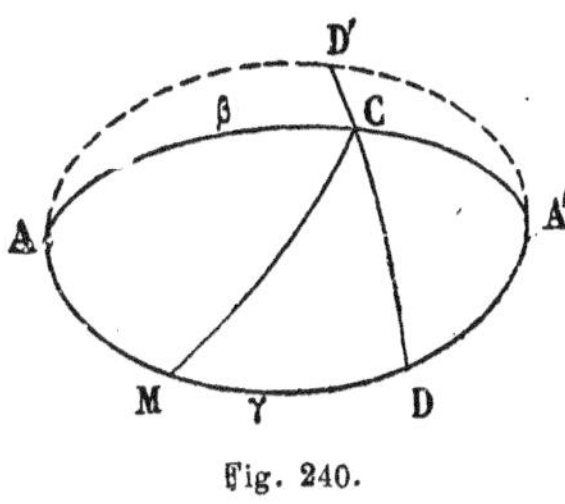

Fig. 240.

$a <$ CD	a inférieur à b et à $2^{dr} - b$,	0 sol.
	a compris entre b et $2^{dr} - b$,	1 sol.
	a supérieur à b et à $2^{dr} - b$,	2 sol.
$a >$ CD,		0 sol.

558. Remarque. — Si les angles a et A sont de natures différentes, c'est-à-dire si l'un est aigu et l'autre obtus, le problème ne peut pas avoir plus d'une solution. En effet, si A est aigu, a sera obtus ; il ne pourra donc pas être inférieur à la fois à b et à $2^{dr} - b$. Si au contraire A est obtus, a est aigu ; il ne peut donc pas être supérieur à la fois à b et à $2^{dr} - b$.

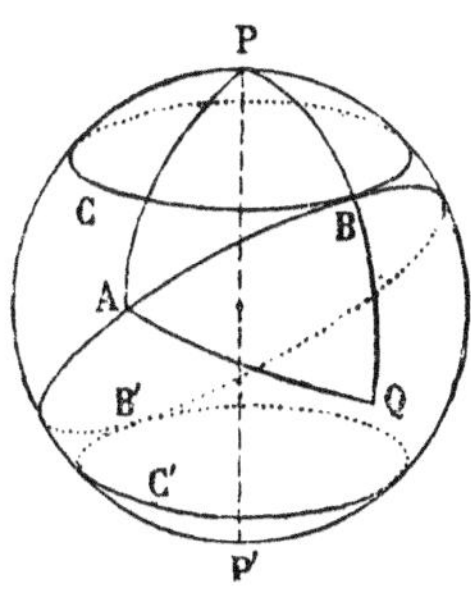

Fig. 241.

559. **Mener, par un point donné A, un grand cercle tangent à un cercle donné** (*fig.* 241). — Soient P le centre sphérique, r le rayon sphérique du cercle donné C, d

la distance sphérique PA. Supposons le problème résolu; soient B le point de contact, Q le pôle du cercle cherché, qui se trouve par rapport au grand cercle dans l'hémisphère opposé à P ; tout revient à trouver le point Q. Or, ce point Q se trouve sur le grand cercle PB et l'on a $BQ = 1^{dr}$, et par suite,

$$PQ = 1^{dr} + r;$$

d'ailleurs $AQ = 1^{dr}$. On est donc ramené à construire un triangle PAQ connaissant les trois côtés $PA = d$, $AQ = 1^{dr}$, $PQ = 1^{dr} + r$. Pour que le problème soit possible, il faut que l'on ait les conditions :

$$(1) \quad d + 1^{dr} + 1^{dr} + r < 4^{dr} \quad \text{ou} \quad d < 2^{dr} - r,$$

$$(2) \quad d < (1^{dr} + r) + 1^{dr} \quad \text{ou} \quad d < 2^{dr} + r,$$

$$(3) \quad (1^{dr} + r) < 1^{dr} + d \quad \text{ou} \quad d > r.$$

La deuxième condition est toujours satisfaite puisque d est plus petit que 2 droits ; la troisième montre que A est par rapport au cercle C dans la calotte opposée à P ; la première montre qui si l'on considère le cercle C′, symétrique du cercle C, le point A doit se trouver par rapport à ce cercle dans la calotte qui contient le point P. En résumé, on voit que le point A doit se trouver dans la zone comprise entre les cercles C et C′. Dans ces conditions, le problème admettra deux solutions, car on trouve pour le point Q deux positions symétriques par rapport au grand cercle PA. Les deux cercles tangents sont aussi symétriques par rapport à ce grand cercle.

560. Remarque. — Si un grand cercle touche le cercle C en un point B, il touchera aussi le cercle C′ en un point B′, symétrique du point B.

561. **Mener un grand cercle tangent à deux cercles donnés.** — Soient P et P′ les centres sphériques des deux cercles donnés C et C′, r et r' leurs rayons sphériques, d la distance sphérique de leurs centres. Supposons le problème résolu et soit

un grand cercle touchant les cercles donnés en A et A′ ; nous distinguerons deux cas :

1° *Les deux cercles* C *et* C′ *sont dans un même hémisphère par rapport au cercle tangent* (*fig.* 242).

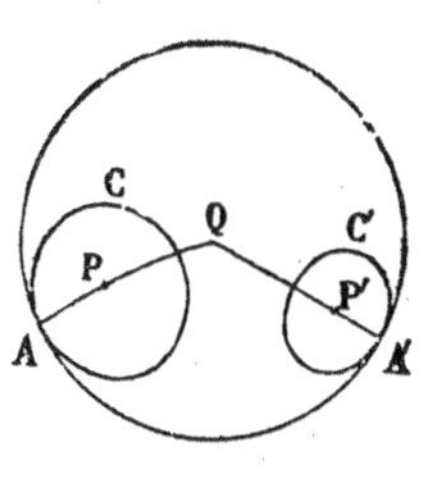

Fig. 242.

Soit Q le pôle du cercle tangent qui se trouve, par rapport à ce cercle, dans le même hémisphère que les cercles donnés ; le point Q est situé sur les grands cercles AP et A′P′ ; tout revient à trouver ce point Q, c'est-à-dire à construire le triangle sphérique PQP′. Or, ce triangle a pour côtés :

$$PP' = d, \qquad PQ = 1^{dr} - r, \qquad P'Q = 1^{dr} - r'.$$

Pour que le problème soit possible, il faut que l'on ait, en supposant, ce qui est permis, $r \geqslant r'$,

(1) $d + (1^{dr} - r) + (1^{dr} - r') < 4^{dr}$ ou $d < 2^{dr} + r + r'$,

(2) $d < (1^{dr} - r) + (1^{dr} - r')$ ou $d < 2^{dr} - (r + r')$,

(3) $1^{dr} - r' < (1^{dr} - r) + d$ ou $d > r - r'$.

La condition (1) est toujours satisfaite, puisque d est plus petit que deux droits. La condition (2) peut s'écrire ainsi

$$2^{dr} - d > r + r' ;$$

elle exprime que le cercle C′ est extérieur au cercle C_1, symétrique du cercle C.

La condition (3) exprime que le cercle C′ n'est pas à l'intérieur du cercle C. En résumé, il faut que le plus petit cercle C′ ne soit pas à l'intérieur du cercle C et soit extérieur au cercle C_1. Dans ces conditions, le problème admet deux solutions, puisqu'on trouve pour Q deux positions symétriques par rapport au grand cercle PP′ ; les deux cercles tangents sont aussi symétriques par rapport à ce grand cercle.

2° *Les cercles* C *et* C′ *sont de part et d'autre du grand cercle tangent* (*fig.* 243).

Soit encore Q le pôle du cercle cherché qui est situé, par rapport à ce cercle, dans le même hémisphère que le plus grand cercle C. Tout revient à construire le triangle PQP′ ayant pour côtés

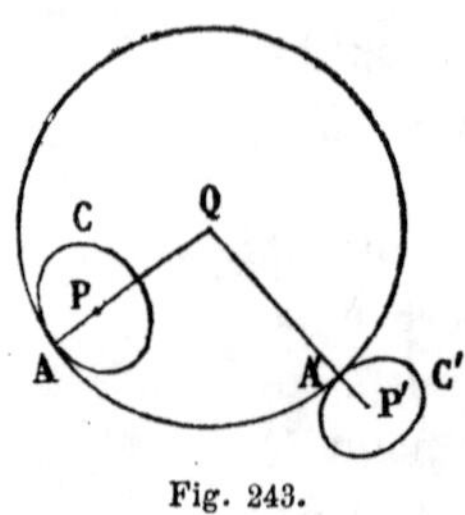

Fig. 243.

$$PP' = d, \qquad PQ = 1^{dr} - r,$$
$$P'Q = 1^{dr} + r'.$$

Pour que cette construction soit possible, il faut que l'on ait les conditions

(1) $d + (1^{dr} - r) + (1^{dr} + r') < 4^{dr}$ ou $d < 2^{dr} + r - r'$,
(2) $d < (1^{dr} - r) + (1^{dr} + r')$ ou $d < 2^{dr} - (r - r')$,
(3) $1^{dr} + r' < d + (1^{dr} - r)$ ou $d > r + r'$.

La condition (1) est toujours satisfaite ; la condition (2) peut s'écrire

$$2^{dr} - d > r - r' ;$$

elle exprime que le cercle C′ n'est pas à l'intérieur du cercle C_1, symétrique du cercle C ; la condition (3) exprime que le cercle C′ est extérieur au cercle C.

En résumé, pour qu'il existe des solutions, il faut et il suffit que le plus petit cercle C′ soit extérieur au cercle C et ne soit pas à l'intérieur de son symétrique C_1. Dans ces conditions, il y aura deux solutions ; les deux cercles tangents sont encore symétriques par rapport au grand cercle PP′.

On voit que, pour qu'il existe quatre grands cercles tangents aux deux cercles donnés, il faut et il suffit que le plus petit cercle C′ soit situé dans la zone comprise entre le plus grand cercle C et son symétrique C_1.

§ VI.

Cercles orthogonaux et cercles tangents.

562. Remarque. — On sait que par une inversion on peut transformer une sphère en un plan ; tout cercle de la sphère se transforme en un cercle du plan et inversement; de plus, comme

l'inversion conserve les angles, à des cercles orthogonaux de la sphère correspondent des cercles orthogonaux du plan, et à des cercles tangents de la sphère correspondent des cercles tangents du plan, et inversement. Il en résulte que tout problème sur les cercles orthogonaux et les cercles tangents de la sphère peut se ramener à un problème analogue de géométrie plane.

Néanmoins nous traiterons ces questions directement sur la sphère.

563. **Théorème.** — *Pour que deux cercles de la sphère soient orthogonaux, il faut et il suffit que le pôle du plan de l'un d'eux par rapport à la sphère soit situé dans le plan de l'autre.*

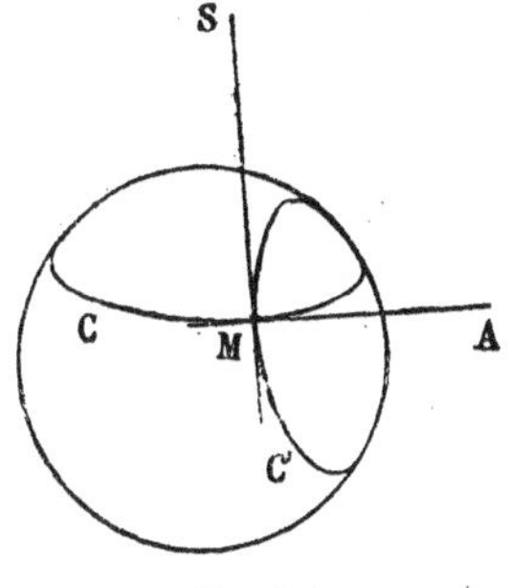

Fig. 244.

En effet, soient C et C′ deux cercles qui se coupent à angle droit au point M (*fig.* 244), MA la tangente en M au cercle C, S le pôle du plan du cercle C par rapport à la sphère. La droite SM est la génératrice du cône circonscrit à la sphère le long du cercle C; par conséquent MS est la droite menée dans le plan tangent en M perpendiculairement à la tangente MA. D'autre part, la tangente en M au cercle C′ est située dans le plan tangent et, par hypothèse, elle est perpendiculaire à la tangente MA ; cette tangente est, par conséquent, la droite MS ; donc le plan de C′ passe par S. La condition est nécessaire.

Inversement, supposons que le plan du cercle C′ passe par le pôle S. La tangente en M au cercle C′ est l'intersection du plan tangent à la sphère et du plan du cercle C′ ; ce sera par conséquent la droite MS; il en résulte que les deux cercles sont orthogonaux, donc la condition est suffisante.

564. **Axe radical de deux cercles.** — On appelle axe radical de deux cercles P et P′ d'une sphère O (*fig.* 245), le grand

cercle dont le plan passe par la droite d'intersection L des plans de ces deux cercles.

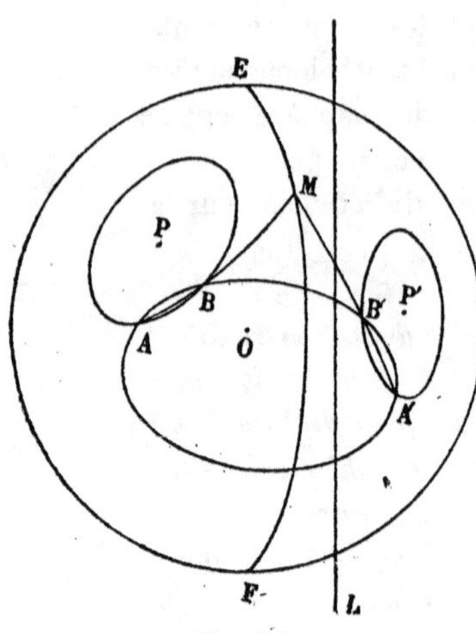

Fig. 245.

Si les plans des deux cercles sont parallèles, leur axe radical est le grand cercle dont le plan est parallèle au plan de ces deux cercles.

Il résulte de là que l'axe radical est perpendiculaire au grand cercle qui passe par les centres sphériques P et P′ des deux cercles.

Si les deux cercles sont sécants, leur axe radical est le grand cercle qui passe par leurs points d'intersection.

Si les deux cercles sont tangents, leur axe radical est le grand cercle tangent commun en leur point de contact.

565. **Centre radical de trois cercles. — Théorème.** — *Les axes radicaux de trois cercles, pris deux à deux, se coupent en deux points diamétralement opposés.*

En effet, soit S le point d'intersection des plans des trois cercles ; la droite OS qui va du centre O au point S rencontre la sphère en deux points Q et Q′ ; les axes radicaux des cercles, pris deux à deux, passeront par les points Q et Q′. Ces points Q et Q′ sont les *centres radicaux* des trois cercles.

566. Remarque. — Si les plans des trois cercles sont parallèles à une même droite, les centres radicaux sont les extrémités du diamètre parallèle à cette droite. Les centres sphériques des trois cercles sont sur le grand cercle qui a pour pôles les centres radicaux.

Si les plans des trois cercles passent par une même droite, les axes radicaux des cercles, pris deux à deux, sont confondus ; on dit que les trois cercles ont même axe radical.

567. **Corollaire I.** — Coupons les cercles P et P′ (*fig.* 245) par un même cercle C rencontrant le premier en A et B, le second en A′ et B′ ; les grands cercles AB, A′B′ se coupent sur l'axe radical des cercles P et P′. Ce résultat permet de construire l'axe radical de deux cercles qui ne se coupent pas.

568. **Corollaire II.** — Supposons que les points A et B se rapprochent indéfiniment ainsi que les points A′ et B′ (*fig.* 246) ; le cercle C devient un cercle tangent aux cercles P et P′ en A et A′.

Les cercles AB, A′B′ deviennent les cercles tangents en A et A′ ; donc :

Si un cercle C *touche deux cercles* P *et* P′, *les grands cercles tangents aux points de contact se coupent sur l'axe radical des cercles* P *et* P′.

569. **Corollaire III.** — Soit M (*fig.* 246) le point de rencontre des grands cercles tangents en A et A′ ; les arcs de cercles MA et MA′ sont égaux ; inversement, si ces arcs sont égaux, il existera un cercle tangent en A et A′ aux arcs MA et MA′, par suite aux cercles P et P′ ; donc M est sur l'axe radical.

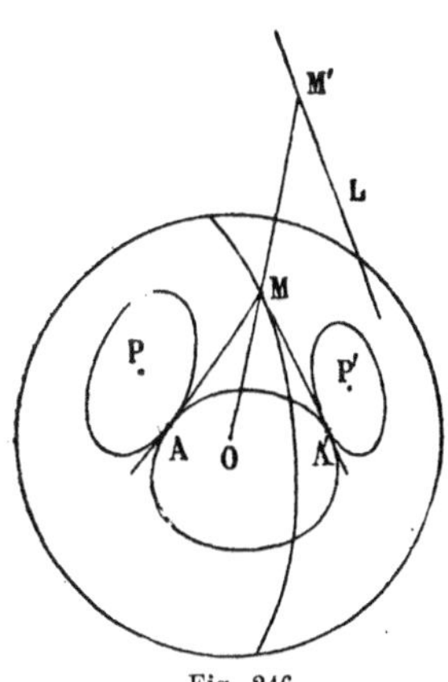

Fig. 246.

Réciproquement, si d'un point M de l'axe radical on peut mener des grands cercles MA, MA′ tangents aux deux cercles, ces arcs tangents sont égaux. En effet, soit M′ le point où la droite OM rencontre la droite L (*fig.* 246). Les droites M′A, M′A′

étant tangentes à la sphère sont égales; de là résulte l'égalité des angles AOM′ et A′OM′, et par suite celle des arcs AM, A′M. Donc :

Le lieu des points d'où l'on peut mener à deux cercles des arcs de grands cercles tangents égaux est la portion de l'axe radical d'où l'on peut mener des arcs de grands cercles tangents à l'un des cercles.

570. Il en résulte immédiatement la proposition suivante :

Cette portion de l'axe radical est le lieu des pôles des cercles orthogonaux aux deux cercles donnés.

571. Les centres radicaux de trois cercles sont les seuls points d'où l'on peut mener des arcs de grands cercles égaux tangents aux trois cercles.

Si ces arcs tangents existent, il y aura un cercle orthogonal aux trois cercles donnés; ce cercle aura pour pôles les centres radicaux.

572. **Cercles orthogonaux à deux cercles donnés.** — Soient P et P′ deux cercles donnés dont les plans se coupent suivant une droite L ; soit C un cercle orthogonal à ces deux cercles. Le pôle du plan du cercle C devra se trouver (563) dans les plans des cercles P et P′, c'est-à-dire sur la droite L ; il en résulte que le plan du cercle C contient la droite λ, polaire réciproque de L par rapport à la sphère.

Réciproquement, tout cercle dont le plan passe par la droite L est orthogonal à tout cercle dont le plan passe par λ. En effet, le pôle du premier plan est situé sur la droite λ, par conséquent dans le plan du second ; donc (563) les deux cercles sont orthogonaux.

On obtient ainsi, sur les sphères, deux faisceaux de cercles orthogonaux.

573. **Centres d'inversion de deux cercles d'une sphère.** — On sait que par deux cercles A et B d'une sphère on peut (275)

faire passer deux cônes ; soient S et T les sommets de ces deux cônes. Si l'on prend pour centre d'inversion l'un de ces sommets et pour puissance d'inversion la puissance de ce sommet par rapport à la sphère, les deux cercles se transforment l'un dans l'autre ; il n'existe d'ailleurs pas d'autre façon de transformer par une inversion le cercle A dans le cercle B. Ces sommets S et T sont les *centres d'inversion* des deux cercles.

Considérons l'un de ces sommets, S par exemple ; menons une génératrice quelconque du cône S, elle rencontre le cercle A en M et le cercle B en N ; ces deux points M et N sont appelés *points antihomologues* des deux cercles par rapport au centre S.

Deux couples de points antihomologues M, N et M′, N′ sont (255) quatre points d'un même cercle ; donc (567) les arcs de grand cercle MN, M′N′ se coupent sur l'axe radical des deux cercles.

Supposons que les points M′ et N′ se rapprochent indéfiniment des points M et N ; on a le résultat suivant :

Les grands cercles tangents aux cercles A *et* B *en deux points antihomologues* M *et* N *se coupent sur l'axe radical de ces deux cercles.*

Il en résulte qu'il existe un cercle C tangent aux cercles A et B aux points M et N.

Le plan de ce cercle contenant les tangentes en M et N aux cercles A et B, est le plan tangent au cône S le long de la génératrice SMN ; donc :

Tout plan tangent à l'un des cônes S *ou* T *coupe la sphère suivant un cercle tangent aux cercles* A *et* B.

Inversement, *tout cercle* C *passant par deux points antihomologues* M *et* N *et tangent au cercle* A *est aussi tangent au cercle* B.

En effet, le plan de ce cercle contient la génératrice MN du cône S et la tangente en M au cercle A ; ce plan est tangent au cône S et par suite le cercle C est tangent aux cercles A et B.

574. **Réciproque.** — *Si un cercle* C *touche deux cercles* A *et* B *d'une même sphère* S (*fig.* 247) *en deux points* M *et* N, *la*

droite MN *passe par l'un des centres d'inversion des deux cercles.*

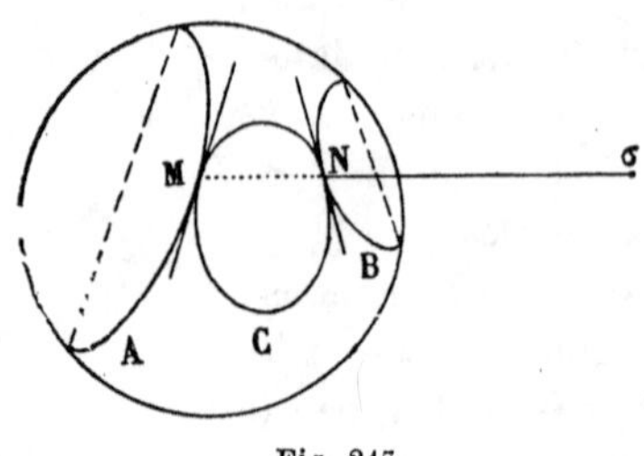

Fig. 247.

Prenons comme plan de la figure le plan du grand cercle perpendiculaire aux cercles A et B. La droite MN rencontrera ce plan en un point σ. Prenons comme centre d'inversion le point σ et comme puissance d'inversion la puissance de ce point par rapport à la sphère. Le cercle C se transforme en lui-même ; le cercle A se transforme en un cercle B′ de la sphère ; ce cercle B′ sera tangent en N au cercle C et par conséquent au cercle B ; le plan du cercle B′ sera perpendiculaire au plan de la figure, par suite B′ coïncide avec B ; donc σ est l'un des centres d'inversion des cercles A et B.

575. Remarque. — Il résulte de ce qui précède que les cercles tangents à deux cercles d'une sphère se partagent en deux séries ; les cercles d'une même série sont situés dans les plans tangents de l'un des cônes qui contiennent les deux cercles.

576. **Cercles tangents à trois cercles d'une sphère.** — Soient A, B, C trois cercles d'une sphère, α et α′ les centres d'inversion des cercles B et C, β et β′ ceux des cercles C et A, γ et γ′ ceux des cercles A et B. Soit D un cercle tangent aux cercles A, B, C.

Le plan du cercle D doit être tangent à l'un des cônes α ou α′, par exemple au cône α ; il doit en outre passer par l'un des points β ou β′, soit par exemple β. On obtiendra donc le plan du cercle D en menant par la droite αβ un plan tangent au cône α. Réciproquement, si un plan D passe par β et est tangent au cône α, ce plan coupe la sphère suivant un cercle D tangent aux trois cercles A, B, C. En effet, le plan du cercle D étant tangent au cône α, ce cercle sera (575) tangent aux cercles

B et C ; de plus ce plan, passant par β et par une tangente au cercle C, est tangent au cône β, par suite le cercle D est (575) tangent aux cercles A et C ; le cercle D est donc tangent aux trois cercles A, B, C.

Si la droite $\alpha\beta$ est extérieure au cône α, on pourra par cette droite mener deux plans tangents au cône, et par suite la combinaison $\alpha\beta$ donnera deux cercles tangents. Si la droite $\alpha\beta$ est intérieure au cône α, il n'existera pas de plan tangent au cône mené par cette droite et, par conséquent, pas de cercles tangents correspondant à la combinaison $\alpha\beta$. Nous dirons, dans ce cas, qu'à cette combinaison correspondent deux cercles tangents imaginaires.

A chacune des combinaisons $\alpha\beta$, $\alpha\beta'$, $\alpha'\beta$, $\alpha'\beta'$ correspondent deux solutions réelles ou imaginaires ; il y a donc huit cercles tangents qui se partagent en quatre groupes de deux correspondant aux quatre combinaisons précédentes.

577. Remarque. — Pour obtenir les deux cercles qui correspondent à la combinaison $\alpha\beta$, on peut effectuer la construction suivante : Par le point σ où la droite $\alpha\beta$ perce le plan du cercle C, on mène les tangentes à ce cercle, soient c et c' les points de contact ; les droites αc, $\alpha c'$ coupent le cercle B en b et b' ; les droites βc, $\beta c'$ coupent le cercle A en a, a' ; les deux cercles cherchés sont les cercles abc et $a'b'c'$.

Soit Ω le point de rencontre des droites bb' et cc' ; je dis que la droite aa' va aussi passer par le point Ω. En effet, soient D et D' les deux cercles abc, $a'b'c'$. Si l'on prend pour centre d'inversion Ω et pour puissance d'inversion la puissance de ce point par rapport à la sphère, les cercles B et C se transforment en eux-mêmes ; le cercle D tangent en b et c aux cercles B et C se transforme en un cercle tangent en b' et c' aux cercles B et C ; le cercle D se transforme donc dans le cercle D' ; le point Ω est un centre d'inversion des cercles D et D'.

Soit alors a'' le point antihomologue de a dans cette inversion. Les cordes antihomologues ca, ca'' doivent se couper sur la droite d'intersection $\alpha\beta$ des deux plans, ca'' doit passer par β et a'' coïncide avec a' ; donc la droite aa' passe par le point Ω.

Ce point de concours Ω des droites aa', bb', cc' est le point de rencontre des plans des cercles A, B, C ; il était évident *a priori* que si l'on prend comme centre d'inversion ce point de concours et pour puissance d'inversion sa puissance par rapport à la sphère, à tout cercle D tangent aux cercles A, B, C correspond un autre cercle tangent D'.

Il résulte d'ailleurs de ce qui précède que la droite d'intersection des plans de deux cercles inverses passe par un centre d'inversion des cercles B et C, c'est-à-dire par un centre d'inversion de deux quelconques des trois cercles A, B, C.

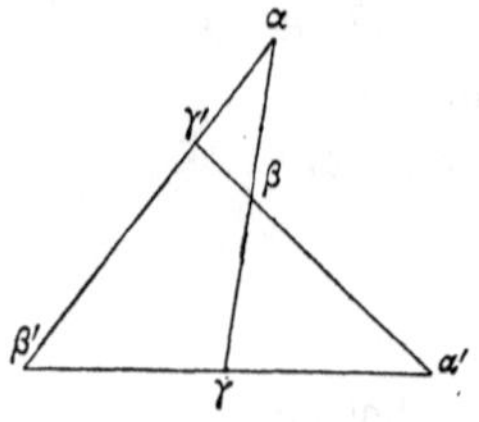

D'où le résultat suivant :

La droite qui passe par un centre d'inversion des cercles B *et* C (*fig.* 248) *et par un centre d'inversion des cercles* A *et* C *passe par un centre d'inversion des cercles* A, B.

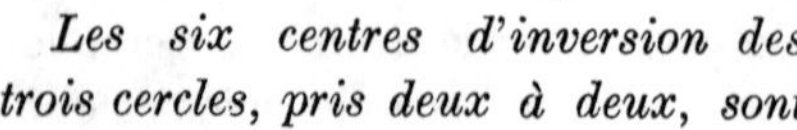

Fig. 248.

Les six centres d'inversion des trois cercles, pris deux à deux, sont situés sur quatre droites d'un même plan. Ces droites sont les axes d'inversion des trois cercles.

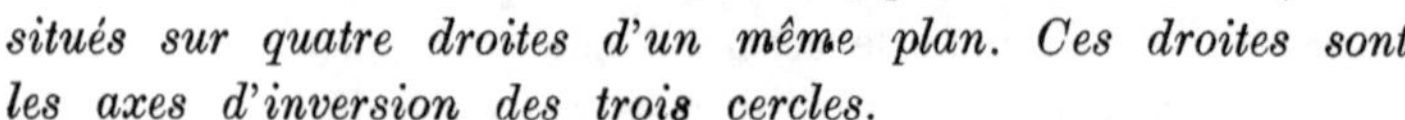

On peut remarquer que les droites aa', bb', cc' rencontrent la polaire réciproque de l'axe d'inversion $\alpha\beta\gamma$.

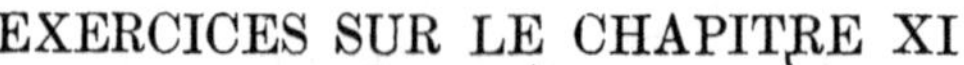

EXERCICES SUR LE CHAPITRE XI

307. Démontrer que si ABC est un triangle sphérique rectangle en A, les côtés et les angles de ce triangle sont liés par les relations

$$\cos a = \cos b \cos c,$$
$$\operatorname{tg} b = \operatorname{tg} B \sin c,$$
$$\sin b = \sin a \sin B.$$

En déduire que dans un triangle sphérique rectangle il existe 0 ou 2 côtés obtus.

308. Démontrer que si ABC est un triangle sphérique quelconque, entre les angles et les côtés existent les relations

$$\frac{\sin a}{\sin A} = \frac{\sin b}{\sin B} = \frac{\sin c}{\sin C}.$$

309. Construire un petit cercle tangent aux trois côtés d'un triangle sphérique donné.

310. Démontrer que l'aire d'un triangle sphérique est égale à $4 - p$, p désignant le périmètre du triangle polaire.

311. Soient ABC un triangle sphérique, α, β, γ des points pris sur les côtés BC, CA, AB ou leurs prolongements. Démontrer que:

1° Pour que les grands cercles $A\alpha$, $B\beta$, $C\gamma$ se coupent en un même point, il faut et il suffit que l'on ait

$$\frac{\sin \alpha B}{\sin \alpha C} \times \frac{\sin \beta C}{\sin \beta A} \times \frac{\sin \gamma A}{\sin \gamma B} = -1;$$

2° Pour que les trois points α, β, γ appartiennent à un même grand cercle, il faut et il suffit que

$$\frac{\sin \alpha B}{\sin \alpha C} \times \frac{\sin \beta C}{\sin \beta A} \times \frac{\sin \gamma A}{\sin \gamma B} = 1.$$

312. Démontrer que les grands cercles qui joignent les sommets d'un triangle aux milieux des côtés opposés concourent.

313. Démontrer que si sur chaque côté d'un triangle on prend un point situé à une distance d'un quadrant du milieu du côté, les trois points ainsi obtenus sont sur un même grand cercle.

314. Démontrer que les grands cercles menés par les sommets d'un triangle perpendiculairement aux côtés opposés concourent.

315. Calculer le rayon d'une sphère sachant qu'un triangle sphérique de cette sphère dont les angles ont pour valeur 120°, 70°, 110° a une surface de 12^{m^2}.

316. Construire un triangle sphérique connaissant deux côtés et une hauteur (la hauteur est le grand cercle mené d'un sommet perpendiculairement au côté opposé et jusqu'à ce côté).

317. Construire un triangle sphérique connaissant un côté et deux hauteurs.

318. Construire un triangle sphérique connaissant un côté et deux médianes (une médiane est l'arc de grand cercle qui va d'un sommet au milieu du côté opposé).

319. Mener par deux points d'une sphère un grand cercle tangent à un cercle donné.

320. Mener par un point d'une sphère un cercle tangent à deux cercles donnés.

321. Mener par un point d'une sphère un cercle orthogonal à deux cercles donnés.

322. Soient A et B deux cercles d'une sphère, S et T les sommets des cônes qui contiennent ces deux cercles, V un point quelconque de la sphère. On sait que si l'on fait une projection de centre V sur un plan P perpendiculaire au diamètre qui passe par V, les cercles A et B se projettent suivant des cercles (a) et (b). Démontrer que les points S et T se projettent aux centres de similitude de (a) et (b).

Indiquer, suivant la position du point V sur la sphère, quel est celui des points S ou T qui se projette au centre de similitude externe.

Démontrer que la projection de la droite d'intersection des plans A et B est l'axe radical des cercles (a) et (b).

323. Déduire de ce qui précède que les six centres d'inversion de trois cercles, pris deux à deux, sont les sommets d'un quadrilatère complet.

324. Montrer qu'entre les angles et les côtés d'un triangle sphérique existent les relations:

$$\begin{aligned} \cos a &= \cos b \cos c + \sin b \sin c \cos A, \\ \sin a \cos B &= \cos b \sin c - \sin b \cos c \cos A, \\ \sin a \sin B &= \sin b \sin A. \end{aligned}$$

325. Connaissant a, b, c, calculer $\operatorname{tg}\frac{1}{2}A$, $\operatorname{tg}\frac{1}{2}B$, $\operatorname{tg}\frac{1}{2}C$.

326. Évaluer en kilomètres carrés l'aire d'un triangle sphérique tracé sur la terre et dont les côtés ont pour longueurs 4 500 ^{km}, 5 000 ^{km}, 6 000 ^{km}.

327. On appelle *rapport anharmonique* de quatre points d'un grand cercle, le rapport anharmonique des quatre rayons passant par ces quatre points. Démontrer que si on coupe quatre grands cercles fixes qui ont un diamètre commun par un grand cercle variable, le rapport anharmonique des quatre points d'intersection est fixe; ce rapport fixe est le rapport anharmonique des quatre cercles.

328. Étant donnés deux grands cercles A et B et un point P de la sphère, on mène par le point P un grand cercle variable qui coupe les grands cercles A et B en M et N; le conjugué harmonique P' du point P par rapport au segment MN décrit un grand cercle; c'est la *polaire* du point P par rapport aux grands cercles A et B.

329. Soient A, B, C un triangle sphérique, α, β, γ les points où un grand cercle coupe les côtés BC, CA, AB, α', β', γ' les conjugués harmoniques de α, β, γ par rapport à BC, CA, AB; démontrer que les grands cercles $A\alpha'$, $B\beta'$, $C\gamma'$ concourent. — Réciproque.

CHAPITRE XII

CONIQUES

§ I.

Foyers et directrices.

578. **Théorème.** — *Le lieu des points tels que le rapport des distances de chacun d'eux à un point fixe* F *et à une droite fixe* D *soit égal à une constante e est une ellipse, une parabole, une hyperbole suivant que e est inférieur, égal ou supérieur à* 1.

Le lieu admet le point fixe F *pour foyer. La droite* D *s'appelle la directrice correspondante.*

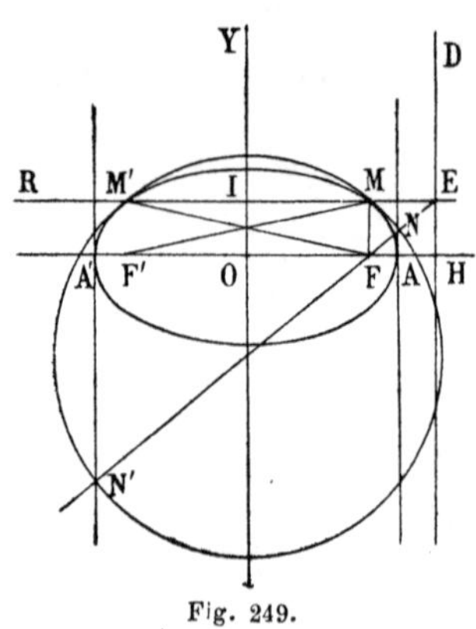

Fig. 249.

Si e est égal à 1, le lieu est une parabole ayant pour foyer F et pour directrice D [923]. Laissons ce cas de côté.

Menons par le point F une droite FH perpendiculaire à la droite D ; sur cette droite il existe deux points A et A′ dont le rapport des distances aux points F et H est égal à e. Soient O le milieu du segment AA′, F′ le symétrique du point F par rapport au point O, OY la parallèle à la droite D menée par le point O (*fig.* 249, 250).

Nous examinerons le cas où e est plus petit que 1 et ensuite le cas où e est plus grand que 1.

1° $e < 1$. *Le point* F *est placé entre* A *et* A′ (*fig.* 249).

Cherchons les points du lieu qui sont situés sur une droite ER perpendiculaire à la droite D ; si M est un de ces points, on aura

$$\frac{MF}{ME} = e.$$

Les points M qui satisfont à cette condition sont situés sur un cercle qui a pour diamètre NN′, N et N′ étant les points qui partagent le segment FE dans le rapport e; ces points N et N′ sont donc situés sur les parallèles à la droite D menées par les points A et A′ ; ce cercle de diamètre NN′ a son centre sur OY ; les points cherchés étant à l'intersection de la droite ER et de ce cercle sont symétriques par rapport à l'axe OY. Soient M et M′ ces points ; on aura

$$e = \frac{MF}{ME} = \frac{M'F}{M'E} = \frac{MF + M'F}{ME + M'E}.$$

Mais, si I est le milieu du segment MM′, on a

$$ME + M'E = 2IE = 2OH,$$

et par conséquent,

$$MF + M'F = 2OH \times e.$$

Mais $M'F = MF'$, donc

$$MF + MF' = 2OH \times e.$$

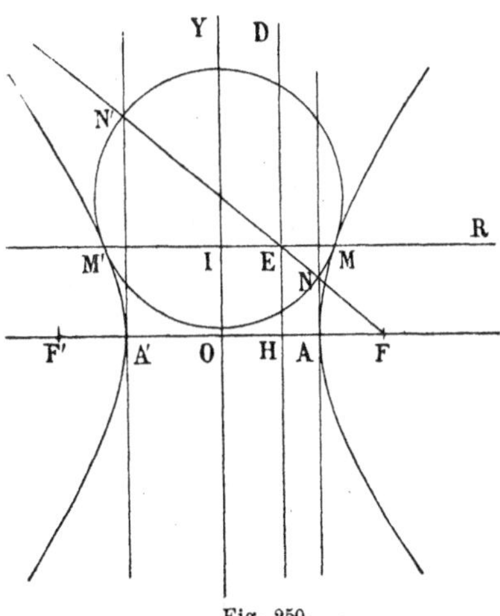

Fig. 250.

La somme MF + MF′ restant constante, le lieu est une ellipse qui a pour foyers F et F′.

2° $e > 1$. *Le point* H *est placé entre* A *et* A′ (*fig.* 250).

Cherchons encore les points du lieu qui sont situés sur une

perpendiculaire ER à la droite D ; si l'on désigne encore par N et N' les points de rencontre de la droite FE avec les parallèles menées par les points A et A' à D, les points cherchés sont à l'intersection de la droite ER avec le cercle qui a NN' pour diamètre ; ces deux points M et M' sont donc symétriques par rapport à l'axe OY. Désignons par M celui de ces points qui est le plus rapproché de F ; on aura

$$e = \frac{M'F}{M'E} = \frac{MF}{ME} = \frac{M'F - MF}{M'E - ME}.$$

Si l'on désigne par I le milieu du segment MM', on a

$$M'E - ME = 2IE = 2OH ;$$

donc

$$M'F - MF = e \times 2OH.$$

Mais MF = M'F' ; on aura donc

$$M'F - M'F' = e \times 2OH.$$

Cette différence étant constante, les points M' et M sont sur une hyperbole qui a pour foyers F et F' ; le point M appartient à la branche F, le point M' à la branche F'.

579. Remarque I. — La démonstration qui précède prouve que tout point du lieu est sur l'ellipse ou sur l'hyperbole ; il faut montrer qu'inversement tout point de l'ellipse ou de l'hyperbole appartient au lieu. Dans le cas de l'hyperbole, la démonstration est immédiate; en effet, le point E (*fig.* 250) est intérieur au segment NN', par conséquent sur toute parallèle ER à la droite AA' il y a deux points M et M' du lieu. Il est clair que ces points décriront toute l'hyperbole.

Dans le cas de l'ellipse, on démontrera que la condition nécessaire et suffisante pour que le cercle qui a pour diamètre NN' rencontre la droite ER est que la longueur EH ne surpasse pas le petit axe de l'ellipse.

580. Remarque II. — Nous allons montrer en outre que *toute ellipse ou toute hyperbole peut être obtenue de cette façon.*

Considérons d'abord une ellipse qui a pour foyers F, F′ et pour sommets A, A′ (*fig.* 251) ; soit H le conjugué harmonique du foyer F par rapport au grand axe AA′ ; menons par le point H la droite D perpendiculaire à AA′. On aura

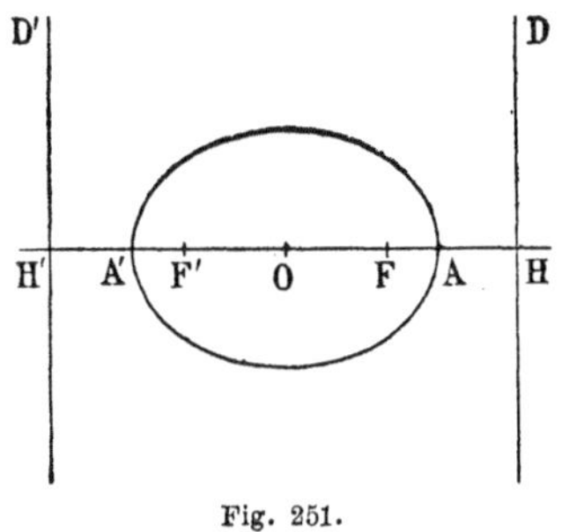

Fig. 251.

$$\frac{AF}{AH} = \frac{A'F}{A'H}.$$

Soit e la valeur commune de ces rapports ; le lieu des points dont le rapport des distances de chacun d'eux au point F et à la droite D est égal à e sera une ellipse ayant pour sommets A, A′ et pour foyers F, F′ (578) ; cette ellipse coïncide avec l'ellipse donnée.

En appelant H′ le conjugué harmonique du foyer F′ par rapport au grand axe AA′ et en menant la droite D′ perpendiculaire à cet axe, on verrait de même que l'ellipse est le lieu des points tels que le rapport des distances de chacun d'eux au point F′ et à la droite D′ soit égal à e.

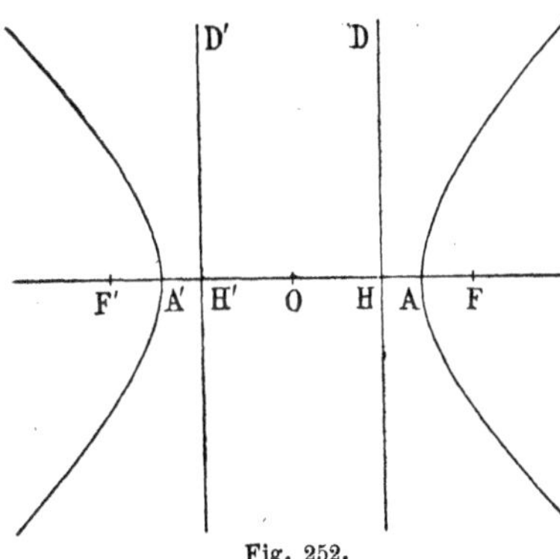

Fig. 252.

L'ellipse admet donc deux directrices qui correspondent respectivement aux deux foyers.

Même démonstration dans le cas de l'hyperbole (*fig.* 252).

Dans l'un et l'autre cas, on a

$$OH = \frac{\overline{OA}^2}{OF} = \frac{a^2}{c},$$

$$AF = \begin{cases} a - c \text{ pour l'ellipse,} \\ c - a \text{ pour l'hyperbole ;} \end{cases}$$

$$AH = \begin{cases} \dfrac{a^2}{c} - a = \dfrac{a}{c}(a - c) \text{ pour l'ellipse,} \\ a - \dfrac{a^2}{c} = \dfrac{a}{c}(c - a) \text{ pour l'hyperbole.} \end{cases}$$

Dans les deux cas, on a

$$\frac{AF}{AH} = \frac{c}{a}.$$

Le nombre e est égal à $\dfrac{c}{a}$, c'est-à-dire à la quantité que nous avons désignée sous le nom d'*excentricité*.

581. On voit que l'ellipse, la parabole et l'hyperbole sont trois variétés d'un même groupe de courbes, les courbes lieux des points tels que le rapport des distances de chacun d'eux à un point et à une droite fixes soit constant. Nous donnerons à ces courbes le nom de *coniques*.

582. **Théorème.** — *Si une sécante* MM′ *à une conique rencontre en* K *la directrice* D *qui correspond au foyer* F (*fig.* 253), *la droite* FK *est l'une des deux bissectrices de l'angle des droites* FM, FM′.

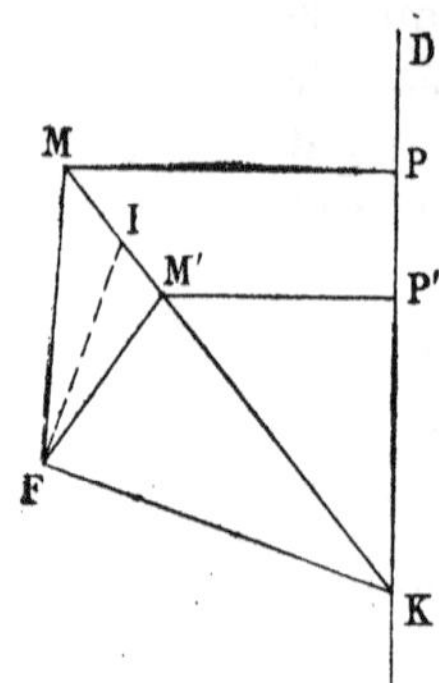

Fig. 253.

Abaissons des points M et M′ les perpendiculaires MP, M′P′ sur la directrice D. On aura

$$\frac{MF}{MP} = \frac{M'F}{M'P'},$$

ou bien

$$\frac{MF}{M'F} = \frac{MP}{M'P'} = \frac{KM}{KM'}.$$

Cette relation prouve que la droite FK est une des bissectrices de l'angle MFM′.

Si la courbe est une ellipse, une parabole, ou encore si la courbe étant une hyperbole, les points M et M′ appartiennent à une même branche, les points M et M′ seront d'un même côté de la directrice D ; la droite FK est donc une bissectrice extérieure de l'angle MFM′.

Si au contraire, la courbe étant une hyperbole, les points M et M′ sont sur des branches différentes, ces points seront de part et d'autre de la directrice D ; la droite FK est alors bissectrice intérieure de l'angle MFM′.

583. **Corollaires.** — Supposons que le point M′ se rapproche indéfiniment du point M ; la droite MM′ a pour position limite la tangente MT en M. Menons la bissectrice intérieure FI de l'angle MFM′ (*fig.* 253) ; FK reste constamment perpendiculaire à FI ; mais la position limite de FI est FM. Donc :

La tangente en un point quelconque M *d'une conique rencontre la directrice qui correspond au foyer* F (*fig.* 254) *en un point* K *tel que la droite* FK *est perpendiculaire au rayon vecteur* FM.

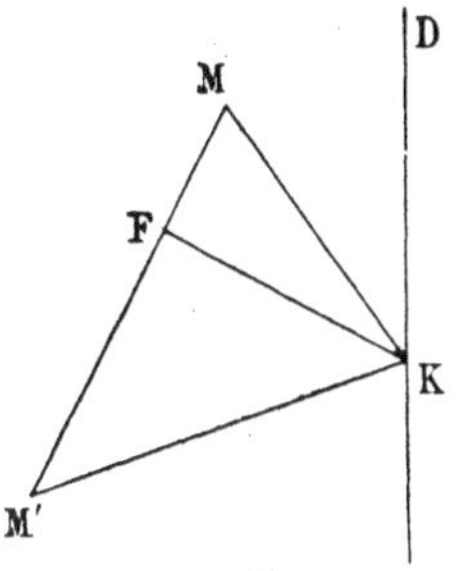

Fig. 254.

Par le point K menons la seconde tangente KM′ ; la droite FK sera aussi perpendiculaire à la droite FM′ ; les trois points M, M′, F sont alors en ligne droite. Donc :

Si d'un point K *d'une directrice on mène les tangentes à une conique, la corde des contacts passe par le foyer correspondant* F *et est perpendiculaire à la droite* KF.

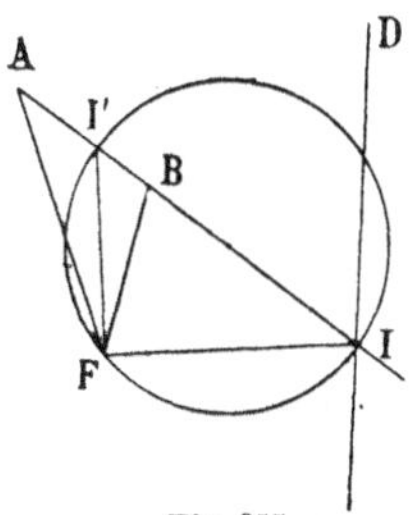

Fig. 255.

584. **Problème.** — *On considère toutes les coniques qui passent par deux points fixes* A *et* B *et qui ont une directrice fixe* D (*fig.* 255). *Lieu des foyers correspondants à cette directrice.*

Soient I le point de rencontre de la droite AB avec la directrice, I′ le conjugué harmonique du point I par rapport à A et B, F un point du lieu. On aura (582)

$$\frac{FA}{FB} = \frac{IA}{IB} = \text{const.}$$

Le lieu est donc le cercle qui a pour diamètre II′.

585. **Problème.** — *Construire une conique ayant un foyer donné* F *et passant par trois points donnés* A, B, C (*fig.* 256).

Soient γ_1 et γ_2 les points où les deux bissectrices de l'angle AFB rencontrent la droite AB; soient de même β_1, β_2 les points de rencontre de la droite AC avec les deux bissectrices de l'angle AFC. La directrice D correspondant au foyer F doit passer (581) par l'un des points γ_1 ou γ_2 et l'un des points β_1 ou β_2; ce qui donne quatre positions possibles pour la droite D.

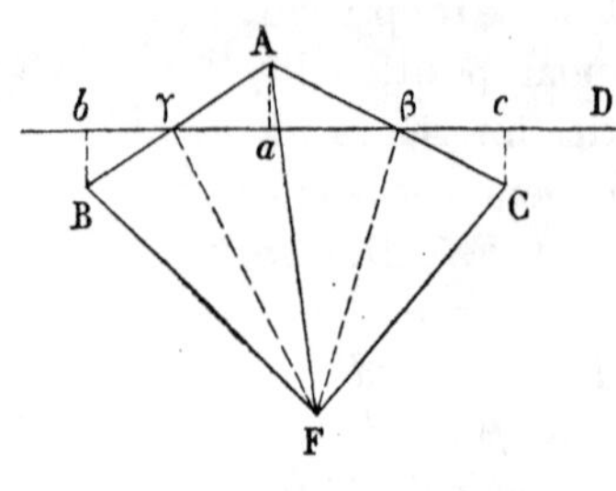

Fig. 256.

Inversement, à chacune de ces positions correspond une solution. En effet, soient γ l'un des points γ_1 ou γ_2, β l'un des points β_1 ou β_2, D la droite $\beta\gamma$, Aa, Bb, Cc les perpendiculaires abaissées des points A, B, C sur la droite D. Je dis que la conique qui a pour foyer F, pour directrice D et pour excentricité $\frac{AF}{Aa}$ passe par les points A, B, C; elle passe évidemment par le point A à cause du choix de l'excentricité. On a ensuite

$$\frac{Aa}{Bb} = \frac{\gamma A}{\gamma B} = \frac{FA}{FB},$$

ou

$$\frac{FA}{Aa} = \frac{FB}{Bb},$$

ce qui montre que la conique passe par B. On voit de même qu'elle passe par C.

Si les points β et γ sont les pieds des bissectrices extérieures. les points A, B, C sont sur une même branche de la courbe;

ans ce cas la conique peut être une ellipse, une parabole ou une hyperbole suivant la valeur du rapport $\frac{FA}{Aa}$. Pour toutes les autres combinaisons, les points A, B, C sont sur des branches différentes ; les coniques correspondantes sont des hyperboles.

586. **Théorème.** — *La polaire réciproque d'un cercle C par rapport à un cercle O est une conique ayant pour foyer le centre du cercle O et pour directrice correspondante la polaire du centre du cercle C par rapport au cercle O.*

Nous nous appuierons sur le lemme suivant :

Lemme. — *Le rapport* $\frac{AO}{BO}$ *des distances de deux points quelconques A et B au centre d'un cercle O (fig. 257) est égal au rapport* $\frac{AM}{BN}$ *des distances de chacun de ces points à la polaire de l'autre.*

En effet, soient A′ et B′ les pieds des polaires de A et B. On a

$$R^2 = OA \times OA' = OB \times OB',$$

d'où

$$\frac{OA}{OB} = \frac{OB'}{OA'}.$$

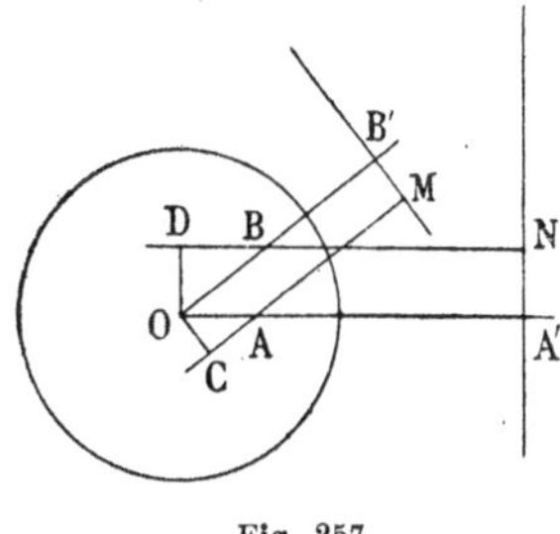

Fig. 257.

Abaissons du point O les perpendiculaires OC et OD sur les droites AM et BN. Les deux triangles OAC et OBD sont semblables. Donc

$$\frac{OA}{OB} = \frac{AC}{BD}.$$

On a donc

$$\frac{OA}{OB} = \frac{OB'}{OA'} = \frac{AC}{BD} = \frac{OB' - AC}{OA' - BD} = \frac{AM}{BN}.$$

Cela posé, soient D la polaire du centre C par rapport au cercle O (*fig.* 258), L une tangente au cercle C au point P, M le pôle de cette droite par rapport au cercle O ; la figure polaire réciproque est le lieu de M quand P décrit le cercle C. Abaissons du point M la perpendiculaire M*m* sur la droite D et appliquons le lemme précédent aux points C et M qui ont pour polaires les droites D et L. On aura

$$\frac{OM}{OC} = \frac{Mm}{CP},$$

d'où

$$\frac{OM}{Mm} = \frac{OC}{CP} = \frac{\delta}{R},$$

en désignant par δ la distance des centres et par R le rayon du cercle C.

La relation qui précède montre que le lieu du point M est

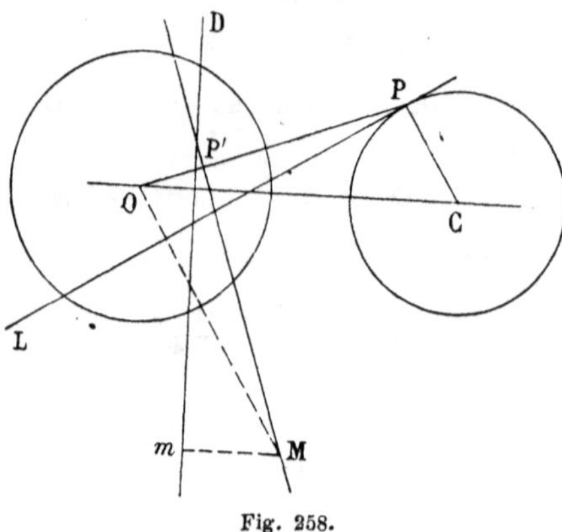

Fig. 258.

une conique ayant pour foyer O, pour directrice D et pour excentricité $\frac{\delta}{R}$. Donc :

Si $\frac{\delta}{R} < 1$, c'est-à-dire si O est intérieur au cercle C, la conique est une ellipse ;

Si $\frac{\delta}{R} = 1$, c'est-à-dire si O est sur le cercle C, la conique est une parabole ;

Si $\frac{\delta}{R} > 1$, c'est-à-dire si O est extérieur au cercle C, la conique est une hyperbole.

587. Remarque. — La polaire P'M du point P par rapport au cercle O enveloppe la polaire réciproque du cercle C ; abaissons de O la perpendiculaire OP' sur cette droite. On aura

$$OP \times OP' = r^2,$$

ce qui montre que le lieu du point P' est la figure inverse du cercle C, le centre d'inversion étant O et la puissance d'inversion le carré r^2 du rayon du cercle O. Le lieu du point P' est donc un cercle ou une droite.

On en déduit [893, 914, 936] que cette enveloppe est une conique ayant pour foyer le point O.

Le lieu du point P' est le cercle principal de la conique, et, dans le cas particulier de la parabole, ce lieu est la tangente au sommet.

§ II.

Sections planes du cône de révolution.

588. **Définition.** — On appelle *cône de révolution* la surface engendrée par une droite ASA' en tournant autour d'un axe DSD' qui la rencontre en un point S (*fig.* 259). Cette droite DSD' est l'*axe* du cône.

Un point quelconque M de cette droite décrit un cercle C dont le plan est perpendiculaire à l'axe et dont le centre est sur l'axe ; la surface engendrée est donc le lieu des droites qui passent par le point S et qui s'appuient sur ce cercle, c'est donc bien une surface conique [774]. Le point S est le *sommet* du cône ; l'angle aigu ASD que fait la génératrice avec l'axe est le demi-angle au sommet du cône.

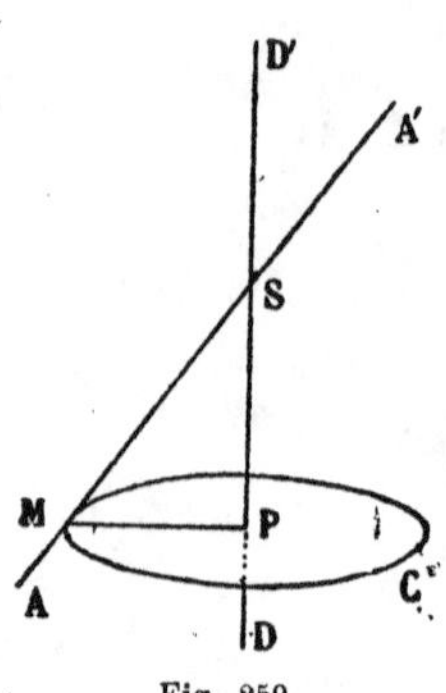

Fig. 259.

Sur la droite indéfinie A'SA on peut prendre deux demi-droites SA, SA' ayant pour origine le sommet S. Chacune de ces demi-droites engendre une portion de la surface conique à laquelle on donne le nom de *nappe*. Si un point M est sur la nappe engendrée par SA, l'angle MSD est aigu ; si le point M est sur l'autre nappe, l'angle MSD est obtus.

589. **Théorème.** — *La section d'un cône de révolution par un plan qui ne passe pas par le sommet est une ellipse, une parabole ou une hyperbole* (Théorème de DANDELIN).

Pour démontrer ce théorème, nous prendrons comme plan de la figure le plan mené par l'axe du cône perpendiculairement au plan sécant ; ce plan coupe le cône suivant deux génératrices SU et SV et le plan suivant une droite L. Cela posé, nous considérerons trois cas :

1° *La droite* L *coupe les génératrices* SU *et* SV *en des points* A *et* A' *situés sur une même nappe* (*fig.* 260).

Considérons les deux cercles O et O' inscrits dans l'angle ASA' et tangents au segment AA' ; ces cercles O et O' touchent respectivement SU en B et C, SV en B' et C', AA' en F et F'. Si l'on fait tourner la figure autour de l'axe du cône, la droite SU engendre le cône, les points B, C des cercles BB', CC', les cercles O, O' des sphères O, O' ; le cône touche respectivement les sphères O, O' suivant les cercles BB', CC' ; il faut remarquer que ces sphères O, O' touchent respectivement le plan sécant en F, F', car les rayons OF et O'F' sont perpendiculaires au plan sécant.

Cela posé, soit M un point quelconque de l'intersection ; menons par le point M un plan perpendiculaire à l'axe ; il coupe le cône suivant un cercle HH′ et le plan sécant suivant une droite MP perpendiculaire au plan de la figure. Menons ensuite la génératrice SM du cône ; elle rencontre les cercles

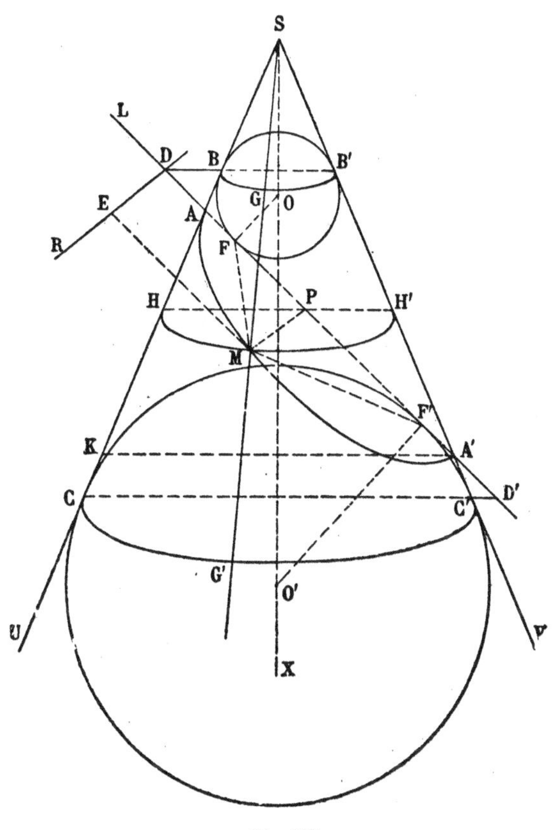

Fig. 260.

BB′ et CC′ en G et G′ ; les droites MG et MF sont tangentes à la sphère O, les droites MG′, MF′, à la sphère O′. Donc

$$MF = MG, \qquad MF' = MG' ;$$

d'où

$$MF + MF' = MG + MG' = GG' = BC.$$

Le lieu de M *est donc une ellipse ayant pour foyers* F *et* F′.

La courbe d'intersection passe évidemment par les points A et A′ ; donc A et A′ sont les sommets du grand axe.

On peut d'ailleurs vérifier directement que le grand axe AA′ est égal à BC. D'abord [881], AF = A′F′ ; on a ensuite

$$AB = AF, \qquad AC = AF',$$

d'où

$$BC = AF + AF' = AA'.$$

Remarque. — Soit D le point de rencontre des droites AA′ et BB′. Par le point D menons la droite DR perpendiculaire au plan de la figure ; la droite ainsi menée est l'intersection du plan sécant avec le plan du cercle BB′ ; je dis que cette droite est la directrice de l'ellipse qui correspond au foyer F. En effet, menons ME perpendiculaire à DR ; on aura ME = PD.

D'autre part, on a

$$MF = MG = HB.$$

Menons, dans le plan de la figure, A′K perpendiculaire à l'axe ; les triangles semblables AKA′, AHP, ABD donnent

$$\frac{AK}{AA'} = \frac{AH}{AP} = \frac{AB}{AD} = \frac{AH + AB}{AP + AD} = \frac{BH}{PD} = \frac{MF}{ME}.$$

Le rapport $\frac{MF}{ME}$ étant constant, la droite DR est la directrice qui correspond au foyer F. L'excentricité de l'ellipse est $\frac{AK}{AA'}$; AK doit donc être égal à la distance focale FF′ ; c'est ce qu'on peut vérifier directement. En effet

$$AC = AF',$$
$$KC = A'C' = A'F' = AF ;$$

d'où, en retranchant,

$$AK = AC - KC = AF' - AF = FF'.$$

2° *La droite* L *coupe les génératrices* SU *et* SV *en des points* A *et* A′ *situés sur des nappes distinctes* (*fig.* 261).

Considérons encore les cercles O et O′ inscrits dans les angles USV et U′SV′ et tangents à la droite AA′ ; ce sont les cercles exinscrits au triangle ASA′ dans les angles A et A′ ; ces cercles O et O′ touchent respectivement AA′ en F et F′, SU en B et C,

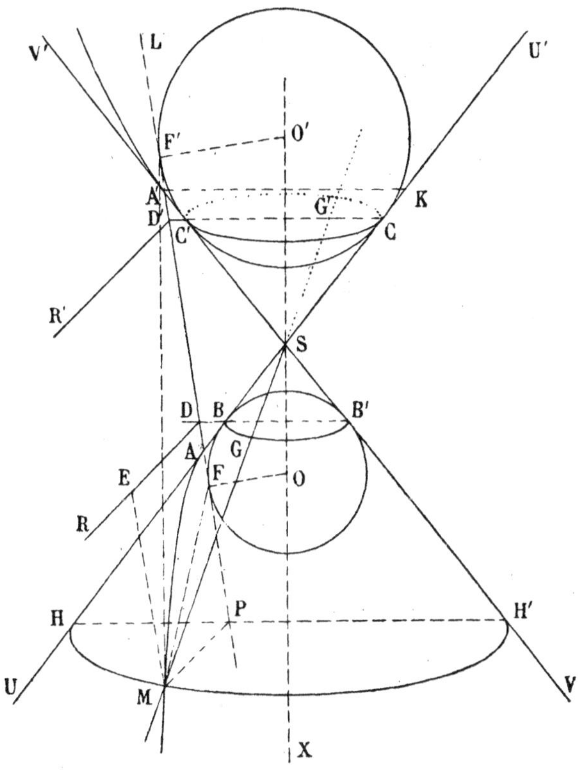

Fig. 261.

SV en B′ et C′. Si l'on fait tourner la figure autour de l'axe du cône, les cercles O et O′ engendrent des sphères tangentes en F et F′ au plan sécant et tangentes au cône suivant les cercles BB′ et CC′.

Soit M un point de l'intersection placé sur la nappe SU ;

menons la génératrice SM, elle rencontre les cercles BB′, CC′ en G, G′. On voit comme dans le cas précédent que

$$MF = MG, \qquad MF' = MG' ;$$

d'où

$$MF' - MF = MG' - MG = GG' = BC.$$

Si le point d'intersection M était placé sur la nappe SU′, on verrait de même que

$$MF - MF' = BC.$$

Le lieu du point M *est donc une hyperbole qui a pour foyers* F *et* F′.

Les points A et A′ étant sur la courbe d'intersection sont les sommets de cette hyperbole.

On voit comme tout à l'heure que si la droite DR est l'intersection du plan du cercle BB′ avec le plan sécant, ME la perpendiculaire abaissée d'un point M de la courbe d'intersection sur DR, A′K la perpendiculaire à l'axe, on a

$$\frac{MF}{ME} = \frac{AK}{AA'}.$$

La droite DR est donc la directrice correspondant au foyer F; la directrice qui correspond au foyer F′ est la droite d'intersection D′R′ du plan du cercle CC′ avec le plan sécant.

On vérifie, comme dans le cas précédent, que

$$AK = FF'.$$

3° *La droite* L *est parallèle à l'une des génératrices* SU *ou* SV, *par exemple à* SV (*fig.* 262).

Considérons le cercle O inscrit dans l'angle USV et tangent à la droite L ; le centre O de ce cercle est à l'intersection de l'axe du cône et de la bissectrice de l'angle LAS ; ce cercle touche les droites L en F, SU en B et SV en B′. Si l'on fait tourner la figure autour de l'axe du cône, le cercle O engendre une sphère O tangente en F au plan sécant et tangente au cône le long du cercle BB′. Soient DR l'intersection du plan du cercle BB′ avec le plan sécant, M un point de l'intersection ; menons par le point M un plan perpendiculaire à l'axe du cône, il coupe le cône suivant un cercle HH′ et le plan sécant suivant

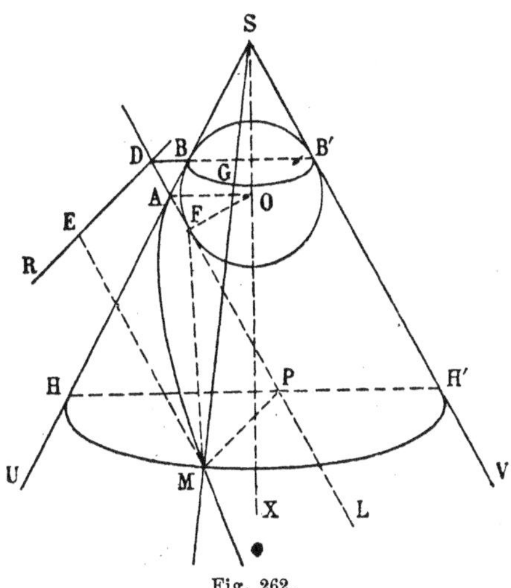

Fig. 262.

une droite MP perpendiculaire au plan de la figure. On a encore

$$MF = MG = HB = HA + AB.$$

Abaissons du point M la perpendiculaire ME sur DR ; on aura

$$ME = PD = PA + AD.$$

Mais les triangles BAD et HAP sont isocèles et

$$PA = HA, \qquad AD = AB\,;$$

donc

$$MF = ME.$$

Le lieu du point M *est donc une parabole qui a pour foyer* F *et pour directrice* DR. *Le point* A *est le sommet de cette parabole.*

590. Remarque I. — Nous avons établi, dans le numéro précédent, que les points communs à un cône de révolution et à un plan sont situés sur une conique. Il importe d'établir que tout

point de cette conique est situé sur le cône. Pour cela, menons un plan perpendiculaire à l'axe ; il coupe le cône suivant un cercle C, dont tous les points appartiennent au cône. Supposons alors qu'un point M de la conique ne soit pas situé sur le cône ; joignant le sommet S du cône au point M, la droite SM coupera le plan du cercle en un point m, non situé sur le cercle. Par le point m menons une sécante mpq au cercle; les droites Sp, Sq coupent le plan de la conique en des points P et Q qui, d'après le théorème direct, sont situés sur la conique. Mais les trois points M, P, Q sont en ligne droite ; il existerait donc une droite coupant la conique en trois points, ce qui est impossible.

591. Remarque II. — Coupons un cône par un plan passant par l'axe ; l'intersection se compose de deux génératrices USU′, VSV′ (*fig.* 263).

Tous les points de la nappe SU se projettent sur le plan sécant à l'intérieur de l'angle USV; ceux de la nappe SU′, à l'intérieur de l'angle U′SV′. Imaginons un plan sécant Π perpendiculaire au plan de la figure ; par le sommet S menons le plan Π′ parallèle à Π.

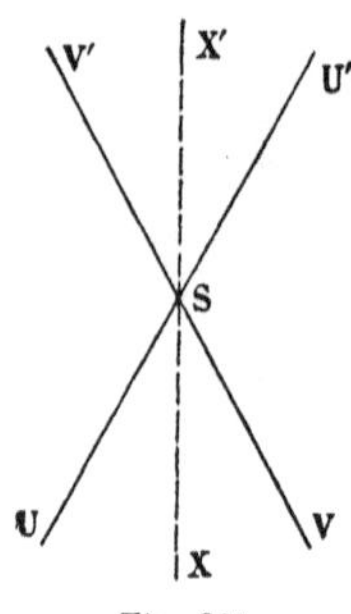

Fig. 263.

Dans le cas de la section elliptique, la trace du plan Π′ est située dans les angles USV′ et VSU′ ; tous les points d'une même nappe sont d'un même côté du plan Π′ ; il en résulte que le plan Π ne rencontre qu'une nappe du cône ; chaque génératrice de cette nappe rencontre le plan Π.

Dans le cas de la section hyperbolique, la trace du plan Π′ est à l'intérieur des angles USV et U′SV′ ; le plan Π′ coupe donc le cône suivant deux génératrices, et le plan Π rencontre les deux nappes du cône.

Dans le cas de la section parabolique, la trace du plan Π′ est l'une des génératrices SU ou SV ; supposons que ce soit SV.

Le plan Π′ est le plan tangent au cône suivant la génératrice SV. Chacune des nappes du cône est encore d'un même côté du plan Π′ ; le plan Π ne rencontre encore qu'une seule nappe ; toutes les génératrices de cette nappe (à l'exception des génératrices SV ou SV′) rencontrent le plan Π.

592. **Problème.** — *Trouver le lieu des sommets des cônes de révolution qui contiennent une conique donnée.*

1° *La conique donnée est une ellipse.*

Nous savons déjà que le sommet S du cône doit se trouver dans le plan mené par le grand axe AA′ (*fig.* 264) perpendiculairement au plan de l'ellipse et que le cercle O, inscrit dans le triangle SAA′, touche le grand axe AA′ en l'un des foyers ; soient F le point de contact, B et C les points où ce cercle touche les génératrices SA et SA′. On a

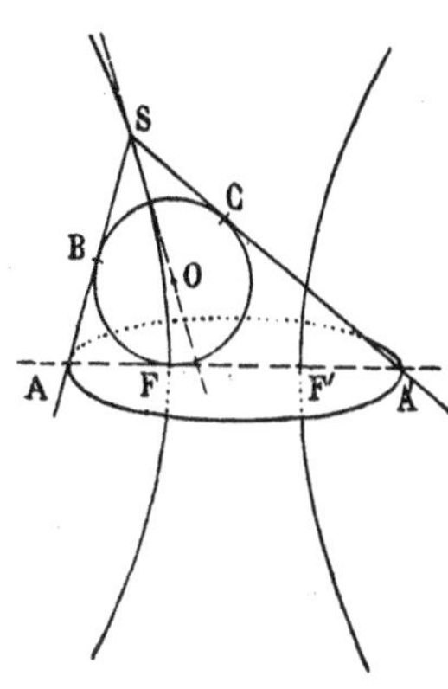

Fig. 264

$$SA' - SA = CA' - BA$$
$$= A'F - AF = FF'.$$

Le sommet S est donc sur l'hyperbole qui a pour foyers les points A, A′ et pour sommets les points F, F′.

Réciproquement, si S est un point de cette hyperbole, le point de contact du cercle O inscrit dans le triangle ASA′ est, comme on le voit facilement, l'un des foyers F ou F′ ; par conséquent le cône de révolution dont l'angle au sommet est ASA′ est coupé par le plan de l'ellipse suivant l'ellipse donnée.

2° *La conique donnée est une hyperbole.*

Le sommet S doit se trouver dans le plan mené par l'axe transverse AA′ (*fig.* 265), perpendiculairement au plan de l'hyperbole, et le cercle O, exinscrit au triangle SAA′ à l'intérieur de l'angle A', touche le côté AA' au foyer F. On aura alors

$$SA = AB + SB, \qquad SA' = A'C - SC.$$

Mais

$$SB = SC, \qquad AB = AF, \qquad A'C = A'F ;$$

donc

$$SA + SA' = AF + A'F = FF'.$$

Le point S est donc situé sur une ellipse qui a pour foyers les points A, A' et pour sommets les points F, F'.

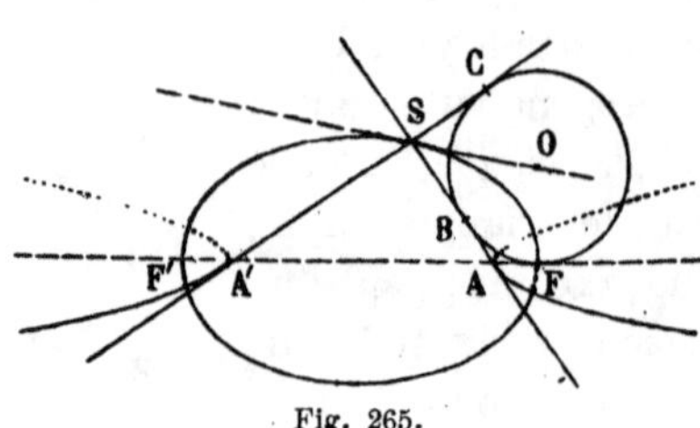

Fig. 265.

On montre, comme dans le cas précédent, que tout point de cette ellipse est un point du lieu.

On dit qu'une ellipse et une hyperbole sont deux *coniques focales* lorsque leurs plans sont rectangulaires et que les foyers de chacune d'elles sont les sommets de l'autre. Ces deux coniques possèdent la propriété suivante : chacune d'elles est le lieu des sommets des cônes de révolution qui contiennent l'autre.

3° *La conique donnée est une parabole.*

Le sommet S doit se trouver dans le plan mené par l'axe AL perpendiculairement au plan de la parabole (*fig.* 266). Ce plan, que nous prendrons comme plan de la figure, coupe le cône cherché suivant deux génératrices SU et SV, dont l'une SV est parallèle à l'axe AL de la parabole ; le cercle O inscrit dans l'angle USV touche l'axe AL au foyer F de la parabole (589). Soient B et C les points où ce cercle touche les génératrices SU et SV ; la droite FC sera un diamètre du cercle O.

Prenons sur l'axe AL un point G tel que FG = FA, et par le point G menons la droite Δ perpendiculaire à l'axe AL cette droite sera aussi perpendiculaire à la génératrice SV en un point E et l'on aura

$$BA = AF = FG = CE,$$

$$SB = SC.$$

Or
$$SA = SB + BA,$$

$$SE = SC + CE\,;$$

donc

$$SA = SE.$$

Le point S est donc situé sur la parabole qui a pour foyer A et pour directrice Δ ; cette parabole a pour sommet le point F.

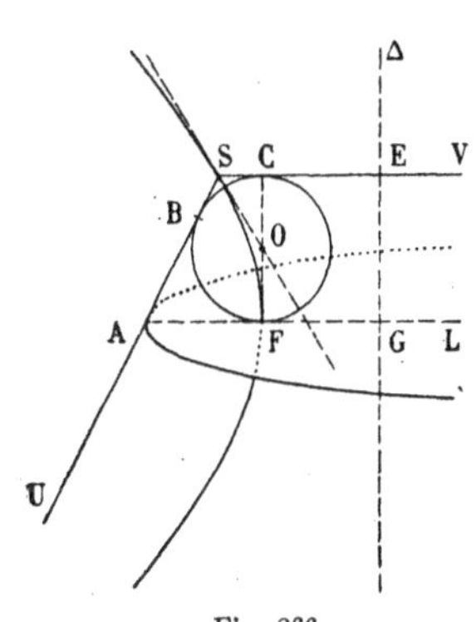

Fig. 266.

Inversement, soit S un point de cette parabole ; menons la droite AS et la perpendiculaire SE à la directrice. On voit facilement que le cercle inscrit dans l'angle ASE et tangent à l'axe AL touche cette droite au point F ; par conséquent, le cône dont l'angle au sommet est l'angle ASE est coupé par le plan de la parabole suivant la parabole donnée.

Deux paraboles sont dites *focales* lorsqu'elles sont situées dans des plans rectangulaires et que le foyer de chacune d'elles est le sommet de l'autre. Chacune de ces paraboles est le lieu des sommets des cônes de révolution qui contiennent l'autre.

593. Problème. — *Placer une conique donnée sur un cône de révolution donné.*

Nous supposerons le problème résolu et nous prendrons comme plan de la figure le plan mené par l'axe du cône perpendiculairement au plan de la section ; ce plan coupe le cône donné suivant deux génératrices USU′, VSV′ ; cela posé, nous distinguerons trois cas :

1° *La conique donnée est une ellipse* (*fig.* 267).

Les sommets A et A′ sont sur les génératrices SU et SV, et si A′K est la perpendiculaire à l'axe, on a (589) AK = FF′. Dans le triangle AA′K, on connaît le côté AK égal à la distance focale, le côté AA′ égal au grand axe, et l'angle AKA′ qui est le complément du demi-angle au sommet du cône; le côté AA′ étant plus grand que le côté AK, on pourra toujours [215] construire un triangle égal au triangle AA′K. Ce triangle etant construit, on mènera par le milieu O du côté A′K la perpendiculaire à A′K ; cette perpendiculaire rencontre le côté AK en un point S. Le cône qui a pour angle au sommet ASA′ est égal au cône donné; il est coupé par le plan qui a pour trace AA′ suivant une ellipse égale à l'ellipse donnée. Donc :

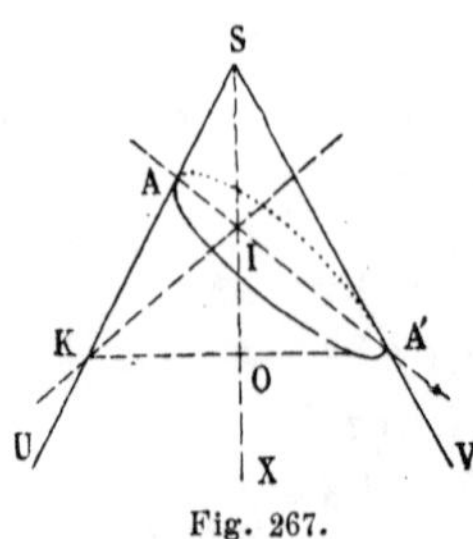

Fig. 267.

On peut toujours placer une ellipse donnée sur un cône de révolution donné.

Avec les données de la question, le triangle AA′K est déterminé comme forme, donc le segment SI est invariable ; il en est de même de l'angle de l'axe AA′ avec SI. Donc :

Les plans qui coupent une nappe d'un cône suivant une ellipse égale à une ellipse donnée rencontrent l'axe du cône en un même point I *; les grands axes de ces ellipses sont situés sur un cône de révolution qui a pour sommet* I *et pour axe l'axe du cône donné ; les plans des sections sont tangents au cône de sommet* I.

2° *La conique donnée est une hyperbole* (*fig.* 268).

Menons encore la droite A′K perpendiculaire à l'axe. Tout revient encore à construire le triangle AA′K dans lequel

$$AA' = 2a, \qquad AK = 2c, \qquad \widehat{A'KA} = 1^{dr} - \theta,$$

θ étant le demi-angle au sommet du cône. Pour que cette construction soit possible, il faut que [215]

$$2a > 2c \cos \theta,$$

d'où

$$\cos \theta < \frac{a}{c}.$$

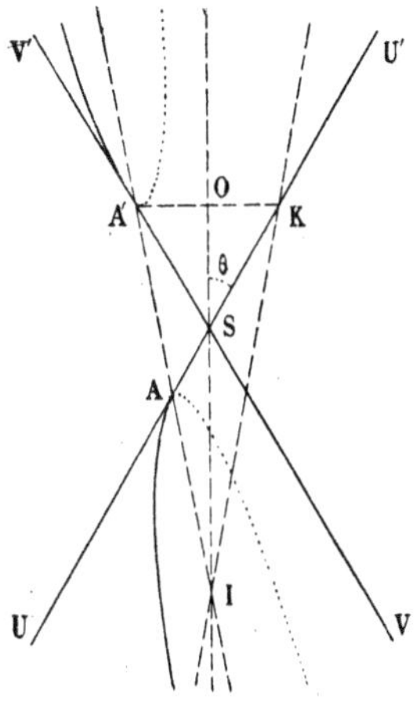

D'autre part, si l'on désigne par α l'angle que fait une asymptote avec l'axe transverse, on a (916)

$$\cos \alpha = \frac{a}{c};$$

donc on doit avoir

$$\cos \theta < \cos \alpha,$$

ou $\alpha < \theta$, ou $2\alpha < 2\theta$.

Fig. 268.

Donc :

Pour qu'on puisse placer une hyperbole sur un cône de révolution donné, il faut et il suffit que l'angle des asymptotes dans lequel est placée la courbe soit plus petit que l'angle au sommet du cône.

Si cette condition est remplie, la construction du triangle A'AK admet deux solutions [215] ; il y correspondra donc deux valeurs pour le segment de l'axe SI compris entre S et le plan sécant, et deux valeurs correspondantes pour l'angle SIA. Donc :

Les plans qui coupent un cône suivant une hyperbole égale à une hyperbole donnée se partagent en deux séries ; les plans d'une même série coupent l'axe du cône en un même point I *et ces plans enveloppent un cône de révolution* (T) *qui a pour sommet* I *et pour axe l'axe du cône ; les axes transverses des hyperboles d'intersection sont sur les génératrices du cône* (T).

Il est clair qu'il faut joindre à ces deux séries celles qu'on en déduit par une symétrie de centre S.

3° *La conique donnée est une parabole* (*fig.* 269).

L'axe AL est parallèle à la génératrice SV ; le cercle O inscrit dans l'angle USV est tangent à l'axe AL qu'il touche en F et à la génératrice SA en B. Dans le triangle rectangle ABO, on connaît l'angle BAO, qui est le complément du demi-angle au sommet du cône, et le côté AB = AF ; on peut donc construire ce triangle. Ce triangle étant construit, on mènera en O une perpendiculaire à l'hypoténuse AO, qui rencontre en S le côté AB prolongé ; le cône qui a pour axe SO et pour génératrice SA est coupé par le plan qui a pour trace AL suivant une parabole éga'e à la parabole donnée. Donc:

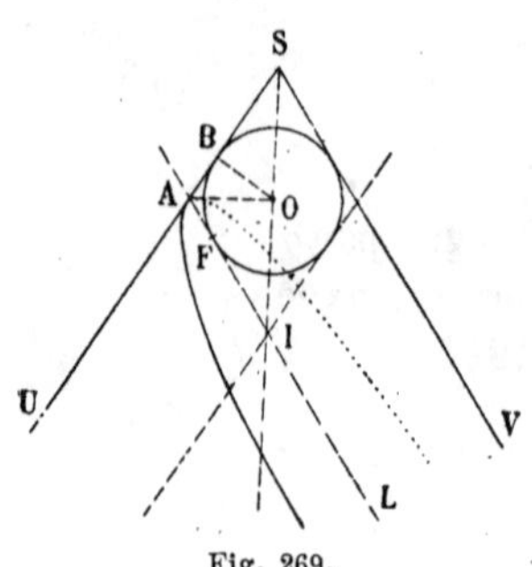

Fig. 269.

On peut toujours placer une parabole donnée sur un cône de révolution donné.

Avec les données de la question, le triangle ABO est déterminé comme forme ; il en résulte que le segment SI est déterminé ; l'angle de la droite IA avec la droite SI est égal au demi-angle au sommet du cône. Donc :

Les plans qui coupent un cône de révolution suivant une parabole égale à une parabole donnée coupent l'axe en un même point I ; *ils enveloppent un cône* (T) *ayant pour sommet* I *et pour axe l'axe du cône donné ; les axes des paraboles d'intersection sont les génératrices du cône* (T).

Il est clair qu'il faut joindre à ce groupe de solutions celui qu'on en déduit par une symétrie de centre S.

594. **Sections planes d'un cylindre de révolution.** — Un cylindre de révolution peut être considéré comme la limite d'un cône de révolution dont le sommet s'éloigne indéfiniment ; donc toute section plane de ce cylindre est une ellipse.

C'est ce qu'on montre facilement d'ailleurs par une démonstration directe, analogue à celle qui a été faite pour la section elliptique d'un cône.

Cette méthode directe montre que le petit axe de l'ellipse d'intersection est égal au diamètre du cylindre.

Enfin, on voit facilement que la condition nécessaire et suffisante pour qu'on puisse placer une ellipse donnée sur un cylindre de révolution donné est que le petit axe de l'ellipse soit égal au diamètre du cylindre.

§ III.

Propriétés projectives.

595. Nous avons vu que toute conique peut être placée sur un cône de révolution ; il en résulte que toute conique peut être considérée comme la projection centrale d'un cercle ; donc, toutes les propriétés du cercle qui se conservent quand on fait une projection centrale appartiennent aux coniques. Nous nous bornerons à énoncer ces propriétés, en indiquant le numéro de cet ouvrage où la propriété correspondante du cercle a été établie.

596. **Théorème de Pascal.** — *Si un hexagone est inscrit dans une conique, les points de rencontre des couples de côtés opposés sont trois points en ligne droite* (113 et 193).

Théorème de Brianchon. — *Si un hexagone est circonscrit à une conique, les trois droites qui joignent les couples de sommets opposés sont concourantes* (195).

Le théorème de Pascal subsiste quand deux sommets de l'hexagone viennent se confondre ; le côté qui contient ces deux sommets devient, à la limite, la tangente à la conique au point où sont réunis les deux sommets ; il en est évidemment de même s'il y a plusieurs couples de deux sommets confondus. En particulier, s'il y a trois couples de sommets confondus on a le théorème suivant :

Si un triangle est inscrit dans une conique, les tangentes en chaque sommet rencontrent les côtés opposés en trois points situés en ligne droite.

On peut faire une remarque analogue sur le théorème de Brianchon ; si deux côtés de l'hexagone viennent coïncider, leur point de rencontre est le point de contact de la droite commune avec la conique. En particulier, si l'on fait coïncider les côtés deux à deux, on a le théorème suivant :

Si un triangle est circonscrit à une conique, les droites qui joignent les sommets aux points de contact des côtés opposés concourent en un même point.

597. *Le rapport anharmonique des quatre droites qui joignent un point mobile d'une conique à quatre points fixes de cette conique reste fixe quand le point mobile se déplace sur la conique* (182).

Ce rapport anharmonique est appelé le rapport anharmonique des quatre points de la conique.

Le rapport anharmonique des quatre points de rencontre d'une tangente mobile avec quatre tangentes fixes reste constant quand la tangente mobile enveloppe la conique (182).

Ce rapport anharmonique est appelé le rapport anharmonique des quatre tangentes à la conique.

Le rapport anharmonique de quatre tangentes d'une conique est égal au rapport anharmonique de leurs points de contact.

Les droites AM, BM *qui joignent deux points fixes* A *et* B *d'une conique à un point mobile* M *de cette conique décrivent des faisceaux homographiques* (183).

Les points a et b où une tangente mobile μ *à une conique rencontre deux tangentes fixes* α *et* β *de cette conique décrivent des divisions homographiques* (183).

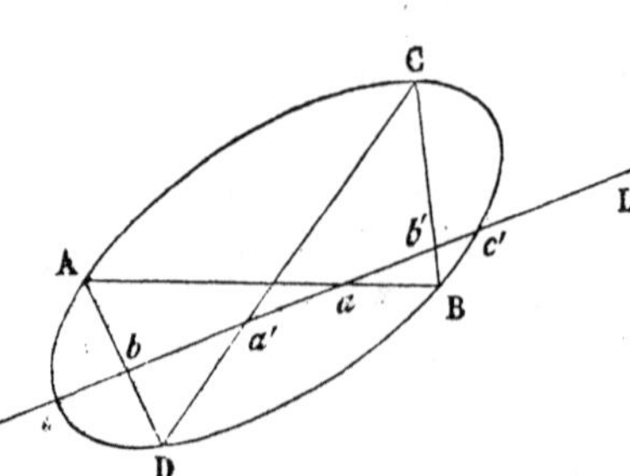

Fig. 270.

598. **Théorème.** — *Si un quadrilatère* ABCD *est inscrit dans une conique* (*fig.* 270), *une transversale quelconque* L *rencontre les deux couples de côtés*

opposés AB, CD *et* AD, BC *et la conique en trois couples de points* (a, a'), (b, b'), (c, c'), *qui sont en involution.*

En effet, les droites qui joignent un point mobile de la conique aux points B et D décrivent (597) des faisceaux homographiques ; les points d'intersection de ces droites avec la droite L décrivent des divisions homographiques. Les points doubles de cette division sont c et c' ; au point a correspond le point b, au point b' le point a'. Donc (22)

$$(cc'ab) = (cc'b'a') = (c'ca'b'),$$

et par conséquent (28), les trois couples (a, a'), (b, b'), (c, c') sont en involution.

599. **Théorème.** — *Si un quadrilatère* ABCD *est circonscrit à une conique* (*fig.* 271), *et si d'un point* O *de son plan on mène les couples de droites* (OA, OC), (OB, OD) *et les deux tangentes* (OE, OF) *à la conique, on obtient trois couples de droites en involution.*

En effet, une tangente mobile intercepte sur les deux tangentes fixes AB et CD (597) des divisions homographiques.

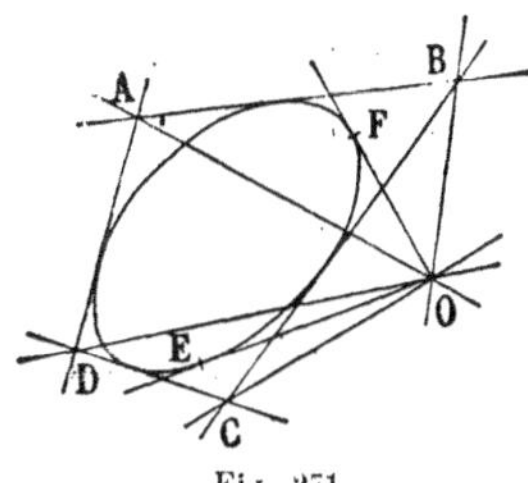

Fig. 271.

Les droites qui joignent le point O aux points correspondants de ces divisions décrivent des faisceaux homographiques. Les rayons doubles de ce faisceau sont OE, OF ; au rayon OA correspond le rayon OD, et au rayon OB le rayon OC ; donc (49)

$$(\text{O. EFAD}) = (\text{O. EFBC}) = (\text{O. FECB}),$$

et par conséquent (52), les trois couples de droites (OE, OF), (OA, OC), (OB, OD) appartiennent à un faisceau en involution.

600. *Si par un point* P *on mène une sécante variable* PMM' *à une conique, les droites* OM, OM' *qui joignent un point fixe* O

de cette conique aux points d'intersection M, M′ *de la conique avec la sécante sont deux rayons correspondants d'un faisceau en involution* (187).

Réciproquement, *si par le sommet* O *d'un faisceau en involution on fait passer une conique, la droite* MM′ *qui joint les points d'intersection de deux rayons correspondants avec la conique passe par un point fixe* (188).

Si par chaque point d'une droite D *on mène les deux tangentes à une conique, les points où ces tangentes rencontrent une tangente fixe sont deux points correspondants d'une division en involution* (189).

Réciproquement, *si deux divisions en involution sont tracées sur une tangente à une conique, les points de rencontre des tangentes menées à la conique par deux points correspondants décrivent une droite.*

601. **Théorème.** — *Si autour d'un point d'une conique on fait tourner un angle droit, la corde qui joint les points d'intersection de la conique avec les côtés de l'angle passe par un point fixe* (Théorème de Frégier).

En effet, les deux côtés de l'angle droit sont des rayons correspondants d'un faisceau en involution.

Le théorème est donc un corollaire de la première réciproque du nº 600.

602. **Théorème.** — *Le lieu des conjugués harmoniques d'un point* P *par rapport aux points d'intersection d'une sécante menée par le point* P *avec une conique est une droite* (161).

Cette droite s'appelle la *polaire* du point P par rapport à la conique.

Inversement, étant donnée une droite quelconque D, il existe un point P dont la polaire par rapport à la conique est la droite D (161). Ce point P est le *pôle* de la droite D par rapport à la conique.

Si le point P est extérieur à la conique, sa polaire est la corde de contact des tangentes issues du point P à la conique (162).

Si le point P est sur la conique, sa polaire est la tangente à la conique au point P.

603. **Théorème I.** — *Si la polaire d'un point* A *passe par un point* B, *inversement la polaire du point* B *passe par le point* A (164).

Ces deux points A et B, qui sont tels que la polaire de l'un passe par l'autre, sont dits *conjugués* par rapport à la conique.

604. **Théorème II.** — *Si le pôle d'une droite* α *est situé sur une droite* β, *inversement le pôle de la droite* β *est situé sur la droite* α (164).

Ces deux droites α et β, qui sont telles que le pôle de chacune d'elles soit situé sur l'autre, sont dites *conjuguées* par rapport à la conique.

605. Un triangle est *conjugué* par rapport à une conique lorsque chaque sommet est le pôle du côté opposé par rapport à la conique.

La construction d'un triangle conjugué par rapport à une conique est identique à celle d'un triangle conjugué par rapport à un cercle (168).

606. **Théorème I.** — *Quand un quadrilatère est inscrit dans une conique, les points de rencontre des côtés opposés et le point de rencontre des diagonales sont les sommets d'un triangle conjugué par rapport à la conique* (169).

607. **Théorème II.** — *Quand un quadrilatère complet est circonscrit à une conique, le triangle qui a pour côtés les trois diagonales de ce quadrilatère est conjugué par rapport à la conique* (171).

608. **Théorème.** — *Les couples de points conjugués par rapport à une conique situés sur une même droite* L *sont des points correspondants d'une division en involution.*

Il suffit évidemment de démontrer le théorème dans le cas où la conique est un cercle. Nous distinguerons deux cas :

1° *La droite* L *coupe le cercle en deux points* A *et* A′ (*fig.* 272).

Deux points M et M′, conjugués par rapport au cercle et situés sur la droite L, sont conjugués harmoniques par rapport au segment AA′ ; les couples de points tels que M, M′ sont donc des points correspondants d'une division involutive ayant pour points doubles A et A′.

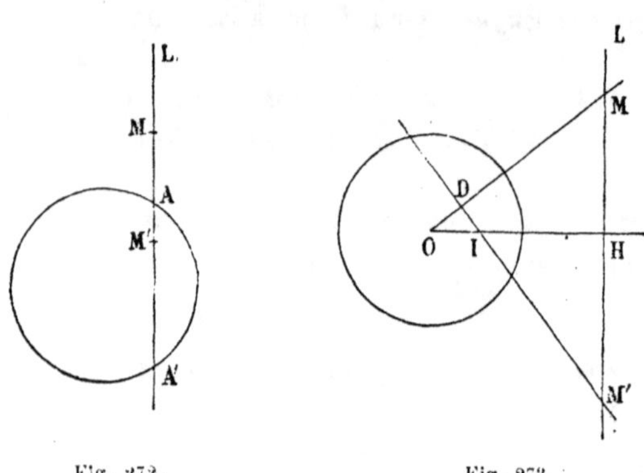

Fig. 272. Fig. 273.

2° *La droite* L *est extérieure au cercle* (*fig.* 273).

Abaissons du centre O du cercle la perpendiculaire OH sur la droite L. Soient I le pôle de la droite L, M un point quelconque de cette droite. La polaire du point M passe par le point I et rencontre la droite L en un point M′ qui est le conjugué du point M par rapport au cercle.

Les deux triangles semblables OHM et M′HI donnent

$$\frac{\text{HM}}{\text{HI}} = \frac{\text{OH}}{\text{M'H}},$$

d'où, en tenant compte des signes des segments,

$$\text{HM} \times \text{HM'} = -\text{HI} \times \text{HO}.$$

Les points M et M′ sont donc des points correspondants d'une division en involution ; le point central de cette involution est le point H.

609. **Théorème.** — *Les couples de droites conjuguées par rapport à une conique, issues d'un point quelconque* P, *sont des couples de rayons correspondants d'un faisceau en involution.*

En effet, soient Π la polaire du point P par rapport à la conique (*fig.* 274), M et M′ les points où deux droites conjuguées PM, PM′ coupent cette droite. Le pôle de la droite PM est situé sur la polaire Π du point P ; il est aussi situé sur la droite PM′ qui est conjuguée de la droite PM ; il en résulte que le pôle de la droite PM est le point M′. Les points M et M′ sont conjugués sur la droite Π ; ce sont (608) des points correspondants d'une division en involution tracée sur la droite Π ; donc PM et PM′ sont des rayons correspondants d'un faisceau en involution.

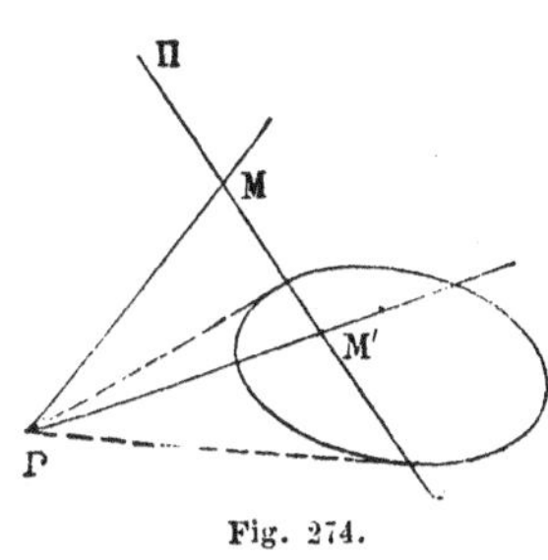

Fig. 274.

Si le point P est extérieur à la conique, on pourra de ce point mener deux tangentes à la conique. Ces deux tangentes sont les rayons doubles du faisceau en involution.

§ IV.

Centre et diamètres.

610. Un point O est *centre* d'une courbe si le symétrique d'un point quelconque de la courbe par rapport au point O est situé sur la courbe [882].

Si un point O est centre d'une conique, toute sécante à la conique menée par le point O aura son milieu en ce point ; le conjugué harmonique du point O par rapport aux deux points d'intersection de cette sécante avec la conique est rejeté à l'infini. Il en résulte que la polaire du point O par rapport à la conique est la droite à l'infini du plan de la conique.

Cela posé, supposons la conique placée sur un cône de révolution de sommet S (*fig.* 275); soit C un plan de section circulaire du cône ; le plan mené par S parallèlement au plan P de la conique coupe le plan du cercle C suivant une droite *d*, soit *o* le pôle de la droite *d* par rapport au cercle. Si l'on projette coniquement les points du plan du cercle sur le plan P, la projection D de la droite *d* est rejetée à l'infini, la projection O du point *o* sera le pôle de la droite à l'infini par rapport à la conique.

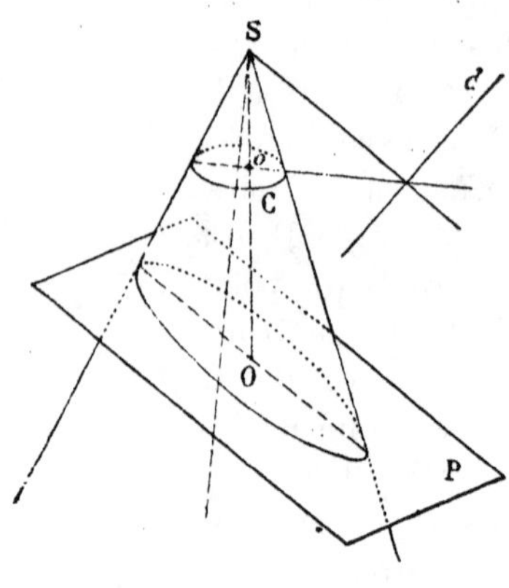

Fig. 275.

Si la conique donnée est une *ellipse*, la droite *d* est extérieure au cercle, le point *o* est intérieur au cercle, et le centre O sera intérieur à l'ellipse.

Si la conique est une *hyperbole*, la droite *d* coupe le cercle, le point *o* est extérieur au cercle, et le centre O sera extérieur à l'hyperbole.

Si la conique est une *parabole*, la droite *d* est tangente au cercle, le point *o* est sur la droite *d*, sa projection O est rejetée à l'infini dans la direction de l'axe de la parabole.

611. **Asymptotes.** — Prenons le cas d'une section hyperbolique, la droite *d* rencontre le cercle en deux points *e* et *e'* ; les tangentes au cercle en ces points sont les droites *eo*, *e'o* (*fig.* 276). Supposons qu'un point *m* se rapproche indéfiniment du point *e*, sa projection M s'éloigne indéfiniment dans la direction de la génératrice S*e* ; le point M décrit une branche infinie de courbe. La tangente *tmt'* au cercle se projette suivant la tangente en M à l'hyperbole ; donc, quand le point M s'éloigne indéfiniment, la tangente en ce point a pour position

limite la projection de la tangente oe. Les asymptotes de l'hyperbole sont les projections coniques des tangentes oe et oe' ; elles passent par le centre O et sont parallèles aux génératrices Se, Se'.

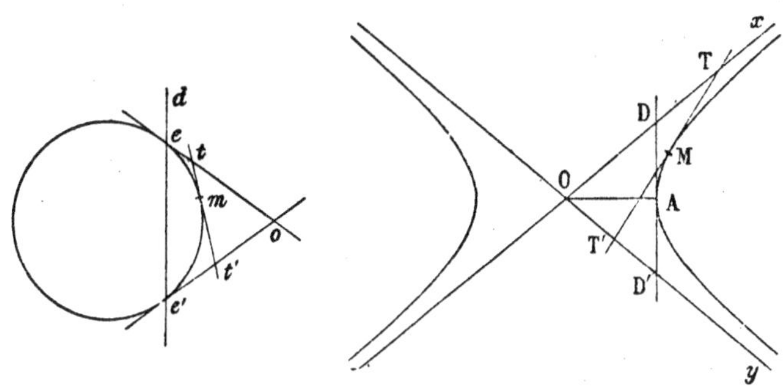

Fig. 276. Fig. 277.

On peut encore dire que les asymptotes sont les droites suivant lesquelles le plan P de la conique coupe les plans tangents au cône suivant les génératrices Se, Se'.

Quand le point m se déplace sur le cercle, les points t et t' où la tangente en m rencontre les tangentes oe, oe' décrivent des divisions homographiques ; donc quand le point M se déplace sur l'hyperbole, les points T et T' où la tangente en M rencontre les asymptotes décrivent des divisions homographiques (*fig.* 277).

Si donc nous désignons la longueur OT par x, OT' par x', on aura une relation de la forme

$$Axx' + Bx + Cx' + D = 0.$$

Remarquons maintenant que si le point T vient en O, T' s'éloigne indéfiniment ; donc pour $x = 0$, on doit avoir $x' = \infty$, ce qui montre que le coefficient C doit être nul. De même, si le point T' vient en O, T s'éloigne indéfiniment ; pour $x' = 0$, on doit avoir $x = \infty$, et le coefficient B est nul. Il en résulte que le produit OT $\times$ OT' est constant ; pour avoir la valeur de la constante, il suffit de placer le point M au sommet de l'axe transverse : dans ce cas $OT = OT' = c$. Donc on a constamment

$$OT \times OT' = c^2.$$

612. Réciproquement, si sur deux droites Ox, Oy (*fig.* 277) on prend deux points T et T' tels que

$$OT \times OT' = c^2,$$

les droites TT' sont tangentes à une hyperbole ayant pour asymptotes Ox et Oy.

Prenons sur les droites Ox et Oy des longueurs OD, OD' égales à c ; soit A le milieu de la droite DD'. Considérons l'hyperbole H qui a pour centre O, pour sommet A et pour distance focale $2c$; cette hyperbole aura pour asymptotes Ox et Oy [916] ; je dis que chacune des droites TT' est tangente à cette hyperbole. En effet, par le point T pris sur l'asymptote je puis mener une tangente à l'hyperbole H ; soit T'' le point où cette tangente rencontre l'asymptote Oy ; d'après le théorème direct, on aura

$$OT \times OT'' = c^2 ;$$

donc le point T'' coïncide avec T', et par suite la droite TT' est tangente à l'hyperbole H.

613. On appelle *diamètre* d'une courbe le lieu des milieux des cordes parallèles à une direction donnée. Toutes les droites du plan de la conique, parallèles à une direction donnée, passent par un même point I, rejeté à l'infini ; le milieu d'une corde parallèle à cette direction est conjugué harmonique du point I par rapport aux deux points où la corde coupe la conique; le lieu des milieux est donc la polaire du point I; soit J cette polaire.

Le point I étant situé sur la droite à l'infini D du plan de la conique, sa polaire passe par le pôle O de la droite D. Donc :

Dans l'ellipse et dans l'hyperbole, tout diamètre est une droite passant par le centre.

Dans la parabole, tout diamètre est parallèle à l'axe.

Réciproquement, si une droite passe par le centre O, son pôle est situé sur la droite D. Donc :

Toute droite passant par le centre d'une ellipse ou d'une hyperbole est un diamètre de la courbe.

Toute parallèle à l'axe d'une parabole est un diamètre de cette courbe.

Soit P un point de la droite J ; la polaire du point P doit passer par le pôle I de la droite J. Donc :

La polaire d'un point quelconque P *par rapport à une conique est parallèle aux cordes qui sont partagées en parties égales par le diamètre passant par le point* P.

En particulier :

La tangente en un point d'une conique est parallèle aux cordes partagées en parties égales par le diamètre qui passe par ce point.

Si d'un point P *on mène des tangentes* PM, PN *à une conique, la droite qui joint le point* P *au milieu de la corde* MN *est le diamètre des cordes parallèles à la corde* MN.

614. **Diamètres conjugués.** — Soient I un point de la droite à l'infini D du plan de la conique, J sa polaire, I′ le point où la polaire J rencontre la droite D. Dans le cas de la parabole, le point I′ coïncide constamment avec le point O; nous laisserons ce cas de côté. Les points I et I′ sont conjugués ; la polaire du point I′ est la droite OI ; le lieu des milieux des cordes parallèles à la droite OI est le diamètre OI′ ; de même, le lieu des milieux des cordes parallèles à la droite OI′ sera le diamètre OI.

Ces deux diamètres OI, OI′, qui sont tels que chacun d'eux partage en parties égales les cordes parallèles à l'autre, sont appelés *diamètres conjugués*.

Les points I et I′ sont les projections de deux points conjugués *i* et *i′* situés sur la droite *d* (*fig.* 278 et 279). Les diamètres conjugués OI, OI′ sont les projections des droites *oi*, *oi′* qui sont conjuguées par rapport au cercle.

Les droites oi, oi' sont des rayons correspondants d'un faisceau en involution ; les rayons doubles sont les tangentes oe, oe' (*fig.* 278). Donc :

Deux diamètres conjugués par rapport à une conique sont des rayons correspondants d'un faisceau en involution ; les rayons doubles sont les asymptotes de la conique.

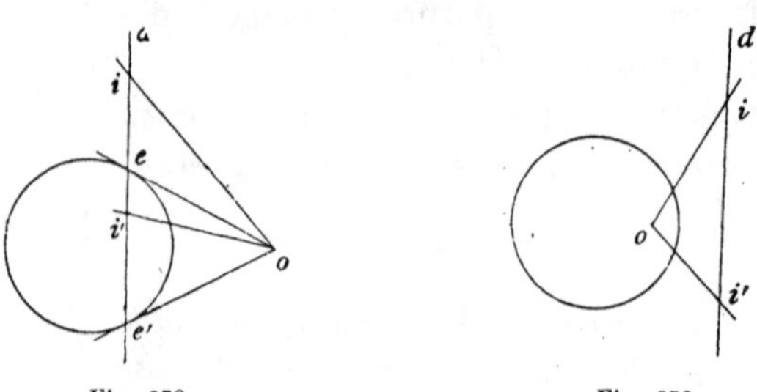

Fig. 278. Fig. 279.

On peut remarquer que dans le cas de la section elliptique *fig.* 279), les droites oi, oi' rencontrent le cercle ; les deux diamètres conjugués couperont tous deux l'ellipse, ce qui était d'ailleurs bien évident.

Dans le cas de l'hyperbole (*fig.* 278), si le point i est extérieur au cercle, le point i' sera à l'intérieur, et inversement ; la droite oi ne coupe pas le cercle, la droite oi' le coupe. Donc, de deux diamètres conjugués par rapport à une hyperbole, l'un d'eux rencontre la courbe en deux points, on l'appelle le *diamètre transverse ;* l'autre ne rencontre pas la courbe, c'est le diamètre *non transverse.*

615. **Diamètres conjugués par rapport à une ellipse.** — Toute ellipse peut être considérée comme la projection orthogonale d'un cercle : dans une telle projection, des droites parallèles se projettent suivant des droites parallèles et inversement ; le milieu d'un segment se projette au milieu de la projection du segment. Il en résulte que deux diamètres conjugués de l'ellipse sont la projection de deux diamètres conjugués du

cercle ; or, dans le cercle, deux diamètres conjugués sont rectangulaires. Donc :

Si on considère le cercle qui se projette orthogonalement suivant une ellipse donnée, deux diamètres conjugués de l'ellipse sont la projection de deux diamètres rectangulaires du cercle.

Soient alors OM, OM′ deux demi-diamètres rectangulaires du cercle (*fig.* 280), Om, Om' leurs projections. Quand les rayons rectangulaires OM, OM′ tournent autour du point O, l'aire du parallélogramme qui a pour côtés OM, OM′ reste constante ; la projection de cette aire restera aussi constante. Donc :

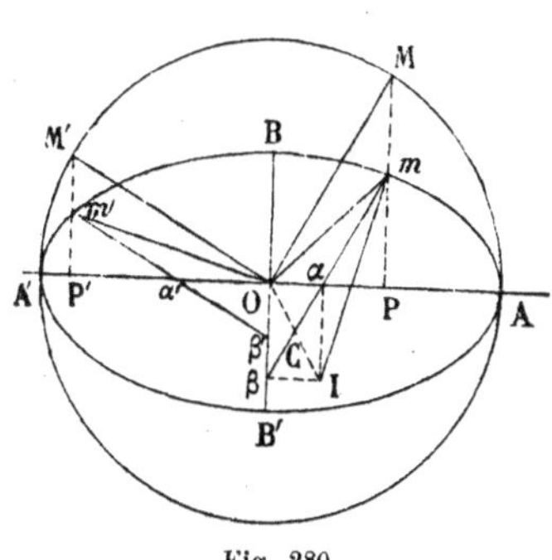

Fig. 280.

L'aire du parallélogramme qui a pour côtés deux demi-diamètres conjugués Om, Om' *est constante.*

On a aussi

$$\overline{Om}^2 = \overline{OP}^2 + \overline{Pm}^2 = \overline{OP}^2 + \frac{b^2}{a^2}\overline{PM}^2,$$

$$\overline{Om'}^2 = \overline{OP'}^2 + \overline{P'm'}^2 = \overline{OP'}^2 + \frac{b^2}{a^2}\overline{P'M'}^2.$$

Mais les deux triangles OPM et M′P′O étant égaux, on a

$$P'M' = OP, \qquad OP' = PM ;$$

donc

$$\overline{Om}^2 + \overline{Om'}^2 = \overline{OP}^2\left(1 + \frac{l^2}{a^2}\right) + \overline{PM}^2\left(1 + \frac{b^2}{a^2}\right),$$

$$= \left(1 + \frac{b^2}{a^2}\right)(\overline{OP}^2 + \overline{PM}^2) = a^2 + b^2.$$

Il en résulte que si l'on désigne par a' et b' les longueurs de deux demi-diamètres conjugués, par θ l'angle de ces diamètres, par a et b les demi-axes d'une ellipse, on aura

$$a'b' \sin \theta = ab,$$
$$a'^2 + b'^2 = a^2 + b^2.$$

(Théorèmes d'Apollonius.)

616. **Problème.** — *Etant donnés en grandeur et en direction deux diamètres conjugués d'une ellipse, construire les axes.*

La construction repose sur les remarques suivantes :

1° Soient m un point quelconque de l'ellipse, M le point correspondant du cercle principal (*fig.* 280). Si par le point m on mène une parallèle au rayon OM, cette parallèle rencontre le grand axe en α et le petit axe en β. On a évidemment

$$m\beta = \mathrm{OM} = a\ ;$$

on a ensuite

$$\frac{m\alpha}{\mathrm{OM}} = \frac{\mathrm{P}m}{\mathrm{PM}} = \frac{b}{a},$$

d'où

$$m\alpha = b.$$

Il en résulte que si le point m se déplace sur l'ellipse, la longueur $\beta\alpha$ reste constamment égale à $a - b$.

2° Soient Om' le demi-diamètre conjugué de Om, M' le point du cercle principal qui correspond au point m'. Menons par le point m' la parallèle au rayon OM', cette parallèle rencontre le grand axe en α' et le petit axe en β'. On a encore

$$m'\alpha' = b, \qquad m'\beta' = a, \qquad \alpha'\beta' = a - b.$$

Les deux droites $m\alpha\beta$ et $m'\alpha'\beta'$ sont perpendiculaires; les deux triangles rectangles O$\alpha\beta$ et O$\beta'\alpha'$ sont égaux comme ayant même hypoténuse et les angles O$\alpha\beta$ et O$\beta'\alpha'$ égaux comme ayant leurs côtés perpendiculaires.

Cela posé, construisons le rectangle OαIβ qui a pour côtés Oα et Oβ ; les deux triangles $m\beta$I et $m'\beta'$O sont égaux, car

$m\beta = m'\beta' = a$, $\beta I = \beta' O$ et $\widehat{m\beta I} = \widehat{m'\beta' O}$; donc $mI = m'O$ et $\widehat{\beta m I} = \widehat{\beta' m' O}$, et par suite mI est perpendiculaire à $m'O$.

De là la construction suivante :

Par l'extrémité m de l'un des diamètres, on mène une perpendiculaire à l'autre Om' (*fig.* 281); sur cette perpendiculaire on prend une longueur mI égale à Om'; on joint le point m au milieu C de la droite OI; à partir du point C on prend sur Cm les longueurs $C\alpha$, $C\beta$ égales à CO. Les axes de l'ellipse sont dirigés suivant les droites $O\alpha$, $O\beta$ et les longueurs des demi-axes correspondants sont $m\beta$ et $m\alpha$.

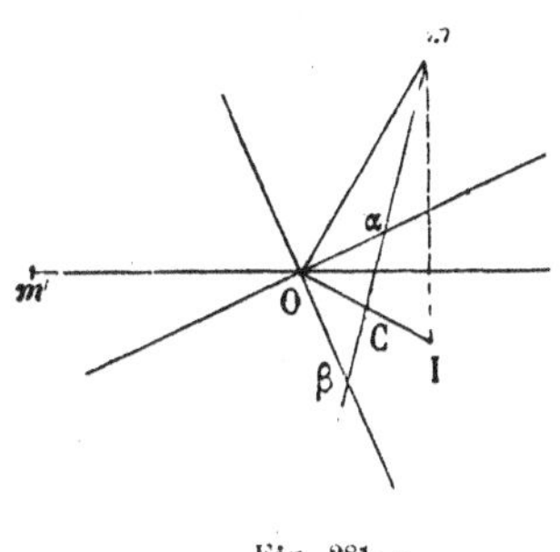

Fig. 281.

En reprenant les raisonnements en sens inverse, on voit que l'ellipse qui a les axes ainsi déterminés admet pour diamètres conjugués Om et Om'.

617. **Diamètres conjugués par rapport à une hyperbole.** — Soient Ox, Oy les deux asymptotes d'une hyperbole (*fig.* 282), OI, OI′ deux diamètres conjugués. Les deux droites OI, OI′ forment (614) un faisceau harmonique avec les deux asymptotes, ce qui nous donne d'abord le résultat suivant :

Si deux hyperboles ont les mêmes asymptotes, tout système de deux diamètres conjugués par rapport à l'une d'elles forme un système de deux diamètres conjugués par rapport à l'autre.

Menons maintenant une sécante à l'hyperbole, parallèle à la droite OI′ ; soient M et M′ les points où cette sécante rencontre les asymptotes, N et N′ les points où elle rencontre l'hyperbole. Le milieu du segment MM′ est sur la droite OI, puisque le faisceau $(O, II'xy)$ est harmonique ; le milieu du segment NN′ est aussi sur la droite OI, puisque cette droite est le diamètre des cordes parallèles à OI′ ; les deux segments MM′ et NN′ ont donc même milieu H. Il en résulte que

$$MN = M'N'.$$

Cette propriété permet de construire l'hyperbole par points lorsqu'on connaît ses deux asymptotes et un point de la courbe.

Supposons que la droite OI soit le diamètre transverse de la courbe, soit C l'un des points de rencontre de la droite OI avec la courbe. La tangente DD′ au point C est parallèle au

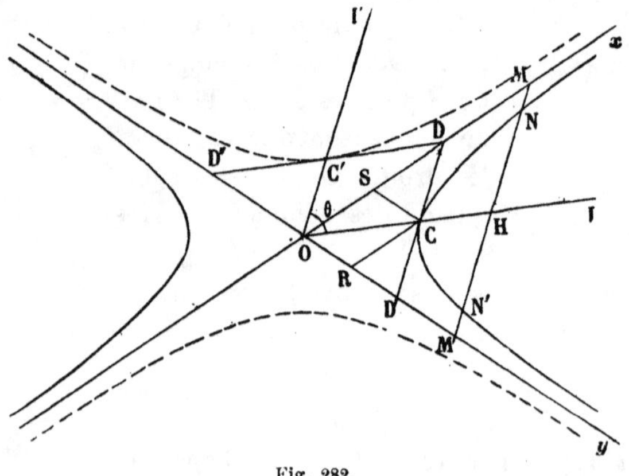

Fig. 282.

diamètre OI′ (612) ; si on applique le résultat précédent à la sécante DD′, on voit que le point C est le milieu de DD′. Donc :

Le point de contact d'une tangente à l'hyperbole est le milieu du segment déterminé sur cette tangente par les asymptotes.

Soient alors C un point quelconque de l'hyperbole, CDD′ la tangente en ce point. Menons par le point C les droites CR et CS parallèles aux asymptotes ; on aura

$$OR = \frac{1}{2}\,OD', \qquad OS = \frac{1}{2}\,OD,$$

et par conséquent (612)

$$OR \times OS = \frac{}{4}\,OD \times OD' = \frac{c^2}{4}.$$

Il en résulte que le produit OR $\times$ OS reste constant quand le point C se déplace sur l'hyperbole.

618. **Longueur d'un diamètre non transverse.** — Par un point quelconque C de l'hyperbole, menons la tangente qui rencontre les asymptotes en D et D' (*fig.* 282) ; par le point D menons une tangente DC'D'' à l'hyperbole conjuguée : elle rencontre la seconde asymptote en un point D'' et l'on a

$$\text{OD} \times \text{OD}' = \text{OD} \times \text{OD}'' = c^2.$$

Donc OD'' = OD' ; la tangente DD'' touche l'hyperbole conjuguée en son milieu C', et par conséquent OC' est parallèle à CD ; donc la droite OC' est le diamètre conjugué de OC.

OC' est par définition la longueur du demi-diamètre non transverse conjugué au diamètre OC. La longueur du diamètre non transverse est égale à la portion DD' de la tangente parallèle, comprise entre les asymptotes.

On voit que le parallélogramme construit sur deux demi-diamètres conjugués OC, OC' a pour diagonale une asymptote.

619. **Théorèmes d'Apollonius.** — Le produit OD $\times$ OD' (*fig.* 282) étant constant, l'aire du triangle DOD' reste invariable quand la tangente roule sur l'hyperbole ; il en est de même de l'aire du parallélogramme OCDC'. Donc :

L'aire du parallélogramme qui a pour côtés deux demi-diamètres conjugués de l'hyperbole reste constante.

Si l'on désigne par a' et b' les longueurs des demi-diamètres conjugués OC, OC', par θ leur angle, par a et b les demi-axes de l'hyperbole, on aura donc

$$(1) \qquad a'b' \sin \theta = ab.$$

D'autre part, on a

$$\overline{\text{OD}}^2 = a'^2 + b'^2 + 2a'b' \cos \theta,$$
$$\overline{\text{OD}'}^2 = a'^2 + b'^2 - 2a'b' \cos \theta,$$

et par conséquent

$$\overline{\text{OD}}^2 \times \overline{\text{OD}'}^2 = (a'^2 + b'^2)^2 - 4a'^2b'^2 \cos^2 \theta$$
$$= (a'^2 - b'^2)^2 + 4a'^2b'^2 \sin^2 \theta.$$

Dans cette égalité, le premier membre reste fixe, ainsi que $a'b'\sin\theta$; donc $a'^2 - b'^2$ demeure constant. On a donc

$$(2) \qquad a'^2 - b'^2 = a^2 - b^2.$$

C'est le second théorème d'Apollonius.

Si $a = b$, on aura constamment $a' = b'$; dans ce cas les asymptotes sont rectangulaires, l'hyperbole est dite *équilatère.*

620. **Problème.** — *Construire les axes d'une hyperbole connaissant deux diamètres conjugués en grandeur et en direction.*

Soient OC le diamètre transverse, OC′ le diamètre conjugué de OC (*fig.* 283) ; par le point C je mène la parallèle à la droite OC′ sur laquelle je prends CD = CD′ = OC′; les droites OD, OD′ seront les asymptotes de l'hyperbole (618). Prenons la moyenne proportionnelle entre OD et OD′, et sur les droites OD et OD′ prenons des longueurs OE, OE′ égales à cette moyenne proportionnelle ; abaissons de O la perpendiculaire OA sur EE′: OA sera le demi-axe transverse de l'hyperbole, AE le demi-axe non transverse.

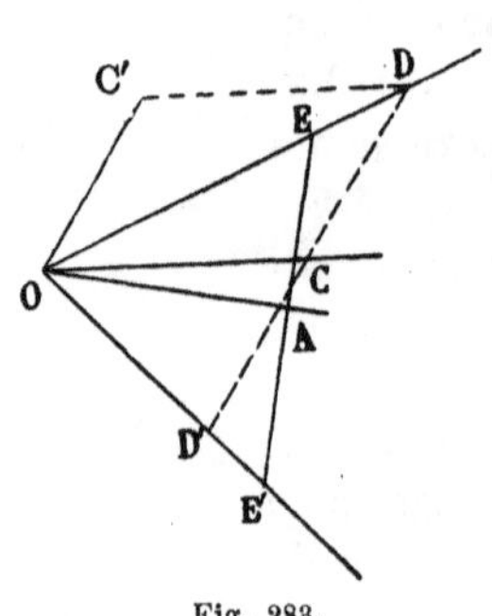

Fig. 283.

621. **Propriété des diamètres.** Lemme. — *Si deux couples de points* (A, A′), (P, P′) (*fig.* 284) *divisent harmoniquement le segment* II′, *on a*

$$(1) \qquad \frac{\overline{IP}^2}{\overline{IP'}^2} = \frac{PA \times PA'}{P'A \times P'A'}.$$

En effet, prenons comme origine le point I ; désignons par l

P P′
I A I′ A′

Fig. 284.

l'abscisse du point I′, par x, x' celles des points A, A′ et par

y, y' celles des points P, P′. En écrivant que les couples de points (A, A′) et (P, P′) divisent harmoniquement le segment II′, on a les deux relations

$$(2) \qquad \begin{cases} 2xx' = l\,(x + x'), \\ 2yy' = l\,(y + y'). \end{cases}$$

D'autre part, la relation (1) est équivalente à la suivante :

$$\frac{y^2}{y'^2} = \frac{(x - y)\,(x' - y)}{(x - y')(x' - y')} = \frac{xx' - y\,(x + x') + y^2}{xx' - y'(x + x') + y'^2},$$

ou

$$xx'\,(y^2 - y'^2) - (x + x')\,(y^2y' - yy'^2) = 0\,;$$

et, après avoir divisé par $y - y'$, on trouve

$$xx'\,(y + y') - (x + x')\,yy' = 0\,;$$

ce qui est bien une conséquence des équations (2).

622. **Théorème.** — *Si un diamètre d'une ellipse ou d'une hyperbole rencontre la courbe en deux points* A *et* A′ (*fig.* 285

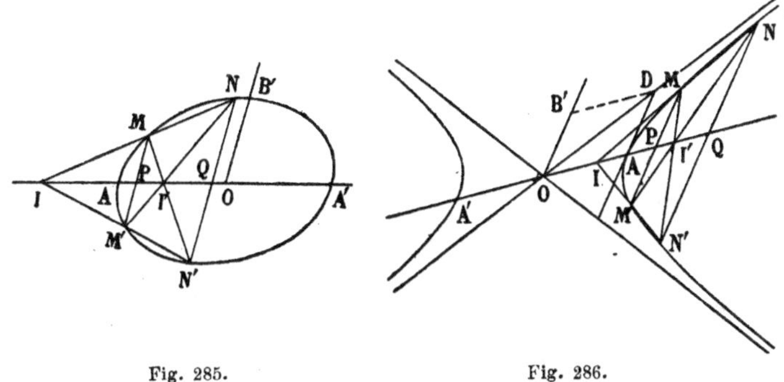

Fig. 285. Fig. 286.

et 286) *et si* MM′ *est une corde ayant son milieu en* P *sur le diamètre, le rapport*

$$\frac{\overline{PM}^2}{PA \times PA'}$$

reste fixe quand la corde MM′ *se déplace parallèlement à elle-même.*

En effet, soient MM′ et NN′ deux cordes parallèles dont les milieux P et Q sont sur le diamètre AA′. Le point de rencontre I des cordes MN et M′N′, le point de rencontre I′ des cordes MN′ et NM′, et le point à l'infini sur la corde MM′ sont les trois sommets (606) d'un triangle conjugué par rapport à la conique ; les points I et I′ sont donc situés sur la polaire du point à l'infini sur la corde MM′, c'est-à-dire sur le diamètre AA′; de plus, les points I et I′ sont conjugués par rapport aux points A et A′.

D'après les propriétés du quadrilatère complet, les points P et Q sont aussi conjugués par rapport aux points I et I′, et en appliquant le lemme qui précède on aura donc

$$\frac{\overline{PI}^2}{\overline{QI}^2} = \frac{PA \times PA'}{QA \times QA'}.$$

Mais

$$\frac{\overline{PI}^2}{\overline{QI}^2} = \frac{\overline{PM}^2}{\overline{QN}^2};$$

donc

$$\frac{\overline{PM}^2}{\overline{QN}^2} = \frac{PA \times PA'}{QA \times QA'}$$

ou bien

$$\frac{\overline{PM}^2}{PA \times PA'} = \frac{\overline{QN}^2}{QA \times QA'},$$

ce qui montre bien que le rapport $\frac{\overline{PM}^2}{PA.PA'}$ conserve une valeur constante k quand la corde MM′ se déplace parallèlement à elle-même.

Il est facile d'avoir la valeur de la constante k ; désignons par a' le demi-diamètre OA′ et par b' le demi-diamètre conjugué OB′.

Plaçons-nous d'abord dans le cas de l'ellipse et plaçons le point P au centre O. On aura

$$PM = b', \quad PA = a', \quad PA' = -a'.$$

Le rapport k a pour valeur

$$k = -\frac{b'^2}{a'^2}.$$

Plaçons-nous maintenant dans le cas de l'hyperbole. On a

$$k = \frac{\overline{PM}^2}{PA \times PA'} = \frac{\overline{PM}^2}{\overline{PO}^2} \times \frac{\overline{PO}^2}{PA \times PA'}.$$

Quand le point P s'éloigne indéfiniment sur le diamètre, le rapport $\frac{\overline{PO}^2}{PA \times PA'}$ a pour limite 1 ; donc

$$k = \lim. \frac{\overline{PM}^2}{\overline{PO}^2}.$$

D'ailleurs, dans cette hypothèse la droite OM a pour position limite l'asymptote OD (*fig.* 286) ; donc

$$\lim. \frac{PM}{PO} = \frac{AD}{AO} = \frac{b'}{a'},$$

et par conséquent

$$k = \frac{b'^2}{a'^2}.$$

On voit que k est positif dans le cas de l'hyperbole et négatif dans le cas de l'ellipse.

623. **Réciproque.** — *Si par chaque point* P *d'une droite* AA′ (*fig.* 287) *on mène une parallèle à une direction fixe et si l'on porte sur cette parallèle des longueurs* PM = PM′ *telles que*

$$\frac{\overline{PM}^2}{PA.PA'} = k,$$

les points M *et* M′ *décrivent une ellipse ou une hyperbole.*

En effet, par le milieu O de la droite AA′, menons une parallèle à la direction fixe et prenons sur cette parallèle des longueurs OB = OB′ = b' telles que

$$\frac{b'^2}{a'^2} = \pm k,$$

a' représentant la longueur OA ; on prendra le signe + ou le signe — suivant que k est positif ou négatif.

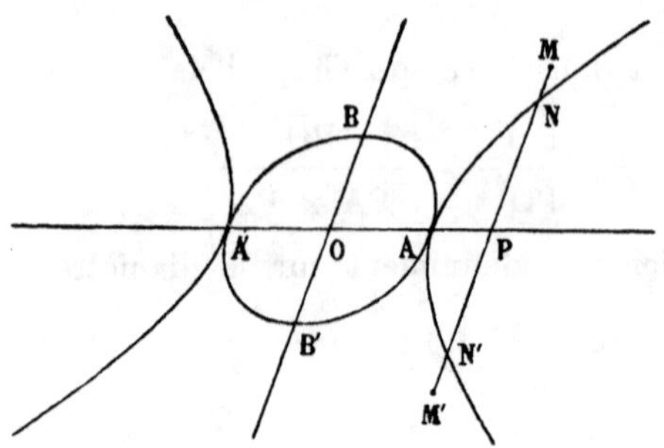

Fig. 287.

Considérons alors l'hyperbole ($k > 0$) ou l'ellipse ($k < 0$) qui admet les diamètres conjugués AA', BB'; la droite PMM', parallèle au diamètre BOB', coupe cette courbe en deux points N et N' tels que (622)

$$PN = PN',$$

$$\frac{\overline{PN}^2}{PA.PA'} = k;$$

donc N et N' coïncident respectivement avec M et M' ; par conséquent les points M et M' décrivent l'hyperbole ou l'ellipse.

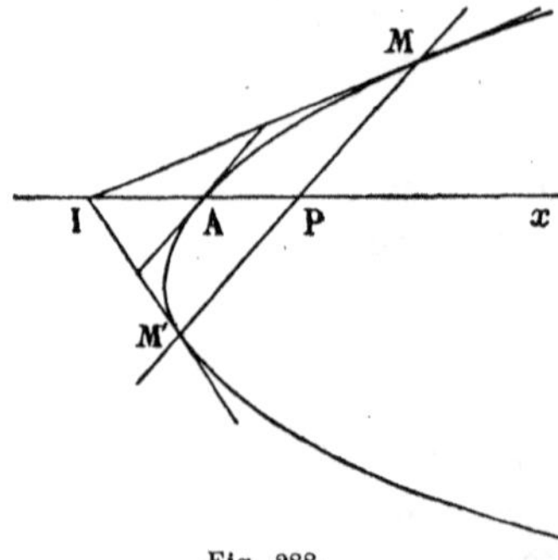

Fig. 288.

624. **Diamètres d'une parabole.** — Soit I un point quelconque du plan (*fig.* 288). Menons le diamètre IAx qui passe par ce point et soit PMM' la polaire du point I. Cette polaire est parallèle aux cordes partagées en deux parties égales par le diamètre ; le point P où cette polaire rencontre le diamètre est conjugué du point I par rapport à la parabole ; or la droite IP rencontre

la parabole en A et en un autre point rejeté à l'infini ; donc A sera le milieu de IP ; donc :

Si par un point quelconque I *on mène les tangentes* IM, IM′ *à une parabole, la droite qui joint le point* I *au milieu* P *de la corde de contact* MM′ *est un diamètre et cette droite* IP *est coupée en son milieu par la parabole.*

625. Lemme. — *Si deux points* P *et* P′ *divisent harmoniquement le segment* II′ *et si* A *est le milieu de* II′, *on a*

$$\text{(1)} \qquad \frac{\overline{IP}^2}{\overline{IP'}^2} = \frac{AP}{AP'}.$$

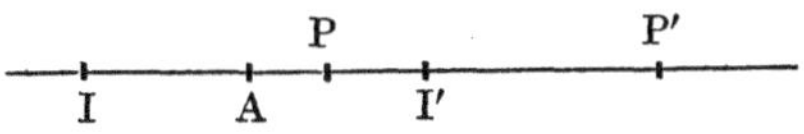

Fig. 289.

Prenons le point I comme origine (*fig.* 289) et soient l, x, x' les abscisses des points I′, P, P′. Les points P et P′ divisant harmoniquement le segment II′, on aura

$$\text{(2)} \qquad 2xx' - l(x + x') = 0.$$

D'ailleurs la relation (1) est équivalente à la suivante :

$$\frac{x^2}{x'^2} = \frac{x - \frac{l}{2}}{x' - \frac{l}{2}},$$

ou

$$x^2x' - x'^2x - \frac{l}{2}(x^2 - x'^2) = 0 ;$$

après division par $x - x'$, il reste

$$xx' - \frac{l}{2}(x + x') = 0,$$

ce qui est la relation (2).

626. **Théorème.** — *Si par un point quelconque* P *d'un diamètre* Ax *d'une parabole* (*fig.* 290) *on mène la corde* PMM′ *qui a son milieu en* P, *le rapport*

$$\frac{\overline{PM}^2}{\overline{PA}}$$

reste constant quand P *se déplace sur le diamètre.*

Considérons deux cordes PMM′, QNN′ ayant leurs milieux P, Q sur le diamètre Ax. Le point de rencontre I des cordes MN et M′N′ et le point de rencontre I′ des cordes MN′ et NM′ sont sur le diamètre Ax (622) ; ces points sont conjugués par rapport à la parabole, donc A est le milieu du segment II′ ;

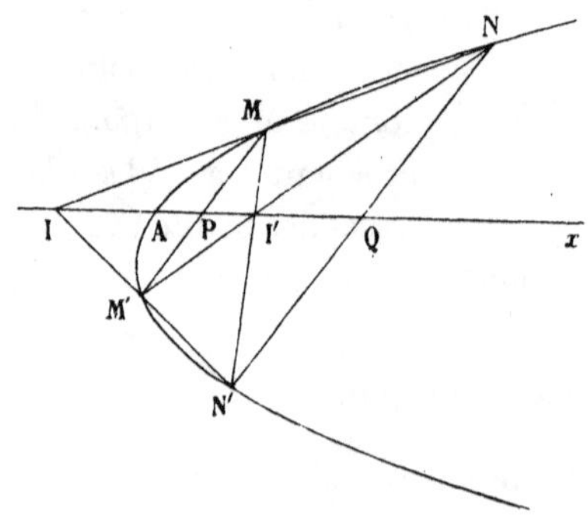

Fig. 290.

les points P et Q sont aussi conjugués par rapport au segment II′ ; donc, d'après le lemme qui précède, on aura

$$\frac{\overline{PI}^2}{\overline{QI}^2} = \frac{AP}{AQ}.$$

Mais

$$\frac{\overline{PI}^2}{\overline{QI}^2} = \frac{\overline{PM}^2}{\overline{QN}^2};$$

donc

$$\frac{\overline{PM}^2}{AP} = \frac{\overline{QN}^2}{AQ},$$

ce qui montre que le rapport $\frac{\overline{PM}^2}{AP}$ reste constant quand le point P se déplace sur le diamètre.

Nous désignerons ce rapport par $2p'$; p' est alors le *paramètre* qui correspond au diamètre Ax.

Nous désignerons par p le paramètre qui correspond à l'axe.

627. **Relation entre les paramètres.** — Soit un diamètre quelconque Ax (*fig.* 291). Par le sommet S de la parabole, menons la corde SPM qui est partagée en son milieu par ce diamètre ; les tangentes en S et M se rencontrent en I sur le diamètre ;

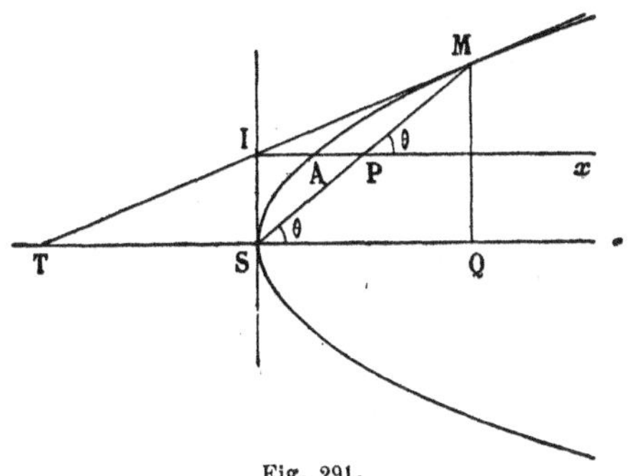

Fig. 291.

la tangente en M rencontre l'axe en T. Abaissons du point M la perpendiculaire MQ sur l'axe ; on a, en désignant par θ l'angle du diamètre Ax avec les cordes qu'il partage en parties égales.

$$\overline{MS}^2 = \frac{1}{\sin^2\theta}\overline{MQ}^2,$$

$$\overline{MQ}^2 = 2p \times SQ.$$

Mais

$$SQ = ST = 2IP = 4AP;$$

donc

$$\overline{MS}^2 = \frac{1}{\sin^2\theta} \times 2p \times 4AP,$$

ou, comme MS $= 2$PM,

$$\overline{\mathrm{PM}}^2 = \frac{2p}{\sin^2\theta} \times \mathrm{AP}.$$

Donc

$$p' = \frac{p}{\sin^2\theta}.$$

628. **Problème.** — *Trouver le foyer et la directrice d'une parabole connaissant un diamètre* Ax, *la tangente en* A *et le paramètre* p' *qui correspond au diamètre* Ax.

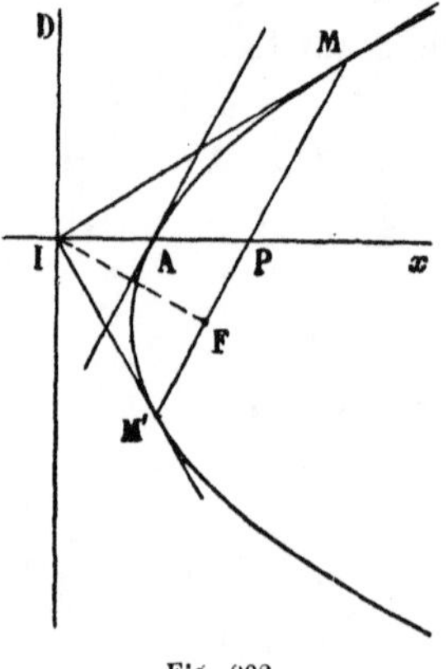

Fig. 292.

La construction repose sur la remarque suivante : Prenons sur le diamètre une longueur AP $= \frac{p'}{2}$ (*fig.* 292) ; menons par le point P la parallèle à la tangente, elle coupe la parabole en deux points M et M' tels que

$$\overline{\mathrm{PM}}^2 = 2p' \times \mathrm{AP} = p'^2.$$

On a donc PM $=$ PM' $= p'$.

Soit I le point de rencontre des tangentes en M et M' ; on a PI $=$ 2PA $= p'$, et puisque PI $=$ PM $=$ PM', l'angle MIM' est droit ; donc le point I appartient à la directrice. De là la construction suivante :

On prend sur le diamètre une longueur AI $= \frac{p'}{2}$; la directrice est la perpendiculaire menée en I au diamètre ; pour avoir le foyer, on prend le symétrique du point I par rapport à la tangente en A, ce qui donne un point F situé sur la droite MM'.

629. **Théorème.** — *Si par chaque point* P *d'une droite* Ax *on mène une parallèle à une direction fixe et si l'on*

prend sur cette parallèle des longueurs égales PM, PM', *telles que*

$$\overline{PM}^2 = 2p' \times AP,$$

les points M *et* M' *décrivent une parabole.*

En effet, les points M et M' appartiennent à la parabole qui a pour diamètre Ax, pour paramètre correspondant p' et pour tangente en A une droite parallèle à la direction donnée.

§ V.

Sections planes d'un cône circulaire.

630. **Théorème.** — *Toute section plane d'un cône dont la base est un cercle est une conique.*

Le plan P de la section coupe le plan du cercle de base suivant une droite L. Menons le diamètre BB' du cercle qui est perpendiculaire à la droite L ; le plan de la section coupe le plan SBB' suivant une droite Δ.

Cela posé, nous distinguerons deux cas :

1° *La droite* Δ *rencontre les génératrices* SB, SB' *en* A *et* A' (*fig.* 293).

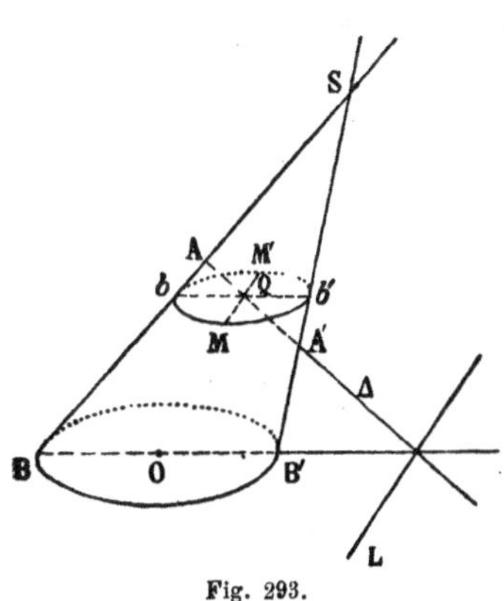

Fig. 293.

Menons un plan Π parallèle au plan de base ; soit bb' la trace de ce plan sur le plan SBB'. Le plan Π coupera le cône suivant un cercle de diamètre bb' ; soit Q le point de rencontre des droites bb' et AA'. Les plans P et Π se coupent suivant une droite passant par le point Q et parallèle à la droite L ; cette droite est donc perpendiculaire à bb' ;

cette droite rencontre le cône en deux points M et M' qui appartiennent à la fois à la section et au cercle de diamètre bb'; la droite MM' étant perpendiculaire à la droite bb', on aura

$$QM = QM' \qquad \text{et} \qquad \overline{QM}^2 = -Qb \times Qb'.$$

Mais quand le point Q se déplace sur la droite AA', le rapport

$$\frac{Qb \times Qb'}{QA \times QA'}$$

reste fixe parce que bb' reste parallèle à BB' ; donc, dans le plan P, la droite QMM' se déplace parallèlement à la droite L, et l'on a

$$QM = QM', \qquad \frac{\overline{QM}^2}{QA \times QA'} = \text{const.}$$

Par conséquent (623), les points M et M' décrivent une conique.

2° *La droite* Δ *est parallèle à l'une des génératrices* SB, SB' ; *supposons par exemple* Δ *parallèle à* SB' *et rencontrant* SB *en* A (*fig.* 294).

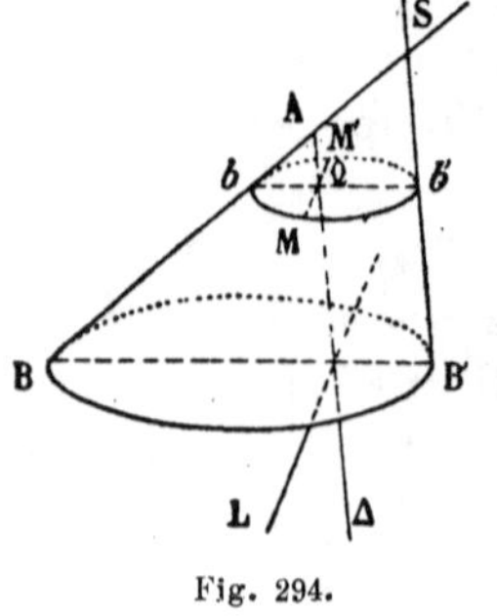

Fig. 294.

Coupons encore le cône par un plan Π parallèle au plan de base, et soient bb' la trace de ce plan sur le plan SBB', Q l'intersection des droites bb' et Δ; les plans Π et P se coupent suivant une droite parallèle à la droite L et passant par Q ; cette droite rencontre le cône en deux points M et M', et on a encore

$$QM = QM', \qquad \overline{QM}^2 = -Qb \times Qb'.$$

Le rapport $\frac{Qb}{QA}$ reste constant quand le point Q se déplace sur la droite Δ, ainsi que Qb' ; donc

$$\frac{\overline{QM}^2}{QA} = \text{const.},$$

et, par conséquent (629), les points M et M' décrivent une parabole qui a pour diamètre Δ.

§ VI.

Génération des coniques.

631. Nous avons vu (597) que si P et Q sont deux points fixes d'une conique, M un point variable, les rayons PM et QM décrivent des faisceaux homographiques. Nous allons démontrer que, réciproquement :

Le lieu des points d'intersection des rayons homologues de deux faisceaux homographiques est une conique.

En effet, soient P et Q (*fig.* 295) les centres des faisceaux, Px le rayon du faisceau P qui correspond au rayon QP du faisceau Q, Qy le rayon du faisceau Q qui correspond au rayon

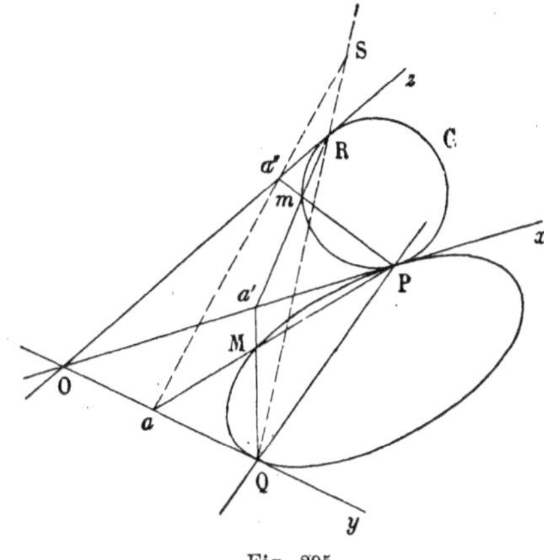

Fig. 295.

PQ du faisceau P, O le point de rencontre des rayons Px et Qy. Par le point O menons une droite quelconque Oz ; menons le cercle C tangent à Ox en P et tangent à Oz en R.

Soient alors PM, QM deux rayons homologues rencontrant respectivement les droites Oy et Ox en a et a' ; le rayon Ra' rencontre le cercle C en m et le rayon Pm rencontre Oz en a''.

Les rayons PM et QM décrivant des faisceaux homographiques, les points a et a' décriront des divisions homographiques ; de même les rayons Rm et Pm décrivent des faisceaux homographiques, donc a' et a'' décrivent des divisions homographiques.

Il en résulte que les divisions décrites par a et a'' sont homographiques. Si le point a' vient en O, le point a vient en Q et le point a'' en R ; donc Q et R sont deux points correspondants des divisions homographiques décrites par a et a''. Si le point a' vient en P, le point a vient en O, le point a'' vient aussi en O. Le point O étant son propre correspondant dans les divisions décrites par a et a'', la droite aa'' passe (60) par un point fixe S, situé sur la droite QR.

Cela posé, si on fait une projection centrale en prenant comme centre le point S, les droites Pa'' et Ra' se projetteront suivant Pa et Qa' ; le point M est donc la projection du point m du cercle. Le lieu de M étant la projection centrale d'un cercle, est une conique (630).

La conique passe par les centres P et Q des faisceaux ; les tangentes Px, Qy en ces points sont les droites qui correspondent respectivement aux rayons QP, PQ des faisceaux Q et P.

632. Nous avons vu (597) que les points de rencontre d'une tangente mobile et de deux tangentes fixes d'une conique décrivent des divisions homographiques. Nous allons démontrer que, réciproquement :

Les droites qui joignent les points correspondants de deux divisions homographiques enveloppent une conique.

En effet, soient Ox, Oy (*fig.* 296) les deux bases des divisions, P le point de Ox qui correspond au point O de Oy, Q le point de Oy qui correspond au point O de Ox. Menons une droite quelconque Oz, prenons sur cette droite OR = OP et traçons le cercle C qui touche les droites Ox et Oz en P et R.

Soient m et m' deux points correspondants des divisions tracées sur Ox et Oy ; par le point m menons une tangente au cercle C ; cette tangente rencontre Oz en m'' ; les points m et m'' décrivent des divisions homographiques. Il en résulte que les divisions décrites par m' et m'' sont homographiques.

Cela posé, si m vient en O, m' vient en Q et m'' en R ; les points Q et R sont donc des points correspondants des divisions décrites par m' et m''. Si le point m vient en P, les points m' et m'' viennent en O. Dans les divisions homographiques tracées sur Oy et Oz, le point O est à lui-même son homologue ; par conséquent (60) la droite $m'm''$ passe par un point fixe S, situé sur la droite QR.

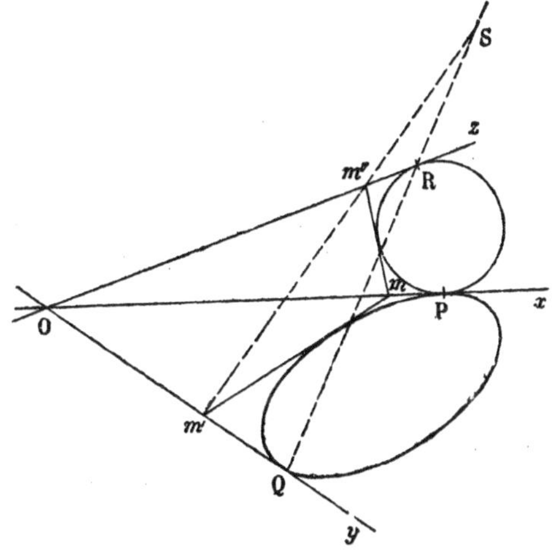

Fig. 296.

Si on prend pour centre de projection le point S, pour plan de projection le plan xOy, la droite mm'' se projette suivant la droite mm' ; donc l'enveloppe de la droite mm' est la projection du cercle C ; cette enveloppe est donc une conique (630).

Cette conique est tangente aux bases Ox, Oy aux points P et Q qui sont les correspondants du point O dans les deux divisions.

633. Figures polaires réciproques par rapport à une conique. — La définition de deux figures polaires réciproques par rapport à une conique est la même que celle de deux figures polaires réciproques par rapport à un cercle (197).

A des points situés en ligne droite correspondront des droites issues d'un même point ; le rapport anharmonique de quatre points de la droite est égal au rapport anharmonique des quatre droites qui leur correspondent, et inversement.

Si deux points m et m' décrivent des divisions homographiques, les droites qui leur correspondent décrivent des faisceaux homographiques, et inversement.

634. Théorème. — *La figure polaire réciproque d'une conique C par rapport à une autre conique Σ est une conique.*

En effet, prenons sur la conique C (*fig.* 297) deux points fixes P et Q ; soient M un point variable de cette conique, p, q, m les polaires des points P, Q, M par rapport à Σ, a et a'

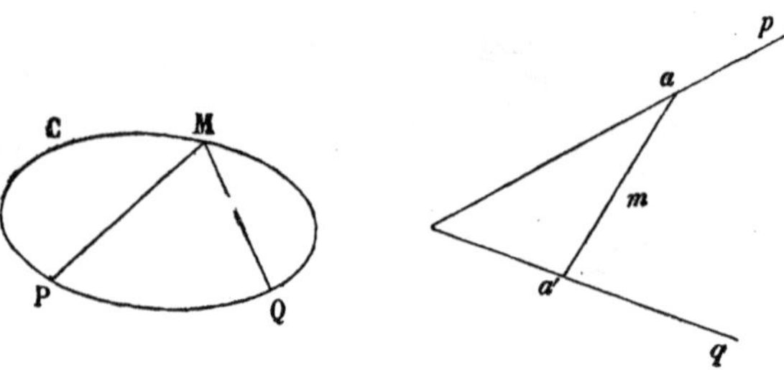

Fig. 297.

les points où la droite m rencontre les droites p et q, ces points a et a' sont respectivement les pôles des droites PM et QM par rapport à la conique Σ. Les rayons PM et QM décrivent des faisceaux homographiques, donc (633) a et a' décrivent des divisions homographiques. Par conséquent la droite m enveloppe (632) une conique ; cette conique est la polaire réciproque de la conique C par rapport à la conique Σ.

635. Remarque. — La considération des figures polaires réciproques permet de déduire de tout théorème sur des points en ligne droite, un théorème sur des droites passant par un même point, — de tout théorème relatif à des points situés sur une même conique, un théorème relatif à des droites tangentes à une même conique. Les deux théorèmes qui se déduisent ainsi l'un de l'autre par cette méthode sont dits *corrélatifs*.

636. **Théorème I.** — *Cinq points* A, B, C, D, E *déterminent une conique.*

En effet, on pourra déterminer deux faisceaux homographiques ayant pour centres A et B et tels qu'aux rayons AC, AD, AE correspondent (49) les rayons BC, BD, BE. Les points d'intersection des rayons homologues de ces deux faisceaux décrivent une conique qui passe par les cinq points A, B, C, D, E.

637. **Théorème II.** — *Une conique est déterminée quand on en connaît cinq tangentes.*

Ce théorème est le corrélatif du précédent ; on le démontre d'ailleurs d'une façon analogue.

638. **Théorème I.** — *Si l'on considère toutes les coniques passant par quatre points, chacune d'elles coupe une droite quelconque* Δ *en deux points, qui sont des points correspondants d'une division en involution.*

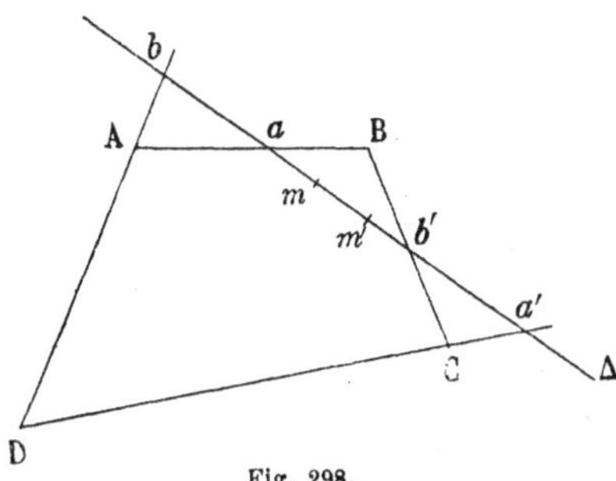

Fig. 298.

En effet, soient A, B, C, D (*fig.* 298) les quatre points, a, a' les points d'intersection de la droite Δ avec les droites AB et CD, b, b' ceux de Δ avec AD et BC, m et m' les points où une conique circonscrite au quadrilatère ABCD coupe la droite Δ. Les trois couples de points (a, a'), (b, b'), (m, m') sont trois couples de points correspondants d'une division en involution (598) ; donc m et m' sont des points correspondants de l'involution déterminée par les deux couples de points (a, a') et (b, b').

Si les points m et m' sont confondus, le point de réunion I est un point double de l'involution ; la conique correspondante est tangente à la droite Δ. Donc :

Il existe deux coniques passant par quatre points et tangentes à une droite Δ; *les deux points de contact sont les points doubles de l'involution déterminée sur* Δ *par les points où chaque conique passant par les quatre points coupe la droite* Δ.

639. **Théorème II.** — *Si l'on considère toutes les coniques tangentes à quatre droites, les tangentes menées d'un point quelconque* P *à chacune d'elles sont des rayons correspondants d'un faisceau en involution.*

Ce théorème est le corrélatif du précédent ; il se démontre d'une façon analogue.

Les deux rayons doubles du faisceau en involution sont les tangentes aux deux coniques passant par le point P *et tangentes aux quatre droites données.*

640. **Problème I.** — *Une conique étant définie comme le lieu des points d'intersection de deux rayons homologues de deux faisceaux homographiques, trouver les points où elle coupe une droite donnée* Δ (*fig.* 299).

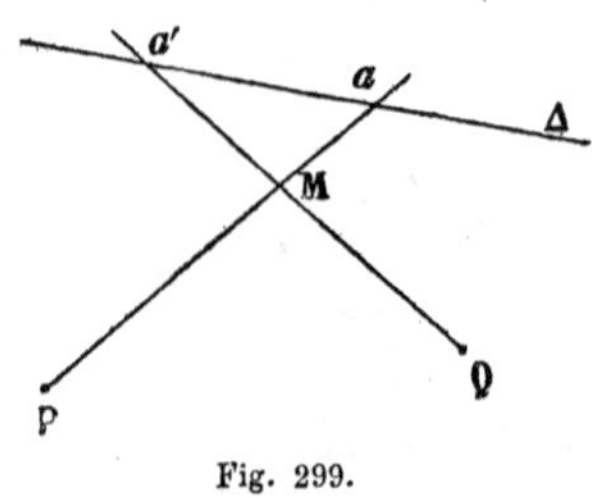

Fig. 299.

Deux rayons correspondants PM et QM des faisceaux homographiques coupent la droite Δ en deux points a et a' qui décrivent sur la droite Δ des divisions homographiques ; pour que le point M de la conique vienne sur Δ, il faut et il suffit que les points correspondants a et a' soient confondus. Le problème revient donc à trouver les points doubles de deux divisions homographiques de même base (67).

Supposons la droite Δ rejetée à l'infini ; les points d'intersection de la droite Δ avec la conique sont situés sur les asymptotes ; donc :

Pour trouver les directions asymptotiques de la conique, on cherche les rayons des faisceaux qui sont parallèles à leurs homologues.

Il suffit pour cela de transporter le faisceau Q parallèlement à lui-même en P et de chercher les rayons communs à ce nouveau faisceau et au faisceau P.

641. **Problème II.** — *Une conique étant définie comme l'enveloppe des droites qui joignent les points correspondants de deux divisions homographiques, trouver les tangentes à cette conique issues d'un point donné* P.

Ce problème est le corrélatif du précédent ; on le résout de la même façon ; on ramène la question à trouver les rayons doubles de deux faisceaux homographiques ayant pour sommet le point P.

§ VII.

Coniques homologiques.

642. **Théorème.** — *La figure homologique d'une conique est une conique.*

En effet, soient S le centre d'homologie, L l'axe d'homologie, C une conique donnée, A et B deux points fixes pris sur la conique, M un point variable de cette conique, A′, B′, M′ les homologues des points A, B, M.

Quand M décrit la conique C, les rayons AM et BM décrivent des faisceaux homographiques (597). D'autre part les droites

AM, A′M′ se rencontrent sur l'axe L ; les rayons AM, A′M′ décrivent donc des faisceaux homographiques ; il en est de même des rayons BM, B′M′.

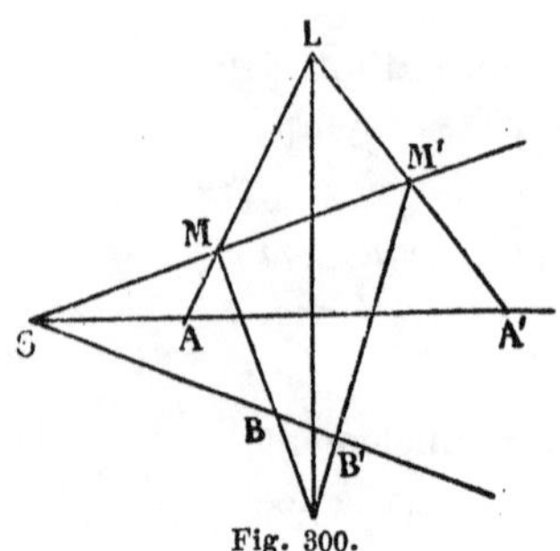

Fig. 300.

Il en résulte que les rayons A′M′ et B′M′ décrivent des faisceaux homographiques ; donc (631) le lieu du point M′ est une conique C′.

643. Remarque I. — Si la conique C coupe l'axe L en deux points P et Q, la conique C′ passera aussi par P et Q, car ces points coïncident avec leurs homologues. Dans ce cas, l'axe d'homologie est une *sécante commune* aux coniques homologiques C et C′.

644. Remarque II. — Si du point S on peut mener des tangentes α et β à la conique C, la conique C′ sera aussi tangente aux droites α et β; car ces droites coïncident avec leurs homologues. Dans ce cas, le centre d'homologie est un *point de concours des tangentes communes* aux deux coniques homologiques C et C′.

645. **Théorème.** — *Un point* P *et sa polaire* D *par rapport à la conique* C *ont pour transformés un point* P′ *et la polaire* D′ *de ce point* P′ *par rapport à la conique* C′.

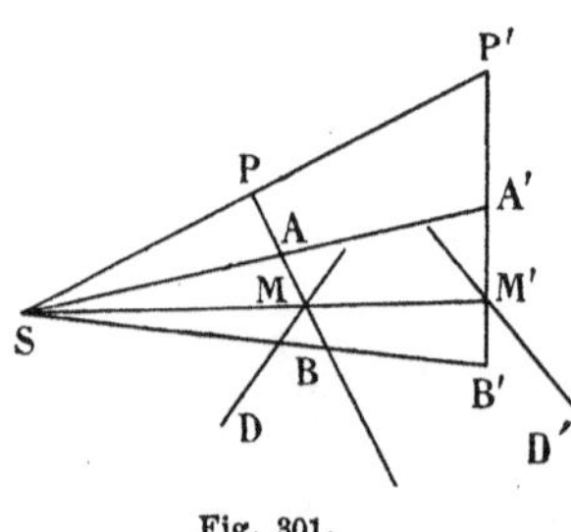

Fig. 301.

En effet, par le point P je mène une sécante quelconque PAB à la conique C, soit M le conjugué harmonique de P par rapport au segment AB ; aux points A, B, M correspondent, par l'homologie, les points A′, B′, M′. Le point M′ sera le conjugué harmonique du point P′ par rapport à A′B′ ; quand la sécante PAB tourne autour du point P, le point M décrit la droite D, le point M′ la droite D′, polaire de P′ par rapport à la conique C′.

646. **Corollaires.** — *Deux points conjugués par rapport à la conique* C *ont pour transformés deux points conjugués par rapport à la conique* C′.

Deux droites conjuguées par rapport à la conique C *ont pour transformées deux droites conjuguées par rapport à la conique* C′.

647. **Propriété du centre d'homologie.** — Si α et β sont deux droites passant par S et conjuguées par rapport à la conique C, ces deux droites sont aussi conjuguées par rapport à la conique C′, car ces droites coïncident avec leurs homologues ; donc

Tout couple de deux droites passant par le centre d'homologie et conjuguées par rapport à la conique C, *forme un couple de droites conjuguées par rapport à la conique* C′.

648. **Propriété de l'axe d'homologie.** — On voit de même que :

Deux points de l'axe d'homologie qui sont conjugués par rapport à la conique C *sont aussi conjugués par rapport à la conique* C′.

EXERCICES SUR LE CHAPITRE XII

330. Lieu des foyers des hyperboles qui ont une asymptote donnée et une directrice donnée.

331. Lieu des foyers des coniques qui ont une directrice donnée et qui passent par deux points donnés.

332. Construire une conique ayant une directrice donnée et passant par trois points donnés. — Discussion.

333. Lieu des foyers des coniques qui ont une directrice donnée, une tangente donnée et une excentricité donnée.

334. Construire une conique ayant une excentricité donnée, une directrice donnée et tangente à deux droites données.

335. Construire une hyperbole connaissant un foyer, la directrice correspondante et la longueur b de l'axe non transverse.

336. Construire une conique connaissant le centre, une directrice et un point.

337. Construire une conique connaissant un sommet, une directrice et un point de la courbe.

338. Trouver les points d'intersection de deux coniques qui ont un foyer commun.

339. Le rapport des sinus des angles que fait la normale en un point d'une conique avec la perpendiculaire à la directrice et le rayon vecteur qui va au foyer est constant.

340. Lieu géométrique des centres des cercles qui passent par un point fixe et qui coupent une droite fixe sous un angle constant.

341. La directrice relative à un foyer F est:

1° La polaire de ce foyer par rapport au cercle principal;

2° L'axe radical de ce foyer et du cercle directeur qui a pour centre l'autre foyer.

342. On considère tous les triangles ABC inscrits dans un cercle donné et tels que leur point de concours des hauteurs soit un point donné H. Enveloppe des côtés de ces triangles.

343. On considère toutes les cordes AB d'un cercle qui sont vues d'un point fixe I sous un angle droit; enveloppe de ces cordes.

344. En remarquant que l'ellipse est la projection orthogonale d'un cercle, on demande d'effectuer les constructions suivantes sur une ellipse dont on donne les axes:

1° Trouver les points d'intersection d'une droite et d'une ellipse;

2° Mener d'un point des tangentes à l'ellipse.

345. Lieu des milieux des sécantes à une ellipse issues d'un point.

346. Soient AA′ un diamètre d'une ellipse et M un point quelconque de l'ellipse. Démontrer que les droites MA, MA′ sont parallèles à deux diamètres conjugués de l'ellipse. — Réciproque.

347. Soient OA′ et OB′ deux demi-diamètres conjugués d'une ellipse. Trouver: 1° le lieu du milieu de la corde A′B′; 2° l'enveloppe de cette corde; 3° le lieu du point de rencontre des tangentes en A′ et B′ quand les droites OA′, OB′ tournent autour du point O.

348. On considère tous les triangles inscrits dans une ellipse et ayant leurs centres de gravité au centre de l'ellipse. Lieu des milieux des côtés de ces triangles.

349. On considère toutes les cordes MN d'une ellipse, telles que les droites IM, IN issues d'un point fixe I soient parallèles à deux diamètres conjugués de l'ellipse. Lieu du milieu et enveloppe de la corde MN.

350. Lieu des foyers de toutes les paraboles tracées sur un cône de révolution donné.

351. Étant donné un cône de révolution, couper ce cône par un plan tel que la section soit une parabole et que la directrice de cette parabole passe par un point donné.

352. Mener par un point un plan coupant un cône de révolution suivant une conique égale à une conique donnée.

353. Mener par une droite un plan coupant un cône de révolution suivant une conique semblable à une conique donnée. (Deux coniques sont semblables quand le rapport $\frac{a}{b}$ de leurs axes est le même.)

354. Quelle doit être la grandeur de l'angle au sommet d'un cône de révolution pour que ce cône admette trois génératrices formant un trièdre trirectangle?

355. Couper le cône de l'exercice précédent par un plan tel que la section soit une hyperbole équilatère dont l'axe non transverse passe par un point donné.

356. Soient Ox, Oy les axes d'une conique, M un point de la courbe, T et T′ les points où la tangente en M rencontre les droites

Ox et Oy, N et N′ les points où la normale en M rencontre les mêmes droites. Démontrer que les produits

$$\mathrm{ON} \times \mathrm{OT} \qquad \text{et} \qquad \mathrm{ON'} \times \mathrm{OT'}$$

restent fixes quand le point M décrit la conique. Ces produits ne changent pas si l'on remplace la conique par une autre ayant les mêmes foyers.

357. Quelle est la propriété de la parabole qui correspond à celle de l'exercice précédent ?

358. On considère toutes les coniques qui ont les mêmes foyers; par un point P situé sur un de leurs axes on mène des tangentes à ces coniques. Lieu des points de contact.

359. On considère toutes les coniques dont l'un des axes est une droite donnée, qui passent par un point donné et admettent en ce point une tangente donnée. Lieu des foyers de ces coniques.

360. Étant données une ellipse et deux droites α et β, par un point quelconque P du plan on mène des parallèles à α et à β; la première rencontre l'ellipse en M et M′, la seconde en N et N′. Démontrer que le rapport

$$\frac{\mathrm{PM} \times \mathrm{PM'}}{\mathrm{PN} \times \mathrm{PN'}}$$

est indépendant de la position du point P.

361. Construire les deux diamètres conjugués égaux d'une ellipse dont on donne les axes.

362. Les axes d'une ellipse étant donnés, construire deux diamètres conjugués de l'ellipse faisant entre eux un angle donné.

363. Par les extrémités C et C′ de deux demi-diamètres conjugués d'une ellipse on mène les tangentes qui rencontrent le grand axe en T et T′, le petit axe en S et S′. Démontrer que le point O étant le centre, on a

$$\frac{1}{\overline{\mathrm{OT}}^2} + \frac{1}{\overline{\mathrm{OT'}}^2} = \frac{1}{a^2},$$

$$\frac{1}{\overline{\mathrm{OS}}^2} + \frac{1}{\overline{\mathrm{OS'}}^2} = \frac{1}{b^2}.$$

364. Les axes AOA', BOB' d'une ellipse ont pour longueurs $2a$, $2b$; d'un point M de l'ellipse, on mène la perpendiculaire MP sur l'axe AA', puis la tangente en M qui rencontre AA' et BB' en T et T', enfin la normale en M qui rencontre AA' et BB' en N et N'.

Calculer les longueurs MT, MT', MN, MN', OT, OT', ON, ON', FM et F'M (F et F' sont les foyers), connaissant la longueur $OP = x$.

365. Déduire des formules obtenues les relations suivantes:

$$MT \times MT' = MN \times MN' = FM \times F'M = b'^2,$$

b' désignant la longueur du demi-diamètre conjugué au demi-diamètre OM.

366. Indiquer les formules et les propriétés correspondantes pour l'hyperbole.

367. Établir la relation

$$MT \times MT' = b'^2,$$

en considérant l'ellipse comme la projection orthogonale d'un cercle. En déduire la relation

$$MN \times MN' = b'^2.$$

368. Démontrer que le cercle circonscrit au triangle FMF' passe par les points N' et T'. En déduire la relation

$$MN \times MN' = FM \times FM'.$$

369. Soient H la polaire d'un point I par rapport à une conique, S un point quelconque de la conique, IAB une corde quelconque de la conique. Démontrer que les droites SA, SB coupent la polaire H en des points a et b qui sont conjugués par rapport à la conique.

370. Démontrer, en appliquant la propriété précédente, le théorème de l'exercice 346; étendre ce théorème à l'hyperbole.

371. Si d'un point de la droite H (*exercice 369*) on mène les tangentes à la conique, ces tangentes rencontrent une autre tangente quelconque en deux points α et β, tels que les droites Iα, Iβ sont conjuguées.

372. Les droites qui joignent le centre d'une conique aux deux points où une tangente quelconque rencontre deux tangentes parallèles sont deux diamètres conjugués par rapport à cette conique.

373. Que deviennent les propriétés indiquées aux exercices 369 et 371 quand le point I est un foyer de la conique?

374. Soient AT, A'T' deux tangentes parallèles d'une conique, A et A' étant leurs points de contact; la tangente en un point quelconque M rencontre ces tangentes en R et R'. Démontrer que le produit $AR \times A'R'$ reste fixe quand le point M décrit la conique.

375. Un angle de grandeur constante tourne autour d'un point F; le premier côté de l'angle rencontre une droite fixe D en M, le second côté une autre droite fixe D' en M'. Démontrer que la droite MM' enveloppe une conique ayant le point F pour foyer. — Théorème réciproque.

376. Étant données deux droites D et D' et des points fixes I et I' sur ces droites, on prend sur ces droites des points variables M et M' tels que

$$\frac{IM}{I'M'} = k.$$

Démontrer que la droite MM' enveloppe une parabole. Théorème réciproque.

377. Les droites qui joignent deux points fixes P et Q d'une hyperbole à un point variable M de cette courbe découpent un segment de longueur constante sur une asymptote.

378. Étant donnés sur une conique deux points fixes P, Q et une tangente fixe en un point A, les droites PM, QM qui joignent les points P et Q à un point variable M de la conique rencontrent la tangente fixe en deux points R et S tels que

$$\frac{1}{AR} - \frac{1}{AS} = \text{const.}$$

379. Soient P et Q deux points fixes d'une parabole, M un point variable, α et β les angles des droites PM, QM avec l'axe. Démontrer que la différence

$$\cot\beta - \cot\alpha$$

reste fixe.

380. Les droites qui joignent deux points fixes P et Q d'une conique à un point variable M de cette conique rencontrent une transversale L en deux points μ et μ', qui se correspondent homographiquement. Quelle doit être la position de la droite L pour que cette correspondance soit involutive ? Indiquer la propriété corrélative.

381. Étant données deux droites D et D′ et une conique C, à chaque point M de la droite D on fait correspondre le point M′ où la polaire de M rencontre la droite D′. Trouver l'enveloppe de la droite MM′. — Théorème corrélatif.

382. Si, dans l'exercice précédent, D et D′ sont les directrices de la conique C, la conique enveloppe de la corde MM′ a les mêmes foyers que la conique C.

383. Étant donné un triangle ABC, on prend sur le côté BC deux points α et α', sur le côté CA deux points β et β', sur le côté AB deux points γ et γ'. Démontrer que la condition nécessaire et suffisante pour que les six points α, α', β, β', γ, γ' appartiennent à une même conique est

$$(1) \qquad \frac{\alpha B \times \alpha' B}{\alpha C \times \alpha' C} \times \frac{\beta C \times \beta' C}{\beta A \times \beta' A} \times \frac{\gamma A \times \gamma' A}{\gamma B \times \gamma' B} = +1.$$

(On démontre que la relation (1) existe dans le cas où la conique est un cercle; on vérifie ensuite que le premier membre de cette relation conserve sa valeur quand on fait une projection centrale.)

384. Pour que les six droites $A\alpha$, $A\alpha'$, $B\beta$, $B\beta'$, $C\gamma$, $C\gamma'$ soient tangentes à une même conique, il faut et il suffit que la relation (1) (*exercice 383*) soit vérifiée.

385. Démontrer que si MM′ et NN′ sont deux sécantes parallèles d'une conique, RR′ une sécante quelconque rencontrant MM′ en P et NN′ en Q, on a

$$\frac{PM \times PM'}{PR \times PR'} = \frac{QN \times QN'}{QR \times QR'}.$$

386. Déduire de l'exercice précédent une démonstration de la propriété indiquée (*exercice 360*). Étendre la propriété à toutes les coniques.

387. Si PMM′ et PNN′ sont deux sécantes rectangulaires d'une hyperbole équilatère, on a

$$PM \times PM' = -PN \times PN'.$$

En conclure que toute hyperbole équilatère circonscrite à un triangle passe par le point de rencontre des hauteurs.

388. Mener par un point donné I deux droites rectangulaires conjuguées par rapport à une conique.

389. Étant données une conique C et une droite extérieure D, il existe deux points I et I′ tels que tout segment de la droite D ayant pour extrémités deux points conjugués par rapport à la conique soit vu des points I et I′ sous un angle droit. Construire ces deux points.

390. Étant donnés une conique et un point I de son plan, il existe deux droites D et D′ telles que les rayons qui vont du point I à deux points de l'une des droites conjuguées par rapport à la conique soient rectangulaires. Construire ces deux droites.

391. Étant données une conique C et une droite extérieure D, trouver le lieu des points S tels que le cône qui a pour sommet S et pour base la conique C soit coupé par un plan parallèle au plan (S, D) suivant un cercle.

392. Étant donnés une conique C et un point O, on considère toutes les cordes AB de la conique telles que OA et OB soient deux rayons correspondants d'un faisceau donné en involution. — Enveloppe de la corde AB. Cette enveloppe est une conique, la polaire du point O par rapport à cette conique est la même que par rapport à la conique C.

Deux rayons correspondants OA, OB du faisceau en involution sont conjugués par rapport à l'enveloppe.

Cas où les rayons doubles du faisceau en involution sont conjugués par rapport à la conique C. — Théorème corrélatif.

393. Autour du centre O d'une conique on fait tourner un angle droit dont les côtés rencontrent la conique en A et B. Démontrer que la corde AB enveloppe un cercle de centre O.

En donner une démonstration directe en vérifiant que

$$\frac{1}{\overline{OA}^2} + \frac{1}{\overline{OB}^2}$$

reste fixe quand l'angle tourne autour du point O.

394. Autour du foyer d'une conique on fait tourner un angle droit dont les côtés rencontrent la conique en A et B. Enveloppe de la corde AB.

395. Lieu des points d'où l'on peut mener à une conique C des tangentes parallèles à deux diamètres conjugués d'une conique C′.

396. Lieu des points tels que les tangentes issues de chacun d'eux à une conique C soient également inclinées sur une droite fixe D.

397. Étant donnés cinq points d'une conique, construire:

1° La tangente en l'un de ces points ;

2° L'intersection de la conique avec une droite passant par l'un des points;

3° Le centre, les axes et les asymptotes.

398. Étant données cinq tangentes d'une conique, construire:

1° Le point de contact de chacune d'elles;

2° Les tangentes à la conique menées d'un point d'une droite donnée;

3° Le centre, les axes et les asymptotes.

399. Construire une hyperbole équilatère connaissant la direction des asymptotes et trois points de la courbe.

400. Les polaires d'un point P par rapport à toutes les coniques qui passent par quatre points concourent en un même point P′. Lieu du point P′ quand P décrit une droite.

401. Le lieu des pôles d'une droite D par rapport à toutes les coniques tangentes à quatre droites est une droite Δ. Trouver l'enveloppe de la droite Δ quand la droite D passe par un point fixe.

402. Lieu des centres des coniques inscrites dans un quadrilatère.

403. Une droite D est une *corde commune* à deux coniques C et C′ si tout couple de deux points de la droite D conjugués par rapport à l'une est conjugué par rapport à l'autre. Dans le cas où la droite D coupe la conique C, les deux coniques ont deux points communs situés sur la droite D; si la droite D est extérieure à la conique C, elle est aussi extérieure à la conique C′. La droite D est alors une corde commune ayant des points d'intersection imaginaires.

Dans tous les cas, montrer qu'il existe un point de la droite D qui a même polaire par rapport aux deux coniques.

404. Un point S est un *centre de tangentes communes* à deux coniques C et C′ si tout couple de deux rayons issus du point S et conjugués par rapport à l'une est conjugué par rapport à l'autre.

Si le point S est extérieur à l'une des coniques, il est extérieur à l'autre; les tangentes issues du point S aux deux coniques sont les mêmes.

Si le point S est intérieur à l'une des coniques, il est intérieur à l'autre. On dit que de ce point on peut mener les mêmes tangentes imaginaires aux deux coniques.

Dans tous les cas, il existe une droite passant par le point S qui a même pôle par rapport aux deux coniques.

405. Soit D une droite extérieure à deux coniques C et C′. Démontrer qu'on peut trouver des points S tels que les cônes (S, C), (S, C′) soient coupés suivant des cercles par des plans parallèles au plan (S, D).

406. Étant données une conique C et deux droites extérieures D et D′, on considère toutes les coniques S qui ont comme cordes communes avec la conique C les droites D et D′. Démontrer que les deux points où chacune de ces coniques coupe une droite L sont deux points correspondants d'une division en involution. Démontrer en outre que ces coniques possèdent la propriété indiquée à l'exercice 400.

Indiquer les propriétés corrélatives.

407. On considère toutes les coniques touchant une droite donnée en un point donné A et passant par deux points donnés B et C; chacune de ces coniques coupe deux droites données Ax, Ay aux points D et E. Démontrer que la droite DE passe par un point fixe. — Théorème corrélatif.

408. On considère toutes les hyperboles équilatères qui ont une asymptote donnée et qui passent par un point donné; chacune de ces courbes rencontre deux droites fixes H et H′, parallèles à l'asymptote donnée, en D et D′. Démontrer que la droite DD′ passe par un point fixe.

409. On considère toutes les coniques passant par quatre points A, B, C, D; chacune d'elles coupe deux droites fixes Ax, Ay en M et N. Enveloppe de la corde MN. — Théorème corrélatif.

410. Lieu des points d'où l'on peut mener aux paraboles tangentes à trois droites données des tangentes ayant des directions données.

411. Lorsque deux triangles sont inscrits dans une même conique, leurs côtés sont tangents à une autre conique. (La démonstration repose sur la propriété établie à l'exercice 409.) — Théorème corrélatif.

412. S'il existe un triangle inscrit dans une conique C et circonscrit à une conique C', il existe une infinité de triangles analogues.

413. Le centre commun S de deux faisceaux homographiques est situé sur une conique C; deux rayons correspondants rencontrent la conique en M et N. Enveloppe de la droite MN. — Théorème corrélatif.

414. Lieu des sommets des angles de grandeur constante tangents à une parabole.

415. Si deux triangles ABC, A'B'C' sont conjugués par rapport à une même conique S: 1° leurs sommets appartiennent à une même conique; 2° leurs côtés sont tangents à une même conique.

[La démonstration repose sur la remarque suivante :
Donnons-nous le triangle ABC et le sommet A' du second triangle. Les sommets B' et C' sont en correspondance involutive sur la polaire H du point A'; d'autre part, si l'on considère toutes les coniques passant par les quatre points A, B, C, A', chacune d'elles coupe la droite H en deux points qui se correspondent involutivement. On démontrera que ces deux correspondances en involution sont identiques.]

416. S'il existe un triangle ABC inscrit dans une conique Σ et conjugué par rapport à une conique S, il existe une infinité de triangles possédant ces deux propriétés. Les côtés de ces triangles sont tangents à une même conique. — Théorème corrélatif.

417. Étant donnés une hyperbole équilatère H et un cercle C ayant son centre en P sur l'hyperbole, il existe une infinité de triangles ABC inscrits dans l'hyperbole H et conjugués par rapport au cercle C. Les côtés de ces triangles enveloppent une parabole et les cercles circonscrits passent par deux points fixes.

418. Étant donnés une conique et deux points fixes A et B, les droites MA, MB, qui vont d'un point variable de la conique aux points A et B coupent la conique en E et F. Enveloppe de la droite EF. — Théorème corrélatif.

419. Si tous les sommets d'un polygone se déplacent sur une conique et si tous les côtés, sauf un, tournent autour de points fixes, le côté libre enveloppe une conique. — Théorème corrélatif.

420. Étant données deux coniques C et Γ, on considère toutes les droites D telles que les points d'intersection de chacune d'elles avec la conique C soient conjugués harmoniques par rapport à ses points d'intersection avec la conique Γ.

Démontrer que les droites D enveloppent une conique. — Cas où l'enveloppe se réduit à deux points.

421. On considère les coniques circonscrites à un triangle et telles que deux points donnés P et P′ soient conjugués par rapport à ces coniques. Démontrer que toutes ces coniques passent par un quatrième point et construire ce point. — Théorème corrélatif.

422. On considère toutes les coniques inscrites dans un triangle et telles que les tangentes menées d'un point P à chacune d'elles soient rectangulaires. Démontrer que toutes ces coniques touchent une quatrième droite et construire cette droite.

423. Deux coniques C et C′ sont dites *bitangentes* lorsqu'il existe une droite D telle que tout point de cette droite a même polaire par rapport aux deux coniques. La droite D est la *corde de contact;* cette droite D a même pôle S par rapport aux deux coniques. Ce pôle commun S est le *centre de contact;* toute droite passant par le point S a même pôle par rapport aux deux coniques.

Si la droite D coupe l'une des coniques, elle coupe l'autre aux mêmes points; aux points communs, les deux coniques ont les mêmes tangentes.

Si la droite D est extérieure à l'une des coniques, elle est extérieure à l'autre; on dit que les deux coniques ont un double contact en des points imaginaires de la droite D.

Démontrer, dans ce dernier cas, qu'on peut faire une projection centrale dans laquelle les coniques se projettent suivant deux cercles concentriques.

424. Étant donnés une conique C, une droite D et un point A, construire une conique C′ passant par le point A, bitangente à la conique C, la corde de contact étant D. — Problème corrélatif.

425. Les coniques bitangentes à une conique C et passant par deux points donnés A et A′ se partagent en deux séries; les cordes de contact des coniques d'une même série passent par un même point I de la droite AA′. — Théorème corrélatif.

426. Construire une conique bitangente à une conique donnée et passant par trois points donnés.

427. Construire une conique bitangente à une conique donnée et tangente à trois droites données.

428. Étant donnés une conique et un point P intérieur à cette conique, faire une projection centrale telle que la conique se projette suivant un cercle et le point P au centre de ce cercle. — Lieu des centres de projection.

429. Étant donnés une conique et un point P extérieur à cette conique, faire une projection centrale telle que la conique se projette suivant une hyperbole équilatère et le point P au centre de cette hyperbole. — Lieu des centres de projection.

430. Étant donnés une conique et deux points P et Q intérieurs à cette conique, faire une projection centrale telle que le point P se projette au centre et le point Q à un foyer de la projection.

431. Étant données deux droites D et Δ non situées dans un même plan et deux divisions homographiques ayant pour bases ces deux droites, on considère les droites MM′ qui joignent les points correspondants de ces divisions. Trouver: 1° le lieu des traces de ces droites sur un plan quelconque Π; 2° l'enveloppe des projections centrales de ces droites sur le plan Π.

432. Étant données deux droites D et Δ qui ne sont pas situées dans un même plan, on considère toutes les sécantes L à ces deux droites telles que les plans (D, L) et (Δ, L) soient rectangulaires. Démontrer que les sécantes L déterminent sur les droites D et Δ des divisions homographiques.

433. Deux droites D et Δ non situées dans un même plan rencontrent respectivement une conique en P et Q; par chaque point

M de la conique on mène une droite L rencontrant les droites D et Δ. Démontrer que les sécantes L déterminent sur les droites D et Δ des divisions homographiques.

434. Deux cônes qui ont pour bases une même conique se coupent suivant une autre conique. — Construire le plan de cette conique.

435. Conditions nécessaires et suffisantes pour qu'il existe un cône contenant deux coniques données. — Montrer qu'il existera, en général, un autre cône contenant ces coniques.

436. Un cône a pour base une conique C et pour sommet le point S; par le point S on mène une droite D perpendiculaire à chacun des plans tangents au cône S; les droites D décrivent un cône T. Démontrer:

1° Que tout plan coupe le cône T suivant une conique;

2° Que si on applique la même construction au cône T, on retrouve le cône S.

Indiquer la relation qui existe entre les intersections des cônes S et T par un même plan.

Ces deux cônes S et T sont dits *supplémentaires*.

437. Une conique C a pour sommets A, A'; par la droite AA' on mène un plan perpendiculaire au plan de la conique et on prend un point quelconque S dans ce plan. Trouver les sections circulaires du cône (S, C).

438. Un cône a pour sommet S et pour base un cercle C. Trouver les sections circulaires du cône supplémentaire du cône (S, C).

439. Deux cônes de même sommet S sont dits *homocycliques* lorsqu'il existe deux séries de plans parallèles qui coupent chacun des cônes suivant des cercles. Démontrer:

1° Que deux cônes homocycliques ont le même plan principal;

2° Que tout plan mené par le sommet commun coupe chacun d'eux suivant un système de deux droites ayant les mêmes bissectrices;

3° Que si un plan est tangent à deux cônes homocycliques, les génératrices de contact sont rectangulaires;

4° Que si l'on considère tous les cônes homocycliques d'un cône donné, les cercles suivant lesquels ils sont coupés par un même plan de sections circulaires forment un faisceau.

440. Dans un cône à base circulaire on appelle *focales* les droites menées par le sommet perpendiculairement aux sections circulaires du cône supplémentaire. Démontrer que tout plan perpendiculaire à une focale coupe le cône primitif suivant une conique ayant son foyer au pied de la focale.

441. La projection orthogonale d'une section plane d'un cône de révolution sur un plan perpendiculaire à l'axe a l'un de ses foyers au pied de l'axe. — Quelle est la directrice correspondante ?

442. Figure homologique d'une conique, quand on prend le centre d'homologie sur la conique. — Réciproque.

443. Figure homologique d'une conique, quand l'axe d'homologie est tangent à la conique. — Réciproque.

444. Figure homologique d'un cercle, quand le centre d'homologie est au centre du cercle.

445. Deux coniques qui ont un foyer commun peuvent être considérées comme deux figures homologiques, le centre d'homologie étant placé au foyer commun.

446. La section plane d'un paraboloïde hyperbolique ou d'un hyperboloïde réglé est une conique.

447. Les projections des génératrices d'un hyperboloïde réglé sur un plan P enveloppent une conique. — Cas où le plan P est perpendiculaire à une génératrice de la surface.

448. Les projections des génératrices d'un paraboloïde hyperbolique sur un plan P enveloppent une parabole. Cas où le plan P est perpendiculaire à une génératrice du paraboloïde.

449. Il y a une infinité d'hyperboloïdes réglés, contenant une conique donnée. — Comment se coupent deux de ces hyperboloïdes ?

450. Trouver, sur un paraboloïde hyperbolique, le lieu des points tels que les deux génératrices qui passent par ce point soient rectangulaires.

CHAPITRE XIII

GÉOMÉTRIE DE SITUATION. MESURE DES AIRES

§ 1.

Polygones plans.

649. Tout ce chapitre repose sur le fait suivant : *Une droite* D *d'un plan partage ce plan en deux régions; le segment de droite qui joint deux points d'une même région ne rencontre pas la droite* D ; *au contraire, le segment de droite qui joint deux points appartenant à des régions distinctes rencontre la droite* D.

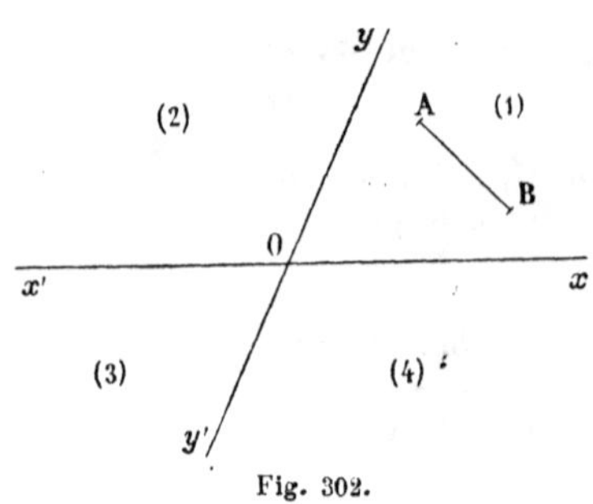

Fig. 302.

Nous admettrons ici ce principe, sans rechercher comment il se rattache aux autres postulats de la géométrie.

650. Deux droites indéfinies $x'Ox$, $y'Oy$ (*fig.* 302) forment quatre angles : xOy, yOx', $x'Oy'$, $y'Ox$. Par rapport à la droite indéfinie $x'Ox$, un point peut se trouver du même côté que la demi-droite Oy ou du même côté que la demi-droite Oy' ; de même, par rapport à la droite indéfinie $y'Oy$, un point du plan

peut se trouver, soit du même côté que la demi-droite Ox, soit du même côté que la demi-droite Ox'.

De là quatre régions possibles pour un point du plan non situé sur les droites.

Le point est par rapport à la droite x'Ox du même côté que la demi-droite Oy et par rapport à la droite y'Oy du même côté que la demi-droite Ox : le point est dit à l'intérieur de l'angle xOy ou dans la 1re région.

On définit de même les points situés à l'intérieur des angles yOx', x'Oy' et y'Ox, qui constituent les 2e, 3e et 4e régions.

Deux de ces régions sont *opposées* quand elles sont situées dans des angles opposés par le sommet ; elles sont *adjacentes* dans le cas contraire.

Si deux points A *et* B *appartiennent à une même région, le segment de droite qui les joint ne rencontre pas les deux droites données.*

Supposons, par exemple, que les deux points appartiennent à la première région. Les points A et B étant tous deux du même côté que Oy par rapport à la droite x'Ox sont dans une même région par rapport à cette droite, par conséquent le segment AB ne rencontre pas la droite x'Ox ; on voit de même qu'il ne rencontre pas la droite y'Oy.

On démontre de même que :

Le segment qui joint deux points appartenant à des régions adjacentes rencontre la demi-droite qui sépare ces deux régions ; il ne rencontre pas les autres demi-droites.

Ainsi, le segment qui joint un point A de la région (1) et un point B de la région (2) rencontre la demi-droite Oy et ne rencontre pas les demi-droites Ox, Oy', Ox'.

Le segment qui joint un point à un autre point de la région opposée rencontre les deux droites données.

Ainsi, le segment qui joint un point A de la région (1) à un point B de la région (3) rencontre les deux droites x'Ox et y'Oy.

651. La définition d'un polygone plan a été donnée dans la première partie [63]. Deux côtés consécutifs d'un polygone ont

un point commun, qui est un sommet du polygone ; il peut se faire que deux côtés non consécutifs se coupent, le point d'intersection de ces deux côtés est appelé un *point de croisement.* Ainsi, le quadrilatère ABCD (*fig.* 303), dont les côtés BC et DA se coupent en I, présente un point de croisement, le point I.

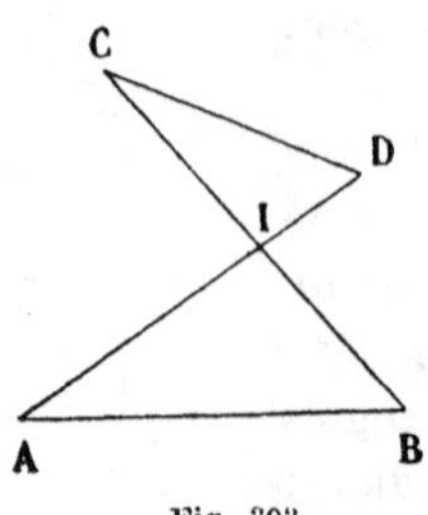

Fig. 303.

652. Définitions. — Un point P, non situé sur le périmètre d'un polygone, est dit *intérieur* au polygone si toute demi-droite issue de ce point rencontre le périmètre du polygone en un nombre impair de points ; au contraire, le point P est dit *extérieur* au polygone si toute demi-droite issue de ce point rencontre le périmètre en un nombre pair de points (zéro étant compris).

Pour éviter toute difficulté, nous exclurons de nos considérations les demi-droites qui passent par un sommet ou par un point de croisement.

Pour justifier la définition donnée, il faut montrer que si une demi-droite tourne autour d'un point P (en tenant compte de l'exclusion qui vient d'être indiquée), le nombre des points où elle rencontre le polygone est ou toujours pair ou toujours impair.

En effet, considérons les demi-droites issues du point P et allant aux sommets et aux points de croisement du polygone ; supposons d'abord ces demi-droites distinctes, et appelons D l'ensemble de ces demi-droites. Imaginons maintenant qu'une demi-droite PL tourne autour du point P, toujours dans le même sens ; nous allons chercher comment varie le nombre des points d'intersection de la demi-droite avec le périmètre du polygone. Pour cela nous examinerons les cas suivants :

1° *Deux demi-droites* PL, PL′ *ne contiennent dans leur angle aucune des demi-droites* D.

Dans ce cas (650), tout côté qui rencontre la demi-droite PL rencontre la demi-droite PL′ ; le nombre des points d'intersection des deux demi-droites est le même.

2° *Deux demi-droites* PL, PL′ *comprennent dans leur angle une seule demi-droite* D.

Partageons les côtés du polygone en deux groupes : d'une part, les deux côtés qui se coupent sur la demi-droite D ; d'autre part, les autres côtés.

Pour la même raison que dans le cas précédent, le nombre des points d'intersection des deux demi-droites PL, PL′ avec les côtés du second groupe est le même. Il reste donc à chercher le nombre des points d'intersection des demi-droites avec les deux côtés qui se rencontrent sur la demi-droite D ; soit A ce point de rencontre.

Si le point A est un point de croisement (*fig.* 304), chacun

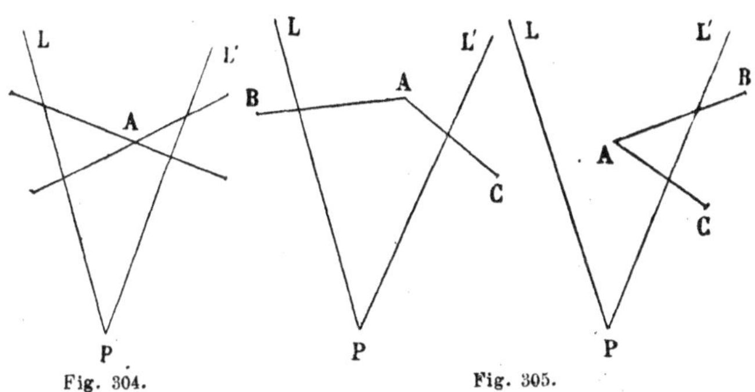

Fig. 304. Fig. 305.

des côtés qui passent par A a ses sommets en dehors de l'angle LPL′, et dans des régions différentes par rapport au couple de droites PL, PL′ (650) ; chacun de ces côtés rencontre donc les demi-droites PL, PL′.

Supposons que le point A soit un sommet (*fig.* 305) ; soient B et C les sommets consécutifs qui sont placés en dehors de l'angle LPL′; on voit facilement (650) que si la ligne brisée BAC rencontre une demi-droite en un point, elle rencontre aussi l'autre en un point ; que si cette ligne brisée rencontre une des demi-droites en deux points, elle ne rencontre pas l'autre, et inversement.

Donc, dans ce cas, la différence entre le nombre des points d'intersection des demi-droites PL et PL′ est pair.

3° *Les demi-droites* PL *et* PL′ *sont quelconques.*

On pourra toujours intercaler dans l'angle LPL′ un certain nombre de demi-droites PL_1, PL_2, etc., telles que si l'on considère la série PL, PL_1, PL_2. .... PL′, on passe d'une demi-droite à la suivante en restant dans l'un des deux cas qui viennent d'être examinés. Quand on passe d'une demi-droite à la suivante, le nombre des points d'intersection varie d'un nombre pair ; par conséquent, si l'on compte les points d'intersection des deux demi-droites PL, PL′, ces deux nombres sont : ou tous deux pairs, ou tous deux impairs.

653. Remarque I. — Le cas où deux demi-droites de l'ensemble D sont confondues peut être considéré comme un cas limite du précédent. On peut d'ailleurs le traiter directement. Si, en effet, il y avait sur une même demi-droite D plusieurs sommets ou points de croisement, on considérerait isolément chacun de ces points ; la différence entre le nombre des points d'intersection des demi-droites PL et PL′ avec les deux côtés qui passent par chacun des points est toujours paire ; donc il en est de même pour l'ensemble des côtés qui passent par les sommets et les points de croisement situés sur la demi-droite D.

Si un côté BC du polygone était placé sur la demi-droite D, on considérerait les deux côtés consécutifs AB et CD ; on verrait comme plus haut que les nombres de points d'intersection de ces deux côtés soit avec la demi-droite PL, soit avec la demi-droite PL′, sont de même parité.

654. Remarque II. — Il résulte de ce qui précède qu'on peut supprimer, sans changer les résultats du théorème qui sert à justifier la définition des points intérieurs et extérieurs, l'obligation imposée à la demi-droite de ne pas passer par un point de

croisement, pourvu qu'on compte ce point de croisement pour *deux* dans le nombre des points d'intersection. Avec cette convention, on voit que le nombre des points d'intersection d'une demi-droite avec le périmètre du polygone ne change pas quand, en tournant autour de son origine, la demi-droite vient passer par un point de croisement.

655. **Corollaires.** — 1° *Tout segment de droite qui joint deux points intérieurs sans passer par un sommet, rencontre le périmètre en un nombre pair de points.*

En effet, soient P et Q les deux points intérieurs. Prolongeons la droite PQ indéfiniment au delà des points P et Q ; on obtient ainsi deux demi-droites ayant pour origine P et Q, et chacune d'elles rencontre le périmètre en un nombre impair de points. La différence entre le nombre des points d'intersection est donc paire ; or cette différence représente le nombre des points d'intersection situés sur le segment PQ, ce qui justifie la proposition.

2° *Tout segment qui joint deux points extérieurs, sans passer par un sommet, rencontre le périmètre en un nombre pair de points.*

3° *Tout segment qui joint un point extérieur à un point intérieur, sans passer par un sommet (nous verrons tout à l'heure que cette restriction est inutile), coupe le périmètre en un nombre impair de points.*

Même démonstration que pour le premier corollaire.

Réciproquement, *si un segment* PQ, *ne passant pas par un sommet, rencontre le périmètre en un nombre pair de points, les points* P *et* Q *sont : ou tous deux intérieurs, ou tous deux extérieurs au polygone. Si le segment rencontre le périmètre en un nombre impair de points, l'un des points* P *et* Q *est intérieur au polygone et l'autre extérieur.*

656. **Sécantes menées par un sommet.** — Dans la définition des points intérieurs ou extérieurs à un polygone, nous avons

exclu la considération des demi-droites passant par un sommet. Nous allons montrer que, grâce à une convention que nous allons faire, on peut introduire ces demi-droites aussi bien que les autres. Nous supposerons d'abord que la sécante ne contient qu'un seul sommet A ; soient AB et AC les côtés du polygone qui passent par le sommet A, P un point quelconque de la sécante. Nous distinguerons deux cas :

1° *Les côtés* AB *et* AC *sont de part et d'autre de la sécante* (*fig.* 306).

Nous avons vu que dans ce cas on peut former un angle LPL′ (652) comprenant la demi-droite PA et tel que si une demi-droite Px est intérieure à cet angle, le nombre des points d'intersection de Px avec le périmètre est le même que celui des points d'intersection de la droite PA ; donc, on pourra se servir de la demi-droite PA pour savoir si le point P est intérieur

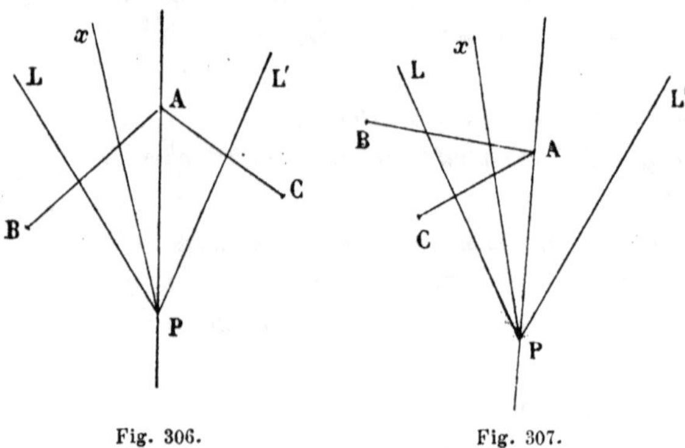

Fig. 306. Fig. 307.

ou extérieur au polygone, en comptant pour une unité le point d'intersection A.

2° *Les côtés* AB *et* AC *sont d'un même côté par rapport à la sécante* (*fig.* 307).

On peut dans ce cas (652) former un angle LPL′ tel qu'une demi-droite Px située dans l'angle LPA coupe le périmètre en $k + 2$ points, une demi-droite située dans l'angle APL′ le coupant en k points ; enfin la demi-droite PA le coupera en

$k + 1$ points. Si donc nous convenons de dire que la demi-droite PA coupe le périmètre en *deux points confondus* avec le sommet A, on pourra faire usage de la demi-droite PA pour voir si le point P est intérieur ou extérieur au polygone.

Il est clair que cette convention étant faite, les corollaires du nº 655 sont applicables à des segments de droites passant par un sommet.

657. Remarque. — On voit facilement que la convention qui vient d'être faite permet de distinguer les points intérieurs ou extérieurs, même dans le cas où la sécante contient plusieurs sommets.

658. Soit D une sécante passant par un sommet A (*fig.* 308). Le point A partage la droite D en deux demi-droites Ax, Ax' ; soient H et K les points où ces demi-droites rencontrent pour la première fois le périmètre (si la demi-droite Ax ne rencontre pas le périmètre, on peut prendre le point H n'importe où sur cette demi-droite ; même remarque pour le point K sur Ax'). Les points du segment AH sont : ou tous intérieurs, ou tous extérieurs au polygone, car si P et P′ sont deux de ces points, le segment PP′ ne rencontre pas le périmètre, les points P et P′ (655) appartiennent à la même région ; même conclusion pour les points du segment AK.

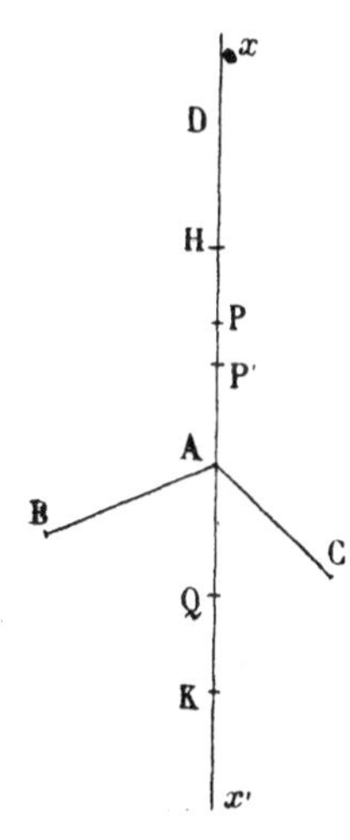

Fig. 308.

Prenons maintenant un point P sur le segment AH et un point Q sur le segment AK. Si les deux côtés AB, AC du polygone sont de part et d'autre de la droite D, le point A compte pour un seul point d'intersection (656) ; donc P et Q sont dans des régions distinctes. Des deux segments AH et

AK, l'un est intérieur au polygone, l'autre est extérieur ; on dit que la sécante *traverse* le polygone. Si, au contraire, les deux côtés AB, AC sont d'un même côté de la droite D, le point A compte pour deux points d'intersection (656) ; les points P et Q appartiennent à la même région. Les deux segments AH et AK sont : ou tous deux intérieurs, ou tous deux extérieurs au polygone ; on dit que la sécante *ne traverse pas* le polygone.

659. **Angle d'un polygone.** — Soient A le sommet d'un polygone, AB, AC les côtés qui passent par ce sommet, Ax une demi-droite issue du sommet A. Nous avons vu qu'on peut trouver sur Ax un point H tel que les points du segment AH soient : ou tous intérieurs au polygone, ou tous extérieurs ; dans le premier cas, nous dirons que la demi-droite *pénètre à l'intérieur* du polygone ; dans le second cas, qu'elle *pénètre à l'extérieur* du polygone.

Considérons deux demi-droites Ax, Ay (*fig.* 309) ; on peut prendre sur ces demi-droites des points H et K tels que tous les points du segment AH appartiennent à une même région, de même que tous les points du segment AK, et que de plus le segment HK ne rencontre pas ce qui reste du périmètre du polygone quand on en a enlevé la ligne brisée BAC.

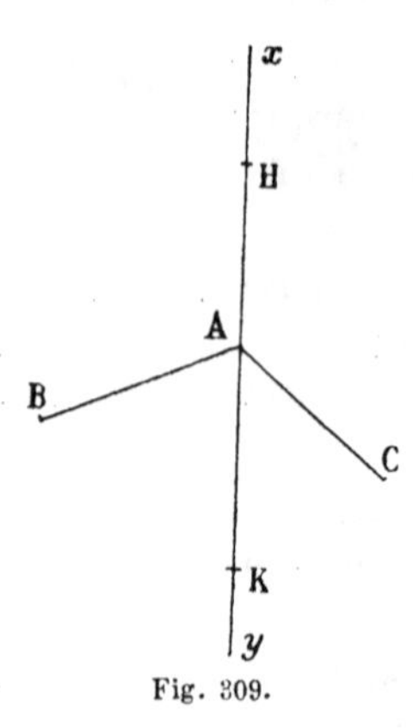

Fig. 309.

Cela posé, si les demi-droites Ax et Ay sont toutes deux à l'intérieur ou toutes deux à l'extérieur de l'angle BAC, le segment HK coupe l'angle BAC, et par suite le périmètre, en 0 ou 2 points, les points H et K appartiennent à la même région ; donc les demi-droites Ax et Ay pénètrent : ou toutes deux à l'intérieur, ou toutes deux à l'extérieur du polygone. Si l'une des demi-droites Ax, Ay est dans l'angle BAC et l'autre hors de cet angle, l'une des droites pénètre à l'intérieur et l'autre à l'extérieur, comme le montre un raisonnement analogue au précédent.

Il résulte de là que les demi-droites issues du sommet A se partagent en deux groupes, celles qui pénètrent à l'intérieur du polygone et celles qui pénètrent à l'extérieur ; que ces deux groupes sont séparés par les demi-droites AB, AC, formées par les côtés du polygone.

Si les demi-droites qui pénètrent à l'intérieur sont situées dans l'angle BAC, on dit que l'angle A est un *angle ordinaire* du polygone ; dans le cas contraire, l'angle A est un *angle rentrant* du polygone.

Supposons qu'on ait fixé le rang des côtés d'un polygone [63]; imaginons une demi-droite tournant autour d'un sommet A, coïncidant à l'origine avec le côté de rang le moins élevé pour aboutir à l'autre, et tournant dans un sens tel qu'elle pénètre constamment à l'intérieur.

Le *sens* de l'angle A est le sens de rotation de cette demi-droite.

La *grandeur* de l'angle est celle de l'angle dont on a fait tourner la demi-droite. On voit que si A est un angle rentrant, la grandeur de l'angle A surpasse deux droits.

660. **Théorème.** — *Si un polygone n'a pas de points de croisement et si* P *et* Q *sont deux points quelconques pris à l'intérieur du polygone, il existe une ligne brisée ayant pour extrémités* P *et* Q *et située tout entière à l'intérieur du polygone.*

Autrement dit, on peut aller d'un point intérieur à un autre point intérieur par un chemin formé de droites et ne rencontrant pas le périmètre.

Nous démontrerons d'abord le lemme suivant :

LEMME. — *Soient* AB *un côté du polygone* (*fig.* 310), D *et* D_1 *deux sécantes qui traversent le polygone en* A *et* B *; prenons sur ces sécantes les demi-droites* Ax, By *qui pénètrent à l'intérieur. On pourra trouver sur ces demi-droites des points* H *et* K *tels que si α est un point quelconque du segment* AH, β *un point quelconque du segment* BK, *le segment* αβ *soit tout entier à l'intérieur du polygone.*

Nous pouvons évidemment prendre sur la demi-droite Ax un point H′ satisfaisant aux deux conditions suivantes: 1° tous les points du segment AH′ sont intérieurs au polygone ; 2° il n'existe pas de sommets du polygone à l'intérieur de l'angle ABH′ (sauf sur le prolongement de BA). Je dis que dans ces conditions, il n'existe pas de points du périmètre du polygone à l'intérieur du triangle ABH′, ni sur le côté BH′; en effet, supposons qu'il existe un tel point μ et considérons le côté RS qui contient ce point ; les sommets R et S sont, d'après la dernière hypothèse, en dehors du triangle ou sur la droite BA. Le côté RS ne peut pas être le côté qui a pour sommet A, car alors la sécante D ne traverserait pas le polygone en A; le segment RS doit donc couper deux côtés du triangle ; or il ne peut pas couper AB puisque le polygone n'a pas de points de croisement ; il ne peut pas couper AH′, car tous les points du segment AH′ sont à l'intérieur du polygone. L'existence d'un tel point μ est donc impossible.

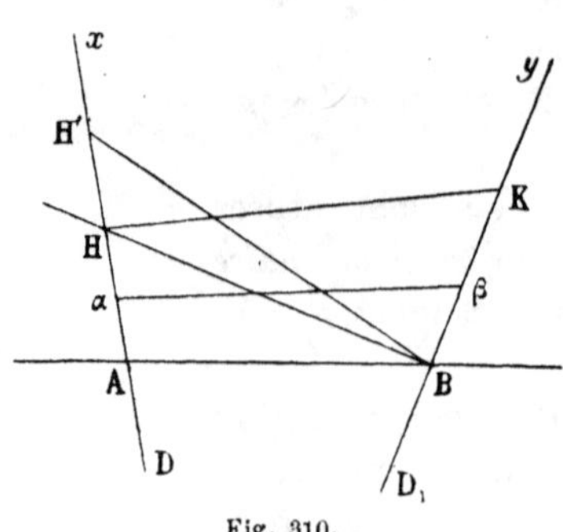

Fig. 310.

Cela posé, prenons un point quelconque H sur le segment AH′, et déterminons sur la demi-droite By un point K satisfaisant aux deux conditions suivantes : 1° le segment BK est tout entier à l'intérieur du polygone ; 2° il n'existe pas de sommets du polygone à l'intérieur de l'angle BHK (sauf sur le prolongement de HB). On voit comme tout à l'heure qu'il n'existe pas de points du périmètre du polygone à l'intérieur du triangle BHK.

Il en résulte que si α est un point quelconque du segment AH, β un point quelconque du segment BK, le segment αβ ne rencontre pas le périmètre ; tous les points de ce segment sont donc à l'intérieur du polygone.

On pourra donc construire un polygone $\alpha\beta\gamma\ldots\lambda$ dont le périmètre est situé en entier à l'intérieur du polygone donné. Il est clair qu'on peut aller d'un point quelconque de la ligne $\alpha\beta\ldots\lambda$ à un autre point de cette ligne sans rencontrer le périmètre. Pour démontrer le théorème, il suffit donc de montrer qu'on peut aller d'un point intérieur quelconque P à un point de la ligne $\alpha\beta\ldots\lambda$ sans rencontrer le périmètre. Pour cela, je mène par le point P une demi-droite quelconque, ne passant pas par un sommet ; cette demi-droite rencontre le périmètre du polygone. Soient M celui des points de rencontre qui est le plus rapproché du point P (*fig.* 311), AB le côté qui contient le point M, α et β les sommets correspondants de la ligne $\alpha\beta\ldots\lambda$. La droite indéfinie MP rencontre le quadrilatère $AB\alpha\beta$ en un autre point μ; ce point μ est situé sur la demi-droite MP ; en effet, s'il était placé sur la demi-droite opposée MP′, il y aurait sur le segment $P\mu$ un seul point d'intersection M, ce qui est impossible, puisque les points P et μ sont tous deux intérieurs au polygone. Cela posé, si le point μ est sur le segment $\alpha\beta$, on suivra le chemin $P\mu$; si μ est sur $A\alpha$, on suivra le chemin $P\mu\alpha$; on va bien ainsi du point P à la ligne $\alpha\beta\ldots\lambda$ sans rencontrer le périmètre du polygone.

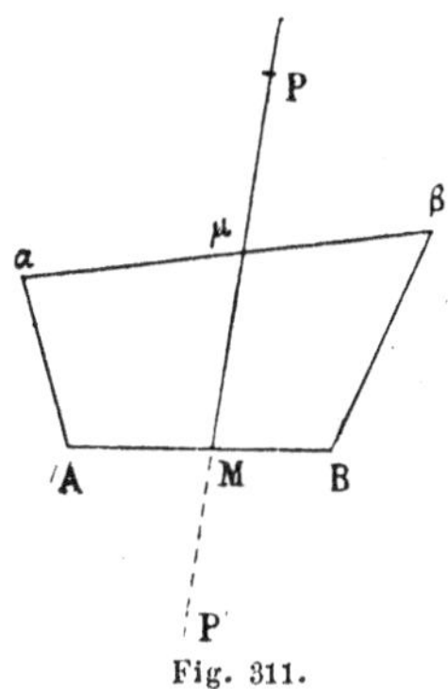

Fig. 311.

661. On démontrerait très facilement que si les points P et Q sont extérieurs au polygone, on peut aller de P en Q par un chemin formé de droites et ne rencontrant pas le périmètre.

662. **Définition.** — Considérons des lignes quelconques tracées dans un plan ; deux points A et B sont dits *dans une même*

région par rapport à ces lignes si l'on peut trouver un chemin rectiligne allant de A en B sans rencontrer ces lignes. Il est clair que si les points A et B d'une part, les points A et C d'autre part sont dans une même région, il en sera de même des points B et C, ce qui justifie la définition des régions.

Un polygone qui n'a pas de points de croisement partage alors le plan en deux régions ; l'une est formée par l'ensemble des points intérieurs, l'autre par l'ensemble des points extérieurs ; cette dernière est évidemment illimitée, c'est pourquoi on peut dire aussi :

Un polygone qui n'a pas de points de croisement ne limite qu'une seule région du plan.

663. **Somme de deux polygones.** — Lorsque deux polygones qui n'ont pas de points de croisement ont une portion de périmètre commune et lorsque tout point situé à l'intérieur de l'un est extérieur à l'autre, le polygone obtenu en supprimant la portion de périmètre commune est la *somme* des deux polygones; les points intérieurs à la somme se composent des points intérieurs au premier et des points intérieurs au second.

On définit de même la somme de plusieurs polygones.

664. On appelle *coupure* dans un polygone une ligne brisée allant d'un point du périmètre à un autre point du périmètre, en restant tout entière à l'intérieur du polygone.

Théorème. — *Une coupure sépare un polygone* P *qui n'a pas de points de croisement en deux polygones* Q *et* R *dont la somme est le polygone* P.

Soient ABCDEFG (*fig.* 312) le polygone P, αβγδ une coupure ; la coupure forme avec le périmètre du polygone P deux polygones αβγδBAGF et αβγδCDE, qui sont les polygones Q et R. Pour démontrer que le polygone P est la somme des polygones Q et R, il faut montrer que tout point intérieur à l'un de ces polygones est extérieur à l'autre.

Désignons par *a*, *b*, *c* les nombres des points d'intersection d'une demi-droite avec les lignes brisées αβγδ, δBAGFα, δCDEα

Si la demi-droite est issue d'un point M intérieur au polygone P, la somme $b + c$ est impaire et, par conséquent, des deux nombres $a + b$, $a + c$, l'un est pair et l'autre est impair. Donc le point M est intérieur à l'un des polygones Q et R et extérieur à l'autre.

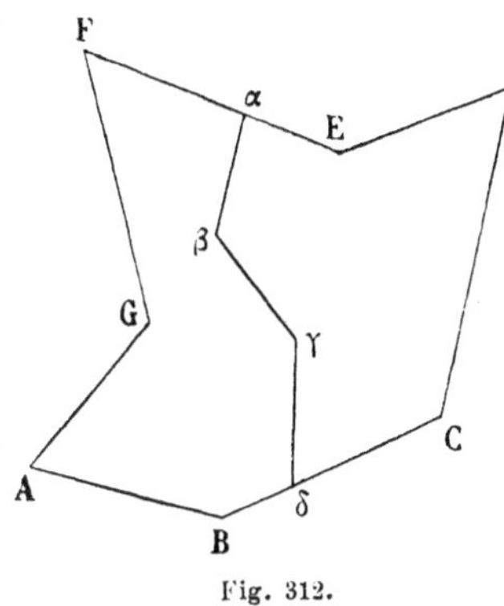

Fig. 312.

Si maintenant, sur une sécante quelconque, on prend un point H tel que la demi-droite Hx ne rencontre pas le périmètre du polygone P, on sera sûr que la demi-droite Hx ne rencontrera pas les périmètres des polygones Q et R ; le point H est donc extérieur aux trois polygones. Cela posé, soit M un point extérieur à P. On peut trouver un chemin allant de H en M sans rencontrer le périmètre de P, ce chemin ne rencontre pas les périmètres de Q et R ; donc, par rapport à ces derniers polygones, H et M sont dans la même région ; M est donc extérieur à Q et R.

Nous avons démontré que :

1° Si un point est intérieur à P, il est intérieur à l'un des polygones Q ou R et extérieur à l'autre ;

2° Si un point est extérieur à P, il est extérieur à Q et R.

Il en résulte bien que tout point intérieur à l'un des polygones est extérieur à l'autre.

665. **Théorème.** — *Tout polygone qui n'a pas de points de croisement peut être décomposé en une somme de triangles.*

Il suffit évidemment de montrer qu'on peut, dans un polygone quelconque, trouver une coupure qui le décompose en deux polygones ayant chacun moins de côtés.

S'il existe un angle rentrant A, le côté BA prolongé au delà du sommet A pénètre dans l'intérieur ; soit μ le premier point de rencontre avec le polygone. La coupure Aμ possède la propriété demandée.

Supposons qu'il n'y ait pas d'angle rentrant ; soit DBACE (*fig.* 313) une portion du périmètre du polygone.

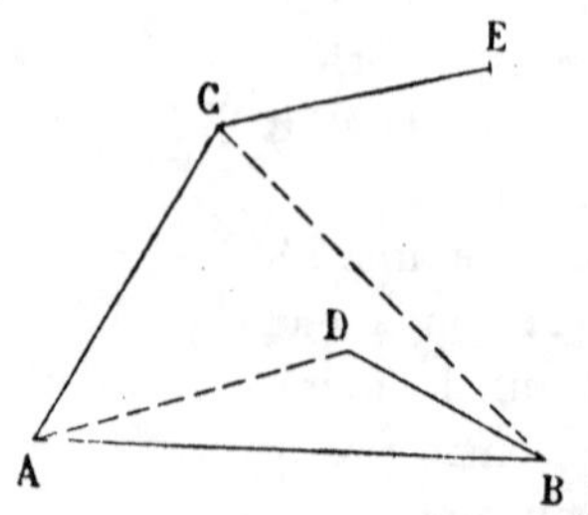

Fig. 313.

Si la demi-droite BC issue du sommet B ne pénètre pas à l'intérieur du polygone, c'est que le côté BD est à l'intérieur de l'angle ABC ; comme il n'y a pas de points de croisement, le sommet D est à l'intérieur du triangle ABC ; la droite AD étant dans l'angle BAC, la demi-droite AD issue du sommet A pénètre à l'intérieur du polygone. On peut donc toujours supposer que l'une des demi-droites AD, BC pénètre à l'intérieur du polygone ; supposons que ce soit la demi-droite AD ; soit μ le premier point de rencontre de cette demi-droite avec le périmètre. La coupure Aμ possède la propriété demandée.

§ II.

Polyèdres.

666. **Définitions.** — Un polyèdre est un ensemble de polygones plans placés de telle sorte que chaque côté d'un polygone appartienne à deux de ces polygones [606].

Deux polygones qui ont une arête commune sont des faces adjacentes du polyèdre.

Nous ajouterons à la définition ci-dessus la propriété suivante :

Si P et Q sont deux faces quelconques du polyèdre, on peut former une série de ces faces commençant par P, finissant par Q et telle que deux faces consécutives de la série soient adjacentes.

Il est clair que si la propriété indiquée est vérifiée pour les faces P et Q, ainsi que pour les faces P et R, elle sera vérifiée pour les faces Q et R. Il en résulte que si l'ensemble des polygones ne possède pas cette dernière propriété, on pourra partager cet ensemble en groupes qui la possèdent ; chacun de ces groupes formera un polyèdre. En réalité l'ensemble serait formé de plusieurs polyèdres.

La surface polyédrale est l'ensemble des points intérieurs aux faces du polyèdre ; on y ajoute aussi les points du périmètre de ces faces.

Nous nous bornerons à considérer les polyèdres dont les faces n'ont pas de points de croisement.

667. **Théorème.** — *Si* A *et* B *sont deux points de la surface polyédrale, on peut aller de* A *en* B *en suivant un chemin brisé rectiligne situé en entier sur la surface.*

En effet, soient α, γ_1, γ_2, ... γ_q, β une suite de faces adjacentes allant de la face α qui contient le point A à la face β qui contient le point B. Sur les arêtes qui séparent deux faces consécutives de cette série marquons arbitrairement des points C_1, C_2 ....., C_q. On peut aller de A en C_1 en restant à l'intérieur du polygone α, c'est-à-dire en restant sur la surface ; on peut aller de même de C_1 en C_2, C_2 en C_3, ..., C_q en B. Donc on va bien de A en B en restant sur la surface.

668. Si deux faces non adjacentes ont des points intérieurs communs, ces points, situés sur la droite d'intersection des faces, formeront un ou plusieurs segments de droites. Ces points sont des *points de croisement* de la surface ; les segments de droites sur lesquels ils sont placés sont les *fausses arêtes ;* les extrémités de ces segments, les *faux sommets.*

669. **Intersection d'un polyèdre avec un plan.** — L'intersection d'un polyèdre et d'un plan se compose de l'ensemble des points de la surface polyédrale situés dans le plan.

Soit alors P une face du polyèdre ; le plan de cette face est coupé par le plan sécant suivant une droite L. Si cette droite L est extérieure au polygone P, il n'y a pas de points de la face P situés dans le plan sécant ; si la droite L n'est pas extérieure au polygone P, les points communs à la face P et au plan sécant formeront un ou plusieurs segments de droites situés sur la droite L ; les extrémités de ces segments sont situés sur les arêtes du polygone P.

Soit ab l'un de ces segments ; par le point b passe une face du polyèdre, celle qui est adjacente au polygone P suivant l'arête qui passe par le point b ; soit Q cette face ; la droite d'intersection du plan sécant avec la face Q passant par le point b, il y aura sur cette droite un segment bc intérieur à la face Q. On raisonnerait de même sur le point c ; on arrive ainsi à obtenir une suite de points

$$a, b, c, d, \ldots ;$$

je dis que ces points forment les sommets d'un polygone. Tout d'abord, en suivant cette suite, on arrivera forcément à un point déjà écrit, car le nombre de ces points est limité ; je dis de plus que ce fait se présentera pour la première fois en a. En effet, il ne peut pas se produire en c, par exemple, car il n'y a que deux segments de l'intersection qui passent par le point c, ce sont bc et cd ; le segment qui ramène en c serait donc bc, on revient donc en b avant de revenir en c. Cette partie de l'intersection forme donc un polygone. S'il y a des points d'intersection en dehors du périmètre de ce polygone, on pourra raisonner sur eux comme sur les précédents. Donc :

L'intersection d'un polyèdre et d'un plan se compose de polygones.

Le raisonnement précédent suppose que le plan sécant ne passe pas par un sommet ; on voit facilement les modifications qui s'introduisent dans ce cas.

Les périmètres des polygones d'intersection n'ont de points communs que s'il existe de fausses arêtes ; s'il n'y a pas de fausses arêtes, un polygone d'intersection n'a pas de points de croisement.

670. Points intérieurs et points extérieurs à un polyèdre. — Un point est *intérieur* à un polyèdre si une demi-droite issue de ce point rencontre la surface en un nombre impair de points ; il est dit *extérieur* si une demi-droite issue de ce point rencontre la surface en un nombre pair de points.

Pour éviter toute difficulté, nous excluons les demi-droites qui rencontrent les arêtes et les fausses arêtes.

Pour justifier la définition précédente, il faut montrer que si une demi-droite pivote autour d'un point P, le nombre des points d'intersection est : ou toujours pair, ou toujours impair.

En effet, soient Px, Px' deux demi-droites issues du point P. Le plan Pxx' coupe le polyèdre suivant des polygones ; les points d'intersection des demi-droites Px, Px' avec le polyèdre sont les mêmes que ceux des demi-droites Px, Px' avec les polygones. Or la différence entre les nombres des points d'intersection des demi-droites Px et Px' avec chacun des polygones est paire (652) ; donc la différence entre les nombres des points d'intersection des demi-droites Px, Px' avec le polyèdre est paire.

On en conclut que les corollaires du n° 655 sont applicables aux polyèdres.

671. Représentation conforme d'un polyèdre sur un plan. — La définition de la représentation conforme d'un polyèdre sur un plan est analogue à celle des polyèdres homologues [607].

Nous dirons que deux polygones plans sont *adjacents* s'ils ont une arête commune (on ne suppose pas que les polygones sont nécessairement extérieurs l'un à l'autre).

Cela posé, faisons correspondre à chaque face du polyèdre un polygone plan ; si cette correspondance est telle qu'à deux faces adjacentes du polyèdre correspondent deux polygones adjacents, et inversement, on dit que la figure formée par l'ensemble de ces polygones plans est une *représentation conforme* du polyèdre sur le plan.

La définition des *faces homologues*, *arêtes homologues*, *sommets homologues* du polyèdre et de sa représentation conforme est identique à celle donnée dans le cas de deux polyèdres homologues [607].

On peut d'une infinité de manières réaliser une représentation conforme d'un polyèdre. On peut, par exemple, faire correspondre à chaque face du polyèdre sa projection centrale sur un plan.

Il est clair qu'un polyèdre et sa représentation conforme sont deux figures qui ont le même nombre de faces, le même nombre d'arêtes et le même nombre de sommets.

Si deux polyèdres sont homologues [607], toute représentation conforme de l'un est une représentation conforme de l'autre.

§ III.

Théorème d'Euler.

672. Dans tout ce qui va suivre, nous ne considérerons que des polygones qui n'ont pas de points de croisement. Nous considérerons les sommes de polygones qui ont été définies au numéro 663 ; une coupure effectuée sur cette somme est une coupure effectuée sur l'un des polygones (664). Cela posé, nous avons le théorème suivant :

673. **Théorème.** — *Si l'on décompose un polygone d'une manière quelconque en une somme de polygones et si l'on désigne par* F *le nombre des polygones qui composent la somme, par* S *le nombre des sommets de la figure, par* A *le nombre des arêtes de cette figure, on a*

$$F + S = A + 1.$$

Nous allons montrer d'abord que si l'on fait une coupure dans un polygone de la somme, l'expression

$$F + S - A$$

ne change pas.

Désignons par n le nombre des côtés qui composent la coupure ; nous distinguerons trois cas.

1° *La coupure part d'un sommet pour aboutir à un sommet.*

Prenons comme exemple la coupure $\alpha\beta\gamma\delta$ (*fig.* 314). Le nombre F augmente de 1 ; S augmente de $n - 1$, car il ne faut pas compter dans l'accroissement les sommets α et δ ; A augmente de n, savoir : les n côtés de la coupure. Donc $F + S - A$ ne change pas.

2° *La coupure va d'un sommet à un point du périmètre qui n'est pas sommet* (*Exemple : la coupure* $\delta\varepsilon\lambda\mu$, *fig.* 314). Le nombre F augmente toujours de 1 ; S de n, car il ne faut pas compter le sommet δ dans l'accroissement, mais il faut compter le sommet μ ; A augmente de $n + 1$, savoir : les n côtés de la coupure et une augmentation d'une unité qui provient de ce fait que le côté AB formait avant une seule arête, tandis que maintenant il en forme deux : les arêtes $A\mu$ et $B\mu$ (*fig.* 314). Donc $F + S - A$ ne change pas.

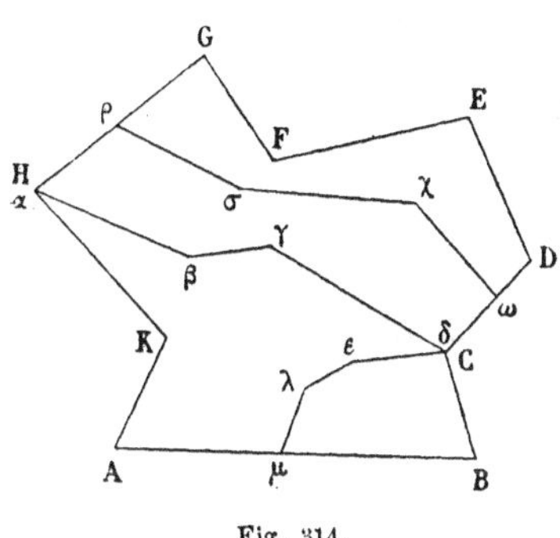

Fig. 314.

3° *La coupure va d'un point du périmètre qui n'est pas sommet à un autre point du périmètre qui n'est pas sommet* (*Exemple : la coupure* $\rho\sigma\chi\omega$, *fig.* 314).

La démonstration se fait de la même façon, en remarquant que ρH et ρG d'une part, ωC et ωD d'autre part doivent être considérées comme des arêtes distinctes.

Cela posé, si l'on considère une décomposition quelconque du polygone P, on pourra aboutir à cette décomposition en partant du polygone P et en faisant un certain nombre de coupures successives. Pour l'ensemble des polygones qui composent le polygone P, l'expression

$$F + S - A$$

a donc même valeur que pour le polygone P lui-même. Or si l'on désigne par p le nombre des côtés du polygone P, on a pour ce polygone

$$F = 1, \qquad S = p, \qquad A = p,$$

et par conséquent,

$$F + S - A = 1.$$

Donc, pour l'ensemble des polygones dont la somme forme le polygone P, on a

$$F + S = A + 1.$$

674. Remarque. — Soit Q un polygone intérieur à un polygone P. Considérons la région formée par l'ensemble des points qui sont à la fois intérieurs au polygone P et extérieurs au polygone Q ; si l'on décompose d'une manière quelconque cette région en une somme de polygones, on aura

$$F + S = A.$$

En effet, pour ramener ce cas au précédent, il suffit d'ajouter à l'ensemble des polygones le polygone Q ; on a ainsi une décomposition du polygone P. Pour passer de la première décomposition à la seconde, il faut augmenter F d'une unité, sans changer S et A, ce qui montre bien l'exactitude de la formule annoncée pour la première décomposition.

675. **Théorème d'Euler.** — *Si* F *est le nombre des faces,* S *celui des sommets,* A *celui des arêtes d'un polyèdre convexe, on a*

$$F + S = A + 2.$$

Ce théorème existe, non seulement pour les polyèdres convexes, mais pour tous les polyèdres qui possèdent la propriété suivante :

La représentation conforme se compose de deux parties, chacune de ces parties étant formée par l'ensemble des polygones dont la somme est un même polygone P.

On dit encore, pour abréger, que, dans ce cas, la représentation conforme *recouvre deux fois* la région intérieure au polygone P.

Démontrons d'abord que tout polyèdre convexe possède la propriété indiquée.

En effet, faisons une représentation conforme du polyèdre par une projection centrale, le centre S de cette projection étant extérieur au polyèdre. Le contour apparent du polyèdre vu du point S sépare la surface polyédrale en deux parties et si P est le polygone qui est la projection du contour apparent, chacune des parties se projette suivant une somme de polygones dont la somme est P.

Cela posé, considérons un polyèdre possédant la propriété indiquée. Soient F_1, S_1, A_1 les nombres de faces, sommets, et arêtes de la première partie, F_2, S_2, A_2 les nombres analogues pour la seconde partie. On aura

$$F_1 + S_1 = A_1 + 1,$$

$$F_2 + S_2 = A_2 + 1\ ;$$

d'où, en ajoutant,

$$(F_1 + F_2) + (S_1 + S_2) = (A_1 + A_2) + 2.$$

Mais si p est le nombre des côtés du polygone P, on a

$$F = F_1 + F_2,$$

$$S = S_1 + S_2 - p,$$

$$A = A_1 + A_2 - p\ ;$$

donc

$$F + S = A + 2.$$

676. Remarque I. — Le théorème du n° 673, sur lequel repose en somme le théorème d'Euler, ne suppose pas que deux polygones voisins qui composent la somme du polygone n'aient qu'une seule arête commune. Cette remarque permettrait d'étendre le théorème d'Euler, en décomposant la surface polyédrale, non plus en ses faces, mais en groupes de plusieurs faces, les faces de chaque groupe étant limitées par un contour fermé, on supprime, bien entendu, les arêtes et les sommets qui ne sont pas situés sur la limite des groupes. Nous nous

bornons sur ce sujet à indiquer le résultat et la marche de la démonstration.

677. Remarque II. — Si l'on considère un polyèdre dont une représentation conforme recouvre deux fois la région comprise entre un polygone P et un polygone intérieur Q, on aura (674)

$$F + S = A.$$

678. Désignons par f_p le nombre des faces qui ont p côtés, par s_p le nombre des sommets d'où partent p arêtes ; on aura d'abord la relation d'Euler

$$(1) \qquad F + S = A + 2.$$

On aura ensuite

$$(2) \qquad F = f_3 + f_4 + f_5 + \ldots + f_p + \ldots,$$

$$(3) \qquad S = s_3 + s_4 + s_5 + \ldots + s_p + \ldots ;$$

puis, en remarquant que chaque arête passe par deux sommets ou bien appartient à deux faces,

$$(4) \qquad 2A = 3f_3 + 4f_4 + 5f_5 + \ldots + pf_p + \ldots,$$

$$(5) \qquad 2A = 3s_3 + 4s_4 + 5s_5 + \ldots + ps_p + \ldots.$$

Multiplions les deux termes de la relation (1) par 4 et remplaçons au premier membre F et S par leurs valeurs (2) et (3) et au second membre 4A par la somme des seconds membres des valeurs (4) et (5) ; on aura

$$4\,(f_3 + f_4 + \cdots + f_p + \cdots) + 4(s_3 + s_4 + \cdots + s_p + \cdots)$$
$$= 8 + 3f_3 + 4f_4 + \cdots + pf_p + \cdots + 3s_3 + 4s_4 + \cdots + ps_p \cdots,$$

et, après avoir simplifié,

$$f_3 + s_3 = 8 + (f_5 + s_5) + \ldots + (p - 4)\,(f_p + s_p) + \ldots.$$

Donc

$$f_3 + s_3 \geqslant 8,$$

d'où l'on conclut que : *Tout polyèdre convexe a au moins une face triangulaire ou un angle trièdre.*

679. Multiplions les deux membres de la relation (1) par 6 et remplaçons au second membre 6A par 2 fois le second membre de la valeur (4) plus une fois le second membre de la valeur (5) ; on aura

$$6(f_3 + f_4 + \ldots + f_p + \ldots) + 6(s_3 + s_4 + \ldots + s_p + \ldots)$$
$$= 12 + 2[3f_3 + 4f_4 + \ldots + pf_p + \ldots]$$
$$+ (3s_3 + 4s_4 + \ldots + ps_p + \ldots).$$

Après simplification, il vient

$$3s_3 + 2s_4 + s_5 = 12 + s_7 + \ldots + (p - 6)s_p + \ldots + 2f_4$$
$$+ \ldots + (2p - 6)f_p + \ldots.$$

On trouverait de même

$$3f_3 + 2f_4 + f_5 = 12 + f_7 + \ldots + (p - 6)f_p + \ldots + 2s_4$$
$$+ \ldots + (2p - 6)s_p + \ldots.$$

Donc on a

$$3s_3 + 2s_4 + s_5 \geqslant 12$$

et

$$3f_3 + 2f_4 + f_5 \geqslant 12.$$

De ces inégalités on déduit que : *Dans un polyèdre convexe, il y a toujours :* 1° *une face dont le nombre de côtés ne surpasse pas* 5 ; 2° *un angle polyèdre dont le nombre des arêtes ne surpasse pas* 5.

680. **Théorème.** — *La somme des angles de toutes les faces d'un polyèdre convexe est égale à autant de fois quatre angles droits qu'il y a de sommets moins deux.*

En effet, soient n_1, n_2 . . ., n_F les nombres de côtés des diverses faces ; la somme des angles de ces faces est

$$(2n_1 - 4) + (2n_2 - 4) + \ldots + (2n_F - 4).$$

La somme $n_1 + n_2 + \ldots + n_F$ est égale à 2A ; la somme des angles est donc

$$4A - 4F,$$

ce qui, à cause de la relation d'Euler, est égal à

$$4(S - 2).$$

681. Théorème. — *Il ne peut y avoir plus de cinq espèces de polyèdres convexes dont toutes les faces ont le même nombre de côtés et tous les angles polyèdres le même nombre d'arêtes.*

Soient n le nombre des côtés de chaque face, p le nombre d'arêtes de chaque angle polyèdre ; on aura

$$2A = nF = pS,$$

et la relation d'Euler,

$$F + S = A + 2.$$

En y remplaçant A et S par leurs valeurs, on trouve

$$F = \frac{4p}{2(n + p) - np}.$$

Nous savons déjà (678) que n ne peut prendre que les valeurs 3, 4 ou 5.

1° Si $n = 3$, on aura

$$F = \frac{4p}{6 - p}.$$

Donnons à p les valeurs 3, 4 ou 5 ; on trouve :

pour	$p = 3$,	$F = 4$;
—	$p = 4$,	$F = 8$;
—	$p = 5$,	$F = 20$.

2° Si $n = 4$, on aura

$$F = \frac{4p}{8 - 2p} = \frac{2p}{4 - p}.$$

On ne peut donner à p que la valeur 3 et l'on trouve $F = 6$.

3° Si $n = 5$, on a

$$F = \frac{4p}{10 - 3p}.$$

On ne peut encore donner à p que la valeur 3, qui donne $F = 12$.

On calcule facilement dans chacun des cas que nous venons d'examiner les valeurs des nombres A et S.

Les polyèdres cherchés ne peuvent donc qu'appartenir aux cinq types du tableau suivant :

n	p	A	F	S	NOM DU POLYÈDRE
3	3	6	4	4	Tétraèdre.
4	3	12	6	8	Hexaèdre.
3	4	12	8	6	Octaèdre.
5	3	30	12	20	Dodécaèdre.
3	5	30	20	12	Icosaèdre.

REMARQUE I. — Le raisonnement qui précède prouve seulement que tout polyèdre convexe dont toutes les faces ont le même nombre de côtés et dont tous les angles polyèdres ont le même nombre d'arêtes appartient à l'un des cinq types ci-dessus, mais il ne prouve pas qu'à chacun de ces types correspondent des polyèdres. Nous construirons dans le chapitre suivant des polyèdres particuliers appartenant à chacun de ces types.

REMARQUE II. — L'hexaèdre et l'octaèdre d'une part, le dodécaèdre et l'icosaèdre d'autre part se déduisent l'un de l'autre par l'échange de n et p, puis de F et S, A ayant la même valeur.

§ IV.

Polyèdres réguliers convexes.

682. Un polyèdre est *régulier* lorsque toutes ses faces sont des polygones réguliers égaux et que tous ses angles polyèdres sont égaux.

D'après le paragraphe précédent, il ne peut exister que cinq espèces de polyèdres réguliers. Nous allons prouver que ces cinq espèces existent en montrant comment on peut effectuer leur construction.

La construction du tétraèdre régulier ne présente aucune difficulté.

L'hexaèdre régulier est le cube ; on sait le construire.

683. **Construction de l'octaèdre régulier.** — Pour construire un octaèdre régulier, on prend un polyèdre qui a pour sommets les centres des faces d'un cube. Les sommets qui forment une même face de l'octaèdre sont ceux qui correspondent aux faces du cube qui ont un sommet commun ; toutes les faces de ce polyèdre sont donc des triangles équilatéraux égaux. Les arêtes qui passent par un même sommet sont celles qui joignent ce sommet aux centres des faces du cube adjacentes à celle où est placé le sommet ; tous les angles polyèdres seront donc des angles polyèdres à quatre faces égaux. Ce polyèdre est bien convexe, car le plan d'une face laisse évidemment tous les sommets d'un même côté.

On peut encore dire : pour construire un octaèdre, on prend un carré ABCD ; par le centre O de ce carré on élève une perpendiculaire à son plan sur laquelle on porte des longueurs OS, OS′ égales au rayon du cercle circonscrit au carré. Le polyèdre SABCDS′ est un octaèdre régulier.

684. **Construction du dodécaèdre régulier.** — Considérons un pentagone ABCDE de centre O (*fig.* 315); au point A je mène, au-dessus du plan, une droite Aa telle que le trièdre A, BEa ait tous ses angles égaux à l'angle du pentagone ; je mène de même les droites Bb, Cc, . . ., Ee. Deux droites consécutives, Aa, Bb par exemple, sont dans un même plan, car les trièdres qui ont pour sommets A et B étant égaux, les dièdres de ces trièdres qui ont pour arête AB sont égaux ; donc Aa et Bb sont dans un même plan. Plaçons dans ce plan un pentagone régulier de côté AB ; deux de ses sommets a et b seront sur les droites Aa, Bb ; l'autre sommet α serait sur la perpendiculaire élevée au côté AB en son milieu. Faisons la même construction

avec les autres côtés du pentagone ABCDE ; nous entourons ainsi ce pentagone de cinq pentagones égaux. Ces pentagones ont deux espèces de sommets : les sommets *a, b, c, d, e* situés sur les arêtes issues des points A, B, C, D, E et les autres

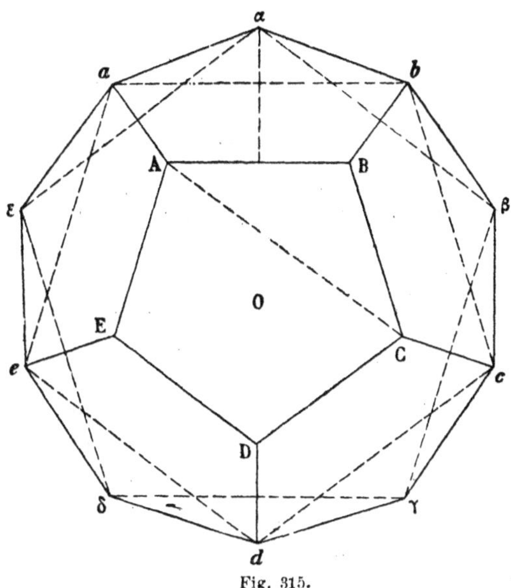

Fig. 315.

sommets α, β, γ, δ, ε. Par raison de symétrie, les cinq points *a, b, c, d, e* sont dans un même plan P parallèle au plan ABCDE, la figure *abcde* est un pentagone régulier dont le côté *ab* est égal à la diagonale du pentagone donné.

De même, les cinq points α, β, γ, δ, ε sont sur un même plan Q parallèle au plan ABCDE. Ce plan Q est bien distinct du plan P, car la distance du point α au plan ABCDE est plus grande que la distance des points de la droite *ab* à ce même plan. Les cinq points α, β, γ, δ, ε formeront encore un pentagone régulier ; de plus, les deux figures *b*Bαβ et B*b*A*c* étant égales, le côté αβ est encore égal à la diagonale du pentagone donné.

Cela posé, construisons une figure A′B′C′D′, E′*a*′*b*′*c*′*d*′*e*′α′β′ . . . , égale à la précédente ; sur la perpendiculaire menée en

O au plan du pentagone donné, menons une perpendiculaire sur laquelle nous prendrons une longueur OO′ (*fig.* 316) égale à la somme des distances des plans P et Q au plan du pentagone ABCDE ; par ce point O′ menons un plan H perpendiculaire à OO′. Dans ce plan H, plaçons le pentagone A′B′C′D′E′ de façon que son centre soit en O′ et que les points a', b', c',... α', β', ... soient au-dessous du plan H. Les points a', b', c', d', e' viendront dans le plan Q ; les points α', β', γ', δ', ε' dans le plan P.

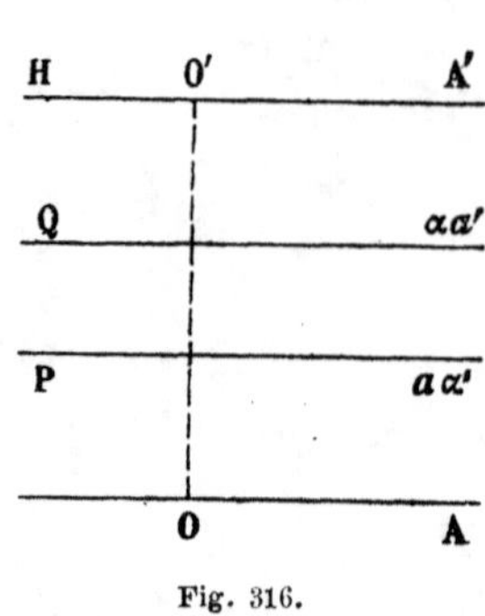

Fig. 316.

Par une rotation autour de la droite OO′ on pourra donc amener α' en a ; β', γ', δ', ε' viendront respectivement en e, d, c, b ; les points a', b', c', d', e' viendront en α, ε, δ, γ, β.

L'ensemble des deux figures forme alors le dodécaèdre régulier.

685. **Construction de l'icosaèdre régulier.** — L'icosaèdre régulier se déduit du dodécaèdre régulier, comme l'octaèdre se déduit du cube.

686. **Théorème.** — *Tout polyèdre régulier est inscriptible et circonscriptible à la sphère.*

En effet, soient AB (*fig.* 317) une arête du polyèdre, O et O′ les centres des faces qui contiennent cette arête, K le milieu de la droite AB. Les droites KO, KO′ sont perpendiculaires à la droite AB ; par conséquent les perpendiculaires aux faces menées par les points O et O′ se rencontrent en un point S situé dans le plan OO′K. Quelles que soient les deux

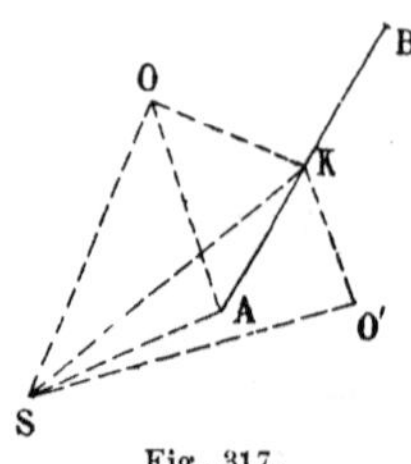

Fig. 317.

faces choisies, le triangle SOK conserve une forme invariable, car le côté OK a toujours la même longueur et l'angle OKS, qui est la moitié du dièdre AB, conserve aussi la même valeur ; il en résulte que le côté SO conserve la même grandeur. Par conséquent, si l'on prend une autre face adjacente à la face qui contient l'un des points O ou O′, la perpendiculaire menée au centre de cette face passera encore par le point S ; comme on peut, de proche en proche, passer par des faces adjacentes de la face qui contient le point O à une face quelconque, on voit que les perpendiculaires menées aux centres des faces concourent en un même point S.

Les distances SO, SO′, . . ., etc., étant toutes égales, la sphère qui a pour centre S et pour rayon SO est tangente à toutes les faces du polyèdre ; donc le polyèdre est circonscriptible à une sphère.

Soient A un sommet, O le centre d'une face passant par A. Tous les triangles rectangles tels que SOA conservent une forme invariable, car les côtés SO et OA conservent la même grandeur ; la sphère qui a pour centre S et pour rayon SA passera par tous les sommets ; donc le polyèdre est inscriptible à une sphère.

Le centre commun S de la sphère inscrite et de la sphère circonscrite au polyèdre est le *centre* du polyèdre régulier.

687. **Théorème.** — *Les centres des faces d'un polyèdre régulier sont les sommets d'un autre polyèdre régulier.*

Il n'y a qu'à appliquer le mode de démonstration qui nous a permis de déduire l'octaèdre du cube ; on verrait de même que le cube se déduit par la même méthode de l'octaèdre.

En appliquant cette méthode au dodécaèdre, nous avons obtenu l'icosaèdre ; inversement, en l'appliquant à l'icosaèdre, on obtiendrait un dodécaèdre.

Enfin, si on l'applique à un tétraèdre, on obtient un autre tétraèdre.

688. **Problème.** — *Calculer l'angle dièdre* I *d'un polyèdre régulier.*

Nous résoudrons d'abord le problème suivant :

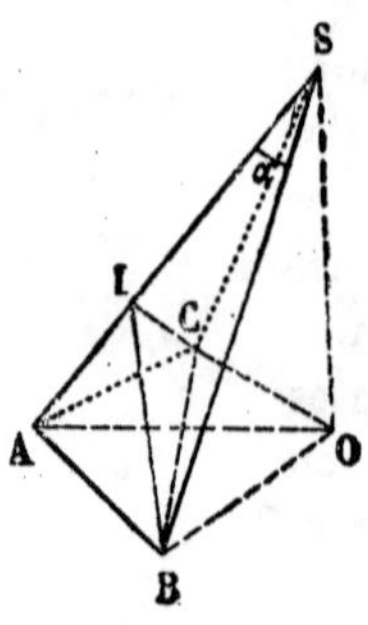

Fig. 318.

Étant donnée une pyramide régulière SABC ... dont la base a p côtés et dont l'angle de deux arêtes consécutives SA, SB, issues du sommet S, est α, calculer l'angle dièdre SA (*fig.* 318).

Soient O le centre de la base, AB et AC deux côtés consécutifs de cette base ; des points B et C abaissons des perpendiculaires sur l'arête SA; elles rencontrent l'arête SA en un même point I, et l'angle BIC est l'angle plan qui mesure le dièdre SA. Cela posé, on a

$$AB = 2SA \times \sin \frac{\alpha}{2}.$$

Mais, puisque la base a p côtés, l'angle AOB est égal à $\frac{2\pi}{p}$; donc

$$AB = 2OA \sin \frac{\pi}{p};$$

de ces deux égalités on déduit

$$(1) \qquad OA = SA \times \frac{\sin \frac{\alpha}{2}}{\sin \frac{\pi}{p}}.$$

Considérons maintenant le triangle BIC. On a d'abord

$$(2) \qquad BI = IC = SA \times \sin \alpha;$$

d'autre part, l'angle BOC étant égal à $\frac{4\pi}{p}$, on a

$$BC = 2OA \times \sin \frac{2\pi}{p},$$

ou, en remplaçant OA par sa valeur, fournie par la formule (1),

(3) $$BC = 2SA \times \frac{\sin \frac{\alpha}{2}}{\sin \frac{\pi}{p}} \times \sin \frac{2\pi}{p}.$$

Mais dans le triangle BIC, on a

$$BC = 2BI \times \sin \frac{I}{2},$$

ou, en remplaçant BI par sa valeur (2),

(4) $$BC = 2SA \times \sin \alpha \times \sin \frac{I}{2}.$$

La comparaison des formules (3) et (4) donne

$$\sin \alpha \times \sin \frac{I}{2} = \frac{\sin \frac{\alpha}{2}}{\sin \frac{\pi}{p}} \times \sin \frac{2\pi}{p},$$

d'où

$$\sin \frac{I}{2} = \frac{\sin \frac{\alpha}{2}}{\sin \frac{\pi}{p}} \times \frac{\sin \frac{2\pi}{p}}{\sin \alpha} = \frac{\cos \frac{\pi}{p}}{\cos \frac{\alpha}{2}}.$$

Cela posé, si l'on considère un polyèdre régulier dont les faces ont n côtés et dont les angles polyèdres ont p arêtes, on pourra appliquer la formule précédente en remarquant que

$$\frac{\alpha}{2} = \frac{\pi}{2} - \frac{\pi}{n};$$

donc on arrive à la formule

(5) $$\sin \frac{I}{2} = \frac{\cos \frac{\pi}{p}}{\sin \frac{\pi}{n}}.$$

Cette formule permet de calculer la valeur de l'angle I pour chacun des cinq polyèdres réguliers.

689. **Problème.** — *Etant donné le côté a d'un polyèdre régulier, calculer le rayon* R *de la sphère circonscrite et le rayon r de la sphère inscrite.*

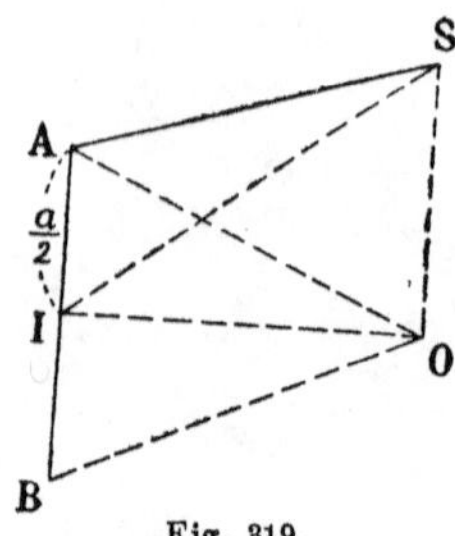

Fig. 319.

Soient AB une arête du polyèdre (*fig.* 319), I le milieu de l'arête, O le centre d'une face passant par AB, S le centre du polyèdre; l'angle SIO est la moitié du dièdre du polyèdre. Cet angle a été calculé dans le numéro précédent (formule 5).

L'angle AOI étant égal à $\frac{\pi}{n}$, on a

$$\text{(6)} \qquad \text{OA} = \frac{a}{2} \frac{1}{\sin \frac{\pi}{n}},$$

$$\text{(7)} \qquad \text{OI} = \frac{a}{2} \times \cot \frac{\pi}{n};$$

d'autre part, dans le triangle SIO on a

$$\text{SO} = \text{IO} \times \text{tg SIO}.$$

Donc

$$\text{(8)} \qquad r = \frac{a}{2} \cot \frac{\pi}{n} \times \text{tg} \frac{\text{I}}{2}.$$

On a ensuite

$$\text{SI} = \text{IO} \times \frac{1}{\cos \frac{\text{I}}{2}} = \frac{a}{2} \times \frac{\cot \frac{\pi}{n}}{\cos \frac{\text{I}}{2}}.$$

Dans le triangle rectangle SAI, on a

$$\overline{\text{SA}}^2 = \overline{\text{AI}}^2 + \overline{\text{SI}}^2 = \frac{a^2}{4} + \frac{a^2}{4} \frac{\cot^2 \frac{\pi}{n}}{\cos^2 \frac{\text{I}}{2}},$$

ou

$$\overline{SA}^2 = \frac{a^2}{4}\left(1 + \frac{\cos^2\frac{\pi}{n}}{\sin^2\frac{\pi}{n}\cos^2\frac{I}{2}}\right)$$

$$= \frac{a^2}{4\sin^2\frac{\pi}{n}\cos^2\frac{I}{2}}\left(\sin^2\frac{\pi}{n}\cos^2\frac{I}{2} + \cos^2\frac{\pi}{n}\right)$$

$$= \frac{a^2}{4\sin^2\frac{\pi}{n}\cos^2\frac{I}{2}}\left[\sin^2\frac{\pi}{n}\left(1 - \sin^2\frac{I}{2}\right) + \cos^2\frac{\pi}{n}\right]$$

$$= \frac{a^2}{4\sin^2\frac{\pi}{n}\cos^2\frac{I}{2}}\left(1 - \sin^2\frac{\pi}{n}\sin^2\frac{I}{2}\right),$$

ou, en remplaçant $\sin\frac{I}{2}$ par sa valeur donnée par la formule (5),

$$\overline{SA}^2 = \frac{a^2}{4\sin^2\frac{\pi}{n}\cos^2\frac{I}{2}}\left(1 - \cos^2\frac{\pi}{p}\right),$$

d'où

$$(9) \qquad R = SA = \frac{a\sin\frac{\pi}{p}}{2\sin\frac{\pi}{n}\cos\frac{I}{2}},$$

ou bien, en tenant compte de la formule (5),

$$R = \frac{a\sin\frac{\pi}{p}}{2\sin\frac{\pi}{n}} \times \operatorname{tg}\frac{I}{2} \times \frac{\sin\frac{\pi}{n}}{\cos\frac{\pi}{p}},$$

et par conséquent,

$$(10) \qquad R = \frac{a}{2}\operatorname{tg}\frac{I}{2}\operatorname{tg}\frac{\pi}{p}.$$

La comparaison des formules (8) et (10) donne

$$\frac{R}{r} = \operatorname{tg}\frac{\pi}{p} \times \operatorname{tg}\frac{\pi}{n}.$$

On voit que le rapport $\frac{R}{r}$ ne change pas quand on échange n et p, c'est-à-dire quand on passe du cube à l'octaèdre ou du dodécaèdre à l'icosaèdre ; donc :

Si un cube et un octaèdre réguliers sont inscrits dans une même sphère, leurs faces sont tangentes à une même sphère ; et inversement, si ces deux polyèdres sont circonscrits à une même sphère, leurs sommets sont sur une même sphère.

On obtient les mêmes conclusions en remplaçant le cube et l'octaèdre réguliers par le dodécaèdre régulier et l'icosaèdre régulier.

§ V.

Mesure des aires.

690. Pour définir l'aire d'une figure plane, nous avons formé [459] un *carrelage plan* ayant pour côté $\frac{1}{n}$; soit μ le nombre des carrés dont le périmètre est tout entier à l'intérieur de la figure ; l'expression $\frac{\mu}{n^2}$ est une valeur approchée par défaut de l'aire de la figure.

Nous allons démontrer que, dans le cas d'un polygone, l'expression $\frac{\mu}{n^2}$ a une limite quand n croît indéfiniment, et que cette limite est indépendante de la position des bases du carrelage.

Cette limite est, par définition, le nombre qui mesure l'aire du polygone.

691. **Théorème.** — *Etant donnés un carrelage plan et un polygone* P *qui est la somme de deux polygones* Q *et* R, *si les valeurs approchées par défaut des aires des polygones* Q *et* R *ont séparément une limite quand* n *croît indéfiniment, il en est de même de l'aire approchée par défaut du polygone* P ; *cette dernière limite est égale à la somme des deux autres.*

En effet, le nombre p des carrés situés à l'intérieur de P se compose de trois parties : 1° les q carrés situés à l'intérieur de Q ; 2° les r carrés situés à l'intérieur de R ; 3° les λ carrés qui ont des points intérieurs à Q et R et qui, par conséquent, sont coupés par la ligne de séparation de Q et de R. On a donc

$$\frac{p}{n^2} = \frac{q}{n^2} + \frac{r}{n^2} + \frac{\lambda}{n^2}.$$

Pour démontrer le théorème énoncé, il suffit de montrer que $\frac{\lambda}{n^2}$ tend vers zéro quand n croît indéfiniment.

En effet, soit AB un des côtés de la ligne de séparation des polygones Q et R et considérons deux carrés consécutifs qui sont coupés par ce côté. Deux cas peuvent se présenter : 1° la droite AB rencontre chacun des carrés en des points situés sur des côtés consécutifs (*fig.* 320); 2° la droite AB rencontre l'un

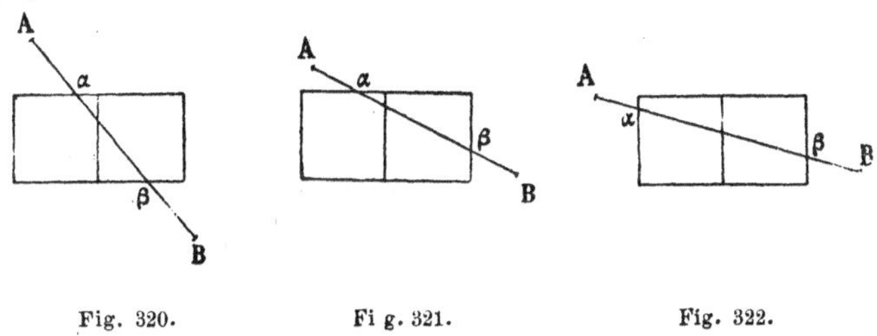

Fig. 320. Fig. 321. Fig. 322.

au moins des carrés en des points qui appartiennent à des côtés opposés (*fig.* 321, 322).

Dans l'un et l'autre cas, le segment $\alpha\beta$ déterminé sur la droite AB par le rectangle formé par l'ensemble des deux carrés est plus grand que le côté du carré, c'est-à-dire que $\frac{1}{n}$. Si donc on considère l'ensemble des carrés qui ont à leur intérieur un point du segment AB, le nombre de ces carrés est moindre que

$$2nl + 2,$$

l étant la longueur AB ; ce nombre divisé par n^2 a pour limite zéro. Il en est donc de même de $\frac{\lambda}{n^2}$, qui est une somme de pareils nombres ; ce qui démontre le théorème.

692. Remarque. — Le théorème s'étend, de proche en proche, à une somme d'un nombre quelconque de polygones.

On voit de même qu'il existe un théorème analogue pour une différence de deux polygones.

693. **Théorème.** — *Si un côté d'un triangle est parallèle à l'une des bases du carrelage plan, l'aire approchée par défaut a une limite égale à la moitié du produit de ce côté par la hauteur correspondante.*

En effet, soit ABC un triangle dont le côté BC est parallèle à la base Ox du carrelage (*fig.* 323) ; considérons dans le carrelage deux parallèles à la base Ox qui coupent le triangle ; soit $\beta\gamma$ celle de ces droites qui est la plus rapprochée du sommet A. Comptons le nombre des carrés de cette bande qui sont à l'intérieur du triangle ; les côtés de ces carrés qui sont situés sur la droite $\beta\gamma$ interceptent sur cette droite un segment bc. Le nombre de ces carrés est donc

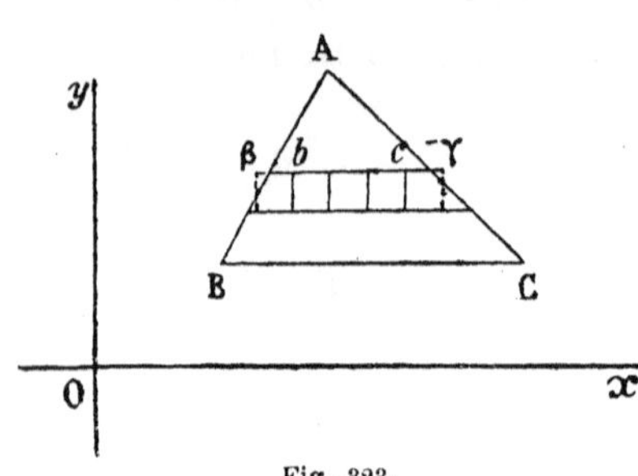

Fig. 323.

$$n \times bc\,;$$

ce nombre est compris entre

$$n \times \beta\gamma \qquad \text{et} \qquad n \times \beta\gamma - 2.$$

Si donc on désigne par P la somme des longueurs des lignes telles que $\beta\gamma$, par L le nombre des bandes, le nombre des carrés situés à l'intérieur du triangle est compris entre

$$n\text{P} \qquad \text{et} \qquad n\text{P} - 2\text{L}.$$

Nous allons chercher une limite supérieure et une limite inférieure de P, puis une limite supérieure de L.

Pour cela, menons la hauteur AH du triangle ABC (*fig.* 324); désignons le côté BC par a, la hauteur AH par h ; sur la hauteur AH portons successivement des longueurs égales à $\frac{1}{n}$, puis, par les points de division, menons des parallèles d_1e_1, d_2e_2, ..., d_pe_p au côté BC; menons encore la parallèle suivante $d_{p+1}e_{p+1}$, qui est extérieure au triangle; soient L, M, N, R les points où la hauteur AH est coupée par les parallèles $d_{p-2}e_{p-2}$, $d_{p-1}e_{p-1}$, d_pe_p, $d_{p+1}e_{p+1}$.

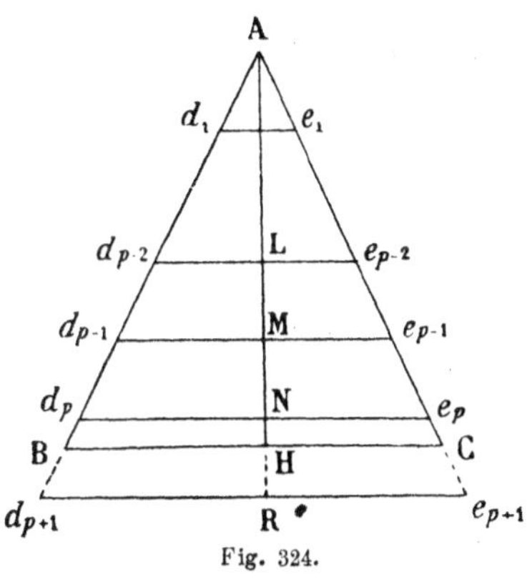

Fig. 324.

On a

$$\frac{d_1e_1}{a} = \frac{\frac{1}{n}}{h},$$

ou $$d_1e_1 = \frac{a}{nh};$$

d'une manière générale,

$$d_ke_k = \frac{a}{nh} \times k.$$

On aura donc

$$\text{Q} = d_1e_1 + d_2e_2 + \ldots + d_{p-2}e_{p-2} = \frac{a}{nh}(1 + 2 + \ldots + p - 2),$$

$$\text{Q} = \frac{a}{2nh}(p-2)(p-1).$$

Mais

$$AL = \frac{p-2}{n}, \qquad AM = \frac{p-1}{n};$$

donc

$$Q = \frac{an}{2h} \times AL \times AM.$$

On trouve de même

$$Q' = d_1e_1 + d_2e_2 + \ldots + d_pe_p = \frac{an}{2h} \times AN \times AR.$$

Cela posé, la première des lignes $\beta\gamma$, en partant du sommet A, est plus petite que d_1e_1, la seconde est comprise entre d_1e_1 et d_2e_2, etc. La dernière de ces lignes coupe AH, soit entre les points L et M, soit entre les points M et N. Dans tous les cas, la somme P est comprise entre les sommes Q et Q'.

La distance de deux bandes étant $\frac{1}{n}$, le nombre des bandes est moindre que nh ; donc

$$L < nh.$$

Le nombre des carrés intérieurs est donc compris entre

$$nQ' = \frac{an^2}{2h} \times AN \times AR$$

et
$$nQ - 2L = \frac{an^2}{2h} \times AL \times AM - 2nh.$$

La valeur approchée de l'aire est comprise entre

$$\frac{a}{2h} \times AN \times AR \qquad \text{et} \qquad \frac{a}{2h} \times AL \times AM - \frac{2h}{n}.$$

Ces deux nombres ont pour limite, quand n croît indéfiniment, $\frac{ah}{2}$, ce qui démontre le théorème.

694. Remarque. — *Dans un triangle, chaque hauteur est inversement proportionnelle au côté qui lui correspond.*

En effet, soient AH et BK deux hauteurs du triangle ABC (*fig.* 325). Les triangles BCK et ACH sont semblables et donnent

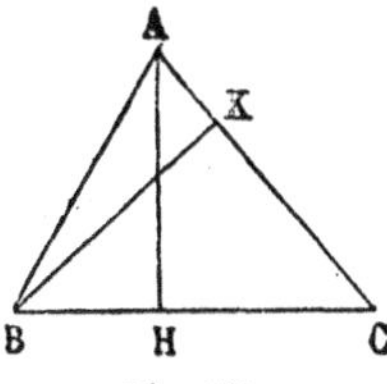

Fig. 325.

$$\frac{BC}{AC} = \frac{BK}{AH},$$

donc

$$BC \times AH = AC \times BK.$$

695. **Théorème.** — *L'aire d'un triangle existe ; cette aire a pour mesure la moitié du produit d'un côté par la hauteur correspondante.*

Soit ABC un triangle (*fig.* 326). Considérons un carrelage plan quelconque ; menons par le sommet A une parallèle AM à l'une des bases de ce carrelage ; cette droite AM partage le triangle en une somme ou une différence de deux triangles AMB, AMC ; supposons que ce soit une somme (la démonstration se ferait de la même façon dans le cas d'une différence).

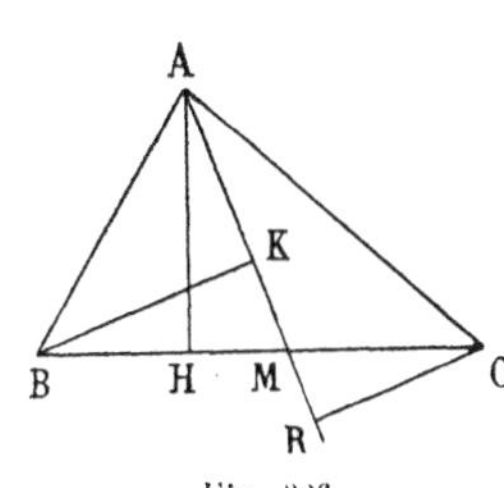

Fig. 326.

Menons du sommet A la perpendiculaire AH au côté BC, et des points B et C les perpendiculaires BK et CR à AM. AM étant parallèle à la base du carrelage, l'aire approchée du triangle AMB a pour limite

$$\frac{1}{2} AM \times BK ;$$

l'aire du triangle AMC a de même pour limite

$$\frac{1}{2} AM \times CR ;$$

donc (691), l'aire approchée du triangle ABC a pour limite

$$\frac{1}{2} [AM \times BK + AM \times CR].$$

Mais (694), on a

$$AM \times BK = BM \times AH,$$
$$AM \times CR = CM \times AH\,;$$

donc l'aire approchée du triangle ABC a pour limite

$$\frac{1}{2}\, BC \times AH.$$

L'expression de cette limite montre bien qu'elle est indépendante de la position des bases du carrelage.

696. **Théorème.** — *Tout polygone plan a une aire.*

Il suffit de remarquer maintenant que tout polygone plan est une somme de triangles (665).

TABLE DES MATIÈRES

Pages

CHAPITRE I. — ***Homographie et involution*** 1

1. Segments de droite 1
2. Division harmonique 4
3. Rapport anharmonique de quatre points d'une droite 7
4. Divisions homographiques 10
5. Divisions en involution 16
6. Angles 19
7. Faisceaux harmoniques 22
8. Faisceaux homographiques 25
9. Faisceaux en involution 29
10. Polaire d'un point par rapport à deux droites . 31
11. Applications de l'homographie 34
12. Applications de l'involution 41
13. Faisceaux de plans 43
14. Droites qui rencontrent trois droites données 47
15. Droites qui rencontrent quatre droites données. 53

Exercices 55

CHAPITRE II. — ***Transversales*** 61

1. Transversales à un triangle 61
2. Quadrilatère gauche 70
3. Trièdres 75
4. Tétraèdres 80
5. Droites concourantes perpendiculaires aux côtés d'un triangle 90

6. Plans perpendiculaires aux faces d'un trièdre .. 92
7. Plans perpendiculaires aux arêtes d'un tétraèdre et droites perpendiculaires aux faces de ce tétraèdre ... 95
Exercices ... 101

CHAPITRE III. — ***Pôle et polaire par rapport à un cercle. Pôle et plan polaire par rapport à une sphère. Involution sur un cercle. Figures polaires réciproques*** . 106
1. Pôle et polaire par rapport à un cercle ... 106
2. Pôle et plan polaire par rapport à une sphère . 112
3. Involution sur un cercle ... 117
4. Figures polaires réciproques ... 126
Exercices ... 128

CHAPITRE IV. — ***Faisceaux et réseaux de cercles et de sphères*** ... 133
1. Cercles orthogonaux ... 133
2. Faisceaux de cercles ... 135
3. Réseaux de cercles ... 140
4. Sphères orthogonales ... 142
5. Faisceaux et réseaux de sphères ... 145
Exercices ... 150

CHAPITRE V. — ***Inversion*** ... 156
1. Inversion dans le plan ... 156
2. Figures inverses dans l'espace ... 165
3. Inversion des faisceaux et réseaux de cercles et de sphères ... 174
Exercices ... 177

CHAPITRE VI. — ***Cercles tangents. Sphères tangentes. Cercles isogonaux*** ... 180
1. Cercles tangents à une droite et à un cercle ... 180
2. Cercles tangents à deux cercles ... 185
3. Méthode des dilatations ... 189
4. Cercles tangents à trois cercles donnés. Solution de Gergonne ... 192

5. Sphères tangentes 195
6. Cercles qui coupent deux cercles donnés sous des angles constants 208
7. Cercles isogonaux à deux cercles............. 212
Exercices 216

CHAPITRE VII. — ***Droite de Simson. — Cercle des neuf points*** 219
1. Droite de Simson.......................... 219
2. Cercle des neuf points 224
Exercices 228

CHAPITRE VIII. — ***Géométrie cinématique*** 230
1. Déplacement dans son plan d'une figure plane de forme invariable 230
2. Combinaison d'un déplacement et d'une homothétie 236
3. Déplacements dans l'espace 245
4. Mouvement continu d'un plan sur un plan 251
Exercices 261

CHAPITRE IX. — ***Vecteurs*** 264
1. Résultante de vecteurs concourants 264
2. Théorie des moments 270
3. Systèmes de vecteurs 282
4. Systèmes équivalents 287
5. Couples 293
6. Vecteurs parallèles 300
Exercices 312

CHAPITRE X. — ***Perspective. — Homologie*** 319
1. Projections centrales 319
2. Représentation de l'espace sur le plan 324
3. Figures homologiques 327
4. Applications 331
Exercices 333

CHAPITRE XI. — **Géométrie sur la sphère** 337

1. Plus court chemin entre deux points d'une sphère 337
2. Polygones sphériques 340
3. Cercles sur la sphère 348
4. Aire des polygones sphériques 352
5. Constructions sur la sphère 359
6. Cercles orthogonaux et cercles tangents 366

Exercices 374

CHAPITRE XII. — **Coniques** 378

1. Foyers et directrices 378
2. Sections planes du cône de révolution 387
3. Propriétés projectives 401
4. Centre et diamètres 407
5. Sections planes d'un cône circulaire 427
6. Génération des coniques 429
7. Coniques homologiques 435

Exercices 437

CHAPITRE XIII. — **Géométrie de situation. Mesure des aires** 452

1. Polygones plans 452
2. Polyèdres 466
3. Théorème d'Euler 470
4. Polyèdres réguliers convexes 477
5. Mesure des aires 486

www.ingramcontent.com/pod-product-compliance
Lightning Source LLC
LaVergne TN
LVHW011257110826
845149LV00001B/164